量子力学入门十讲

通向基础量子力学的捷径

Ten Lectures on Introduction to Quantum Mechanics

An Easy Way to Learn and Understand the Useful Knowledge of Quantum Mechanics

赵松年　著

科学出版社

北　京

内 容 简 介

本书注重内容的精选、概念的准确和叙述方式的可读性，是适合于利用零星时间，碎片式学习的基础资料。各专题叙述的重要内容之间有一些必要的重复，从不同角度和不同内容的联系方面进行阐述，便于阅读和加深理解；但又相对独立和完整，便于读者随时随地阅读、学习和深化对专题的理解。与现有的量子力学书籍完全不同，本书对重要的概念和数学表述给出了直观清晰的、透彻的解释，并尽量提供图示，减少了学习和自学时的困难。本书风格清新，语言明快，是一本适合高等院校理工科师生课外阅读、广大科技人员业余学习、理解量子力学的基础著作。学习和理解本书之后，能够直接阅读量子力学的学术论文，开始初步的专题思考和研究。

图书在版编目(CIP)数据

量子力学入门十讲：通向基础量子力学的捷径/赵松年著. —北京：科学出版社, 2021.10

ISBN 978-7-03-069681-6

Ⅰ. ①量… Ⅱ. ①赵… Ⅲ. ①量子力学-普及读物 Ⅳ. ①O413.1-49

中国版本图书馆 CIP 数据核字 (2021) 第 178109 号

责任编辑：刘信力 赵 颖／责任校对：杨聪敏
责任印制：吴兆东／封面设计：无极书装

科学出版社出版
北京东黄城根北街 16 号
邮政编码：100717
http://www.sciencep.com

北京九州迅驰传媒文化有限公司印刷

科学出版社发行 各地新华书店经销

*

2021 年 10 月第 一 版 开本: 720 × 1000 1/16
2024 年 8 月第三次印刷 印张: 17 1/2
字数: 330 000

定价: 98.00 元

(如有印装质量问题, 我社负责调换)

前　言

当今，有关量子力学的名人专著和著名学府的教科书，应有尽有，为什么我们无名的作者，还要写一本《量子力学入门十讲》，既无名又无利，写作环境狭小而简陋，又入耄耋之年，身体羸弱，精力不济，图什么？其实，目的很简单，就是为了使学习量子力学的读者尽量减少一些学习上的困难，增加一些学习的乐趣，《量子力学入门十讲》不像专著那样厚重，也不像教科书那样严谨，比较随意，可以随时随地学习，很方便。作者自己画图、输入文字、列写公式、字字推敲、句句斟酌、反复修改、内容增删、顺序调整，无不耗费心血，作者坚信，读者朋友只要认真仔细阅读，一定会有收获，无论是更专业的深化，还是直接参加科研，都不会再遇到难以逾越的困难。也能逐渐体会到：由物理概念的直观解释、几何观点的形象化描述和数学表述的简单性所形成的和谐的科学美！著名词学大家王国维先生说过，对于求知立业和做学问者，需要经过三种境界：昨夜西风凋碧树，独上高楼，望尽天涯路；衣带渐宽终不悔，为伊消得人憔悴；众里寻他千百度，蓦然回首，那人却在灯火阑珊处。作者理解就是：不怕孤独，甘于寂寞，潜心研究，勇于探索，千难万苦，玉汝于成。愿读者朋友，在自己的人生历程中，去试着体会这三种境界。

本书由国家自然科学基金项目 (62071488) 资助出版，谨致深深的谢意！

科学出版社副编审刘信力博士以敏锐的专业眼光审视并确认本书的出版价值，给予宝贵支持，谨此表示衷心感谢！作者的同事和朋友：著名的大气湍流专家胡非教授，胡春红大夫，贾蕊副处长，高级实验师程文君，胡景琳，中国科学院大气物理研究所离退休办公室主任刘荣华老师，在各自的岗位上尽量给予作者关怀、帮助和支持，感情自然而亲切，作者铭记在心。

大气物理研究所科技处的李慧群和郭霞二位老师也给予作者必要的帮助，谨向她们表示感谢。

作　者

2021 年 5 月 5 日

《量子力学入门十讲》主要内容如下：

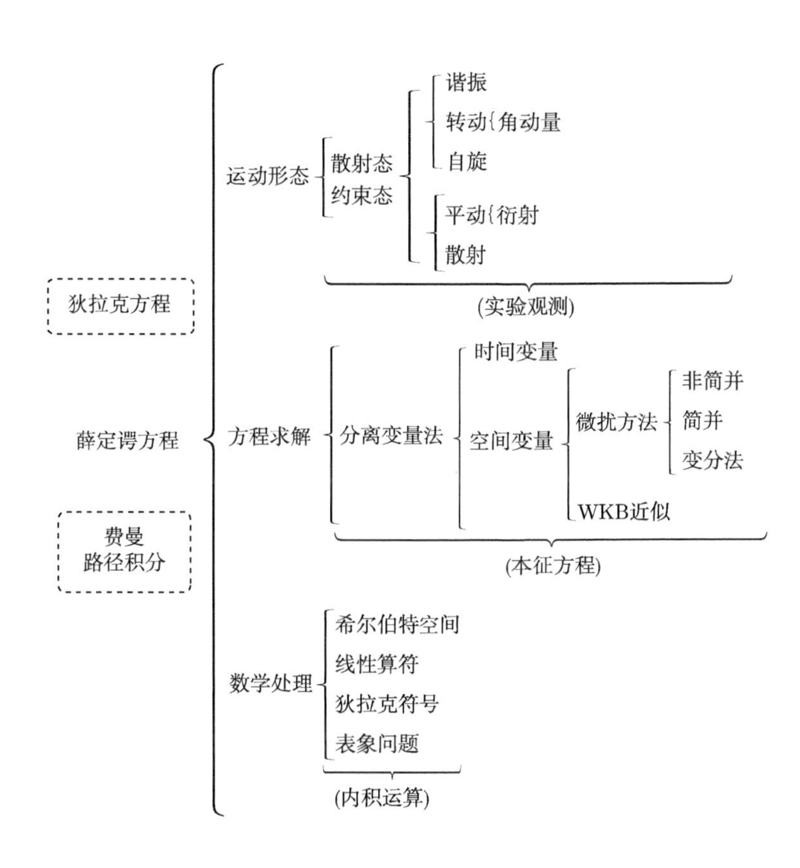

目　录

第1讲　概　　论

从经典力学到量子力学，最主要的是要记住，进入微观尺度后，质点的概念已经不再适用；实物粒子在量子力学中的特点是它的波动特性，因此，解薛定谔波动方程就是主要内容，关键在于如何处理该方程中的时间偏导数、空间偏导数和时空势函数的关系，其中，具有能量的量子最稳定的状态是振动模式，它的能级和各级能量是主要的待求量。

1.1　量子力学到底是研究什么的？

人们生活在笛卡儿坐标系描述的欧几里得三维空间，已经熟悉一个物体或质点的状态 (x, y, z) 和运动 (v)。经过多少世纪科学家的探索，从地心说转到日心说，虽然看起来是坐标原点的转移，但参考系的改变似一场流血的革命，19 世纪发现电子后，探索高速运动，要求运动方程在不同坐标系保持不变，创立了相对论；同时研究像电子这样微观的粒子，科学家想要知道它在最简单的氢原子中是什么状态，能类比地球绕太阳的旋转与自转吗？黑体辐射的能量量子化已经表明，这样小的粒子，自身携带的是量子化的能量，它已不可能有连续的轨迹，既然能量可以量子化，"轨道" 为什么不能离散化呢？电子离开氢原子后成为自由粒子，但是，它具有能量，不然如何能离开氢原子？如此微小的粒子由于能量使其飘忽不定，已经不是我们熟悉的轨道运动，因为电子的尺寸是 $2.8 \times 10^{-15}\mathrm{m}$，质量为 $9.11 \times 10^{-31}\mathrm{kg}$，按照光量子的情况，电子也只能处于波粒二象性状态，空间是均匀、各向同性的，粒子没有优惠的运动方向，只能在一个有限范围内游荡。量子物理学家不断探索，确定电子的运动是空间随机的、无法定位，之所以如此，就是尺寸已经达到微观范围，大自然没有一种力可以控制微观粒子在一个特定的方向，以几乎趋于零的微距离连续移动，由此，一些新的特性表现出来了，过去未曾遇到，现在知道了，其实这并不奇怪，科学的新发现、得出的新认识是递进的，量子力学在它创立的前 20 年，属于 (旧) 量子论时期，研究的重点是单个粒子的行为、状态，也就是如何处理波粒二象性，深入的研究是电子和氢原子的能级结构；此后，要想对微观粒子给出统一的理论描述，诞生了量子力学 (研究最多、了解最全面的就是电子、光子和氢原子)，波函数的概率诠释、叠加特性、波粒二象性、测不准关系、量子纠缠、测量问题成为研究的重点。此外，也研究平动、转动 (角动量和自旋)、碰撞 (包括散射和隧穿效应)、扰动等与经典力学对应的问题。

量子力学那些所谓“奇怪”是被过分渲染的，一些教科书和媒体对目前尚不明白的现象，强行解释，使读者真正体会了量子力学掌门人玻尔的感叹：谁不被量子力学所困惑，谁就没有真正理解量子力学！(If you are not confused by quantum physics then you haven't really undersdand it!)

1.2　量子力学如何学？

1900 年普朗克提出能量量化假设，黑体辐射中谐振子能量计算由连续到离散 $\left(\int \rightarrow \sum\right)$，之后，微观粒子表现出波粒二象性(光电效应中的光量子；双缝衍射实验的波动干涉条纹)，探索研究沿着两个方向开展：一是爱因斯坦、玻尔、海森伯等的量子化方向；二是德布罗意、薛定谔、德拜等的波动方向。既然能量只能取量子单位，这就预示着轨迹的离散化、粒子状态的离散化 (因为，连续轨迹的每一个运动的点都有速度，对应于一定的能量，显然这些能量是连续的)。按照过程的连续性建立的薛定谔波动方程：

$$\left(-\frac{\hbar^2}{2m}\nabla^2+V\right)\Psi(\boldsymbol{x},t)=\mathrm{i}\hbar\frac{\partial}{\partial t}\Psi(\boldsymbol{x},t) \tag{1-1}$$

也存在两个问题：一是方程中的波函数必须离散化，二是时间的一阶微分与空间坐标的二阶微分不平衡，出现虚数 i，使得解空间是复数空间。但是，物理量只能是实数，因此，波函数和它的复共轭的乘积就成为概率密度，使对状态的力学量的测量能够取平均值，成为实空间，然后，引入算符和狄拉克符号，系统的状态可以表示成 N 个分状态 (数学上，也可以是无限多) 的线性叠加，状态和它的解由本征方程联系在一起，波粒二象性和不确定性就是自然的结果。

图 1-1 给出了按能量划分的不同区域，在能量连续区，描述粒子系统状态的波函数是连续的；在能量量化区域，波函数 $\Psi(\boldsymbol{x},t)$ 可分离变量时，只需求解 $\Psi(\boldsymbol{r})$，再乘以 $\mathrm{e}^{-\mathrm{i}Et/\hbar}$ 得全解 $\Psi(\boldsymbol{x},t)=\Psi(\boldsymbol{r})\mathrm{e}^{-\mathrm{i}Et/\hbar}$。

在方程 (1-1) 中，共有三项，第一项 $\mathrm{i}\hbar\frac{\partial}{\partial t}\Psi(\boldsymbol{x},t)$ 表示随时间的变化；第二项 $-\frac{\hbar^2}{2m}\nabla^2\Psi(\boldsymbol{x},t)$ 表示量子态在空间中的变化；而第三项 $V\Psi(\boldsymbol{x},t)$ 则是波函数在时间与空间同时受到物理环境 $V(\boldsymbol{r})$ 制约的情形，$V(\boldsymbol{r})$ 如图 1-1 所示。无论是在经典力学中，还是在量子力学中，势能与力密切相关，只是表现形式不同。在量子力学中，$V(\boldsymbol{r})$ 以势阱或势垒的形式制约微观粒子的空间运动和运动形式，使它处于约束态或散射态，变换势函数的形态，求解 (解析的、近似的、数值的) 薛定谔方程，就成为学习量子力学的主要内容，这也解释了现在学习量子力学，需要求解特别多习题的原因。其实，上述三项之间的物理含义和相互关系，包含了很多值得认真思考的问题，不是求解设定好的习题，就能奏效的，在后面的篇幅中会详细讨论。

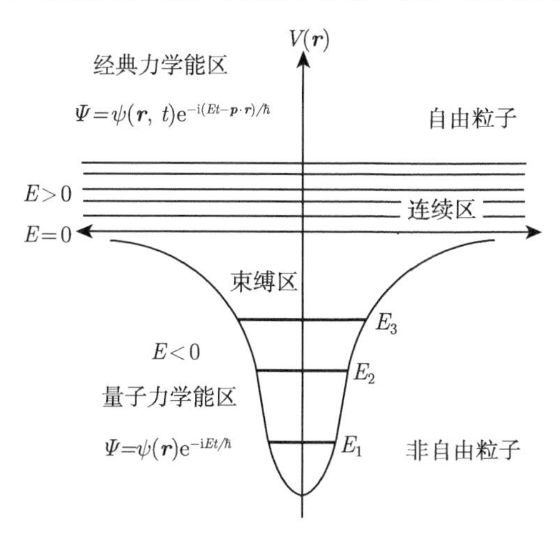

图 1-1　原子按能量离散与连续两种情况的分区

这幅图概括了量子力学研究的基本内容：微观粒子的能量 $E<0$时，势阱内约束态的运动方式 (由定态薛定谔方程描述)；$E>0$ 时，阱外自由粒子状态的散射运动形式 (由含时薛定谔方程描述)，两种情形都需要求解薛定谔方程 (解析的和近似的)，以获得粒子的能量表达式，从统计诠释的观点看，波函数携载的能量等于各分量包含的权重能量之和，根据测不准关系，$E\neq 0$；而势阱则是粒子所处的物理环境，它以能量的形式作用于粒子

现在要问，粒子的状态如何描述？

为了回答这个问题，先要回答经典力学是如何描述粒子状态的。一般说来，只要知道质点 m 的位置 $\boldsymbol{x}$ 和速度 $\boldsymbol{v}$，即可描述它的动力学特性 $\left(\text{随之也就知道质点的动量 } p=mv=\dfrac{p^2}{2m} \text{ 或者动能 } \dfrac{1}{2}mv^2\right)$。取代质点 (个体研究) 的概念，微观粒子 (或量子) 属于统计系综，没有了个体的、连续的轨迹和状态，意味着位置 $\boldsymbol{x}$、动量 p 的准确量值无法知道 (在这些离散化的力学量之间，无法确定彼此正确的一一对应关系)。显然，粒子的状态离散化之后，一般而言，会有 N 个离散量，也就是说，量子系统将由 N 个子系统组成，借用线性代数中的知识，实空间的矢量与复空间的元素 ——“向量” 相对应 (将笛卡儿坐标系全向旋转，就是 N 维正交空间，因此，笛卡儿坐标系可以看作是希尔伯特空间的子空间)，二者对比，如图 1-2 所示。

为了更简洁地叙述有关内容，需要介绍以下几个运算符号。

一个矢量可以表示为 $\boldsymbol{A}$、$\vec{A}$和$|A\rangle$(可以设想，在镜像中，$\vec{A}$ 将变成 $\overleftarrow{A}$，而 $|A\rangle$ 变成 $\langle A|$)。在量子力学中更常用 $|A\rangle$，它既表示矢量的大小，也表示矢量的方向 (这个符号称为右矢)。如此一来，一个系统 Ψ 的状态也可以表示为 $|\Psi\rangle$。两个矢量 $\boldsymbol{A}$ 和 $\boldsymbol{B}$ 的乘法分为叉乘 $(\times)$ 和点乘 $(\cdot)$ 两种。叉乘 (或矢积)$\boldsymbol{A}\times\boldsymbol{B}=|\boldsymbol{A}|\cdot|\boldsymbol{B}|\sin\theta$;

点乘又称为内积 (标积，就是说乘积的结果是标量)，表示式是 $\boldsymbol{A}\cdot\boldsymbol{B}=|\boldsymbol{A}||\boldsymbol{B}|\cos\theta$，这里“内积运算”也可以看成是矢量 $\boldsymbol{A}$ 在矢量 $\boldsymbol{B}$ 上的投影值 A_x 与 $|\boldsymbol{B}|$ 的乘积 (图 1-3)，即

$$\boldsymbol{A}\cdot\boldsymbol{B}=|\boldsymbol{A}|\cdot|\boldsymbol{B}|\cos\theta=A_x\cdot|\boldsymbol{B}|$$

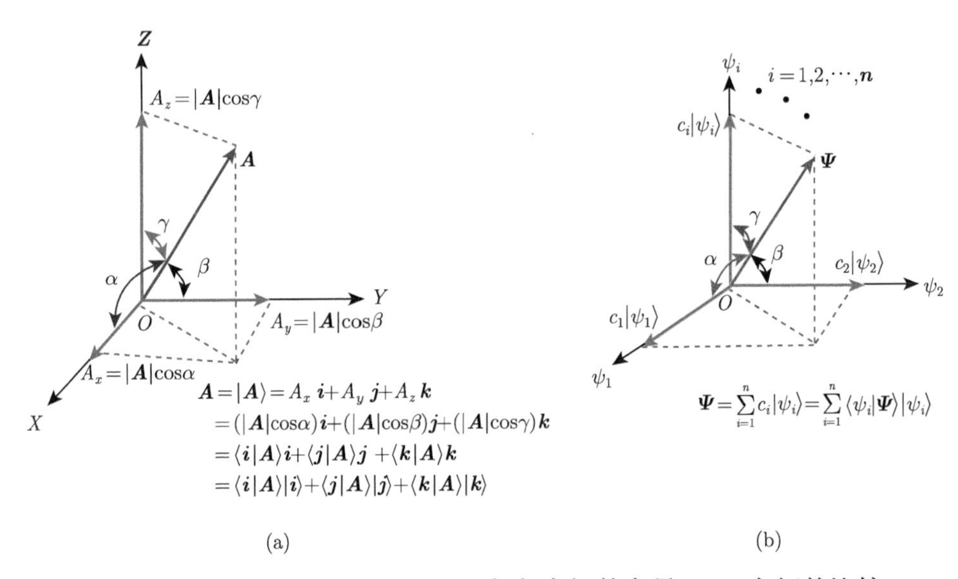

图 1-2　笛卡儿坐标系中的矢量 $\boldsymbol{A}$(a) 与复空间的向量 Ψ(b) 之间的比较

(a) 是欧几里得空间的几何结构，(b) 是希尔伯特空间的几何结构。其中，任一矢量可向任一多的正交坐标系的坐标轴投影 (相应于三维笛卡儿坐标系的全向旋转)，体现了波函数叠加特性的几何描述 (这里需要强调指出的是，波函数展开式中的系数 c_i，也表示粒子系统处于分状态 Ψ_i 的概率，在讨论量子跃迁问题时，会详细说明这个问题)

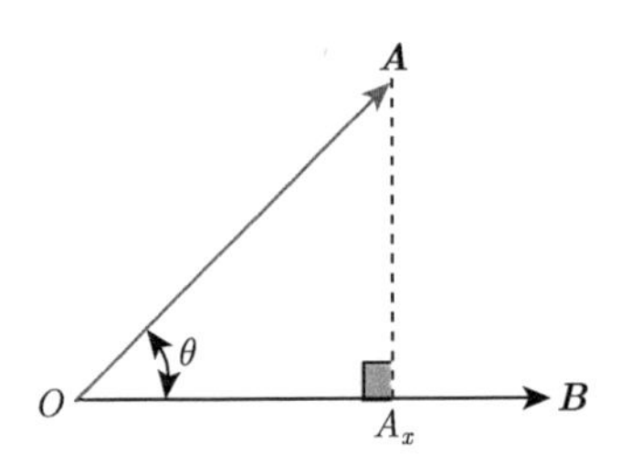

图 1-3　内积运算的投影

这里需要说明的是，在量子力学中，波函数是复数，一个复数，例如 $(a+ib)$，它的镜像就是 $(a-ib)$，相当于左右反转，在数学上就是复共轭，用右上角的 $*$ 表示，也可用左矢 $\langle\,|$ 表示，它是右矢的镜像或对偶，即 $\langle\,|\leftrightarrow|\,\rangle^*$。

$\boldsymbol{A}\cdot\boldsymbol{B}$ 也可以用上述的右矢符号 $|\ \rangle$ 和它对偶的 (镜像对称的) 左矢符号 $\langle\ |$ 表示成 $\langle\boldsymbol{A}|\boldsymbol{B}\rangle$。即

$$\begin{aligned}\langle\boldsymbol{A}|\boldsymbol{B}\rangle &= (A_x\boldsymbol{i}+A_y\boldsymbol{j}+A_z\boldsymbol{k})\cdot(B_x\boldsymbol{i}+B_y\boldsymbol{j}+B_z\boldsymbol{k})\\ &= A_xB_x + A_yB_y + A_zB_z\end{aligned} \tag{1-2}$$

如果是连续函数的内积，表示为 $\langle\varphi,\psi\rangle=(\varphi,\psi)=\int_{-\infty}^{+\infty}\varphi^*(x)\psi(x)\mathrm{d}x$，注意其中共轭量 φ^* 用左矢表示是 $\langle\varphi|$，这类符号就是狄拉克符号，以后还会详细介绍。

现在就可以讨论图 1-2 中几何矢量与量子力学的态矢量之间的对比，矢量 $\boldsymbol{A}$ 在笛卡儿坐标系三个坐标轴上的投影值 A_x、A_y 和 A_z，由矢量 $\boldsymbol{A}$ 分别与单位正交基矢量 $\boldsymbol{i}$、$\boldsymbol{j}$、$\boldsymbol{k}$ 的内积 (标积) 确定，而 A_x、A_y 和 A_z 的方向则分别由正交基矢量 $\boldsymbol{i}$、$\boldsymbol{j}$、$\boldsymbol{k}$ 的方向确定，如果令 $\boldsymbol{e}_1=\boldsymbol{i}$，$\boldsymbol{e}_2=\boldsymbol{j}$，$\boldsymbol{e}_3=\boldsymbol{k}$，则

$$\begin{aligned}\boldsymbol{A} = |\boldsymbol{A}\rangle &= A_x\boldsymbol{i}+A_y\boldsymbol{j}+A_z\boldsymbol{k}\\ &= \langle\boldsymbol{i}\,|\boldsymbol{A}\rangle\,\boldsymbol{i}+\langle\boldsymbol{j}\,|\boldsymbol{A}\rangle\,\boldsymbol{j}+\langle\boldsymbol{k}\,|\boldsymbol{A}\rangle\,\boldsymbol{k}\\ &= \langle\boldsymbol{i}|\ \boldsymbol{A}\rangle\,|\boldsymbol{i}\rangle+\langle\boldsymbol{j}|\ \boldsymbol{A}\rangle\,|\boldsymbol{j}\rangle+\langle\boldsymbol{k}|\ \boldsymbol{A}\rangle\,|\boldsymbol{k}\rangle\\ &= \sum_{i=1}^{3}c_i\,|\boldsymbol{e}_i\rangle=\sum_{i=1}^{3}\langle\boldsymbol{e}_i|\ \boldsymbol{A}\rangle\,|\boldsymbol{e}_i\rangle,\quad c_i=\langle\boldsymbol{e}_i|\ \boldsymbol{A}\rangle\end{aligned} \tag{1-3}$$

式中，符号 $\langle\boldsymbol{i}|\boldsymbol{A}\rangle=|\boldsymbol{i}||\boldsymbol{A}|\cos\theta$(既是内积，也是投影运算，$\langle\boldsymbol{j}|\boldsymbol{A}\rangle$、$\langle\boldsymbol{k}|\boldsymbol{A}\rangle$ 同此)；符号 $\langle\boldsymbol{i}\,|\boldsymbol{A}\rangle\,\boldsymbol{i}$ 和符号 $\langle\boldsymbol{i}|\boldsymbol{A}\rangle\,|\boldsymbol{i}\rangle$ 的含义与 $A_x\boldsymbol{i}$ 相同，表示矢量 $\boldsymbol{A}$ 在单位矢量 $\boldsymbol{i}$ 方向 (x 轴) 上的投影，投影值为 A_x(也就是 $\boldsymbol{A}$ 中包含多少 A_x)，而方向与 $\boldsymbol{i}$ 的方向一致，因此，$A_x\boldsymbol{i}$ 就是 x 轴上的分矢量，$A_y\boldsymbol{j}$ 和 $A_z\boldsymbol{k}$ 的含义同此，不再重复。此处需要说明，$\boldsymbol{i}$、$\boldsymbol{j}$、$\boldsymbol{k}$ 是三维空间的基矢量完全集，意指它对矢量 $\boldsymbol{A}$ 的展开和描述是完备的，即矢量用三个正交分量可以完全表示，如果用两个矢量描述，就是不完备，因为 (3 维) 空间的维数必须与分矢量的数目 (3 个) 相同。

粒子的状态可以借助上面介绍的方法来描述，称粒子的状态为态矢量，记为 $\boldsymbol{\Psi}$，也可以通过相应的分矢量 (本征矢) ψ_i 的展开式完全描述 (本征矢 ψ_i，与基矢量 $\boldsymbol{i}$，$\boldsymbol{j}$，$\boldsymbol{k}$ 类似，自然是正交归一的完全集)：

$$\boldsymbol{\Psi}=\sum_{i=1}^{N}c_i\,|\psi_i\rangle=\sum_{i=1}^{N}\langle\psi_i\,|\boldsymbol{\Psi}\rangle\,|\psi_i\rangle,\quad c_i=\langle\psi_i|\ \boldsymbol{\Psi}\rangle \tag{1-4}$$

但是，普通矢量有 $\boldsymbol{A}\cdot\boldsymbol{B}=\boldsymbol{B}\cdot\boldsymbol{A}=\langle\boldsymbol{B}\,|\boldsymbol{A}\rangle=\langle\boldsymbol{A}\,|\boldsymbol{B}\rangle$，而态矢量的位置顺序是不对易的，即 $\langle\boldsymbol{\Phi}\mid\boldsymbol{\Psi}\rangle=\langle\boldsymbol{\Psi}\mid\boldsymbol{\Phi}\rangle^*\neq\langle\boldsymbol{\Psi}\mid\boldsymbol{\Phi}\rangle$，这样，与普通矢量内积公式比较，二者

有许多物理意义上的相似之处，其不同仅在于矢量相乘对易，而态矢量则不对易。因此，称波函数 $\boldsymbol{\varPsi}$ 为态矢量，是源于与矢量在物理意义方面的类比，可以说，波函数就是量子态，态矢量就是物理的量子态与矢量的数学描述相结合。此外，特别强调指出的是，在式 (1-3) 中，每一个分量通过内积方式都包含了矢量 $\boldsymbol{A}$(如 $\langle \boldsymbol{i}|\boldsymbol{A}\rangle$)，而在式 (1-4) 中则包含了态矢量 $\boldsymbol{\varPsi}$(如 $\langle \psi_i|\ \boldsymbol{\varPsi}\rangle = c_i$)，这就保证了由叠加表示式回复原来的矢量或态矢量的缘由。

1.3 量子力学的三部曲

量子力学中的矩阵方程先于波动方程提出，尽管二者在数学上是等价的，但是，波动方程是线性微分方程，而矩阵方程是算符方程。显然，波动方程比算符方程更简洁清楚、易于应用，特别是波函数将波粒二象性联系起来，使得波动力学逐渐成为量子力学的主体，而矩阵力学的历史意义正在淡化，一般而言，它在理论分析方面的价值要高于应用价值。从建立、发展和完善的过程以及数学处理方法来看，量子力学的基础内容包括如下三部分：

方程 (绘景)$\longrightarrow$ 算符 (本征方程)$\longrightarrow$ 狄拉克符号 (态矢量)

其中，方程是指薛定谔波动方程和海森伯矩阵方程，可以和牛顿力学方程 $F = ma$ 做一简单对比。牛顿第二定律的数学表示式为：$F = ma = m\dfrac{\mathrm{d}^2}{\mathrm{d}t^2}x(t) = m\dfrac{\mathrm{d}}{\mathrm{d}t}v = \dfrac{\mathrm{d}}{\mathrm{d}t}mv = \dfrac{\mathrm{d}}{\mathrm{d}t}p$，$\hat{F}$ 就是微分算符$\hat{F} = \mathrm{d}/\mathrm{d}t$，而 $x(t)$ 是状态变量，此处的加速度 a 是对位置 $x(t)$ 的两次微分运算，对速度 v 的一次微分，$a = \hat{F}v = \hat{F}^2x$；加速度矢量在笛卡儿坐标系中的表示式是 $\boldsymbol{a} = a_x\boldsymbol{i} + a_y\boldsymbol{j} + a_z\boldsymbol{k}$ (显然，基矢量 $\boldsymbol{i}$、$\boldsymbol{j}$、$\boldsymbol{k}$ 也不含时间)，动量 $\boldsymbol{p} = m\boldsymbol{v}$，就是可观测的力学量，体系的状态用 $x(t)$ 表示，随时间变化：$\dfrac{\mathrm{d}x(t)}{\mathrm{d}t} \neq 0$，而算符 $\hat{F}$ 不随时间变化：$\dfrac{\mathrm{d}\hat{F}}{\mathrm{d}t} = 0$，力学量 $\boldsymbol{p}$ 不显含时间。只要求解微分方程，知道了 $x(t)$ 的变化规律，就可以了解系统的动态过程，这就是牛顿经典力学描绘系统状态变化的方式，可以称作经典力学的牛顿绘景 (N. P.，只不过没有这样的称谓而已，此处主要是为了对比说明量子力学中的绘景不是什么新概念)。而量子力学中无处不用算符，它表示对波函数 (态矢量) 的一种操作 (如实验)、一种变换或一种运算，那么如何由算符和态矢量来描述系统的状态呢？

薛定谔描绘的量子力学的方案就是让态矢量 $\varPsi(t,\boldsymbol{r})$ 随时间变化，$\dfrac{\partial}{\partial t}\boldsymbol{\varPsi}(\boldsymbol{r},t) \neq 0$，而力学量和算符不随时间变化，$\dfrac{\partial}{\partial t}\hat{F} = 0$；这就是所谓的薛定谔“绘景”(S. P.)(需要注意，状态随时间变化，就是波函数随时间变化，反映波动过程，轨迹的概

念自然不再适用)；那么，海森伯的看法呢？他的矩阵力学绘景 (H. P.) 与薛定谔“绘景”恰好相反，即算符 $\hat{F}$ 随时间变化，$\dfrac{\partial \hat{F}}{\partial t} \neq 0$；系统状态 $\varPhi$ 不随时间变化，即 $\dfrac{\partial}{\partial t}\varPhi = 0$ (就是侧重对力学量的测量，也就不需要对运动轨迹的描述)。这两种绘景得出的结果是等价的，具体证明要比这里介绍的内容复杂一些，此处的比较就是建立一个基本概念，以便了解量子力学对状态是如何描述的。需要注意，不用轨迹的描述，并不意味着运动不复存在，粒子可以在空间运动。只是它的轨迹具有统计平均的意义而已。

此外，还有相互作用或狄拉克绘景 (I. P.)：态矢量和算符均随时间变化，即 $\dfrac{\partial}{\partial t}\varPsi \neq 0$和$\dfrac{\partial \hat{F}}{\partial t} \neq 0$(当时，薛定谔解出的谐振子的能级和定态波函数表示式与海森伯的矩阵力学求解方法所得结果相同)。将波函数展开式根据二者的对应关系，进行替换，就可证明矩阵与本征函数等价。泡利、狄拉克也证明了这一结论，现在虽然不需要再重复证明这个结论，但是在讨论谐振子特性时，仍然给出了海森伯的矩阵力学的求解方法，以示与波动方程的对比，凸显了矩阵力学的烦琐；显然，这只是问题的一方面，另一方面则是波函数可以描述自由粒子的状态和变化，而矩阵力学方法则很困难；波函数将波粒二象性联系起来，矩阵力学方法则不行。因此，波函数与波动方程要比矩阵力学求解方法更胜一筹，是显然的。为什么量子力学会出现三种不同的绘景呢？这当然与粒子的波粒二象性有关，薛定谔“绘景”体现了波动特性，而海森伯绘景则侧重于粒子特性，这和波动力学与矩阵力学的情况是一样的，显然，这二者在描述微观世界的场景方面，存在很大的不同，波函数的概率诠释表明，波函数体现的是系综体系；矩阵中的元素，就是粒子；而狄拉克绘景则是从哈密顿算符出发，将两种绘景结合起来的一种形式体系。

本征方程与测量问题密切相关，算符作用于波函数 (由于波函数的叠加特性，自然要求算符是线性算符)，就表示算符对应的力学量的测量结果就是本征值，也是态矢量 (本征函数) 具有的能量值。因此，本征方程将算符、本征值、态矢量三者联系起来，是量子力学重要的方程；至于狄拉克符号，则是将微积分运算与矢量运算结合起来，从而简化了矩阵力学对粒子状态的描述方式，极大地促进了量子力学的发展。

无论是经典力学还是量子力学，面对的是现实世界，它既有简单的一面，又有复杂的一面，单靠基本方程直接描述是不可能的，需要充实、发展和完善相应的配套知识，建立完整的理论体系。另外，学习量子力学自然需要学习相关的知识，进行必要的解题训练，加深对理论的理解，还需不断地思索，真正做到学以致用。正是：业精于勤，荒于嬉；行成于思，毁于随。

1.4　内积运算：量子力学的数学基础

1932 年，von Neumann 出版了一本专著《量子力学的数学基础》(*Mathematical Foundation of Quantum Mechanics*)，这里沿用了同样的标题，意图是强调量子力学的背景空间，牛顿力学是在欧几里得空间也就是笛卡儿坐标系中表述的，相对论是在闵可夫斯基四维时空中研究的，引力理论需要黎曼弯曲空间，那么量子力学呢？它仅仅需要希尔伯特空间即可。值得注意的是，在量子力学基本理论建立 6 年之后，数学家才提出这个问题，当然，von Neumann 本人也是一位量子力学家、著名的计算机科学家，不过更擅长数学问题。显然，量子力学建立时，它的数学基础问题并没有妨碍物理理论的提出，这说明，形成新的物理观点，主要靠物理思维和物理直觉。当时，德布罗意提出物质波的想法，薛定谔读过论文之后，在学术讨论会上做过报告，导师德拜建议他应该给出一个描述波动的方程，并没有建议薛定谔进一步学习和深化波动理论的基础知识，对于一个学术导师而言，这实在是极为重要的能力和眼光，不然，提出波动方程的就不是薛定谔，而是其他人了。从理论的发展和完善的角度，随着量子力学的建立，提出统一的数学描述，也是科学的进步与需要。

物理学家，其实并不看重相关的数学背景空间 (就是数学空间)，而是具体的、有实用价值的数学工具。既然希尔伯特空间的数学表述与量子力学有关，对其有一个基本了解，也不无益处。下面，就对希尔伯特空间做一直观的介绍 (其实，图 1-2 本质上就是从欧几里得空间 (物理空间) 到希尔伯特空间的扩展，理解了图 1-2，就理解了希尔伯特空间，尤其是它的几何结构。因此，在学习中，提炼出表面复杂性隐含的简单本质，是物理直观能力的体现，是至关重要的)。

“空间” 是数学中经常遇到的一个基本概念，本质上可以看成是实际的物理空间或欧几里得三维空间的推广和抽象化。数学中讨论的 (数学) 空间就是用公理确定了元素之间关系的集合，也就是说，空间不仅是由有确定元素的集合构成，而且在元素之间引入了某种关系，赋予空间某种数学结构，其中最重要的关系与结构就是从欧几里得空间的距离和勾股定理引申而来。我们把定义了元素间距离的集合称作距离空间或度量空间；定义了元素之间代数运算 (向量加法以及数与向量乘法) 的集合称作线性空间；定义了元素范数 (向量长度的推广) 的线性空间称作赋范线性空间；定义了元素与元素之内积 (积分运算) 的线性空间称作内积空间。度量空间、赋范空间和内积空间是三种基本的抽象空间，它们把度量结构和代数结构结合起来，因而更加实用。如果再引入极限概念，则这些空间就是完备的，可以在更普遍的意义下，研究函数的展开和逼近问题。

完备的内积空间称作希尔伯特空间，用 H 记之，其中，函数和数列的内积分别定义如下：在闭区间 $[a,b]$ 上，平方可积 $(<\infty)$ 的函数空间为 $L^2[a,b]$。由于是复空间，内积定义如下 (上角标 $*$ 表示复数的共轭: $(a+\mathrm{i}b)^*=(a-\mathrm{i}b)$):

$$\langle f,g\rangle=\int_a^b f^*(x)g(x)\mathrm{d}x,\quad f,g\in L^2[a,b] \tag{1-5}$$

同样，线性数列空间 ℓ^2(平方可和 $<\infty$) 的内积定义如下：

$$\langle x,y\rangle=\sum_{n=1}^{\infty}x_n^*y_n,\quad x,y\in\ell^2 \tag{1-6}$$

当 $y=x$ 时，上式就给出了 x 的范数 (也就是向量长度的推广)

$$||x||=\sqrt{\langle x,x\rangle},\quad ||x||=\langle x,x\rangle^{1/2}=\left\{\sum_{n=1}^{\infty}|x_n|^2\right\}^{1/2} \tag{1-7}$$

由此可以定义两个向量 x 和 y 之间的夹角

$$\cos\theta=\frac{\langle x,y\rangle}{\|x\|\cdot\|y\|}$$

除了内积运算，直和和投影运算也是希尔伯特空间的重要性质。图 1-4 所示是内积空间的几何关系，x_M 称作矢量 x 在 M 上的正交投影，用 $P_M(x)=x_M$ 表示，并称 P_M 是内积空间 X 到子空间 M 的投影算子，$M^\perp$ 称作 M 的正交补空间，表示到 M 的投影 x_M 均为零的 x 的集合 $\{x{:}P_M(x)=0\}$(就是 $M^\perp$ 轴)。根据勾股定理有 $x^2=\tilde{x}^2+x_M^2$，也就是说，矢量 x 可唯一地正交分解为 $\tilde{x}$ 和 x_M，其中 $\tilde{x}\in$ 子空间 $M^\perp$，$x_M\in$ 子空间 M。因此，也可以把 $x^2=\bar{x}^2+x_M^2$ 按函数空间的表示方式写成 $x=\tilde{x}+x_M$，在这种表示中，$\bar{x}$ 和 x_M 的正交关系已由子空间 M 和它的正交补空间 $M^\perp$ 体现出来。$\tilde{x}$ 与 x_M 正交意味着，$\bar{x}$ 和 x_M 之间只有唯一的公共点，就是它们垂直相交之点，换句话说，$\tilde{x}\cap x_M=\{0\}$。现在引入直和 $(\oplus)$ 的概念，就可以把这种直观的几何解释转变成 n 维空间的抽象表述，以便阐明希尔伯特空间投影算子的深刻意义。

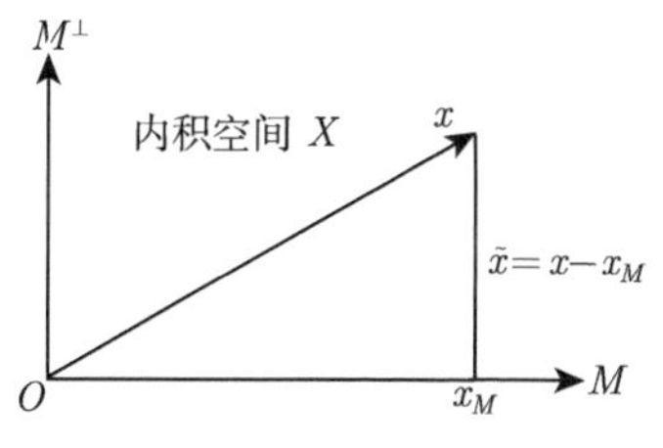

图 1-4　内积空间的几何关系

如果 $S_1, S_2, \cdots, S_k$ 是线性空间 V 的子空间，若 $S_1, S_2, \cdots, S_k$ 中的每一个矢量 α 均可以由子空间的矢量唯一地表示为

$$\alpha = \alpha_1 + \alpha_2 + \cdots + \alpha_k, \quad \alpha_i \in S_i \ (i = 1, 2, \cdots, k) \tag{1-8}$$

这个和式就定义为直和，记作

$$S_1 \oplus S_2 \oplus \cdots \oplus S_k \tag{1-9}$$

那么，勾股定理 $x^2 = \tilde{x}^2 + x_M^2$ 用直和表示就是 $x = \bar{x}^2 \oplus x_M$。希尔伯特空间 X 分解为 M 和 $M^{\perp}$，可以表示为直和分解，即

$$X = M \oplus M^{\perp} \tag{1-10}$$

这种分解的意义在于：当 M 是希尔伯特空间 X 的子空间，$x \in X$ 但 $x \notin M$ (或 $x \bar{\in} M$) 时，则 x 在 M 中一定有唯一的正交投影 x_M，并且 x 到 M 的距离就是 $\bar{x}$，也就是说，M 中只有 x_M 到 x 的距离最近，如果用 M 中的元素去逼近 x，只有 x_M 的近似程度最好，x_M 是 x 的最佳逼近。

在欧几里得 $\mathbb{R}^3$ 空间中，矢量 $\boldsymbol{r}$ 可以用彼此垂直的单位矢量 $\boldsymbol{i}$，$\boldsymbol{j}$，$\boldsymbol{k}$ 以及 $\boldsymbol{r}$ 在其上的投影 r_x，r_y，r_z 表示出来，即 $\boldsymbol{r} = r_x\boldsymbol{i} + r_y\boldsymbol{j} + r_z\boldsymbol{k}$，现在用 $\mathbb{R}^3$ 中的正交基 $\boldsymbol{e}_1(1,0,0)$，$\boldsymbol{e}_2(0,1,0)$，$\boldsymbol{e}_3(0,0,1)$ 分别代替 $\boldsymbol{i}$，$\boldsymbol{j}$，$\boldsymbol{k}$，就能很方便地将 $\boldsymbol{r}$ 表示成普遍形式

$$\boldsymbol{r} = r_x\boldsymbol{i} + r_y\boldsymbol{j} + r_z\boldsymbol{k} = r_x\boldsymbol{e}_1 + r_y\boldsymbol{e}_2 + r_z\boldsymbol{e}_3 = x_1\boldsymbol{e}_1 + x_2\boldsymbol{e}_2 + x_3\boldsymbol{e}_3 \tag{1-11}$$

式中，x_1，x_2 和 x_3 是 $\boldsymbol{r}$ 分别在 $\boldsymbol{e}_1$，$\boldsymbol{e}_2$ 和 $\boldsymbol{e}_3$ 上的坐标。仿此，x 在 m 维子空间 M 上的正交投影 x_M 就可以表示为

$$x_M = \sum_{k=1}^{m} \langle x, e_k \rangle e_k, \quad Px = x_M, \quad x_M \in M, \ x \in X \tag{1-12}$$

由此可得范数的平方

$$||x_M||^2 = \sum_{k=1}^{m} |\langle x, e_k \rangle|^2 \tag{1-13}$$

$\langle x, e_k \rangle$ 就是傅里叶级数展开式的系数，自然是对向量 x 的最佳逼近。对于函数，也有同样的结果和表示式，不再重复。

我们可以把n维空间的正交系设想为由一系列三维欧几里得空间作为子空间构成的，这样，抽象的表述就转化为具体的物理空间，以便于加深对数学表述方法的理解。

在希尔伯特空间中，函数正交性的习惯表示如下：若$\|f(x)\| = 1$(归一化)，则有

$$\langle f_i, f_j \rangle = \int_{-\infty}^{\infty} f_i^*(x) f_j(x) \mathrm{d}x = \delta_{ij} = \begin{cases} 1, & i = j \\ 0, & i \neq j \end{cases} \tag{1-14}$$

对于平方可和的数列空间 ℓ^2，表示正交特性的内积形式是

$$\langle e_m, e_n \rangle = \delta_{mn} = \begin{cases} 1, & m = n \\ 0, & m \neq n \end{cases} \tag{1-15}$$

式中，δ_{mn} 是 Kronecker 符号，它与 Dirac δ 符号的区别在于，Dirac δ 具有广义函数的性质，有多种等价的定义和表示式，而常用的则是

$$\delta(x) = \begin{cases} 0, & x \neq 0 \\ \infty, & x = 0 \end{cases}, \quad \int_{-\infty}^{\infty} \delta(x) \mathrm{d}x = \begin{cases} 1, & x = 0 \\ 0, & x \neq 0 \end{cases} \tag{1-16}$$

希尔伯特空间的投影算子是幂等的，$P^2 = P$，根据图 1-4 可知，$P_M x = x_M$，而 x_M 在 M 上的再投影自然就是 x_M，即 $P_M x_M = x_M$，由此，$P_M x_M = P_M P_M x = P^2 x = x_M = P_M x$，既然 x 是空间 X 的任一矢量，所以，由 $P_M^2 x = P_M x$ 就可以得出 $P_M^2 = P_M$，这就是幂等性。因此，有许多数学家用投影算子 $P^2 = P$ 来定义希尔伯特空间，以突出它所具有的优良的几何性质。并特意将子空间 M 中任意有限个元素线性组合的全体称作 M 的线性张成或线性生成，记作

$$\mathrm{Span}M = \left\{ x | x = \sum_{k=1}^{n} a_k x_k, \quad x_k \in M,\ a_k \in k,\ k = 1, 2, \cdots, n;\ n\text{为任意自然数} \right\} \tag{1-17}$$

集合$\{x_1, x_2, \cdots, x_n\}$就是子空间$M$的一组生成元 (举一个通俗的例子，在笛卡儿坐标系中的一袋牙膏，也可以表示成各个组分的线性叠加，各个组分就是此处的生成元，只不过不完备，因为它不可能表示所有牙膏的组分)。

到此，对于希尔伯特空间的介绍就告一段落。其实，欧几里得空间或笛卡儿坐标系表示的三维空间是实际的物理空间。迄今为止，物理实验都是在物理空间实现的，即使是天体物理观测，仍然是在欧几里得空间进行的，至于爱因斯坦的引力场方程，选择了黎曼弯曲空间坐标系，并不表明宇宙出现弯曲；其他空间都是数学空间 (实在是数目繁多)，只不过是笛卡儿坐标系的数学意义上的推广和抽象化 (例如，位形空间，就是广义位置坐标系张成的空间，或者更简单一点，就是笛卡儿坐标表示的三维空间 $\mathbb{R}^3$；加上广义速度，就组成相空间，如此等等)，就希尔伯特空间而言，可以想象成笛卡儿坐标系以原点为中心，全方位旋转而成，前面已经介绍的关系式：$x_M = \sum_{k=1}^{m} \langle x, e_k \rangle e_k$，在量子力学中，就是波函数 (态矢量) 的线性叠加公

式，只是它的叠加是正交基矢量的叠加，就是直和，$\sum \to \oplus$；或者如同式 (1-11) 的含义

$$\boldsymbol{\Psi}=\sum_{i=1}^{N} c_i\left|\psi_i\right\rangle=\sum_{i=1}^{N}\left\langle\psi_i \mid \boldsymbol{\Psi}\right\rangle\left|\psi_i\right\rangle, \quad c_i=\left\langle\psi_i\right| \boldsymbol{\Psi}\rangle \tag{1-18}$$

内积公式之所以重要，在于它表达了复空间的正交关系 (与实空间的区别是内积函数的前后顺序不对易，不能随意调换)

$$\langle f, g\rangle=\int_{-\infty}^{\infty} f^*(x) g(x) \mathrm{d} x \neq\langle g, f\rangle=\int_{-\infty}^{\infty} g^*(x) f(x) \mathrm{d} x \tag{1-19}$$

对于量子力学，主要是在初边值条件下，求解薛定谔方程，并不涉及深层次的数学问题。

1.5　量子力学创立过程的概括

由于在量子论时期，普朗克已经提出黑体辐射的谐振子的能量是 h 的整数倍 ($\hbar=h/2\pi$)，爱因斯坦给出 $E=h\nu=\omega\hbar$ 和 $p=h/\lambda$，根据波函数包括的量子力学的物理量，现在就可以对其发展的主要过程作一概括，主要分四个阶段。

第一阶段，德布罗意给出了波函数的如下表达式：

$$\underbrace{\Psi(x,y,z;t)}_{\text{(波函数)}} \to \underbrace{\psi \mathrm{e}^{-\mathrm{i}(\omega t-\boldsymbol{k}\cdot\boldsymbol{x})}}_{\text{(经典波函数)}} \to \underbrace{\psi \mathrm{e}^{(-\mathrm{i}/\hbar)(Et-\boldsymbol{p}\cdot\boldsymbol{x})}}_{\text{(量子波函数)}} \tag{1-20}$$

第二阶段，薛定谔建立了满足波函数的波动方程：

$$\left(-\frac{\hbar^2}{2m}\nabla^2+V\right)\Psi(\boldsymbol{x},t)=\mathrm{i}\hbar\frac{\partial}{\partial t}\Psi(\boldsymbol{x},t) \tag{1-21}$$

第三阶段，玻恩对波函数 $\Psi(x,y,z;t)$ 的虚数 i 的作用作出统计诠释 (包括泡利的贡献)：波函数的模方 (绝对值的平方) 就是在空间找的粒子的概率 $\rho=\Psi\Psi^*$

$$\iiint \rho \mathrm{d}v=\iiint \Psi\Psi^* \mathrm{d}v=\iiint |\Psi|^2 \mathrm{d}v=1 \tag{1-22}$$

第四阶段，海森伯通过他的矩阵形式发现，波函数 $\psi \mathrm{e}^{(-\mathrm{i}/\hbar)(Et-\boldsymbol{p}\cdot\boldsymbol{x})}$ 中的共轭量 (E，t)，($\boldsymbol{p}$，$\boldsymbol{x}$) 具有测不准关系

$$\Delta E\Delta t \geqslant \frac{\hbar}{2}, \quad \Delta\boldsymbol{p}\Delta\boldsymbol{x} \geqslant \frac{\hbar}{2} \tag{1-23}$$

可以明显看出，量子论时期 (1900 ~1925 年)，研究集中在波函数 $\psi \mathrm{e}^{(-\mathrm{i}/\hbar)(Et-\boldsymbol{p}\cdot\boldsymbol{x})}$

的指数项 (不包括虚数)，即 $\dfrac{1}{\hbar}(Et-\boldsymbol{p}\cdot\boldsymbol{x})$，其后的发展、完善、实验和数学处理包括了虚数 i 和势函数，就构成了当今量子力学的主要内容。

将以上内容概括在如图 1-5 所示的框图中，大体上可以反映量子力学的创立过程及不同时期的研究重点。

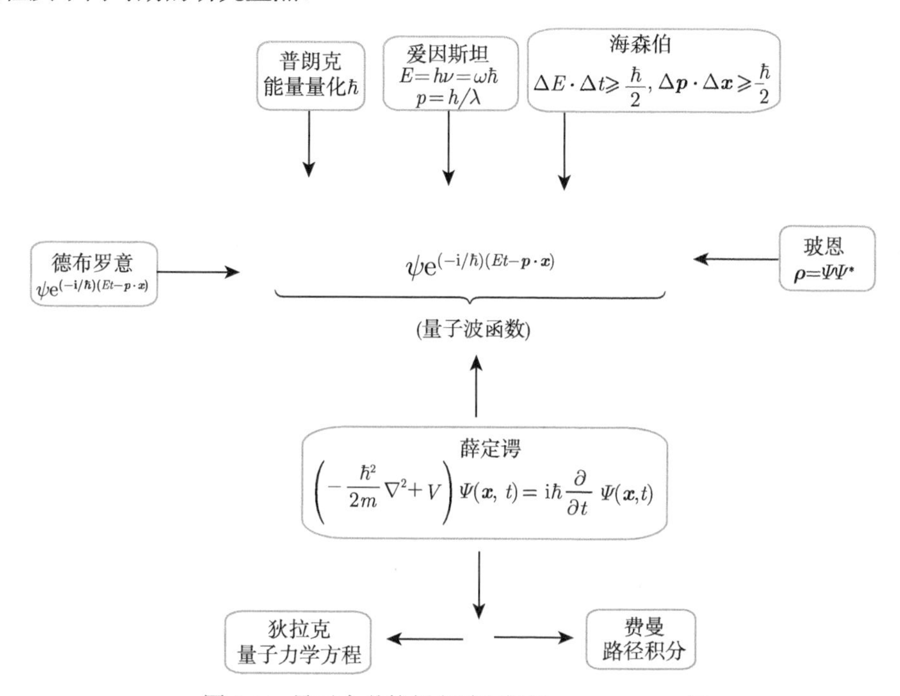

图 1-5 量子力学的创立过程框图 1900~1925 年

第2讲 基 础 篇

2.1 引 言

20 世纪初期，德国钢铁工业迅速发展，提高测试炉温的精度、保证钢铁产品的质量是一项急需解决的重大任务，也是科技人员责无旁贷的责任，先有维恩，后有瑞利 - 金斯，根据经典热力学和统计力学得出了黑体辐射公式，前者仅在辐射频率的高端、后者仅在低端与实验曲线符合，1900 年普朗克在此基础上得出了理论计算与实验曲线全部符合的公式，他的关键一步是将总辐射率的积分 $\left(\int \mathrm{d}\nu\right)$ 改为求和 $\left(\sum \nu_n\right)$，即将连续改为离散，因而避免了积分无穷大的结果，求和时能量只能是不连续的离散值，求和的结果就是有限值，普朗克的离散能量就是以 νh为单位的量子 (当然，从数学方面思考，将上述两个公式结合起来组成一个复合公式，使其高频端由维恩公式确定，低频端由瑞利–金斯公式确定，在数学上并不困难。公式可以拼凑，但能量量子化的新思想不是通过拼凑公式能够产生的)。

1905 年爱因斯坦认真思考了普朗克的量子假设，将狭义相对论的能量公式用于光子，考虑到其静止质量为零，很容易就得出光子的能量、动量关系：$\nu = E/h$，$p = h/\lambda$，由此解释了赫兹在 1888 年发现的光电效应，给出了光束照射金属表面激发出电子的公式，与实验结果符合，并按上述关系式重新推导了普朗克黑体辐射公式，使能量量子化的假设引起物理学界的极大重视，很快获得认可 (后来，玻色、德拜、德布罗意、爱因斯坦等又分别从不同的思路推导了这个公式)。德布罗意意识到光量子假设的重大意义，他逆向思维，既然光波表现出粒子的特性，那为什么粒子不能具有波的特性呢？由此他大胆提出了实物粒子都具有波动特性的假设，量子力学的帷幕由此拉开，为了建立微观粒子的波动方程，薛定谔、狄拉克先后登场了。1925 年，属于量子力学的开端之年，二十年之后，费曼登场，提出路径积分，与波动力学、矩阵力学形成三足鼎立。

量子力学内容繁多，数学工具杂乱，原因是矩阵力学创立在前，波动力学创立在后，矩阵力学以线性代数特别是其中的线性变换为主，包括矩阵、矢量 (向量) 空间，基矢量变换和算符等数学工具；而波动力学则以解微分方程为主，将矩阵力学使用的数学工具移植到波动力学中，就显得不够自然，特别是将波函数解释为概率波，力和运动轨迹的概念不再适用，而线性代数工具的使用和解释也不严谨、不系统。算符和狄拉克算符的使用又出现了量子力学运算的不同绘景，不同基矢量之间变换的表象问题，等等。从物理学家追求的简单、和谐与美的统一来讲，除了薛定谔方程与狄拉克方程之外，量子力学实再谈不上简单、和谐之美，在这种情况下如何有效地提高学习效率，就显得尤为重要。为此，下面提出几点量子力学包含的重要概念和参考资料，或许能减少一些学习中出现的困惑。

(1) 概率波函数：波粒二象性 (不确定性), 实际上，量子力学侧重于研究粒子的特性，很少研究波的特性。

(2) 波的叠加原理：(纠缠态) 与水波、声波、无线电波在叠加上的不同。

(3) 态矢量：即波函数，是量子状态的属性，线性变换，与普通矢量的异同。

(4) 狄拉克符号和算符运算：本征方程 (狄拉克符号是新内容)。

(5) 测量问题：平均值 (部分内容是新的)。

量子力学对于在大学学习过普通物理学和高等数学的读者，大部分内容几乎都是熟悉的，也是检验已经学过知识的一次机会，应该是很有乐趣的再学习过程，何乐而不为。

从 1900 年量子论诞生到现在，一个多世纪过去了，有关量子论的文献资料，多如烟海，不可胜数，仅就专著、教科书已是难以计数，如果以时间的演进而论，或是以名人名著甄选，大体上可以说 20 世纪 30 年代，陆续出现了几本名人名著，即海森伯、泡利、狄拉克、费米，以及后起之秀朗道、费曼的著作，前面四位名人著作，带有浓厚的个人专业偏爱，后两位则是通观物理学科全局，论述内容具有持久的可读性，在此之后，优秀著作迭出，与英文原著系列相比，俄文著作在 20 世纪 30 年代陆续问世，以其严谨、全面、系统为特点，对量子力学的发展贡献显著。我国从 20 世纪 50 年代开始至 80 年代，从事教学科研的大学，研究所的科技人员、教师，都从中获益匪浅。然而，在外文书籍大量引进之后，格局迅速改变，时至今日，学位应试统考盛行，物理思想日渐衰微，也许是物理学理论的黄金、白银时期已过，青铜时期延续，也许是实验研究的鼎盛时期的开始。

学习量子力学，无论哪类著作，大体都包括四种类型的内容，即自证、互证、验证和应用。这就是矩阵力学与波动力学的初期，以氢原子为研究对象，各自验证理论计算的结果是否与玻尔的氢原子理论模型符合，或者说，是否与玻尔给出的氢原子半径、能级公式符合，这是理论的自证阶段；接着是矩阵力学与波动力学的互证，分析二者对同一客体的计算能否得出相同的结果，共同的客体就是谐振子的能级，以及绘景问题。如果没有矩阵力学，也就没有绘景问题，从经典力学开始，也就是力学量的动力学演化，是其自然的过程。但是，矩阵力学的动力学变量是算符，这就产生一个新的问题，波动力学与矩阵力学如何确定动力学变量的问题，就是所谓绘景问题，不同的绘景要能得出相同的结果，这部分内容也是互证分析的主要课题；然后，需要解决力学量的测量问题，这当然非常重要，为此发展了算符方法，得出本征值、本征函数和本征方程等求解波动方程的算符方法及一些近似计算；第四个阶段就是应用，通过应用进一步发展和完善理论，从尺度的观点来看，量子力学是人类从未进入的新领域，涉及的具体内容与经典力学是对应的，例如谐振子问题、角动量问题、碰撞问题、中心力场问题，等等，量子力学中的这些内容，不是另起炉灶，而是物理概念的更新、数学描述和处理方法的继承和发展。

选择阅读资料，应从现时的资料 (教科书) 开始，而后推移到过去，要少而精，大师级的著作，出版已经久远，如狄拉克、朗道、海森伯等的著作，已经是七十多年前撰写的，除了倾向性和偏好很重，就可读性来说，显然不如几十年后出版的优秀教科书，而且他们著作中的精华内容已经融入到后来的著作，特别是大学的教科书中 (教科书经过多次讲授，听取反馈意见，修改和完善，加上出版商的精心策划、专业绘图、排版设计，自然胜过年代已久的著作，尽管是名著)。因此，不宜在开始阶段阅读那些大师级的著作，慕名和求实，应以求实为主；简单与复杂，应以简单为主。选一本好的教科书，反复学习、深刻领会、不断思考，然后带着自己的疑问，有选择性地阅读有关著作的相关章节，之后，就可以直接阅读论文文献了。

2.2 量子力学的内容提要

理论物理学家对自然界的认识和研究的尺度，首先是宏观尺度 (牛顿–爱因斯坦：经典力学和狭义相对论)，然后是宇观尺度 (开普勒–伽利略–牛顿–爱因斯坦：开普勒三定律、万有引力定律和广义相对论)，之后是微观尺度 (量子力学)。学习这门学科需要注意以下要点：在普朗克提出能量子假设之后，卢瑟福通过 α 粒子轰击金箔实验发现原子核行星轨道壳模型，但出现电子绕原子核逐渐衰减而落到核上的不稳定问题，为此玻尔提出不同轨道量化和电子能量量化的模型，取得了显著成功，受此鼓舞，海森伯当时虽然并不通晓矩阵知识，但他将粒子离散化的状态分别放入不同的数据表格之中，以示区别，玻恩看出该表格似乎与他曾经学过的矩阵很相似，将该表格用矩阵代替，而约尔丹 (E. Jordan) 比他们年轻，较为熟悉矩阵，因此，完善了粒子状态的矩阵表示方法 (就是历史上著名的一人、二人和三人论文的内容)，建立了矩阵力学，即以反映粒子的可观测特性为主，很自然地用到矩阵乘法不可交换、能量算符、本征方程和特征值这些矩阵知识；而薛定谔在他的导师德拜的多次建议下，拼凑出了一个波动方程，试用于氢原子，给出量子能级公式，得出与玻尔相同的结果，这是沿着从经典理论建立微分方程开始，继之在初边值条件下解方程得到期盼的结果，而以开创波动力学取得成功，即以反映粒子状态的波动特性为主，拉开了量子力学的大幕；最后登场的狄拉克，除了建立 (狭义) 相对论量子力学方程之外，为了简化文字叙述的不断重复，反映态矢量的物理内涵，另辟蹊径，提出了态矢量符号，代替许多矢量、积分表示式和本征态算符的运算，促进了量子力学的发展。因此，学习量子力学，需要的数学知识主要是微积分、简单的算符表示、概率论的基本知识、本征方程和狄拉克符号；需要的物理知识则在大学普通物理学中都已学过，只是深度不够，其实就是补充数学推演 (这些数学推导很快就会忘记)。至于波粒二象性，至今谁也解释不清，已有实验为证，接受即可，不必深究。在研究微观尺度相互作用时，以粒子为主；在考察粒子的空间状态时，以随机分布为主，在探讨长距离传播时，以波动方式为主 (对于微观粒子，厘米或米的量级已经是长距离)。也可以说，粒子在势阱之外，是自由粒子，具有连续能量，可以采用经典的轨道表述，如自旋、角动量，轨道量子数等；在约束态，粒子点就是随机分布的粒子云 (图 2-1)，轨道就是随机分布的粒子云的均值，当研究的粒子所在空间比衍射或双缝实验的缝隙大很多时，普朗克常数可以略去，粒子的行为可以借用经典物理学的表述，如射线、光束、单电子射线、激光等 (在威耳孙云室中观察到的粒子径迹，自然是粒子云的均值，是电子的位置和动量在精度上的折中表现，这种折中表现就是经典力学的轨迹，也就是前面说的，譬如，将电子的自旋想象成环绕自身的轴旋转的角动量，尽管自旋是粒子本身的固有属性，与绕轴旋转没有相同之处)；测不准关系等同于脉冲信号的傅里叶积分变换中时域与频域的关系。如此看来，量子力学就是波动力学加矩阵力学，或者可以说是微分方程加矩阵，本质上就是线性代数，何愁量子力学难学。

图 2-1 电子云图

经典力学研究质点在力作用下的运动，不受力时质点处于静止或匀速运动状态；量子力学研究的是微观粒子，它没有静止状态，理想的自由粒子一直处于随机游动状态，或是处于势能形成的势阱的约束状态，量子力学就研究各种不同势阱下粒子的行为。当然，与经典力学一样，也研究相互作用问题，包括碰撞、在中心力场作用下的二体问题、在原子中粒子自旋与轨道旋转下的角动量。但是，由于波粒二象性，力、轨道、轨迹都失去了意义，原子核中粒子的自旋和轨道旋转的图景与地球自转并绕太阳旋转的图景完全不同，但并不妨碍这样的类似想象 (如卢瑟福–玻尔的原子模型，乌伦贝克、克罗尼格等按照经典行星模型的思索，提出了电子自旋模型)。要了解质点和粒子的动力学行为，需要知道它们的位置和速度信息，遗憾的是，对于经典力学，通过测量获得位置与速度信息是轻而易举的事；而对于量子力学则成了不可能的事，波和粒子同在，如何测量，这就是测量引起状态的坍缩，出现位置和动量等共轭量不能同时准确测量的问题。经典力学中有作用力与反作用力大小相等、方向相反的定律，此定律在量子力学中不成立。此外，质点的能量是连续的，粒子的能量是量子化的，即最小能量单位的整数倍，是离散的。既然粒子具有波的特点，就需要研究干涉、衍射、传播等，不过，它的波的属性与宏观尺度下的波并不完全相同，随机性就是其中的根本区别。虽然有这些异同点，但是量子力学创立的前二十年，即 1900~1920 年，研究仍然是沿着经典力学的程式进行，只是提出能量量子化的假设，如光量子、原子的轨道能级量子化，这一时期以普朗克、爱因斯坦和玻尔为代表，因为没有引入粒子行为的概率描述，属于旧量子力学。在假定系统应是线性的前提下，其一便是采用线性方程组和矩阵表达粒子的各种状态，即矩阵力学，很自然地利用了算符和本征值方法 (海森伯、约尔丹和玻恩的思路)。其二便是建立波动的微分方程，通过设置初边值条件求解波动方程，研究粒子的量子行为、概率波的叠加原理和狄拉克态矢量符号 (德拜和薛定谔的思路；狄拉克方程)，这是新量子力学的创立阶段，代表人物有海森伯、薛定谔和狄拉克。其三便是通过路径积分研究粒子状态的变化，也就是将拉格朗日处理经典力学的数学方法应用于粒子的状态从一处到另一处的随机过程 (费曼的思路)。以上三种思路创建的量子力学的研究内容大致分两部分：一是粒子行为，二是波动状态。研究方法不可避免是继承或者说是仿效经典力学的风格，探讨原子模型中粒子的分布规律和对应的能量取值、粒子的碰撞、中心力场的二体问题、自旋和轨道旋转的角动量、各种势阱中粒子的谐振子模型和量子行为、概率波通过晶体点阵和光栅的干涉与衍射行为以及测量问题等。如果要包括后来出现的研究动向，那就是量子纠缠或非定域问题、测量的客观性问题 (因果关系) 等, 这将由著名的贝尔不等式来判定。不可否认，量子力学仍然是以研究粒子的特性为主，波的特性的研究比较少。

统观上述内容，极限的概念，例如速度 $\mathrm{d}x/\mathrm{d}t$，它是在经典力学概念的基础上提出的，是否适合于描述量子或粒子的行为，可能是一个问题。因为 $m\mathrm{d}x/\mathrm{d}t = p$，它和位置 x 是一对共轭变量，微分会将位置的误差放大，也即速度的不确定性被放大。

回顾量子力学的创立和发展，是 “实验发现 → 提出理论解释 → 新实验新发现 → 新理论解释 → 理论争论 → 理论进一步发展与进行新实验” 这样的交织过程，犹如宝山中俯拾皆是宝物，有幸参与其中的年轻研究人员，岂能空返？

下面，概括地将上述内容总结如下。

1) 粒子的特性

(1) 没有轨迹：由测不准原理确定。

(2) 波–粒二象性：由衍射实验证明。

(3) 随机性：由概率幅绝对值的平方，即概率密度描述。

(4) 对称性：对称和反对称，由群论表示。

2) 粒子的分类

(1) 全同粒子：不可分辨的粒子。

(2) 非全同粒子：可分辨粒子。

3) 运动方式

(1) 简谐振动：各种势阱中的运动、势垒隧穿效应。

(2) 转动：围绕原子核的转动，轨道角动量和自旋角动量理论。

(3) 碰撞：弹性散射和非弹性散射。

4) 波动方程

(1) 定态：本征方程。

(2) 分离变量法：直角坐标系波动方程、球面坐标系波动方程。

(3) 近似方法：哈密顿量的微扰、其他近似方法。

5) 测量问题

(1) 本征方程、本征值，力学量的平均值。

(2) 坍缩。

(3) 粒子的局域性，粒子纠缠。

6) 波函数

(1) 叠加特性。

(2) 表象和绘景。

(3) 数学描述：态矢量、算符、狄拉克符号。

整体性质：超导、超流、凝聚态。

2.3 困　惑

现代，大学普通物理学的内容已经包括狭义相对论和广义相对论的基本概念、量子力学、原子物理学、波动和光学、宇宙起源的大爆炸模型以及各种相关的实验，这些知识对于进行科学研究与工程技术方面的创新已经足够，对于科研专题，这些知识在深度方面的不足可以根据需要，有选择地学习；就量子力学而言，真正需要补充的是狄拉克方程和他提出的态矢量符号，以及费曼路径积分，也就是被称之为高等量子力学 (或量子场论) 的内容，这些内容对量子理论的研究比实际应用更有价值。

当前的大学高年级量子力学教科书没有考虑这些因素，重复了许多普通物理学的内容，占据了很多宝贵课时。同时，量子力学的过度数学化把物理规律的简单、和谐与美的统一破坏了、复杂化了。量子力学的建立、发展和提高要侧重于它的物理学的本质和特性。须知，量子力学不是数学、不是数学物理、也不是物理数学，而是微观尺度的物理学，数学在这里只是有效的表达工具，它是文字表述的补充，起到画龙点睛的效果。如在规范场的研究中获得诺贝尔奖物理学奖的渐近自由的概念，类似于橡皮筋绷紧时基本粒子彼此受拉的力量很大，松弛时拉力消失，数学化能产生这样的概念和类比吗？当年，二战后复原的贾埃佛 (I. Giaever) 进行量子隧穿实验获得诺贝尔奖时，还在夜校补习物理学和数学课程。因此，正如爱因斯坦所说："自从数学家入侵了相对论以来，我本人就再也不能理解相对论了"(Since the mathematicians have invaded thc theory of relativity, I do not understand it myself anymore)。对于数学家，追求理论的严谨、系统和完美；对于物理学家，它只是一个有效的工具，看清这一点很重要，问题的关键在于能否从数学家构建的庞大工具库里找到简单而适合的工具，并学会巧妙地使用它。当然，物理学家也会提出一些很实用的数学符号和运算规则，如张量中的爱因斯坦求和约定和量子力学中的狄拉克符号。

近二十年来，获得诺贝尔物理学奖的那些量子力学家依靠的都是物理概念上的创新、技术方法的独特与实验的新颖，而不是他们有多深的数学水平，更不是多么精通数学化的量子力学，明白这一点，对于创新是极为重要的。

其实，相对论和量子力学都是从经典力学发展而来的，主要是尺度的延伸和速度的增大，广义相对论基于微分几何学，其尺度向天体宏观尺度延伸 (狭义相对论在低速时就遵从经典力学的速度合成公式，广义相对论 (引力场) 的一级近似就是万有引力公式)；量子力学基于概率描述，其尺度向微观粒子深入 (以 $\hbar$ 为标志)，其速度也已远超过中尺度系统，由于质量几乎接近于零 ($\sim 1\times 10^{-34}$)，因而没有静止状态，只有飘忽不定的运动状态，出现新的特点并不奇怪：其一是波粒二象性和量子共轭量非对易 (波对粒子的作用不同于粒子对波的作用)，差值是 $\mathrm{i}\hbar$，也就是测不准关系；其二是因果关系不适用，观测的客观性失去意义，因为观测将引起量子状态的坍缩 (意指由多种可能状态的叠加随机变为一种确定的状态，本征态)，例如，掷骰子 (色子，dice) 的游戏，盒盖未打开之前，骰子 1，2，3，4，5 和 6 这六个数字出现的概率是均等的，盒盖打开之后，只能是一个数字，也就是观测使六个可能的数字只呈现为其中一个数字，这就是 (概率的)"坍缩" 之意。其实不论是在概率论中还是在日常生活中，这都是常识。量子坍缩的意思是：如果将这六个数字改为可能出现的概率值 (在最简单情况下，为等概率)，那么即使知道了该数字，也不能断定是 1，2，3，4，5 和 6 这六个数字中的哪一个，结果具有不确定性。研究微观粒子，借用了许多经典物理学的概念和数学工具，作为认识和理解自然规律的一种思考方式，是相当有效的。当然，数学上自洽的结果不一定真实反映自然规律。

例如，20 世纪初期著名的物理学家，泡利、海森伯的老师索末菲 (A. Summerfeld)，培养出了多名诺贝尔奖获得者，遗憾的是，由于他精通经典物理、数学水平很高、分析能力出众，反而坚持用经典理论修补新兴的量子力学，只能与诺贝尔奖失之交背，在量子力学上也没有重要建树，因为他的思路和背景知识对于量子力学已不再适用。相对论 (场方程) 秉承力和场是因，对应的动力学演化是果，遵从因果关系；但是，因果关系不适用于量子力学，量子的状态与外因不对应，量子态和波粒二象性是量子的固有特性和自然属性，与力无关。显然，两种理论的冲突是物理学研究向粒子尺寸深入，而速度向光速扩展时发生的，就科学发展的历程来看，这是很自然的知识继承与发展，概念是新的，研究方法是传承的，从薛定谔方程的微分形式和费曼的路径积分显然可以看出。还有，当年 (1926 年) 玻恩在他的一篇论文《散射过程的量子力学》的清样中附有一个脚注："散射后粒子在某一方向出现的概率正比于波函数的平方"(注意，当时并没有提出波函数 "绝对值" 的平方这个重要概念)。也许玻恩觉得，这只是光的杨氏双缝干涉实验的结果 (特别是光强度的干涉公式)，而粒子的散射自然具有随机性，并没有新颖之处，因此，他也就很自然地作为附带说明放在脚注中 (这真是无心插柳柳成荫)，这就是概率波，关键一步是波函数绝对值的平方 (作为联想，振幅的平方自然相当于强度或能量，如速度的平方是动能或电压的平方是电能，等等)，是概念的更新过程。当代普通高中学生和大学生接受量子力学的知识已经没有任何困难 (现在有一部分内容已经成为大众科普知识)，在 21 世纪，实在没有必要像哥本哈根的玻尔学派在 20 世纪创立量子力学时期做的那样，将经典物理学与量子力学过分夸大成不可调和的。连续和离散、粒子和波、确定性和非确定性都是自然界事物的两面性或互补性，爱因斯坦站在麦克斯韦的肩上，通过研究电磁场理论继承、修改和完善了牛顿等的物理学理论；量子力学可以看成是两千年前的原子论在 20 世纪的实验、发现、研究、创立和逐步完善的过程，人为地强调经典物理学与量子力学之间的对立与不可调和，并把量子力学看成完美无缺的，这对科学和知识的继承、发展及概念的更新都没有好处。

20 世纪初，经典力学已经日臻完美，由一代一代老科学家坐镇，深奥的数学使年轻人望而却步，自知难入殿堂；量子概念的出现，犹如一股春风，唤起年轻人的激情和新鲜感，带有思辨性质而问题又简明清楚，正是年轻人的向往，没有高筑的门槛，没有严格的戒律，自然成了年轻学者的寻宝之所。而如今，21 世纪，量子力学也已步入暮年，如同经典力学，它的殿堂门槛也已高筑，难入其中，宝藏已经掏空，理论物理的黄金时代早已过去，白银时代也不复存在，现在面对的是青铜时期，那些从书本上或文章中演绎问题的 "理论" 研究，难以引起年轻学者的兴趣。在这种情况下，承认量子力学基本论点的正确与合理，用它解释现代有关实验，显示它的效力，应当是量子力学教科书的重点，实在没有必要让读者重新经历一次 20 世纪一百年来量子力学的创立、发展与完善过程，特别是那些哲学争论，它将耗去许多宝贵的学习时间。

学习量子力学一定要注意经典力学与量子力学在空间尺度、离散和连续状态之间的合理衔接，二者的相关理论是分别在不同空间尺度正确与合理的，各擅胜场，关键是巧妙的结合，概念的交互使用。

笔者学习量子力学想要知道，就电子而言，欧姆定律与薛定谔方程之间有什么联系。量子与牛顿实物粒子都有质量、能量、动量，也都有定向运动速度，薛定谔方程为什么不能描述实物粒子？玻恩的一个脚注是如何演变成薛定谔方程解的波函数的概率诠释的。笔者还想知道量子共轭量非对易与经典力学中作用力与反作用力相等之间有没有对应关系。

现在，要论述的是笔者学习量子力学的体会和对多种中外量子力学名著对比阅读后的感悟，希望能找到一条通向学习和理解量子理论有用知识的简易途径。

2.4 背 景 知 识

量子力学是 1925~1928 年创立的，是物理学由宏观尺度向微观尺度深入的结果。这之前，已经有了普朗克的黑体辐射能量量子化的公式，卢瑟福-玻尔的原子行星模型，爱因斯坦的光量子假设和狭义相对论。其中，光量子的提出在新的视角之下，引发了关于光是粒子还是波的研究，牛顿认为光是粒子而惠更斯认为光是波的旷世之争，经过托马斯 · 杨和菲涅尔的理论与实验探讨，取得了巨大进展，到麦克斯韦电磁理论、赫兹的电磁波试验发现、干涉与衍射图案等都显示光是波的看法已经获得全胜。可是，在解释光电效应方面，特别是康普顿散射实验的结果表明，光量子假设取得了决定性的成功，面对麦克斯韦和爱因斯坦两位科学巨人的不同理论，一种光既是粒子又是波的波粒二象性被科学界逐渐接受。1924 年，德布罗意进一步提出物质波，终于拉开了巨大帷幕的一角，探讨 (如电子) 具有波粒二象性的物质波的运动规律自然成了一个重要课题。德拜 (P. Debye) 向他的研究生薛定谔提出，研究物质波必须有一个波动方程，不负所望，半年之后，薛定谔给出了时间为一阶微分，空间坐标为二阶微分的方程，就是波动方程。可是，这个微分方程能够给出的不是通常已经熟悉的类似声波、水波、电磁波那样的波动形式，而是类似于概率密度的结果。于是问题出现了，这个结果表示什么物理量？虚数 i 起什么作用？众说纷纭，莫衷一是，粒子与波动的对立，接踵而来的确定性与随机性、定域与非定域的争论，成了量子力学发展史上的一道持续百年的独特风景。

2.5 基本方程

1924 年，德布罗意 (L. de Broglie) 在其博士论文中将爱因斯坦的光量子假设推广为物质波。爱因斯坦认为物质波拉开了巨大帷幕的一角，量子力学由此创立和迅速发展，三个基本方程相继建立，下面将要演示：既然波形与参数都是已知的，根据能量、动能和势能的表达式，建立方程就不是一件难事。

2.5.1 能量和动量算子

20 世纪 20 年代，也就是 1925~1928 年，是量子力学初创的黄金时代。那时，它是一个“贵族式”的学科，集中在欧洲的哥廷根、哥本哈根和柏林几个城市，从事物理学学习的大学生和研究人员至多不足百人，可谓精英荟萃、英雄辈出，正如狄拉克感叹：那时，一个三流的科学家可以做出一流的结果，而后来则是一流的科学家只能做出三流的结果 (那位被称之为 20 世纪最后一位全才理论物理学家的朗道也有这样的感叹)。究其原因，则是量子力学的基本方程是可以通过极简单的初等方法建立的。那时，大学生对于弦的波动方程和它的解，特别是通过傅里叶变换中 e 的指数表示已经非常熟悉，一个在空间和时间中传播的振动的波或谐波，有如下形式：

$$\Psi(x,y,z;\,t)=\psi(\boldsymbol{x},t)\mathrm{e}^{-\mathrm{i}(\omega t-\boldsymbol{k}\cdot\boldsymbol{x})} \tag{2-1}$$

式中，$\boldsymbol{x}$ 表示(x,y,z)，ω是角频率，$\boldsymbol{k}(k_x,k_y,k_z)$是波数。

式 (2-1) 将空间–时间域 $(x,y,z;t)$ 和频率–波数域 $(\omega,\boldsymbol{k})$ 通过指数 $\mathrm{e}^{-\mathrm{i}(\omega t-\boldsymbol{k}\cdot\boldsymbol{x})}$ 联系起来, 其中，时间 t 与频率 ω；空间 $\boldsymbol{x}(x,y,z)$ 与波数 $\boldsymbol{k}$ 各是相关变量，构成变换域 (现在称作共轭变量，也就是同一粒子的一对共轭变量 (相互制约并处于同步约束状态)) 的误差之积只能大于或等于某个常数 $\hbar/2$——测不准关系。其实，在傅里叶变换中，这是非常简单的情况，如时间域中的点脉冲，对应于频率域中等幅的带宽无限的白噪声。从振动波的物理特性可知，波幅 $\psi(\boldsymbol{x},t)$的变化实质上是由$\mathrm{e}^{-\mathrm{i}(\omega t-\boldsymbol{k}\cdot\boldsymbol{x})}$ 调制的结果，当我们对频率和波数感兴趣，分别进行观察时，自然可以将波幅看成等幅波 (就是平面波——球面波在远端的近似)，即

$$\boldsymbol{\Psi}(x,y,z;t)=\psi(\boldsymbol{x},t)\mathrm{e}^{-\mathrm{i}(\omega t-\boldsymbol{k}\cdot\boldsymbol{x})}=\psi\mathrm{e}^{-\mathrm{i}(\omega t-\boldsymbol{k}\cdot\boldsymbol{x})} \tag{2-2}$$

根据德布罗意的物质波假设，量子具有波粒二象性，能量 $E=h\nu$，ν 为频率，h 为普朗克常量，c 是光速，λ 是波长，则量子的动量 $p=\dfrac{E}{c}=\dfrac{h\nu}{c}=\dfrac{h}{\lambda}$，式 (2-2) 中的角频率 ω 就可以表示为：$\omega=2\pi\nu=2\pi\dfrac{E}{h}$，$E=\omega\dfrac{h}{2\pi}=\hbar\omega$。同样，也可以在波数空

间观察波的传播过程，这时，波数 $k=\dfrac{2\pi}{\lambda}=\dfrac{2\pi}{h/p}=\dfrac{2\pi p}{h}=\dfrac{p}{\hbar}$，$\hbar=\dfrac{h}{2\pi}$，$\hbar$ 是狄拉克表示方式，而在频率–波数域中，这个波函数可以表示为

$$\Psi(x,y,z;t)=\psi(\boldsymbol{x},t)\mathrm{e}^{-\mathrm{i}(\omega t-\boldsymbol{k}\cdot\boldsymbol{x})}=\psi\mathrm{e}^{-\mathrm{i}(\omega t-\boldsymbol{k}\cdot\boldsymbol{x})}=\psi(\boldsymbol{x},t)\mathrm{e}^{(-\mathrm{i}/\hbar)(Et-\boldsymbol{p}\cdot\boldsymbol{x})} \tag{2-3}$$

它反映了量子力学的发展过程，观察时间域中波的变化，只要对 t 求导即可

$$\frac{\partial\Psi(\boldsymbol{x},t)}{\partial t}=\psi\mathrm{e}^{(-\mathrm{i}/\hbar)(Et-\boldsymbol{p}\cdot\boldsymbol{x})}\frac{\partial}{\partial t}\left(-\mathrm{i}\frac{E}{\hbar}t\right)=-\Psi(\boldsymbol{x},t)\mathrm{i}\frac{E}{\hbar} \tag{2-4}$$

显然可得如下结果

$$E\Psi=\mathrm{i}\hbar\frac{\partial\Psi}{\partial t} \tag{2-5}$$

可以看出，能量 E 的作用相当于一个时间域中的微分算子 $\Big($若记 $L_t=\mathrm{i}\hbar\dfrac{\partial}{\partial t}$，则有 $L_t\Psi=E\Psi$，就是后面需要了解的本征函数形式$\Big)$，即

$$E\leftrightarrow\mathrm{i}\hbar\frac{\partial}{\partial t} \tag{2-6}$$

类似的，考察波在空间域中的变化，也就是波函数对 $\boldsymbol{x}$ 求导，可得

$$\frac{\partial\boldsymbol{\Psi}(\boldsymbol{x},t)}{\partial\boldsymbol{x}}=\psi\mathrm{e}^{-\mathrm{i}\left(\frac{E}{\hbar}t-\frac{\boldsymbol{p}}{\hbar}\boldsymbol{x}\right)}\frac{\partial}{\partial\boldsymbol{x}}\left(\mathrm{i}\frac{\boldsymbol{p}}{\hbar}\boldsymbol{x}\right)=\boldsymbol{\Psi}(\boldsymbol{x},t)\mathrm{i}\frac{\boldsymbol{p}}{\hbar} \tag{2-7}$$

可以看出：$\dfrac{\hbar}{\mathrm{i}}\dfrac{\partial\boldsymbol{\Psi}}{\partial\boldsymbol{x}}=\boldsymbol{p\Psi}$，由此同样可以得出动量 $\boldsymbol{p}$ 在波数域中的微分算子 $\Big($同样，若是记 $L_x=-\mathrm{i}\hbar\dfrac{\partial}{\partial x}$，则有$L_x\Psi=p\Psi$，属于本征函数表示式$\Big)$，即

$$\boldsymbol{p}\leftrightarrow\frac{\hbar}{\mathrm{i}}\frac{\partial}{\partial\boldsymbol{x}}=-\mathrm{i}\hbar\frac{\partial}{\partial\boldsymbol{x}} \tag{2-8}$$

注意到 $\boldsymbol{x}$ 表示 (x,y,z)，上式实际上就是笛卡儿坐标系的三维微分算子：

$$\boldsymbol{p}\leftrightarrow\frac{\hbar}{\mathrm{i}}\frac{\partial}{\partial\boldsymbol{x}}=-\mathrm{i}\hbar\nabla \tag{2-9}$$

以上内容都是当时理工科大学生的基本知识，对于建立量子力学的基本方程，已经足够了 (因为波函数将能量–动量与时间–空间联系起来，既描述波动特性，又描述了粒子特性，也就是说，它携带了这二者的主要动力学信息)。在自然界中，能量守恒是一个基本定律，能量等于动能与势能之和，能量的变化自然等于动能的改变和势能的改变之和，根据物质波的思想，携带能量的粒子在笛卡儿空间内，只能以波动的形式传播，也就是平面波，它是能量方程的解；反过来，将能量与动量算符作用于能量、动量和势能，就得到能量方程，低速时是薛定谔方程，高速时是

Klein-Gordon 方程和 Dirac 方程，它们是能量守恒的数学表示，当然不能从其他定理推出。与量子力学领域的精英相比，后来的年轻学者可能缺少的不仅是机遇、更重要的还有解决问题的动力、创新的思想和激情。

这里需要格外注意的是虚数 i，它在量子力学中具有极为重要的作用，因为其中诸多的复杂性就是由此产生的。此外，波函数具有 (正，反) 对称性，女数学家诺特 (A. E. Noether) 在 1915 年提出每一个守恒律都对应一种对称性：时间 (t) 平移不变性对应于能量 (E) 守恒 $\left(E \leftrightarrow \mathrm{i}\hbar\dfrac{\partial}{\partial t}\right)$；空间 (x,y,z) 平移不变性对应于动量 $(\boldsymbol{p})$ 守恒 $\left(\boldsymbol{p} \leftrightarrow \dfrac{\hbar}{\mathrm{i}}\dfrac{\partial}{\partial \boldsymbol{x}} = -\mathrm{i}\hbar\nabla\right)$；空间旋转不变性，对应于角动量 (L) 守恒。因此，E 和 t，$\boldsymbol{p}$ 和 x,y,z 很自然地分别构成一对共轭参量 (E 和 t；p_x 和 x；p_y 和 y；p_z 和 z)，互相制约，同时处于约束状态，海森伯的测不准关系反映的就是这个性质，直白地说，之所以称它们为共轭参量，就是彼此反相制约和变化。波函数反映的也是这个性质，不过是将波的变量和粒子的变量作为共轭变量对，也是不能同时测量的，以测量时状态的坍缩为证，为什么是这样，原因何在，不值得思考吗？

2.5.2 量子力学的基本方程

本节中的基本方程是指薛定谔方程、Klein-Gordon 方程和 Dirac 方程，利用 2.5.1 节得出的微分算子，得出这三个方程是轻而易举的事。

1. *薛定谔方程*

经典物理学中的能量 E、动能 $\dfrac{1}{2}mv^2$ 和势能 V 有如下关系：

$$\frac{1}{2}mv^2 + V = \frac{p^2}{2m} + V = E \tag{2-10}$$

式中，m是粒子的质量，v是粒子的运动速度 (虽明显小于光速，但仍为极高的速度，前者是拉格朗日表示 (广义坐标和广义速度，属于轨迹的概念)，后者是哈密顿表示 (广义坐标和广义动量，属于能量的概念)，在量子力学中，二者不可混用)。将算子p和E的表达式 (2-6) 和 (2-9) 代入上式，立即得出薛定谔方程：

$$\left(-\frac{\hbar^2}{2m}\nabla^2 + V\right)\Psi(\boldsymbol{x},t) = \mathrm{i}\hbar\frac{\partial}{\partial t}\Psi(\boldsymbol{x},t) \tag{2-11}$$

由于式 (2-10) 是经典物理学的基本关系，因此，薛定谔方程也是经典的，能量守恒的。

2. Klein-Gordon *方程*

当能量、动能采用 (狭义) 相对论的关系式时，就可以得出 Klein-Gordon 方程，根据相对论，能量–动量有如下公式 (请注意，这里没有势能，或者，不失一般性，

选择势能为零):

$$E^2 = p^2c^2 + m^2c^4 \tag{2-12}$$

代入p和E的算子表达式，立即可得如下方程:

$$\left(\frac{1}{c^2}\frac{\partial^2}{\partial t^2} - \nabla^2 + \frac{m^2c^2}{\hbar^2}\right)\varPsi(\boldsymbol{x},t) = 0 \tag{2-13}$$

很可惜，由于式 (2-12) 中能量的平方 (E^2) 损失了原有的相位信息，包括虚数 i 消失，失去了复平面波函数 (来自远处球面波的近似) 的重要特性，从而使得这个 Klein-Gordon 方程与量子力学的许多实验结果，以及已知的理论都不一致 (例如，波函数的概率密度可以为负值)。虽然，当设 $m = 0$，方程 (2-13) 成为 Maxwell 电磁场方程，可以描述自旋为零的粒子，但用处仍然有限。

3. Dirac 方程

式 (2-12) 是狭义相对论的结果，应该在量子力学中体现出来，因此，这个公式必须被满足。但是，其中能量的平方 (E^2) 损失了原有的相位信息，Dirac 感悟出 Klein-Gordon 方程不成功给出的线索是：不可直接使用$E^2 = p^2c^2 + m^2c^4$，只有对其开方，别无他法。显然，只要将右边配成完全平方，就可以实现开方运算，在数学中，恰巧早就有了利用 Hermite 单位矩阵将方程右边配成完全平方的初等方法，方法虽然很简单，但在当时的量子力学精英里，却没有一个人能想到这一点，他们的数学水平顶多就是普通微积分的知识，而 Dirac 的数学水平要比那些量子力学精英高多了，正是他想到了这个方法，并获得预期的结果。

具体而言，若 $\boldsymbol{A}$ 和 $\boldsymbol{B}$ 是单位方阵，a 和 b 是任意系数，那么，$(a\boldsymbol{A} + b\boldsymbol{B})^2 = (a\boldsymbol{A})^2 + a\boldsymbol{A}b\boldsymbol{B} + b\boldsymbol{B}a\boldsymbol{A} + (b\boldsymbol{B})^2 = (a\boldsymbol{A})^2 + ab\boldsymbol{AB} + ab\boldsymbol{BA} + (b\boldsymbol{B})^2$, 已知矩阵的乘法一般是不可交换的 (非对易的)，即 $ab\boldsymbol{AB} \neq ab\boldsymbol{BA}$，但是有 $ab\boldsymbol{AB} = -ab\boldsymbol{BA}$，由此可得 $ab\boldsymbol{AB} + ab\boldsymbol{BA} = 0$，这就意味着：$(a\boldsymbol{A}+b\boldsymbol{B})^2 = (a\boldsymbol{A})^2+(b\boldsymbol{B})^2$。

按照这个方法，很容易实现对$E^2 = p^2c^2 + m^2c^4$ 的开方，用 $\boldsymbol{\alpha}$ 表示上式中的矩阵 $\boldsymbol{A}$，需要注意的是，$\boldsymbol{\alpha}$ 是矢量，它的三个分量$(\alpha_x, \alpha_y, \alpha_z)$ 与动量 $\boldsymbol{p}$ 的三个分量 (p_x, p_y, p_z) 相对应；用 $\boldsymbol{\beta}$ 表示矩阵 $\boldsymbol{B}$，则能量 E^2 就可以表示成二项式的平方

$$\begin{aligned} E^2 &= p^2c^2 + m^2c^4 = (\alpha \cdot pc + \beta mc^2)^2 \\ &= c^2(\alpha \cdot p)^2 + \beta^2 m^2c^4 + (\alpha \cdot p)\beta mc^3 + \beta(\alpha \cdot p)mc^3 \end{aligned} \tag{2-14}$$

容易看出，矩阵 $\boldsymbol{\alpha}$、$\boldsymbol{\beta}$ 有如下关系：

$$(\boldsymbol{\alpha} \cdot \boldsymbol{p})^2 = (\alpha_x p_x + \alpha_y p_y + \alpha_z p_z)^2 = \boldsymbol{p}^2, \quad \boldsymbol{\alpha\beta} = -\boldsymbol{\beta\alpha}, \quad \boldsymbol{\beta}^2 = 1, \quad \alpha_x^2 = \alpha_y^2 = \alpha_z^2 = 1$$

(很明显，这四个分量组成一个四阶 (4×4)矩阵，并且可以从已有的二阶泡利矩阵直接得出) 这时，对式 (2-14) 开方可得

$$E=\boldsymbol{\alpha}\cdot\boldsymbol{p}c+\boldsymbol{\beta}mc^2 \tag{2-15}$$

将 $\boldsymbol{p}$ 和 E 的算子表达式 (2-6) 和 (2-9) 代入上式，即得 Dirac 方程 (自由粒子的状态方程)：

$$\mathrm{i}\hbar\frac{\partial\boldsymbol{\Psi}(\boldsymbol{x},t)}{\partial t}=(-\mathrm{i}c\hbar\boldsymbol{\alpha}\cdot\nabla+\boldsymbol{\beta}mc^2)\boldsymbol{\Psi}(\boldsymbol{x},t) \tag{2-16}$$

用 $\dfrac{\boldsymbol{\beta}}{\hbar c}$ 乘方程的两边，再考虑到狭义相对论中光速 c 经常出现，为方便起见，采用自然单位制，即 $c=1$，$\hbar=1$，方程 (2-16) 就可简化成下式：

$$\mathrm{i}\boldsymbol{\beta}\frac{\partial\boldsymbol{\Psi}(\boldsymbol{x},t)}{\partial t}=(-\mathrm{i}\boldsymbol{\beta}\boldsymbol{\alpha}\cdot\nabla+m)\boldsymbol{\Psi}(\boldsymbol{x},t) \tag{2-17}$$

令$\gamma^\mu=\beta\alpha^\mu$，$\gamma^0=\boldsymbol{\beta}$，$\mu=0,1,2,3$；

$$\left\{\mathrm{i}\gamma^\mu\left(\frac{\partial}{\partial t}+\nabla\right)-m\right\}\Psi(\boldsymbol{x},t)=0 \tag{2-18}$$

如果令$\dfrac{\partial}{\partial t}=\dfrac{\partial}{\partial x_0}$，$\dfrac{\partial}{\partial x_1}=\dfrac{\partial}{\partial x}$，$\dfrac{\partial}{\partial x_2}=\dfrac{\partial}{\partial y}$和$\dfrac{\partial}{\partial x_3}=\dfrac{\partial}{\partial z}$，这样就可以将 $\dfrac{\partial}{\partial t}$ 与 ∇ 表示为 $\dfrac{\partial}{\partial x_\mu}$，即

$$\left\{\mathrm{i}\gamma^\mu\frac{\partial}{\partial x_\mu}-m\right\}\boldsymbol{\Psi}(x_\mu)=0 \tag{2-19}$$

如果采用偏微分的简化符号，即$\dfrac{\partial}{\partial x_\mu}\leftrightarrow\partial_\mu,\mu=0,1,2,3$，Dirac 方程进一步简化为如下形式：

$$(\mathrm{i}\gamma^\mu\partial_\mu-m)\,\boldsymbol{\Psi}(x_\mu)=0 \tag{2-20}$$

这种表示的目的是保留 i 在量子力学中的标志意义，如果考虑闵可夫斯基时空坐标系，由于时间坐标是用线元 (单位长度) 的光程 $\mathrm{i}c\mathrm{d}t$ 代替的，因此有 $\dfrac{\partial}{\partial t}=\mathrm{i}c\dfrac{\partial}{\partial x_0}=\mathrm{i}\dfrac{\partial}{\partial x_0}$，记$\gamma^\mu=-\mathrm{i}\boldsymbol{\beta}\alpha^\mu$，$\mu=0,1,2,3,\gamma^0=\boldsymbol{\beta}$，式 (2-20) 则可以表示成通常的形式：

$$(\gamma^\mu\partial_\mu+m)\,\boldsymbol{\Psi}(x_\mu)=0 \tag{2-21}$$

与薛定谔方程不同，这里对时间和空间的倒数都是一阶的，地位相同；按照爱因斯坦的求和约定，上下角标 (μ) 相同时，表示对 $\mu=0$, 1, 2, 3 求和，即

$$[\mathrm{i}\gamma^\mu\partial_\mu-m]\,\boldsymbol{\Psi}(x_\mu)$$

$$= \left([\mathrm{i}\boldsymbol{\beta}\partial_0 - m] + [\mathrm{i}\gamma^1\partial_1 - m] + [\mathrm{i}\gamma^2\partial_2 - m] + [\mathrm{i}\gamma^3\partial_3 - m]\right)\boldsymbol{\Psi}(x_\mu) = 0 \quad (2\text{-}22)$$

相应的结果是一组一阶线性微分方程，描述了自由粒子的状态 (不考虑电磁场，势函数为零)，相应的矩阵表示如下式所示：

$$\begin{bmatrix} \mathrm{i}\partial_0 - m & 0 & -\mathrm{i}\partial_3 - m & -\mathrm{i}(\partial_1 + \partial_2) - m \\ 0 & \mathrm{i}\partial_0 - m & -\mathrm{i}(\partial_1 - \partial_2) - 2m & \mathrm{i}\partial_3 - m \\ \mathrm{i}\partial_3 - m & \mathrm{i}(\partial_1 + \partial_2) - 2m & -\mathrm{i}\partial_0 - m & 0 \\ \mathrm{i}(\partial_1 - \partial_2) - 2m & -\mathrm{i}\partial_3 - m & 0 & -\mathrm{i}\partial_0 - m \end{bmatrix}$$

$$\cdot \begin{bmatrix} \Psi(\boldsymbol{x}_0) \\ \Psi(\boldsymbol{x}_1) \\ \Psi(\boldsymbol{x}_2) \\ \Psi(\boldsymbol{x}_3) \end{bmatrix} = 0 \quad (2\text{-}23)$$

式 (2-22) 中各系数矩阵如下所示：

$$\boldsymbol{\beta}=\begin{bmatrix} 1 & 0 & 0 & 0 \\ 0 & 1 & 0 & 0 \\ 0 & 0 & -1 & 0 \\ 0 & 0 & 0 & -1 \end{bmatrix};\quad \alpha_x = \alpha^1=\begin{bmatrix} 0 & 0 & 0 & 1 \\ 0 & 0 & 1 & 0 \\ 0 & 1 & 0 & 0 \\ 1 & 0 & 0 & 0 \end{bmatrix},\quad \alpha_y = \alpha^2=\begin{bmatrix} 0 & 0 & 0 & -\mathrm{i} \\ 0 & 0 & \mathrm{i} & 0 \\ 0 & -\mathrm{i} & 0 & 0 \\ \mathrm{i} & 0 & 0 & 0 \end{bmatrix}$$

$$\alpha_z=\alpha^3=\begin{bmatrix} 0 & 0 & 1 & 0 \\ 0 & 0 & 0 & -1 \\ 1 & 0 & 0 & 0 \\ 0 & -1 & 0 & 0 \end{bmatrix};\quad \gamma^1=\begin{bmatrix} 0 & 0 & 0 & -1 \\ 0 & 0 & -1 & 0 \\ 0 & 1 & 0 & 0 \\ 1 & 0 & 0 & 0 \end{bmatrix},\quad \gamma^2=\begin{bmatrix} 0 & 0 & 0 & \mathrm{i} \\ 0 & 0 & -\mathrm{i} & 0 \\ 0 & -\mathrm{i} & 0 & 0 \\ \mathrm{i} & 0 & 0 & 0 \end{bmatrix}$$

$$\gamma^3=\begin{bmatrix} 0 & 0 & -1 & 0 \\ 0 & 0 & 0 & 1 \\ 1 & 0 & 0 & 0 \\ 0 & -1 & 0 & 0 \end{bmatrix} \quad (2\text{-}24)$$

这里附带说明，在$(\boldsymbol{\alpha}\cdot\boldsymbol{p})^2 = (\alpha_x p_x+\alpha_y p_y+\alpha_z p_z)^2 = \boldsymbol{p}^2$ 中，已经对 $\boldsymbol{\alpha}$ 的分量采用了下角标的记法，即 α_x，α_y，α_z；为什么此处又要改换成上角标的记法呢？这种记法的改变($\alpha_x = \alpha^1$，$\alpha_y = \alpha^2$，$\alpha_z = \alpha^3$) 是为了利用爱因斯坦提出的简化求和约定，例如，$\sum\limits_{i=1}^{3} a_i x_i = a_1 x_1 + a_2 x_2 + a_3 x_3$；如果采用上下角标的记法，就可以将求和符

号略去，就有$a^i x_i = \sum_{i=1}^{3} a^i x_i$，在有大量求和的公式时，这种简化记法是很方便的。当然，它的另一个意义是体现爱因斯坦提出的物理方程的张量形式，在坐标系变换时保持形式不变，就是协变的要求。

在 Dirac 建立这个方程时，最为熟悉的是泡利二阶矩阵 σ_μ (μ=1, 2, 3)，启发他提出四阶矩阵，二者的关系十分简单：

$$\gamma^0 = \boldsymbol{\beta} = \begin{bmatrix} \boldsymbol{I} & 0 \\ 0 & -\boldsymbol{I} \end{bmatrix} = \begin{bmatrix} \begin{matrix} 1 & 0 \\ 0 & 1 \end{matrix} & 0 \\ 0 & \begin{matrix} -1 & 0 \\ 0 & -1 \end{matrix} \end{bmatrix} = \begin{bmatrix} 1 & 0 & 0 & 0 \\ 0 & 1 & 0 & 0 \\ 0 & 0 & -1 & 0 \\ 0 & 0 & 0 & -1 \end{bmatrix} \tag{2-25}$$

$$\begin{gathered} \gamma^\mu = \boldsymbol{\beta}\alpha^\mu = \begin{bmatrix} 0 & \sigma_\mu \\ -\sigma_\mu & 0 \end{bmatrix}, \quad \sigma_1 = \begin{bmatrix} 0 & 1 \\ 1 & 0 \end{bmatrix} \\ \sigma_2 = \begin{bmatrix} 0 & -\mathrm{i} \\ \mathrm{i} & 0 \end{bmatrix}, \quad \sigma_3 = \begin{bmatrix} 1 & 0 \\ 0 & -1 \end{bmatrix} \end{gathered} \tag{2-26}$$

以上的数学内容在薛定谔拼凑他的方程以及狄拉克建立方程时，都是提交博士论文的内容，并不需要有特别的、高深的数学知识，而是依靠物理学的直觉和对要研究内容有较为深刻的理解，加上天时、地利、人和等条件，更重要的是有激情和创新的动力，是他们而不是别人完成了建立量子力学的基本方程。面对当今的物理学专家教授们，20 世纪 20 年代那些大学本科还未毕业的，或者刚毕业的几位量子力学的探讨和创立者，例如，薛定谔、海森伯、泡利等也许只能算是初级科研人员，像提出物质波的德布罗意，由于在他的学位论文中，只是将爱因斯坦的光量子假设通过类比推广为物质波假设，光量子的公式 (频率和波长) 都是现成的，为此还得了诺贝尔奖，就只能算是辅助人员了，恐怕只有狄拉克能够算得上是中级人员，因为他在电力工程专业毕业后，为了求职的需要，又上了两年的数学专业，明白了如何将一个严格的数学问题合理近似处理的重要意义，例如，$\delta(x)$函数和左、右矢量符号的提出。如果他们去应试现在量子力学博士入学考试，试问哪一位能通过？当今，量子力学走过了它的黄金、白银时代，已步入青铜时期，自从标准模型预测的最后一个粒子——希格斯-玻色子被发现之后，量子力学的基本粒子模型和基本方程理论已趋完备，学习量子力学要学什么，如何学，是一个值得深思的问题。当然，青铜时代也有黄金宝藏，不过发现它可能不仅要靠睿智的头脑和激情，还要靠运气，也就是天时、地利、人和三者的具备。

2.6　分歧的由来

波动方程提出之后，量子物理学界有许多人满怀希望，觉得它能给出一个可以想象的如同水波、声波或弹性波类似的波动轨迹，可是，实际情况却是大失所望，实验结果和理论分析都遇到了前所未有的困难, 围绕着如何解释波函数，量子论是波动力学还是矩阵力学，海森伯与薛定谔二人已是剑拔弩张，水火不容 (后来薛定谔证明二者等价)。现在看来，函数$\psi\mathrm{e}^{-\mathrm{i}(\omega t-\boldsymbol{k}\cdot\boldsymbol{x})}$演变为$\psi\mathrm{e}^{-\mathrm{i}\left(\frac{E}{\hbar}t-\frac{\boldsymbol{p}}{\hbar}\boldsymbol{x}\right)}$，实际上就是将波和粒子联系起来了，由$-\mathrm{i}(\omega t-\boldsymbol{k}\cdot\boldsymbol{x})\rightarrow-\mathrm{i}\left(\dfrac{E}{\hbar}t-\dfrac{\boldsymbol{p}}{\hbar}\boldsymbol{x}\right)$，就是由连续到离散，即由波到粒子的转换，由频率–波数空间到能量–动量空间的转换，这时测量使波函数坍缩 (由于粒子受引力的影响非常小，它可以漂浮在空间任意位置，测量对它自然是一种强干扰，因此粒子从在空间随机地弥漫到收缩为被测时的一个点域)，得到的是粒子特性 E 和 $\boldsymbol{p}$; 而 E 和 t，$\boldsymbol{p}$ 和 $\boldsymbol{x}$ 是共轭量，服从测不准关系。同时，虚数 i 将使波函数中的正弦分量成为不可测之量，波的特性退回到微观粒子状态。现实中，波动方程给出的是粒子的特性，方程中的虚数 i 使得波函数 $\boldsymbol{\varPsi}(x,y,z;t)=\psi\cdot\mathrm{e}^{(-\mathrm{i}/\hbar)(Et-\boldsymbol{p}\cdot\boldsymbol{x})}$ 必须考虑 $\psi\cdot\psi^{*}$ 或 $|\psi|^{2}$ 才有物理意义，它意味着波函数由于测量而坍缩后，在空间某一点出现该粒子的概率，若测量用算符 $\hat{O}_{\varepsilon}$ 表示，则波函数的坍塌可以表示为

$$\langle|\psi|^{2}|\hat{O}_{\varepsilon}|\psi(\boldsymbol{x},\boldsymbol{t})\mathrm{e}^{-\mathrm{i}/\hbar(Et-\boldsymbol{p}\cdot\boldsymbol{x})}\rangle=\langle\rho|\hat{O}_{\varepsilon}|\varPsi\rangle=\rho\lambda \tag{2-27}$$

式中，概率密度 $\rho=\psi\cdot\psi^{*}=|\psi|^{2}$，观测使粒子系统坍缩到本征态$\lambda$，$\langle\rho|\ \varPsi\rangle$是态矢量 $\varPsi$ 在与本征态 λ 对应的概率密度 ρ 上的投影，可以设想使测量前平稳的波形在该点 a 凸起，如图 2-2 所示 (式 (2-27) 的详细解释，请见 10.6 节：测量引起塌缩的机理是什么？)。

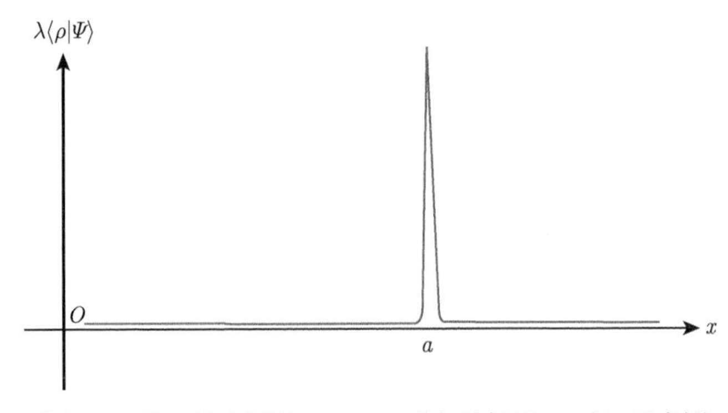

图 2-2　波函数由测量 ($\lambda\langle\rho|\varPsi\rangle$)引起的坍塌 ($a$ 点) 示意图

坍缩的另一种解释就是：将波函数看作波包，如果态矢量的初态是 $\psi(x_a)$，在测量之后，变为 $\psi(x_b)$，就是编缩的含义，整个波函数收缩为一个窄脉冲，测量相当于一个窄带滤波器，将 $\psi(x_b)$ 选出来：$\psi(x_b)=\int c(x)\delta(x-x_b)\mathrm{d}x=c(x_b)$，如图 2-3 中的 $\psi(x_b)$ 所示。

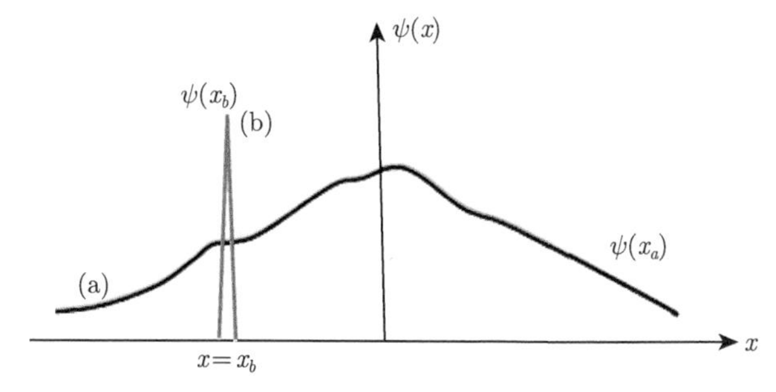

图 2-3 坍缩的另一种解释，就是编缩，如图中x_b点进行测量，结果使曲线(a)转变为曲线(b)，就是编缩的含义

2.7 关于量子基本特性的思考

在微观尺度下诞生的量子力学，其理论基础是微观粒子的能量量子化$\Big($以 $h\nu$为量化单位，即“量子”，粒子的能量是量子的整数倍，$\hbar=\dfrac{h}{2\pi}$是普朗克常数 (狄拉克表示方式)，ν是德布罗意波的频率；具有量子能量的粒子，有时也简称作量子，如光量子或光子$\Big)$，它现有的全部知识 (波粒二象性、测不准关系) 都包含在如下的自由粒子 (平面) 波函数之中 (也有一种观点认为它不包含任何物理信息，不是物质波，这个问题值得深入探讨)：

$$\underbrace{\boldsymbol{\Psi}(x,y,z;t)}_{\text{(波函数)}}\rightarrow\underbrace{\psi\mathrm{e}^{-\mathrm{i}(\omega t-\boldsymbol{k}\cdot\boldsymbol{x})}}_{\text{(经典波函数)}}\rightarrow\underbrace{\psi\mathrm{e}^{(-\mathrm{i}/\hbar)(Et-\boldsymbol{p}\cdot\boldsymbol{x})}}_{\text{(量子波函数)}}$$

量子力学的三个基本方程的建立过程是一个逆向过程，即知道上面的波函数是这些方程的解，然后寻找适合的方程，就是在经典物理的能量表达式和狭义相对论的能量平衡表达式的基础上，对波函数求时间和空间坐标的导数，得出时空微分算子，再代入不同的能量表达式，便得出相应的方程，因为方程代表能量表达式，自然具有基础定律 (能量守恒) 的意义。

波函数的参数是能量和动量，研究这些方程就是求解波函数在各种势能函数 (势垒和势阱) 下的能量表达式、谱线图和能级数。

量子力学的波函数包含了两对共轭量：E 和 t，$\boldsymbol{p}$ 和 $\boldsymbol{x}$。它们受制于测不准关系，既使得波函数又使得粒子都表现出固有的不确定性，这就是与经典的波和粒子的根本区别。此外，这个波函数包含了量子力学一个深层次的推论，即静止对于尺度的相对性：没有绝对的微观静止状态。对于波函数，有以下几点值得思考。

(1) 波函数含有虚数 i，但物理测量只能得出实数，因此，只有其共轭值 $\psi\psi^* = |\psi|^2$才有物理意义，它表示粒子处于空间某处体积元内的概率。所以，波函数就是概率波，但是与已知的水波、声波，弹性波不同 (两列相同的水波或声波叠加会形成新的波，但相同的粒子波叠加仍旧与原来的波相同，仅表示态的叠加)，波函数具有波的特点 (干涉和衍射)，也有粒子的特性 (能量、动量)。此外，经典波函数乘以一个常数，对应的波的强度即振幅的平方将增大平方倍；而乘以常数对量子波函数则无影响，因为其全空间的概率必定等于 1。

(2) 波函数将空间–时间域 $(x, y, z; t)$ 和频率–波数域 $(\omega, \boldsymbol{k})$ 通过指数 $\mathrm{e}^{-\mathrm{i}(\omega t-\boldsymbol{k}\cdot\boldsymbol{x})}$ 联系起来，将波函数的参数 ω 和 $\boldsymbol{k}$ 由 E 和 $\boldsymbol{p}$ 代替，即从经典波参数 $-\mathrm{i}(\omega t - \boldsymbol{k}\cdot\boldsymbol{x})$ 到量子波参数 $(-\mathrm{i}/\hbar)(Et - \boldsymbol{p}\cdot\boldsymbol{x})$ 的转换，表明粒子的特性可以用波来表示，$\psi(\boldsymbol{x}, t)^{(-\mathrm{i}/\hbar)(Et-\boldsymbol{p}\cdot\boldsymbol{x})}$ 本质上就是波和粒子相互依赖关系的数学表示，也就是将粒子和波二者联系起来，表达粒子的波粒二象性 (类似的宏观现象，如相变中临界温度时的水和汽，扰动就是温度)。注意，波粒二象性是指粒子本身的特性，而波函数只是对它的一种恰当的数学描述 (从已知的行波特性很容易推导出自由粒子的波函数)。

实际上，在微观尺度下，物质粒子具有波的行为 (干涉与衍射图像)，但没有波的形态，没有任何方法能显示出粒子的波动形态，比如水波、弹性波、光波的形态。可是，大自然却在现实中，形象地显示了粒子的波动形态，大片的扬沙即使散落在平地上，也会形成类似于湖水波纹那样的形态，当然，这只是一种粗浅的类比。其实，用细小沙粒做干涉实验也是可行的，只是需要仔细设计实验方法和反复实验。

值得注意的是，在波粒二象性中，粒子具有波的特征，但以粒子形态为主；反之，波具有粒子的特性，但以波动形态为主。电子和光波分别就是两种情形的实例。

(3) 任何观测对于波动都是干扰，测量不会使经典波$\psi\mathrm{e}^{-\mathrm{i}(\omega t-\boldsymbol{k}\cdot\boldsymbol{x})}$坍缩成为一个粒子；相反，测量却会使$\psi(\boldsymbol{x}, t)^{(-\mathrm{i}/\hbar)(Et-\boldsymbol{p}\cdot\boldsymbol{x})}$坍缩为粒子态，这是因为量子波函数具有波粒二象性，是粒子在空间出现的概率波，可以说是虚拟的波，干扰必定使其坍缩 (概率波的分布由区域缩小为点)，呈现出粒子特性。

(4) 傅里叶变换表明，时间域里的点脉冲对应于频率域中的白噪声，反之亦然。二者 (时宽 Δt 和频宽 $\Delta\omega$) 不能同时精确定位，其实也就是与量子力学的测不准关系在本质上是一样的 (当然，区别还是有的，就傅里叶变换而言，是指一个变量的函数与它的傅里叶变换之间的关系，是在不同的变换域内，即时间域和频率域内的关系；量子力学中的位置 $x(t)$ 和动量 $p(\boldsymbol{x},t)$ 是两个不同的函数，这二者不是一对傅里叶变换)。图 2-4 是时间函数 $f(at)$ 与其傅里叶变换 $\frac{1}{a}F\left(\frac{\omega}{a}\right)$之间的波形图，具有对称性。如果“设想”傅里叶 (1768～1830 年) 来评审海森伯 (1901～1976 年) 的测不准关系的论文，会是一种什么情景呢？当年 (1807 年)，傅里叶面对拉格朗日、拉普拉斯和勒让德这些数学权威的质询时，他提出任意函数都可以展开成三角函数的无穷级数的论文遭到拒绝，1812 年修改后的论文获得巴黎科学院的金奖。但是，仍然不能在《科学院报告》上发表，即使 1917 年成为院士，后又担任科学院终身秘书，他的论文只能通过著作面世 (1822 年)，那么，海森伯的论文与傅里叶的变换撞车时，会有什么结果？

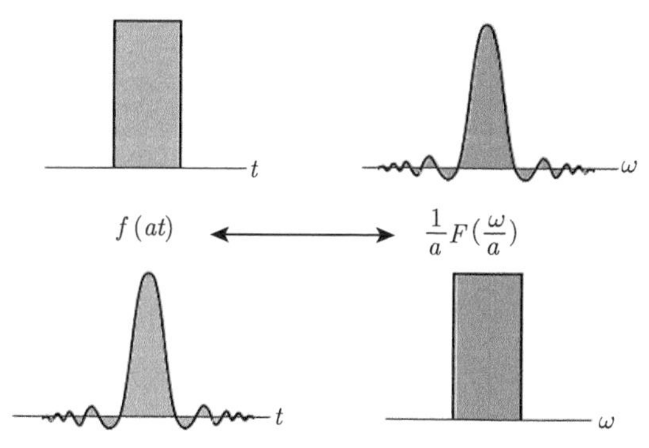

图 2-4 时间函数 (左图) $f(at)$ 与其傅里叶变换 $\frac{1}{a}F\left(\frac{\omega}{a}\right)$ 之间的波形 (右图)，时域的宽度 at 与频域的频宽 $\frac{\omega}{a}$ 成反向变化，当 $at\to 0$ 时，$\frac{\omega}{a}\to\infty$，由傅里叶变换和帕塞瓦尔定理可以导出海森伯测不准关系式

(5)势能的梯度或势函数对坐标的导数就是作用力，当势能不为零时，对应的波函数是约束态，它携带的能量处于量化区 (能级图在零能级 (不是能量等于零的能级) 之上是连续区，零能级之下是量化区，这时的谱线是离散的，具有量子化的、分立的排列特性)，这也就是$\psi\mathrm{e}^{-\mathrm{i}(\omega t-\boldsymbol{k}\cdot\boldsymbol{x})}$与$\psi(\boldsymbol{x},t)^{(-\mathrm{i}/\hbar)(Et-\boldsymbol{p}\cdot\boldsymbol{x})}$之间的本质不同。

(6)波动方程是线性的，波函数是它的离散解，描述了量子的状态，自然各个状态满足线性叠加关系，即$\varPsi=\sum\limits_{i=1}^{N}c_i\psi_i$，$\hat{F}\psi_i=\lambda_i\psi_i$ $(i=1,2,\cdots,N)$。

(7)由于微观粒子的体积和质量几乎接近于零，引力不起作用，空间是均匀、各向同性的，因此，这些粒子必然以很高的速度在时空中飘忽不定，忽上忽下，忽前忽后，忽左忽右，类似于随机游走模式，处于随机状态；粒子本身并非静止不动，各自具有不同的或高或低的能量和动量，这些粒子彼此无法区分和标记，它们是全同粒子，但是，它们可以通过各自的自旋属性进行分类。如果预测空间某一体积单元中的粒子，就要用粒子强度的积分，它是对随机状态的概率预测。如果沿着 x 方向有势函数，可以设想，就如同有轻风沿 $ox[AB-BA]=-\mathrm{i}\hbar$ 方向从左边吹来，这些飘忽不定的微观粒子的大部分就会向右边漂移，沿着垂直于东–西 (左–右) 方向的平面上的粒子通量或截面上的分布，当然也是不确定的，随机的，这很好理解。如果用面积大小适当的隔板垂直于ox方向放置，因为空间各处都有飘忽不定的粒子，在轻风的作用下，很容易断定，一定会有一些粒子飘过隔板，这是微观状态的图景，粒子从空间的 A 处随机漂移到 B 处，要确定它的中间这一段运动轨迹，那是不可能的，对于随机漂移的图景，没有轨迹可言。当然，也可以换一种方式理解，即是不关心运动轨迹，只是关心它的路径的端点，从 A 到 B 有无数条路径，其中有最短路径，其他路径由于彼此之间的干扰相互抵消，只有这条最短路径保持原有的强度，但是不同的端点，对应的最短路径不止一条，众多的路径在 B 处就能形成明暗交替的条纹，这就是量子力学给出的基本图景，如果势函数更高，如同吹过的不是微风，而是轻风时，粒子的随机漂移变成定向运动，形成运动的路径迹线，它的图景就由经典物理学描述。现在要问，自由粒子到底以什么方式运动？振荡为什么是最可能的方式？

(8)关于量子力学是不完备的问题，除了 EPR 质疑之外，还因为狭义相对论在低速时就退回到牛顿力学，广义相对论的一级近似就是牛顿万有引力定律 (也就是由黎曼弯曲空间到笛卡儿平直空间)；牛顿力学与相对论、量子力学 (波动力学) 都是以哈密顿函数表示的能量为基础的，相对论描述物体高速运动情况，以物理方程在坐标变换中保持不变 (协变) 为目标，可以与牛顿力学在速度尺度上衔接。而量子力学描述微观质量的粒子的运动和状态，特别是物质结构与性质，本应在宏观尺度上退回到牛顿力学，但并非如此，问题出在哪里？相对论的不变量是光速，牛顿力学的基础是作用力与反作用力相等，即$[AB-BA]=0$, 在量子力学中$[AB-BA]=-\mathrm{i}\hbar$，是否可以这样理解这个关系式：A 对 B 的作用使 B 坍缩，反之，B 对的 A 作用将使 A 坍缩，二者坍缩不会一样，相差 $-\mathrm{i}\hbar$，负号表示动量的坍缩比距离的坍缩更剧烈，即 $[AB-BA]=-\mathrm{i}\hbar$；还有其他的解释吗？

(9)单电子在多次相同的双缝实验和大量电子在同一次双缝实验中，都出现类似的干涉图案，说明量子波函数是平稳随机过程。但是，在双缝实验中，两个缝隙相隔的距离远近与呈现干涉图案之间的关系如何？如果采用十字型双缝实验，干涉图案会是怎样的？这能否检验粒子的局域性呢？当电子与电子对撞时，是两种电子云在碰撞吗？对撞机中电子绕轨道的加速过程是电子云在运动和被加速吗？截面上电子的分布是混沌的吗？能够发生碰撞的概率是混沌的吗？

2.8 态 矢 量

从量子力学的内容来看，在概念上有创新，方法上是传统的，数学处理上有继承。由于力的作用从量子力学中消失，运动轨迹也就失去意义，代之的是粒子在各种不同几何形状的势函数即势阱和势垒中的行为或状态，研究它对波函数的影响。这种方法之所以可行，是因为波动方程是经典的，势函数具有力的性质。然而，粒子处于运动状态，既然没有轨道的概念，粒子的运动形态是怎样的？从稳定性来看，最可能的运动形态便是自旋 (因而有角动量) 和振动状态 (谐振)，这是非静止情况下的一种自然状态。为了表明粒子的状态，同时还要指明该状态将向何处改变，因此，将这个状态和它的改变合起来称作态矢量，为什么称作态矢量而不称作状态变量？这不单是一个名称问题，而是能否反映波函数的物理性质的问题。狄拉克借助于矢量与矩阵运算的数学方式，提出了类似的但有新意的符号与运算规则，这就是狄拉克符号，它与本征方程、线性算符联合使用，将波动力学与矩阵力学的数学运算统一起来，成为描述波函数、学习和理解量子力学的基础。概括起来，有如下几点值得考虑。

(1) 波函数具有叠加性，它的状态可以用在空间中有各种取向的各个分状态 (本征态) 的叠加来表示，这些本征态彼此正交，因此，它们张成一个全向的 N 维矢量空间 (数学空间)，而普通矢量也可以用它的分矢量 $\boldsymbol{i}$，$\boldsymbol{j}$ 和 $\boldsymbol{k}$ (基矢量，即本征矢量) 的叠加表示，它们是正交基矢量，张成一个全向的欧几里得三维空间 (笛卡儿空间，物理空间) $\mathbb{R}^3$。

(2) 两个波函数的连续的和离散的内积 (点积) 运算与两个普通矢量的内积 (点积) 运算类似，都可以表示正交、平行特性，也就是正交归一性。

(3) 态矢量与普通矢量并不完全相同，为了赋予它与矢量相似的一些运算，又有所区别，并且能够与积分中的内积运算、算符的投影运算保持一致，狄拉克采用了符号 $|\ \rangle$ 和 $\langle\ |$，分别称作右矢 $|\ \rangle$(刃矢，ket；通常表示状态的开始，作用量输出)，左矢 $\langle\ |$(刁矢，bra；一般表示状态的结束，作用量输入)，二者合起来是 bracket, 括号之意，类似于中文的彳 (chi) 和亍 (chu)，合起来就是 “行” 的意思；和笛卡儿坐标系的矢量比较，狄拉克符号定义在希尔伯特空间，包括复数在内，可以建立对偶空间的概念，例如，右矢的对偶就是左矢，处于左矢中的态矢量 $\langle \varPhi|$ 相当于 $\varPhi^*$，因此，它比几何矢量的数学、物理意义更广泛，它具有可加性 ($|\alpha\rangle + |\beta\rangle = |\gamma\rangle$)，线性 ($k(|\alpha\rangle + |\beta\rangle) = k|\alpha\rangle + k|\beta\rangle) = k|\gamma\rangle$) 和零矢量 ($0|\alpha\rangle = 0$) 等性质，其基本运算如下。

1. 基本意义

波函数 $\boldsymbol{\varPsi}$ 的状态称作态矢量，用右矢量表示：$|\boldsymbol{\varPsi}\rangle$，波函数 $\boldsymbol{\varPsi}$ 若以 x 为变量，

可以简单地表示成 $\langle x \mid \boldsymbol{\Psi}\rangle$，意思就是 $\boldsymbol{\Psi}$ 向 x 轴投影，投影值当然是 x 的函数，即 $\boldsymbol{\Psi}(x)$，若始态为 $\boldsymbol{\Psi}$，终态为 $\boldsymbol{\Phi}$，就可以表示成 $\langle\boldsymbol{\Phi}|\boldsymbol{\Psi}\rangle$ (也就是从右向左的逆向过程，初态在右，终态在左)，以下均同此，如

$$\langle\boldsymbol{\Phi} \mid \boldsymbol{\Psi}\rangle = \langle\boldsymbol{\Phi} \mid \psi_i\rangle\langle\psi_i \mid \boldsymbol{\Psi}\rangle,\quad \text{表示 } \boldsymbol{\Psi} \to \psi_i \to \psi_i \to \boldsymbol{\Phi}$$

相当于一个实际测量过程：$\langle$终态$\Phi|$ 经过$\psi_i|$始态$\Psi\rangle$ (在算符篇中还会详细说明这个问题)。

左矢也表示共轭，如 $\boldsymbol{\Phi}^*$ 可表示成 $\langle\boldsymbol{\Phi}|$，由于 $\langle\ |^* = |\ \rangle$，这样就有 $\langle\boldsymbol{\Phi}|\boldsymbol{\Psi}\rangle^* = \langle\boldsymbol{\Psi}|\boldsymbol{\Phi}\rangle$ (其中，竖立的短线 “|” 可以看作是镜像共轭映射)，态矢量的基矢量通常用小写的希腊字母表示，如 ψ_i $(i = 1, 2, \cdots, n)$，称作本征矢，它相当于线性空间中的基矢量 $\boldsymbol{e}_i$；在笛卡儿空间 (坐标系)，也可以用 $\boldsymbol{e}_i$ $(i = 1, 2, 3)$ 表示 $\boldsymbol{i}$、$\boldsymbol{j}$、$\boldsymbol{k}$ (当然，不妨把分矢量 $\boldsymbol{i}$、$\boldsymbol{j}$ 和 $\boldsymbol{k}$ 看成是几何矢量的本征矢，以作对比)。这里提醒注意的是，无论是本征矢量，基矢量或其他基矢量，它们必须是彼此正交的单位矢量，构成正交的矢量空间，只有这样才有实际用处，才能用自然基矢量的线性叠加完全表示波函数或其他力学量 (量子力学的物理空间是笛卡儿空间，不需要闵可夫斯基四维时空；相应的数学空间就是包含复数运算的希尔伯特空间，左矢和右矢可以看成是它的子空间，但这没有什么重要意义，知道即可)。

2. 投影运算 $|\ \rangle\langle\ |$

将左矢和右矢联合，可以组成投影运算$|\ \rangle\langle\ |$，用基矢量 ψ_i 表示的投影算符就是 $|\psi_i\rangle\langle\psi_i|$,它作用于态矢量 $\boldsymbol{\Phi}$ 就表示成投影运算：$|\psi_i\rangle\langle\psi_i|\boldsymbol{\Phi}\rangle$，相当于 $\langle\psi_i|\boldsymbol{\Phi}\rangle|\psi_i\rangle$，表示将态矢量 $\boldsymbol{\Phi}$ 投影到右矢 $|\psi_i\rangle$ 方向，投影值由左矢 $\langle\psi_i|$ 确定，等于 $\langle\psi_i|\boldsymbol{\Phi}\rangle$，表示态矢量 $\boldsymbol{\Phi}$ 在基矢量 ψ_i 上的分量，也就是该方向的概率幅，等价于内积、标积或点积等运算。当基矢量不同时，投影算符可记为 $|\alpha\rangle\langle\beta|$ (对应于外积运算 $|\alpha\rangle\langle\beta| = \alpha \times \beta$)，它作用于 $|\boldsymbol{\Phi}\rangle$，就相当于 $\langle\beta|\boldsymbol{\Phi}\rangle|\alpha\rangle$，表示态矢量 $|\boldsymbol{\Phi}\rangle$ 投影于 $|\alpha\rangle$，沿 $|\alpha\rangle$ 方向，其值大小等于 $\langle\beta|\boldsymbol{\Phi}\rangle$，因此，要注意投影方向是右矢，而取值方向则是左矢，不能混淆。当然，对于 $|\alpha\rangle\langle\beta|\boldsymbol{\Phi}\rangle$ (图 2-5)，也可以这样理解，其中 $\langle\beta|\boldsymbol{\Phi}\rangle$ 是 $\boldsymbol{\Phi}$ 在 $\langle\beta|$ 的投影，投影值是 $\langle\beta, \boldsymbol{\Phi}\rangle$ 的内积运算，自然是常数，设为 d，因此，它可以置于 $|\alpha\rangle$ 的左边，即 $d|\alpha\rangle$。

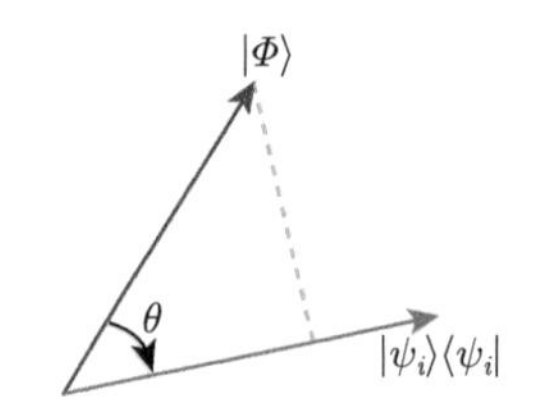

图 2-5　投影算子 $|\psi_i\rangle\langle\psi_i|$ 的投影运算 $|\psi_i\rangle\langle\psi_i|\Phi\rangle$

3. 内积 (点积、标积、投影) 运算

先看一看普通矢量$\boldsymbol{A}$和$\boldsymbol{B}$的内积运算：设二者为非零矢量，之间的夹角为θ，$\boldsymbol{A}\cdot\boldsymbol{B}=|\boldsymbol{A}||\boldsymbol{B}|\cos\theta$，当$\theta=\pi/2=90^\circ$ 时，$\boldsymbol{A}\cdot\boldsymbol{B}=0$ ，即$\boldsymbol{A}\perp\boldsymbol{B}$；如果$\cos\theta=0^\circ$，那么$A//B$。因此，内积运算可以判定矢量的正交或平行，如果 $\boldsymbol{A}$ 和 $\boldsymbol{B}$ 是单位基矢量 (自然基) $\boldsymbol{e}_m$ 和 $\boldsymbol{e}_n$，则矢量的正交与平行可以借助 $\delta_{m,n}$ 来表达，即

$$\langle\boldsymbol{e}_m|\boldsymbol{e}_n\rangle=\delta_{m,n}=\left\{\begin{array}{ll}0, & m\neq n,\text{正交}\\ 1, & m=n,\text{平行且相等, 归一}\end{array}\right\}\text{正交归一} \tag{2-28}$$

对于波函数，它的本征矢量ψ_m和ψ_n的内积运算如下所示：

$$\langle\psi_m|\psi_n\rangle=\delta_{m,n}=\left\{\begin{array}{ll}0, & m\neq n,\text{正交}\\ 1, & m=n,\text{平行且相等，归一}\end{array}\right\}\text{正交归一} \tag{2-29}$$

对于 “平行且相等”，需要稍许说明一下，如果两个矢量平行且相等，那么，一个矢量在另一个矢量上的投影自然等于自身，也等于另一个矢量，这就是归一的含义。如果波函数ψ是归一化的，则有$\langle\psi|\ \psi\rangle=1$，不过一定要和它的基矢量$\psi_i$(本证矢量，具有下角标) 的正交归一化分清楚，还要注意连续和离散情况，二者的内积运算是有区别的。在希尔伯特空间 (定义了内积运算的复数空间) 中，函数的内积为

$$\begin{aligned}\langle f(x)|y(x)\rangle&=\langle f(x),y(x)\rangle=(f(x),y(x))\\&=\int_{-\infty}^{+\infty}f^*(x)y(x)\mathrm{d}x\end{aligned} \tag{2-30}$$

如果是正交基矢量，则有

$$\langle\boldsymbol{e}_n|\boldsymbol{e}_m\rangle=\langle\boldsymbol{e}_n,\boldsymbol{e}_m\rangle=\delta_{n,m}=\left\{\begin{array}{ll}1, & n=m\\ 0, & n\neq m\end{array}\right. \tag{2-31}$$

还有一个完备性，就是自然基矢量和本征态的投影算符

$$\sum_{i=1}^{N}|\boldsymbol{e}_i\rangle\langle\boldsymbol{e}_i|=1,\quad\sum_{i=1}^{N}|\psi_i\rangle\langle\psi_i|=1 \tag{2-32}$$

这个公式很容易理解，在图 1-2 中，态矢量$|\varPsi\rangle$ 可以表示成如下的线性叠加：

$$|\boldsymbol{\varPsi}\rangle=\sum_{i=1}^{N}c_i|\psi_i\rangle=\sum_{i=1}^{N}\langle\psi_i|\boldsymbol{\varPsi}\rangle|\psi_i\rangle=\sum_{i=1}^{N}|\psi_i\rangle\langle\psi_i|\boldsymbol{\varPsi}\rangle$$

消去 $|\boldsymbol{\varPsi}\rangle$，即得式 (2-32)，如果设态矢量 $|\boldsymbol{\varPsi}\rangle=1$，式 (2-32) 就表示所有分矢量的投影之和为 1(显然，投影算符的平方仍然等于 1)。如果用 $\langle\boldsymbol{\varPhi}|$ 左乘上式，即可得到

前面的结果 $\langle \boldsymbol{\Phi} \mid \boldsymbol{\Psi} \rangle = \langle \boldsymbol{\Phi} \mid \psi_i \rangle \langle \psi_i \mid \boldsymbol{\Psi} \rangle$:

$$\langle \boldsymbol{\Phi} | \boldsymbol{\Psi} \rangle = \left\langle \boldsymbol{\Phi} \middle| \sum_{i=1}^{N} c_i |\psi_i \right\rangle = \left\langle \boldsymbol{\Phi} \middle| \sum_{i=1}^{N} \langle \psi_i | \boldsymbol{\Psi} \rangle |\psi_i \right\rangle = \left\langle \boldsymbol{\Phi} \middle| \sum_{i=1}^{N} |\psi_i\rangle \langle \psi_i | \boldsymbol{\Psi} \right\rangle = \langle \boldsymbol{\Phi} | \boldsymbol{\Psi} \rangle$$

投影算符可以多次插在其他算符之间，简化运算，是一个很有用的简单算符 (后面还会详细说明)。

上述正交归一性和完备性主要是保证任一态矢量、算符或力学量均可以用这样一组基矢量展开成线性叠加，并把这一组基矢量称作完全集，其实这都是线性代数中的基本知识。一个矢量在笛卡儿坐标系的三个轴上的投影 (内积，点积) 就是一个再熟悉不过的实例 (图 2-2 和图 2-3)，只不过线性代数把它推广和一般化了，就具有了抽象意义。以上运算中，正交归一的基矢量表示式 $\langle \alpha | \beta \rangle$ 或 $\langle \psi_i | \psi_k \rangle$ 既表示内积，也表示投影运算，$\langle i | A \rangle$ 表示A在基矢量i上的分量 (大小和方向)，$\langle \psi_i | \Psi \rangle$ 的意义相同，需要牢记。

不难看出，如果右矢表示列矩阵

$$|\alpha\rangle = \begin{bmatrix} a_1 \\ a_2 \\ \vdots \\ a_n \end{bmatrix} \tag{2-33}$$

而左矢 (本身就具有共轭的含义) 便表示行矩阵

$$\langle \alpha | = \begin{bmatrix} a_1^* & a_2^* & \cdots & a_n^* \end{bmatrix} \tag{2-34}$$

由于 $|\alpha\rangle$ 和 $\langle \alpha|$ 是共轭的 ($\langle \alpha|^* = |\alpha\rangle$)，二者可以看成是对偶的矢量空间，根据内积的定义，可得

$$\langle \alpha | \alpha \rangle = \begin{bmatrix} a_1^* & a_2^* & \cdots & a_n^* \end{bmatrix} \begin{bmatrix} a_1 \\ a_2 \\ \vdots \\ a_n \end{bmatrix} = \sum_{i=1}^{n} a_i^* a_i = \sum_{i=1}^{n} |a_i|^2 = 1 \tag{2-35}$$

a_i 如同 ψ, 也可以看成是概率幅 (费曼的建议)。式 (2-35) 就是矩阵对角元之和，称作矩阵 $\boldsymbol{A}$ 的迹，常用 $\mathrm{Tr}\boldsymbol{A}$ 表示，此处有 $\mathrm{Tr}\boldsymbol{A} = \langle a_i | a_i \rangle = \sum_{i=1}^{n} |a_i|^2 = 1$，也就是后面涉及的概率密度 ρ，它是波函数的模方，即 $\rho = |\psi|^2 = \psi\psi^*$。

狄拉克正是对上述内积符号 $\langle\ ,\ \rangle$ 或 $\langle\ |\ \rangle$ 的深入思考，体会到内积运算与表象无关，也就是与坐标系无关，提出了他的左矢 $\langle\ |$ 和右矢 $|\ \rangle$ 符号，二者的结合 $\langle\ |\ \rangle$

自然回复原来的内积运算的功能，其结果是一个复数。这里必须指出的是，由于左矢 $\langle\,|$ 还表示共轭，如将 $\boldsymbol{\Phi}$ 置于左矢 $\langle\,|$ 中，就表示 $\boldsymbol{\Phi}^*$，即 $\langle\boldsymbol{\Phi}|\to\boldsymbol{\Phi}^*$；如果将 $\boldsymbol{\Phi}^*$ 放入右矢 $|\,\rangle$ 中，就表示 $\boldsymbol{\Phi}$，这样就有 $\langle\boldsymbol{\Phi}|\,\boldsymbol{\Psi}\rangle^*=\langle\boldsymbol{\Psi}|\,\boldsymbol{\Phi}\rangle$。可见，左矢和右矢构成了对偶空间的共轭表示，二者的位置并不对易；还需注意，一个算符 $\hat{F}$ 与一个右矢或左矢如果写成 $|\alpha\rangle\hat{F}$，$\hat{F}\langle\beta|$，$|\alpha\rangle|\beta\rangle$ 或 $\langle\alpha|\langle\beta|$，都是没有意义的。

不过，普通矢量的位置是可以交换的，如式(2-39)所示 (等价于点积、内积和标积)，矢量 $\boldsymbol{A}$ 在直角坐标系三个轴上的投影如图 2-6 所示。矢量和态矢量均可以展开成基函数的线性组合，只不过对普通矢量而言，基矢量 $\boldsymbol{i}$、$\boldsymbol{j}$、$\boldsymbol{k}$ (或 $\boldsymbol{e}_n$) 是矢量，张成了三维的笛卡儿空间；而在态矢量展开式中，本征矢组成线性正交空间，ψ_i 虽然称作本征矢，但它实际上是标量，并不像基矢量 $\boldsymbol{i}$、$\boldsymbol{j}$、$\boldsymbol{k}$ (或 $\boldsymbol{e}_n$) 那样具有特定的指向，需要注意的是，$\langle\boldsymbol{i}\,|\boldsymbol{A}\rangle$、$\langle\boldsymbol{j}\,|\boldsymbol{A}\rangle$、$\langle\boldsymbol{k}\,|\boldsymbol{A}\rangle$ 或 $\langle\boldsymbol{e}_n\,|\boldsymbol{A}\rangle$ 都是标量 (数)，$c_i=\langle\psi_i\,|\boldsymbol{\Psi}\rangle$ 也是标量 (复数)。在基矢量是完全集时 (笛卡儿坐标系中，基矢量 $\boldsymbol{e}_i$，$i=1,2,3$；在 N 维矢量空间，基矢量 ψ_i，$i=1,2,\cdots,N$，张成了 N 维矢量空间，由于基矢量 ψ_i 和 ψ_k 两两正交，形成了全向空间，诸本征值的方向指向各个方向；也可以将该空间直观地理解为：由笛卡儿三维正交坐标系在全方位旋转形成，单位基矢量的长度不变，但其指向的分布是全空间)，任一几何矢量 $\boldsymbol{A}$ 或任一态矢量 $\boldsymbol{\Psi}$ 均可由各分矢量的线性展开式表示，展开式的几何与物理意义已如图 2-6 所示，应仔细思考和领会，因为量子力学的数学运算 (投影、内积、正交归一、线性展开、基矢量张成

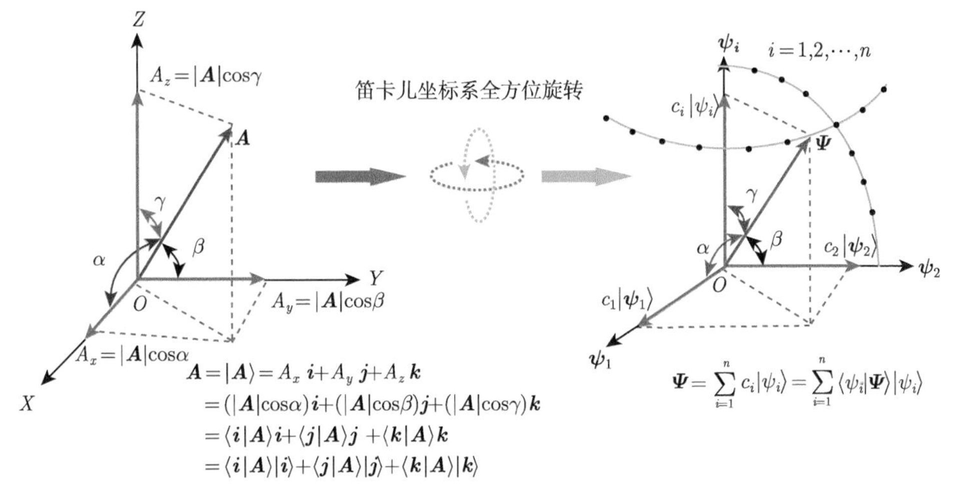

图 2-6 普通矢量 (左图) 与态矢量 (右图) 在正交坐标系中的分量 (投影之值)

要特别注意的是，普通矢量的各个分量、态矢量的各个分量都是正交的分矢量，因而它们各自指向 (数学) 空间的不同方向，没有两个分矢量指向同一个 (数学) 空间方向，最简单的情况就是笛卡儿坐标系中的基矢量 $\boldsymbol{i}$、$\boldsymbol{j}$、$\boldsymbol{k}$，它们的指向是正交的，态矢量ψ_i $(i=1,2,\cdots,n)$ 本身不是矢量，但是由于正交，因此也认同它们各自指向不同方向

三维和N维矢量空间等) 都来源于此。再强调说明，对基矢量 $\boldsymbol{i}$、$\boldsymbol{j}$、$\boldsymbol{k}$ 或态矢量 ψ 特性的描述，应当是 $\langle \boldsymbol{i}\,|\boldsymbol{A}\rangle$、$\langle \boldsymbol{j}\,|\boldsymbol{A}\rangle$、$\langle \boldsymbol{k}\,|\boldsymbol{A}\rangle$ 或 $c_i = \langle \psi_i\,|\boldsymbol{\Psi}\rangle$ ，而不是它们本身，因为它们如同一个名称或一个标号，其特征是 $\langle \boldsymbol{i}\,|\boldsymbol{A}\rangle$、$\langle \boldsymbol{j}\,|\boldsymbol{A}\rangle$、$\langle \boldsymbol{k}\,|\boldsymbol{A}\rangle$ 或 $c_i = \langle \psi_i\,|\boldsymbol{\Psi}\rangle$，如同本征值的含义。

矢量 $\boldsymbol{A}$ 通过基矢量 $\boldsymbol{i}$、$\boldsymbol{j}$、$\boldsymbol{k}$ 的展开式 ($\boldsymbol{i}$、$\boldsymbol{j}$、$\boldsymbol{k}$ 是完全集，意指它对矢量 $\boldsymbol{A}$ 的展开和描述是完备的)：

$$\begin{aligned}\boldsymbol{A} = |\boldsymbol{A}\rangle &= \langle \boldsymbol{i}|\boldsymbol{A}\rangle\,\boldsymbol{i} + \langle \boldsymbol{j}|\boldsymbol{A}\rangle\,\boldsymbol{j} + \langle \boldsymbol{k}|\boldsymbol{A}\rangle\boldsymbol{k} = \sum_{n=1}^{3}\langle \boldsymbol{e}_n|\boldsymbol{A}\rangle\,\boldsymbol{e}_n \\ &= \langle \boldsymbol{i}|\boldsymbol{A}\rangle|\boldsymbol{i}\rangle + \langle \boldsymbol{j}|\boldsymbol{A}\rangle|\boldsymbol{j}\rangle + \langle \boldsymbol{k}|\boldsymbol{A}\rangle|\boldsymbol{k}\rangle = \sum_{n=1}^{3}\langle \boldsymbol{e}_n|\boldsymbol{A}\rangle|\boldsymbol{e}_n\rangle \end{aligned} \tag{2-36}$$

态矢量 $\boldsymbol{\Psi}$ 通过本征矢 ψ_i 的展开式 (本征矢 ψ_i 是正交归一的完全集)：

$$\boldsymbol{\Psi} = \sum_{i=1}^{N} c_i\,|\psi_i\rangle = \sum_{i=1}^{N}\langle \psi_i|\boldsymbol{\Psi}\rangle|\psi_i\rangle, \quad c_i = \langle \psi_i|\boldsymbol{\Psi}\rangle \tag{2-37}$$

两个矢量的内积或点积如下：

$$\begin{aligned}\boldsymbol{A}\cdot\boldsymbol{B} = \boldsymbol{B}\cdot\boldsymbol{A} &= \sum_{i=1}^{3}\langle \boldsymbol{B}\,\boldsymbol{e}_i\rangle\langle \boldsymbol{e}_i, \boldsymbol{A}\rangle = A_xB_x + A_yB_y + A_zB_z \\ &= \sum_{i=1}^{3}\langle \boldsymbol{e}_i|\boldsymbol{A}\rangle\langle \boldsymbol{B}|\boldsymbol{e}_i\rangle = B_xA_x + B_yA_y + B_zA_z \\ &= \sum_{i=1}^{3}\langle \boldsymbol{A}_i|\boldsymbol{e}\rangle\langle \boldsymbol{e}_i|\boldsymbol{B}\rangle \end{aligned} \tag{2-38}$$

为了看得更清楚，将矢量的内积运算表示为

$$\begin{aligned}\boldsymbol{A}\cdot\boldsymbol{B} = \boldsymbol{B}\cdot\boldsymbol{A} &= \langle \boldsymbol{B}|\boldsymbol{A}\rangle = \langle \boldsymbol{A}|\boldsymbol{B}\rangle \\ &= \sum_{i=1}^{3}\langle \boldsymbol{B}, \boldsymbol{e}_i\rangle\langle \boldsymbol{e}_i, \boldsymbol{A}\rangle = \sum_{i=1}^{3}\langle \boldsymbol{B}|\boldsymbol{e}_i\rangle\langle \boldsymbol{e}_i|\boldsymbol{A}\rangle \end{aligned} \tag{2-39}$$

而态矢量 $\boldsymbol{\Psi}$ 与 $\boldsymbol{\Phi}$ 的内积可以写成如下表示式：

$$\langle \boldsymbol{\Phi}|\boldsymbol{\Psi}\rangle = \sum_{i=1}^{n}\langle \boldsymbol{\Phi}|\psi_i\rangle\langle \psi_i\boldsymbol{\Psi}\rangle \tag{2-40}$$

与矢量的表示式 (2-39) 完全相似 (物理意义和数学表达式是一致的)，只是普通矢量满足交换律：$\boldsymbol{A}\cdot\boldsymbol{B} = \boldsymbol{B}\cdot\boldsymbol{A} = \langle \boldsymbol{B}\,|\boldsymbol{A}\rangle = \langle \boldsymbol{A}\,|\boldsymbol{B}\rangle$，而态矢量的位置顺序是不对易

的，不满足交换律，即$\langle\boldsymbol{\Phi}\mid\boldsymbol{\Psi}\rangle=\langle\boldsymbol{\Psi}\mid\boldsymbol{\Phi}\rangle^*\neq\langle\boldsymbol{\Psi}\mid\boldsymbol{\Phi}\rangle$，这样，与普通矢量内积公式比较，在理解态矢量时，受到的启发是深刻的，态矢量虽然比矢量复杂，但是二者在几何与物理两方面，本质上是一样的，理解量子力学，在一定程度上，并不像原初许多读者想象的那样复杂和困难。现在可知，称波函数 $\boldsymbol{\Psi}$为态矢量是源于与矢量的物理意义和几何表示的类比，费曼正是对态矢量和内积公式的对比研究，再与拉格朗日作用量结合，才形成了路径积分的原初思想。

上面主要介绍了三种狄拉克符号：一是表达态矢量的符号，左矢$\langle\ |$和右矢$|\ \rangle$；二是内积符号，$\langle\ |\ \rangle$；三是投影符号，$|\ \rangle\langle\ |$。对应的叉积运算是$|\alpha\rangle\langle\beta|=\alpha\times\beta$，它们只是表达态矢量的分立状态，用处有限，还需要与算符结合起来，才能有更多的实际应用。值得指出的是，随着填入符号中的物理量的不同，其表达的物理含义也不同，例如，$\langle\psi_i|\boldsymbol{\Psi}\rangle$表示态矢量$\boldsymbol{\Psi}$在本征矢中的概率幅，而$\langle\boldsymbol{\Phi}|\boldsymbol{\Psi}\rangle$则是两个态矢量的内积，已如上述。在这里，又一次表明量子力学在数学方法上的继承和扩展。

算符在数学和物理学中并不是一个新的概念和新的工具，它是线性代数的基本内容，并不难理解和掌握。一般说来，算符就是用符号表示某种简单的或稍许复杂一些的运算，例如微分、积分、矩阵 $\boldsymbol{T}$、傅里叶变换，虽然都可以看作是算符，但是，如果再用算符表示它们，犹如画蛇添足，则毫无意义。算符只是将体现具体物理意义的、在一门学科中反复出现的数学运算抽象化，简化了数学表达，减少了记忆的内容和使用时的困难 (因此，学习算符知识以够用为准，不是多多益善)。但是，算符表示对于线性变换，具有一定的普适性，又表现出一定的简单性。对于量子力学而言，由于在初创时期，先于波动力学，矩阵力学引入算符，把它看成是对力学量 (态矢量) 的一种或一组观测或 (线性) 操作，态矢量反映的是系统的状态 (特别注意，这里是指集合或系综，就是说，态矢量的状态是由 N 个子系统的矩阵 $\boldsymbol{T}$ 描述的 ($\boldsymbol{T}=\boldsymbol{T}_{ik}$ ($i=1,2,\cdots,N$; $k=1,2,\cdots,M$)，对于物理系统，一般有 $N=M$, 即方阵))，而测量或操作应能真实反映这种状态。显然，测量或操作之间的搭配可以改变，也就是算符之间的组合可以改变，以便于研究算符不同组合对力学量的影响。在建立波动方程之后，由于能量 (即动能与势能之和) 是一个不变量，为了简化表达，自然采用了能量算符表示它。此外，波函数的演化自然成为研究的重点 (算符的作用只是基于波动方程的某种经常的、重复的、通用的数学变换和运算，如果仅仅是少量的数学运算，就没有必要使用算符)。波动力学与矩阵力学这二者的侧重点不同，采用算符表述之后，就形成了两种绘景 (picture)，即所谓薛定谔绘景(S. P.)(此处算符体现以解微分方程为主, 即力学量算符不随时间变化，波函数随时间演化) 与海森伯绘景(H. P.)(此处算符反映以测量为主，即力学量算符随时间演化，波函数不随时间变化)；更有二者折中处理的狄拉克相互作用绘景 (I. P.)：算符与波函数均随时间变化，其中，薛定谔绘景(S. P.)更自然和更适于运算。至于这三种绘景的等价性，薛定谔在 1926 年就已经给出证明，通过算符的运算也可以证明这一点，这需要花费几页的篇幅来叙述，包含的物理学信息很少，实在看不出有什么意义，可以说，它已经不是一个需要了解的知识内容，淡化矩阵力学方法、熟悉波动力学理论，才是明智之选。

这里顺便指出，绘景与表象之间的区别是：表象只是算符、力学量在坐标系中不同基矢量表达式之间的变换，通过下面介绍的幺正算符联系起来，也可以由线性变换方法直接确定，不涉及其他。其实，任意一个力学量均可以用一组基本单元的线性组合表示，例如，二进制与十进制之间的转换就是算术运算的表象，2 和 10 就是基本单元，例如：$365=3\times10^2+6\times10^1+5\times10^0$，它的二进制是 $101101101=1\times2^8+0\times2^7+1\times2^6+1\times2^5+0\times2^4+1\times2^3+1\times2^2+0\times2^1+1\times2^0$，前者是以 10 为基元，适合人们的日常计数习惯，而后者以 2 为基元，适于计算机的布尔代数的计数，与坐标系的基矢量的作用是相似的。我们用基矢量的表示方法来处理 365 这个数，虽然意义不大，但是很有启发性。

十进制的基矢量可以表示成$\psi_1=1$，$\psi_2=10$，$\psi_3=100$，$a_1=5$，$a_2=6$，$a_3=3$，将 365 当作态矢量，就有

$$\begin{aligned}\psi=365&=\sum_{i=1}^{3}a_i\psi_i=a_1\psi_1+a_2\psi_2+a_3\psi_3\\&=5\psi_1+6\psi_2+3\psi_3=5\times1+6\times10+3\times100=365\end{aligned}$$

二进制与此类似，不再重复。

表象是一个非常重要的问题，古罗马的衰亡和阿拉伯世界的兴盛，在一定程度上也和这个问题有关，罗马文中是用 Ⅰ，Ⅱ, Ⅲ, Ⅳ, Ⅴ, Ⅵ, Ⅶ, Ⅷ, Ⅸ, Ⅹ计数，而阿拉伯文则是用 $1,2,\cdots,8,9,10$ 计数，这当然就是表象，在科学计算与商业贸易中，阿拉伯计数简单易用，优势远超过罗马文，加速了古罗马的衰退。

一个物理量的特性不会随基矢量的不同而改变，例如，空间两点之间的距离，无论在直角坐标系、圆柱坐标系还是球面坐标系，虽然表示式有繁简不同之区别，但是，该距离是不变的，只是在一般情况下，直角坐标系更便于处理和使用。在量子力学中，表象主要在笛卡儿坐标系不同基矢量之间进行变换，如位置、动量、各种正交归一的基矢量之间进行变换，也有坐标系转动前后基矢量的改变，等等。很容易得出基矢量之间变换的矩阵表示式，将两组基矢量分别记为 $\psi_i,i=1,2,\cdots,N$ 和 $\phi_k,k=1,2,\cdots,N$；任一态矢量 $\boldsymbol{\psi}$ 可以分别用这两组基矢量的线性叠加表示

$$|\boldsymbol{\psi}\rangle=\sum_{i}^{N}a_i\left|\psi_i\right\rangle \text{和} \left|\psi\right\rangle=\sum_{k}^{N}b_k\left|\phi_k\right\rangle,\quad \sum_{i}^{N}a\left|\psi_i\right\rangle=\sum_{k}^{N}b\left|\phi_k\right\rangle$$

用 $\langle\psi_m|$ 左乘上面第二个等式，可得 $\sum_{i}^{N}a_i\left\langle\psi_m\left|\psi_i\right.\right\rangle=\sum_{k}^{N}b_k\left\langle\psi_m\left|\phi_k\right.\right\rangle$，由于 $\langle\psi_m|\psi_i\rangle=\delta_{m,i}$ 进一步可得

$$\sum_{i}^{N} a_i \langle \psi_m | \psi_i \rangle = \sum_{i}^{N} a_i \delta_{m,i} = a_m = \sum_{k}^{N} \langle \psi_m | \phi_k \rangle b_k$$

$$a_m = \sum_{k}^{N} \langle \psi_m | \phi_k \rangle b_k \tag{2-41}$$

令 $S_{mk} = \langle \psi_m | \phi_k \rangle$，由式 (2-41) 可得 $a_m = \sum_{k}^{N} \langle \psi_m | \phi_k \rangle b_k = \sum_{k}^{N} S_{mk} b_k$，即 $a_m = \sum_{k}^{N} S_{mk} b_k$，表象的变换矩阵 S_{mk} 可以表示如下：

$$\begin{bmatrix} a_1 \\ a_2 \\ \vdots \\ a_N \end{bmatrix} = \begin{bmatrix} S_{11} & S_{12} & \cdots & S_{1N} \\ S_{21} & S_{22} & \cdots & S_{2N} \\ \vdots & \vdots & & \vdots \\ S_{N1} & S_{N2} & \cdots & S_{NN} \end{bmatrix} \begin{bmatrix} b_1 \\ b_2 \\ \vdots \\ b_N \end{bmatrix} \tag{2-42}$$

矩阵元 $S_{mk} = \langle \psi_m | \phi_k \rangle \ (m, k = 1, 2, \cdots, N)$ 是两个不同基矢量的内积，显见，不同基矢量的表象，就是基矢量之间的内积，它是表象中的不变量，与坐标系无关，其矩阵就是

$$a_m = \sum_{k}^{N} S_{mk} b_k \tag{2-43}$$

这些都是线性代数中熟悉的知识，只是这里的应用对象不一样罢了，并没有新奇之处。为了加深理解，可以联想 X-光胸部透视和螺旋 CT 透视片。前者，受试患者直立，一横排等强度 X 射线从上部垂直向下移动扫描，在直角坐标系中处理接收到的透视数据；后者，受试患者平躺，是在半圆周上分布等强度射线源，另外半圆周安置接收器件，形成扇束发射与接收，采用螺旋移动扫描方式。因此，在圆柱坐标系处理透视数据时，从初始的零位到旋转一个角度的瞬时位置，射线是用不同的基矢量表示的，相当于表象的改变，这都是不同表象的实际应用。

在量子力学中，常用的算符则与波函数包含的参数有关，主要是哈密顿算符 $\hat{H}$，动量算符 $\hat{\boldsymbol{p}}$ 和空间位置算符 ∇^2，角动量算符 $\hat{L}$ (这些算符主要作用于态矢量而不是数字和数学函数)。此外，还有两个与测量有关的算符：厄米算符 $\hat{F}^\dagger$ 和幺正算符，现在来说明这些算符的作用和意义。

1) 能量算符

薛定谔方程是波函数 $\boldsymbol{\Psi}(\boldsymbol{x},t)$ 的时间微分与能量 (动能加势能) 的空间坐标二次微分的平衡关系，我们已经熟悉，如下所示：

$$\mathrm{i}\hbar \frac{\partial}{\partial t} \boldsymbol{\Psi}(\boldsymbol{x}, t) = \left(-\frac{\hbar^2}{2m} \nabla^2 + V \right) \boldsymbol{\Psi}(\boldsymbol{x}, t) \tag{2-44}$$

哈密顿量 $H=\dfrac{p^2}{2m}+V$ 是能量，对应的是能量算符 $\hat{H}$ (注意二者的区别)，由薛定谔方程作置换 $\hbar p\to-\mathrm{i}\hbar\nabla$ 得出，如下所示：

$$\hat{H}=-\frac{\hbar^2}{2m}\nabla^2+V \tag{2-45}$$

引入这个算符，薛定谔方程便可以简写成 $\mathrm{i}\hbar\dfrac{\partial}{\partial t}\boldsymbol{\Psi}(\boldsymbol{x},t)=\hat{H}\boldsymbol{\Psi}(\boldsymbol{x},t)$ 或 $\mathrm{i}\hbar\dfrac{\partial\left|\boldsymbol{\Psi}\right\rangle}{\partial t}=\hat{H}\left|\boldsymbol{\Psi}\right\rangle$，它除了简化量子力学主要方程的表示式之外，还有一个性质，就是 $\hat{H}_{ik}=\hat{H}_{ki}^{*}$，$\hat{H}_{ik}$ 是转置和复共轭矩阵 $\hat{H}_{ki}^{*}$，表示 $\hat{H}_{ik}$ 是厄米算符，具有线性运算性质。在实际应用中，由于量子力学处理的大都是系综和多粒子系统，哈密顿 H 的矩阵计算是很复杂的。

2) 厄米算符与幺正算符

在量子力学中，了解一个系统的状态，必须对它进行测量，如果这个测量过程用 $\hat{F}$ 表示，在数学上可以称其为算符，物理学上则称其是一次测量或操作，系统所处的状态用态矢量 $\boldsymbol{\Psi}$ 表示，对其进行一次测量所得结果，等同于概率论中的一次实现，记作 q。显然，$\hat{F}\boldsymbol{\Psi}$ 表示对 $\boldsymbol{\Psi}$ 的具体测量，q 自然就是态 $\boldsymbol{\Psi}$ 的数字特征，因此有如下关系：

$$\hat{F}\boldsymbol{\Psi}=q\boldsymbol{\Psi} \tag{2-46}$$

这并不陌生，是线性代数中的本征方程 (最早是由拉格朗日 (J. L. Lagrange) 在 1774 年提出的)，q 是本征值 (在光谱中也称作值谱)，$\boldsymbol{\Psi}$ 是本征函数；在物理学中，要求测量所得必须是可观测的实数 (一般是位置 x 和动量 p 以及它们的函数))，如为复数则没有意义。这是什么意思呢？如果本征值 q 是实数，那么本征方程便表示：物理测量 $\hat{F}\boldsymbol{\Psi}$ 的结果线性地重现了被测的物理系统 $\boldsymbol{\Psi}$ 所处的实际状态，也就是被研究的态矢量 $\boldsymbol{\Psi}$ 的实际状态，这正是物理测量的本质所在 (说得更详细一些，就是对 $\boldsymbol{\Psi}$ 描述的状态中的力学量进行测量，它的测值就是 q，换句话说，该力学量的本征值就是测值 q)。因此，表示实际测量 $\hat{F}\boldsymbol{\Psi}$ 的结果 q 必须是实数，而测量操作自然是线性的，能满足这一测量要求的算符 $\hat{F}$ 就是数学上的厄米算符 (实线性算符)，也就是 $\hat{F}$ 与其转置 $\tilde{F}$ 的共轭算符 $\tilde{\hat{F}}^{*}$ 相等，并特用 $F^{\dagger}$ 表示 $\tilde{\hat{F}}^{*}$，也称作自共轭厄米算符，这样就能保证 q 是实数 (顺便指出，如果算符的逆与它的厄米算符相等：$F^{\dagger}=\hat{F}^{-1}$，则称 $\hat{F}$ 是幺正算符，常用 $\hat{U}$ 记之，在幺正变换下，内积运算、正交性和态矢量的模方都不会改变，它的特点之一是保持归一化不变，在海森伯绘景中，它是时间演化算符，即 $\mathrm{d}U/\mathrm{d}t\neq0$)。需要注意的是，对态矢量集合 (系综) 的一次测量与对一个态的多次测量，理论上是等价的，因为这个测量反映了态矢量是平稳 (随机) 过程，实际上由于存在测量引起态矢量的坍缩，二者并不等价。

在电子衍射实验中，就做过一束电子通过双狭缝和单电子一个一个通过双狭缝的实验，结果大体上是一样的，这实际上是平稳随机过程的思路。

薛定谔方程定态的算符方程同样可以写成下式：

$$\hat{H}\boldsymbol{\Psi} = E\boldsymbol{\Psi} \quad \text{或} \quad \hat{H}\psi = E\psi \tag{2-47}$$

$\boldsymbol{\Psi}$ 和 ψ 只相差一个相位因子：$\boldsymbol{\Psi}=\psi \mathrm{e}^{-\mathrm{i}Et/\hbar}$。$E$ 是能量本征值，表示定态的总能量，也常用 ψ 表示波函数。这里需要指出，本征方程 $\hat{H}\psi = E\psi$ 两边的 ψ 不能随意消去，$\hat{H}$ 对态矢量的作用是线性变换，消去 ψ ，算符 $\hat{H}$ 失去意义，例如，设 $\psi= \cos 4x, \hat{H} = \mathrm{d}^2/\mathrm{d}x^2$, 那么 $\hat{H}\psi = \lambda\psi = (\mathrm{d}^2/\mathrm{d}x^2)\cos 4x = 16\cos 4x$，可以看成是本征方程，本征值 $\lambda = 16$；如果消去态矢量 $\psi= \cos 4x$，就会得出 $\mathrm{d}^2/\mathrm{d}x^2= 16$的结果，这是毫无意义的。因此，看待本征方程，应当视为一个整体变换，而不是普通代数方程，可以将两边的同类项消去。

厄米算符有两个重要性质，一是它在左、右矢中对本征函数 ψ 的作用相等 $\langle F^{\dagger}\psi|\ \phi\rangle = \langle\psi|\ F^{\dagger}\ \phi\rangle$，保证测量的结果是实数；二是在本征值各不相同时 (对矩阵力学有重要意义)，保证本征函数彼此正交：$\psi\perp\phi$，换句话说，具有不同本征值的本征函数彼此正交。表示能量的哈密顿算符 $\hat{H}$ 就是厄米算符：$\hat{H} = \hat{H}^{\dagger}$，将厄米算符 $\hat{F}^{\dagger}$ 与幺正算符等联合起来，表达动态过程，也就是与绘景变换 (包括海森伯测不准关系) 联系起来，才有更多的实际应用。其中，最主要的是算符和状态变量的期望值的计算。

现在，可以对量子力学再做一个概括：自由粒子波函数$\varPsi$和系统能量H的表示式是已知的，由此得出波函数的基本方程已经是很容易的事，已如前述，不再重复。需要概括的是：量子力学的数学空间是希尔伯特复数空间，涉及复数在物理学上不可测量，以及波粒二象性测量中的坍缩问题。根据统计诠释，波函数的模方是在单元体积发现粒子的概率密度，由此可得出结论：测量是对集合或系统进行的，结果一定是力学量的平均值，由薛定谔方程演变而来的本证方程，在求得波函数之后，通过哈密顿算符即可计算出本征值，就是测量结果的平均值 (离散的能级，这一点很重要，也就是说，是对粒子的能量进行测量)。这样，计算和实际测量便可以对比，由于波函数能够完全描述量子系统的动力学行为，如何求解波动方程便是被关注的重点，在数学方法 (波函数的线性展开式、态的叠加原理) 和物理图像 (态矢量与几何矢量的类比) 两方面，明智的做法是与经典力学联想，启发创新。下面是量子力学创立过程的一条主线。

从德布罗意波得出自由粒子波函数：

$$\varPsi(x,y,z;t) = \psi(\boldsymbol{x},t)\mathrm{e}^{-\mathrm{i}(\omega t-\boldsymbol{k}\cdot\boldsymbol{x})} = \psi(\boldsymbol{x},t)\mathrm{e}^{(-\mathrm{i}/\hbar)(Et-\boldsymbol{p}\cdot\boldsymbol{x})} \tag{2-48}$$

从经典力学借用了哈密顿函数表达式：

$$H=\frac{p^2}{2m}+V=\frac{p^2}{2m}+V \tag{2-49}$$

然后便是薛定谔给出了波动方程:

$$-\mathrm{i}\hbar\frac{\partial\Psi_{\mathrm{S}}}{\partial t}=\hat{H}_{\mathrm{S}}\Psi_{\mathrm{S}},\quad \frac{\partial\hat{A}_{\mathrm{S}}}{\partial t}=0 \tag{2-50}$$

式中，$\boldsymbol{\Psi}_{\mathrm{S}}$ 和 $\hat{H}_{\mathrm{S}}$ 分别是薛定谔绘景中的波函数与哈密顿算符，A_{S} 是力学量。借助幺正算符可以导出海森伯矩阵方程:

$$\mathrm{i}\hbar\frac{\mathrm{d}\hat{A}_{\mathrm{H}}}{\mathrm{d}t}=[\hat{A}_{\mathrm{H}},\hat{H}_{\mathrm{H}}],\quad \frac{\partial\Psi_{\mathrm{H}}}{\partial t}=0 \tag{2-51}$$

式中，$\hat{A}_{\mathrm{H}}$ 和 $\hat{H}_{\mathrm{H}}$ 分别是海森伯绘景中的力学量与哈密顿算符，Ψ_{H} 是态矢量。由于在这两种绘景中，力学量、算符和态矢量之间有比较复杂的变换关系例如对波函数而言，有 $\Psi_{\mathrm{H}}=\mathrm{e}^{\mathrm{i}Ht}\Psi_{\mathrm{S}}$，因此，特别用下角标 S 和 H 标注，以示区别；狄拉克提出的相互作用绘景 (I. P.)，主要是将非孤立系统的哈密顿算符 $\hat{H}_{\mathrm{I}}$ 分成与时间无关的部分 $\hat{H}_{\mathrm{I}}^{0}$，代替海森伯方程中的 $\hat{H}_{\mathrm{H}}$；与时间有关的微扰部分 $\hat{H}_{\mathrm{I}}'$，代替薛定谔方程中的 $\hat{H}_{\mathrm{S}}$，这些内容，有需要时可以再学习，并不困难，现在深入讨论似无必要。这里需要指出，薛定谔绘景与海森伯绘景比较，犹如 2×3 与 $2+2+2$ 之比，看似旗鼓相当，但在计算位数增加时，难易程度立等可判，薛定谔方程以波函数为主，显然胜过以力学量算符为主的海森伯方程，说海森伯方法在量子力学中正在被淡化，并不过分。不过，二者都以态矢量的本征方程为共同的基础

$$\hat{F}\boldsymbol{\Psi}=q\boldsymbol{\Psi},\quad \hat{F}\left|\psi\right\rangle=q\left|\psi\right\rangle \tag{2-52}$$

这就是量子力学的基本内容。其后的发展和完善本质上就是在不同的势函数 $V(x,y,z)$ 下求解方程 (2-50) 和 (2-51) (即约束态 $V(x,y,z)\neq0$ 和非约束态 $V(x,y,z)=0$，精确解和近似解，包括粒子的自旋和轨道旋转的角动量等)，而关系 (2-48) 和 (2-49) 是已知的。

对于波函数，由于有虚数 i，除了是干涉现象的根源外，还使运算的范围扩大到希尔伯特空间。这样，有了粒子的波动方程，要了解的内容很多，但这里有必要指出，学以致用，不是越多越好，根深叶茂固然好，无土栽培也大有可为，关键在于有无创新的动力和思想，科研最重要的是找到值得钻研的问题。也许有人批评和反对这个观点，其实，学有用的知识，将其用在对原有理论的发展和完善上，也可以将其用在技术革新、实验设计上，这两种目的对学习内容的取舍是不一样的。有了前面的知识之后，现在可以问一个极为普通的问题：量子系统的状态是什么意思？更直白地说，量子态是什么意思？如果对一个病人，要问他的状态，可以是清醒状态、半昏迷状态或昏迷状态，描述这些状态的体征参数有血压、心跳、脉搏和体温，

当然还有更详细的各种诊断指标 (包括脑电图)；这些参数能与病情直接联系起来，否则便毫无意义。对于一颗在轨卫星，要问它的运行状态如何，可以是正常、不正常或失联，描述这些状态的有轨道参数和电信参数。那么，对于量子态又如何呢？如果说波函数 $\Psi(\boldsymbol{r},t)$ 就是量子态，当然合理，但是包含的信息太少，从中得不到对量子系统的任何有用的知识，况且，波函数不可测量，物理含义尚不清楚，如果说量子态就是由波函数的模方 $|\Psi(\boldsymbol{r},t)|^2(=\Psi^*\Psi)$ 给出在空间某一体积元发现粒子的概率，它的有用信息仍然很少。因此，必须考虑另外的因素，其一是波函数的线性叠加特性：

$$|\boldsymbol{\psi}\rangle = \sum_{i}^{N} a_i \, |\psi_i\rangle$$

表明态矢量 $\boldsymbol{\psi}$ 由各个本征矢 ψ_i 来描述，这意味着状态的离散性，提供了有价值的信息，但还是不充分；其二是考虑到由薛定谔方程得出的本征方程：

$$\hat{H}\,|\psi_i\rangle = q_i\,|\psi_i\rangle$$

它给出了每一个本征函数 ψ_i 对应的本征值 q_i，这就进一步说明，求解薛定谔方程得到波函数的数学表示式，便可由本征方程得出本征值，它是能够通过测量确定的值。到此，关于量子态是什么意思的问题，就有了一个仅仅是初步的回答：波函数在何种情况下具有何种能量值。能够允许提出一个基本问题，预示着该学科的进步，譬如，宇宙学，提出大爆炸理论，由测得宇宙背景辐射的 3K 温度为依据，那么，能不能问是什么大爆炸？时间、空间还是物质？大爆炸之前是什么？

在经典力学中，也有类似的情形，从欧几里得空间的牛顿第二定律 $F=ma$，发展到相空间中的拉格朗日广义坐标和广义速度的正则方程，再到相空间中的哈密顿广义速度与广义动量的正则方程，既是一脉相承，又是发展创新，共同的基础就是最小作用量原理。

科学发展史的知识告诉我们，理论物理学家、实验物理学家和应用物理学家之间，思考和处理问题的模式和风格，往往有不小的差别，不能轻视实际，偏重理论；也不能轻视理论，偏重实际，它们是相辅相成的。爱因斯坦的 $E=mc^2$ 在当时和其后的很长时期内并没有与原子能的利用挂钩，爱因斯坦本人也不认可原子能能够利用，卢瑟福也是如此；是莱丝 · 梅特娜 (Lise Meitner) 发现了原子核的链式反应之后 (意味着质量能够转变成能量释放出来)，科技界尤其是德国的科学家才意识到原子能的利用是可能的，这说明什么问题？随着科学的进步，技术的发展，科研机构和研究人员的增多，固有的科学围墙被冲破，创新的学术思想不断产生，犹如长江后浪推前浪，推动着科学技术的进步。

2.9 测量问题

测量是物理学的一个重要内容，在量子力学建立之后就成为一个中心议题，这里不讨论与此相关的哲学问题，包括测量的实在性 (客观测量) 和确定性 (因果关系)，而是局限于量子力学测量的特点、算符与测量的关系，目的是加深对本征方程的理解，有志探索量子力学深层次问题的读者，测量是一个值得深入钻研的课题，因为是实验促进了量子力学的建立和发展。现在仍然如此，唯一称得上量子力学从理论上给出预测的，就是狄拉克 1928 年预言的反物质 —— 正电子的存在，1932 年由安德森 (C. A. Anderson) 在实验中发现，而磁单极的预言至今仍未被证实。

2.9.1 测量的尺度

在经典物理学中，可以说对一个粒子的位置和动量的测量，得到一个确定的值而不改变被测系统原有的状态，测量结果是被测的这类基本物理量真实的反映，被测对象的尺度即使很小，也不会受到测量仪器的干扰而改变其状态，测量仪器与被测对象之间的尺度大小是相对的。但是，在量子力学中，情形并不如此，微观尺度的粒子相对于测量仪器而言是绝对意义上的小 (这一点极为重要)，测量的干扰无论在理论上、还是在实际方法上都是存在的，无法消除，这就引起测量改变被测对象状态的结果，那么测量结果反映的是对象何时的状态，测量之前的状态是什么？如果再测量一次，反映的是被干扰后改变的状态吗？再次测量仍然有干扰问题，所以测量有不确定性。

此外，在量子力学中，也无法讨论一个粒子的状态，例如，电子在空间中呈现的是电子云分布，它在某处出现的概率与电子的波函数 $\boldsymbol{\Psi}$ 绝对值 (模) 的平方有关，也就是与 $\boldsymbol{\Psi\Psi}^*$ 有关。因此，测量电子，自然是对电子云或电子的系综的测量而言的，如图 2-7 所示，粒子在空间的分布是随机的，也就是说各任意时刻的分布都不相同，各点的概率密度随时间在变化，我们已经知道，波函数 (态矢量)由基矢量 (本征矢) 的展开是一种线性变换：

$$\boldsymbol{\Psi}=\sum_{i=1}^{n} c_i\,|\psi_i\rangle=\sum_{i=1}^{n}\langle\psi_i|\boldsymbol{\Psi}\rangle|\psi_i\rangle \tag{2-53}$$

这个展开式的系数 $c_i=\langle\psi_i\,|\boldsymbol{\Psi}\rangle$ 的含义是在波函数 Ψ 中含有多少 ψ_i，c_i 的绝对值的平方 $|c_i|^2$ 则表示波函数在空间各个不同点出现的权重 (概率密度 ρ_i)，而不是位置不断随时间变化的粒子本身；而且波函数由于波粒二象性，本身无法直接测量，因为测量将改变粒子的状态，波粒二象性随机地坍缩成单一的状态 (图 2-2 和图 2-3)：波或是粒子，它不是测量之前的状态，因此波函数是不可测之量，下面还会进一步说明它不可测的其他原因。

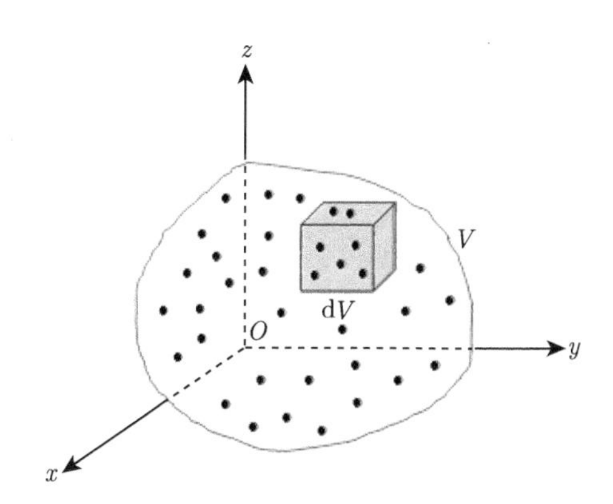

图 2-7 量子力学中粒子在空间的随机分布

图中小立方体 $\mathrm{d}V = \mathrm{d}x\mathrm{d}y\mathrm{d}z$ 表示能在其中发现粒子的空间体积单元，波函数可以覆盖的空间是体积 V，这个图可以看成是粒子系综的分布，也可以看成是一个粒子在不同位置出现的概率 (顾樵. 量子力学 (上册). 北京：科学出版社，2018)

2.9.2 测量的本征值

在矩阵力学中，测量是以本征方程为基础的 (波函数 $\boldsymbol{\Psi}$ 的本征方程 $\hat{F}\boldsymbol{\Psi} = q\boldsymbol{\Psi}$ 或态矢量 $|\psi\rangle$ 的本征方程 $\hat{F}|\psi\rangle = q|\psi\rangle$)，已知态矢量 $|\psi\rangle$ 可以用基矢量 ψ_i 线性展开：既然波函数 $\boldsymbol{\Psi}$ (或态矢量 $|\psi\rangle$) 是系综或集合，那么本征值 q 就是 (在希尔伯特空间) 由 N 个各不相同的值 q_i 组成的 (完备) 集合，每一次测量 ($\hat{F}\boldsymbol{\Psi}$) 所得只是概率事件的一次随机实现。显然，一次完整的测量所得的本征值 q，也是由 N 个不同值的 q_i $(i = 1, 2, \cdots, N)$ 组成的集合，$|\psi_i\rangle$ 与 q_i 之间的关系一一对应，必然由矩阵描述。算符对态矢量的作用是线性变换 $\hat{F}\psi$，实际上表示一个具体的测量或操作过程，为了真实反映系统被测的物理量，自然要求测量操作在数学上是线性变换，为此，将 $\hat{F}|\psi_i\rangle$ 写成下式：

$$\hat{F}|\psi_k\rangle = \sum_{i=1}^{N} F_{ik}|\psi_k\rangle, \quad k = 1, 2, \cdots, N \tag{2-54}$$

以 $\langle\psi_i|$ 左乘上式

$$\langle\psi_i|\hat{F}|\psi_k\rangle = \sum_{i=1}^{N}\sum_{k=1}^{N} F_{ik}\langle\psi_i|\psi_i\rangle = F_{ik}$$

表明算符 $\hat{F}$ 可以用它的矩阵 F_{ik} 表示。

$$\langle\psi_i|\hat{F}|\psi_k\rangle = F_{ik}, \quad i, k = 1, 2, \cdots, N \tag{2-55}$$

再根据概率论，连续随机变量 ξ 的数学期望 $E(\xi)$ 或均值 $\langle\xi\rangle$, $\bar{\xi}$，由 ξ 和它的

概率密度 $\rho(\xi)$ 乘积的积分确定

$$E(\xi)=\langle\xi\rangle=\bar{\xi}=\int_{-\infty}^{+\infty}\xi\rho(\xi)\mathrm{d}\xi \tag{2-56}$$

在量子力学中，按照此公式用内积表示 $E(\xi)=\langle\xi\rangle=\bar{\xi}=\int\Psi^*\hat{Q}\psi\mathrm{d}x=\langle\Psi|\hat{Q}\Psi\rangle$, 再由特征方程 $\hat{Q}\Psi=Q\Psi$, 立即可得

$$\begin{aligned}\langle Q\rangle&=\langle\Psi|\hat{Q}\Psi\rangle=\langle\Psi|\ Q\Psi\rangle=\int\Psi^*Q\psi\mathrm{d}x\\&=\int Q\Psi^*\psi\mathrm{d}x=\int Q\rho(x)\mathrm{d}x=\bar{Q}\end{aligned} \tag{2-57}$$

或者由 $\psi=\sum\limits_i c_i\psi_i$直接可得

$$\langle Q\rangle=\langle\Psi|\ Q\Psi\rangle=\sum_i\langle c_i\psi_i|\ Q_i\ c_i\psi_i\rangle=\sum_i Q_ic_i^2=\sum_i Q_i\rho_i=\bar{Q} \tag{2-58}$$

$\langle\Psi|\hat{Q}\Psi\rangle$ 表示算符对态矢量的测量 $\hat{Q}\,|\Psi\rangle$ ，并将测量结果投影在 $\langle\Psi|$ 上，得出测值的大小，这就说明测量结果是力学量的期望值或均值 $\bar{Q}$。那么，不禁要问：算符 $\hat{Q}$ 是如何作用于态矢量 Ψ 的？换句话说，物理上对态矢量的测量 $\hat{Q}\,|\Psi\rangle$ 如何对应于数学上的具体运算？已经知道，算符 $\hat{F}$ 对一组正交归一的基矢量 ψ_i 的作用是线性变换, 即

$$\left.\begin{aligned}\hat{F}|\psi_1\rangle&=F_{11}|\psi_1\rangle+F_{12}|\psi_2\rangle+\cdots+F_{1n}|\psi_n\rangle\\\hat{F}|\psi_2\rangle&=F_{21}|\psi_1\rangle+F_{22}|\psi_2\rangle+\cdots+F_{2n}|\psi_n\rangle\\&\vdots\\\hat{F}|\psi_n\rangle&=F_{n1}|\psi_1\rangle+F_{n2}|\psi_2\rangle+\cdots+F_{nn}|\psi_n\rangle\end{aligned}\right\} \tag{2-59}$$

简写成下式

$$\hat{F}|\psi_j\rangle=\sum_{j=1}^n F_{ij}|\psi_j\rangle,\quad i=1,2,\cdots,n \tag{2-60}$$

上式用 $\langle\psi_i|$ 左乘

$$\langle\psi_i|\ \hat{F}|\ \psi_j\rangle=\sum_{j=1}^n\langle\psi_i|\ F_{ij}\ |\psi_j\rangle=F_{ij},\quad i=1,2,\cdots,n \tag{2-61}$$

这就表示算符 $\hat{F}$ 可以表示成矩阵形式 F_{ij}，如果在本征方程 $\hat{F}\,|\psi\rangle=\lambda\,|\psi\rangle$ 中，对 ψ 作替换 $\psi=\sum\limits_{i=1}^n\lambda_i\psi_i$，再用 ψ_j 左乘方程两边，注意到 $\langle\psi_j|\hat{F}|\psi_i\rangle=F_{ij}$，很容易得出

下式

$$\sum_{i=1}^{n}\lambda_i\langle\psi_j|\hat{F}|\psi_i\rangle=\lambda\sum_{i=1}^{n}\lambda_i\delta_{ij},\quad F_{ij}=\lambda\delta_{ij},\quad F_{ij}-\lambda\delta_{ij}=0$$

根据线性代数，这个特征方程有非零解的条件是：特征行列式等于零，即 $\det(F_{ij}-\lambda\delta_{ij})=0$，写成矩阵表示式为

$$\begin{bmatrix} F_{11}-\lambda & F_{12} & \cdots & F_{1n} \\ F_{21} & F_{22}-\lambda & \cdots & F_{2n} \\ \vdots & \vdots & & \vdots \\ F_{n1} & F_{n2} & \cdots & F_{nn}-\lambda \end{bmatrix}=0 \tag{2-62}$$

这个方程被冠以天文学上的一个名称“久期方程”(secular equation)，其实就是线性代数中的特征方程，它主要是在理论上给出了求解本征值的计算公式。利用单位矩阵 $\boldsymbol{I}$ 可以将久期方程写成矩阵形式 $\boldsymbol{T}-\lambda\boldsymbol{I}=0$。

如果是将本征矢的表达式 $\hat{F}\,|\psi_j\rangle=q_j\,|\psi_j\rangle$ 代入式 (2-61)，可得 $\langle\psi_i|\,\hat{F}\,|\psi_j\rangle=\langle\psi_i|\,q_j\,|\psi_j\rangle=q_j\delta_{ij}$，这就意味着，测量的结果是以$q$的$N$阶对角矩阵方式表示 (这也表明，求本征值问题本质上是将算符矩阵对角化的问题，可以用幺正算符进行对角化的变换)。

$$F_{ij}=q_j\delta_{ij}=\begin{bmatrix} q_1 & & & \\ & q_2 & & \\ & & \ddots & \\ & & & q_N \end{bmatrix} \tag{2-63}$$

也说明力学量的测量结果就是平均值，等于相应的本征值 q，为什么？因为对于粒子的测量，只能是在测不准关系给出的精度限制 $\mathrm{i}\hbar$ 之下，在波粒二象性状态中进行，这说明测量是一个随机过程，只有多次测量的平均值才能当作实验测量的结果。但是，对于量子力学而言，测量是一个不可逆过程，因为测量对于量子态是干扰，测量必然改变量子体系的当前状态。测量之后，不会回复到原来的状态，即测量之前的状态。即使平稳随机过程，也无法按照时间顺序进行多次测量，可行的方法是对制备的相同的 N 个系统同时进行瞬时测量，测量只是瞬时锁定一个状态出现的概率密度值，波和粒子的二象性由于测量的干扰，引起状态坍缩，其结果是波还是粒子、是叠加态的哪一个态，是不确定的，是态的相干到退相干过程的转变，坍缩态就是一次测量结果，也就是使本征值的概率峰值出现，至于凭借这个峰值能否确定对应于哪一个本征值，是不确定的。如果将测量看作是因，坍缩是果，由于坍缩到哪种状态是不确定的，因果关系在这里失效了 (这里已经很清楚，通过测量复制一个未知的量子态是不可能的，由此还得出量子态不可复制或克隆的定

理，成为保密通信的基础)。本征方程在量子力学中是非常重要的，下面还会从不同角度阐释，现在给出另一种解释。算符 $\hat{F}$ 与被观测的力学量的均值 $\bar{F}$ 之间的方差 $\sigma^2=(\hat{F}-\bar{F})^2$ 可以表示为下式：

$$\sigma^2=(\hat{F}-\bar{F})^2=\int\psi^*(\hat{F}-\bar{F})^2\psi\mathrm{d}\tau=\int\psi^*\psi(\hat{F}-\bar{F})^2\mathrm{d}\tau$$
$$=\int|\psi|^2(\hat{F}-\bar{F})^2\mathrm{d}\tau=\int|\psi(\hat{F}-\bar{F})|^2\mathrm{d}\tau$$

若 $\sigma^2=0$，就有 $(\hat{F}-\bar{F})\psi=0$，$\bar{F}$ 显然是一个实数，记为λ。由此可得：$\hat{F}\psi-\bar{F}\psi=\hat{F}\psi-\lambda\psi=0$，这就是本征函数，同时也表示测量是对体系的本征态进行的，换句话说，测量能够得到确定值的状态就是本征态或本征函数。

2.9.3　测量结果的不确定性

态矢量的叠加与随机过程的概率 (或然性) 有明显的区别，以两个态为例，态的叠加是指：态 A 和态 B。含义是：既是 A 又是 B。测量结果的不确定性是指：测量的只是粒子态出现的概率，而不是具体的物理量，这个测量结果不能断定是 A 还是 B，换句话说，测量前后都不确定。或然性是指：态 A 或态 B ，意思是不是 A 就是 B，测量的结果是二取一，结果是确定的，换句话说，测量前不确定，测量后是确定的。无论从测量的结果看，还是从测量之前的情形看，量子态与或然性二者显然不同，以骰子实验为例作具体说明。在随机实验中，骰子六方体的每一面各刻一个数字，分别是 1、2、3、4、5 和 6，将它放入盒内充分摇动，打开盒盖之前，无法确定骰子正面 (朝上一面) 的数字，盒盖打开之后，正面出现的数字便是确定的，这是由不确定性转变为确定性的过程。量子力学与此不同，对态矢量的测量获得的是概率密度。仍借用骰子实验，这时设想骰子六面体刻的是概率密度的任意可能值 (六个值之和是一)，由于它与本征值之间的对应关系是不确定的，打开盒盖，看到的是概率密度的值，仍然无法断定它对应于哪个本征值，结果仍然不确定，也就是说，实验结果是不确定的。

用算符 $\hat{O}$ 表示对量子系综 ψ 的测量，同步的 N 个测量值 q_i $(i=1,2,\cdots,N)$ 的平均值等于 $\bar{O}=\langle O\rangle=\langle\psi|\hat{O}\psi\rangle=q$，这时测量过程 $\hat{O}\left|\psi\right\rangle=\bar{O}\left|\psi\right\rangle$ 就可以表示为本征方程 $\hat{O}\psi=q\psi$。很明显，不能用测量结果 $\hat{O}\left|\psi\right\rangle$ 来确定 q_i 之值，而只能是其平均值。还可以用态矢量的不同态的线性叠加来进一步说明上述结果，若态矢量 ψ 具有两个能级 E_1 和 E_2，对应于本征态 ψ_1 和 ψ_2，线性叠加态为 $\left|\psi\right\rangle=c_1\left|\psi_1\right\rangle+c_2\left|\psi_2\right\rangle$，对 $\left|\psi_1\right\rangle$ 的测量是 $\hat{O}\left|\psi_1\right\rangle=E_1\left|\psi_1\right\rangle$，对 $\left|\psi_2\right\rangle$ 的测量是 $\hat{O}\left|\psi_2\right\rangle=E_2\left|\psi_2\right\rangle$。显然，对 $\left|\psi\right\rangle$ 的测量 $\hat{O}\left|\psi\right\rangle$ 就是 $\hat{O}\left|\psi\right\rangle=\hat{O}\left|c_1\psi_1\right\rangle+\hat{O}\left|c_2\psi_2\right\rangle=c_1E_1\left|\psi_1\right\rangle+c_2E_2\left|\psi_2\right\rangle$，测量结果的平均值 (期望值) $\bar{O}$ 由下式确定：

$$\bar{O}=\frac{\langle\psi|\,\hat{O}\,|\psi\rangle}{\langle\psi|\,\psi\rangle}=\frac{|c_1|^2}{|c_1|^2+|c_2|^2}E_1+\frac{|c_2|^2}{|c_1|^2+|c_2|^2}E_2 \tag{2-64}$$

由于概率密度的归一化 $|c_1|^2+|c_2|^2=1$，在最一般的情形下，可设 ψ_1 和 ψ_2 的概率密度相等，即 $|c_1|^2=|c_2|^2=1/2$，归一化常数为 $A=1/\sqrt{2}$，那么 $\bar{O}=0.5E_1+0.5E_2$。按照这个测量结果，只能判断态矢量 $\boldsymbol{\Psi}$ 可能随机坍缩到能量为 E_1 的态 ψ_1，也可能坍缩到能量为 E_2 的态 ψ_2，到底是态 ψ_1 还是态 ψ_2 (等价的，是能级 E_1 还是能级 E_2)，其概率各为 1/2。因此，即使测量了，其结果也是不确定的，这是由波函数的态的叠加造成的不确定性。

如果不同意对波函数的概率诠释，那么，这里的说明也就难以理解了。顺便提及，态矢量的叠加不包括量子场论中电子与正电子态函数的叠加问题，它的结果是正负电子对湮灭产生光子的过程，不在此处讨论。

2.9.4 可测的量与不可测的量

在量子力学中，有可测的量与不可测的量之分，这是因为在量子力学中大量使用算符，常常是算符与力学量的结合。因此，便出现区别可测的量与不可测的量的问题。一般而言，波函数 (态矢量) 与算符是不可测的量, 特别是波函数包含 $\mathrm{e}^{-\mathrm{i}/\hbar(Et-\boldsymbol{p}\cdot\boldsymbol{r})}$，它可以表示成实部 Re 与虚部 Im 之和，由于测量引起状态的坍缩，既不能同时测量实部和虚部，也不能分别测量。因为测量作为干扰，使量子态每测量一次就会改变一次量子态。在量子力学中，反映测量的本征方程 $\hat{O}\psi=q\psi$，一是算符为线性算符，就是厄米算符；二是力学系统无论是经典的还是量子的，都要求测量结果即本征值 q 是实数。这时，可以看出，$q\psi$是量子态真实的映照，$\hat{O}\psi$ 与 $q\psi$ 等价，测量并未改变态矢量的分布。所以，实数的力学量 (它的本征态组成完全集) 都是可测的量，也是可观察量，如果本征态不是完全集，它与本征值不能一一对应，虽然可测，但是是不可观察量。一一对应，更确切地说，就是系统本征方程中的本征值 (或者说就是算符的本征值) 对应于本征函数表示的量子态。如果本征态不是完全集，那么测量的结果无从与量子态对应，也就谈不上对量子态的了解，这就是可测而不可观察的含义。

与此相关的一个问题是共轭量的测量，它受测不准关系的制约，理解这一点也并不困难，值得考虑的是共轭量的物理含义。在量子力学中，共轭量是指能量与时间、坐标与动量。我们知道，诺特 (A. E. Noether) 在 1915 年提出的每一个守恒律都对应一种对称性：时间 (t) 平移不变性对应于能量 (E) 守恒，空间 (x,y,z) 平移不变性对应于动量 $(\boldsymbol{p})$ 守恒；空间旋转不变性对应于角动量守恒；空间反演不变性对应于宇称守恒 (偶宇称)，等等。因此，E 和 t，$\boldsymbol{p}$ 和 x,y,z很自然地分别构成一对共轭参量 (E 和 t；p_x 和 x；p_y 和 y；p_z 和 z)，互相制约，同时处于约束状态，海森伯的测不准关系反映的就是这个性质。直白地说，之所以称它们为共轭参量，就是彼此反相制约和变化，波函数反映的也是这个性质，这些力学量是不可测的量。

2.9.5　纠缠态和局域性

量子力学中的纠缠态是与局域性、测量问题密切相关的，单粒子由于态矢量的叠加产生测量结果的不确定性，上面已经做了说明。但是，建立波动方程的薛定谔本人并不同意玻恩对波函数所作的概率诠释以及玻尔提出的 “互补原理”，1935 年，薛定谔提出了猫态的悖论：设想在一个孤立的、不透明的封闭箱内，放进一只健康的活猫和放射性原子，它具有激发态 $|\uparrow\rangle$ 和基态 $|\downarrow\rangle$两种状态，当原子在激发态时，不放射，从激发态跃迁到基态时，放射粒子，盖革计数器计数并触动执行机构动作，打碎毒气瓶，将猫毒死，因此，激发态 $|\uparrow\rangle$ 时猫是活的，基态 $|\downarrow\rangle$ 时猫被毒死，那么，在叠加态就有如下状态：

$$|\boldsymbol{\Psi}\rangle = c_1|\uparrow\rangle|\text{活猫}\rangle + c_2|\downarrow\rangle|\text{死猫}\rangle,\quad c_1^2 + c_2^2 = 1(\text{权重归一化})$$

在一般情况下，令原子的两种态的概率相等，即 $c_1^2 = c_2^2 = 1/2$，测量原子的放射性或者计数状态而不打开不透明的实验箱子，人们仅依据概率密度无法断定猫是死是活，这就出现猫的不死不活、半死半活的状态，既违背常理，也违背直觉，在宏观世界中，猫的状态只有一种：死的或是活的，二者必居其一。双粒子 (粒子对) 也有这样的纠缠态，只是情况更复杂一些。

上述设想的实验涉及到宏观测量系统与微观粒子之间的纠缠，实验结果并不显示宏观系统与微观系统之间的纠缠态，这是为什么？哥本哈根学派的观点是量子力学不适合宏观系统，反对派的观点认为量子力学是不完备的。1932 年，von Neumann 在 *Mathematical Foundation of Quantum Mechanics* 著作中，给出了量子力学适合的数学空间是希尔伯特空间，他将测量仪器与被测对象量子分成两个系统来处理，认为测量引入干扰；1966 年，受到贝尔的批评，指出测量仪器与量子系统没有一条界限, 而且 “被观测量的加权平均之和等于被观测量各自平均值之和” 是不正确的 (特别是对于共轭量而言，如x和p，E和t)。实际上，可以这样理解，测量系统是经典力学系统，被测对象是量子力学系统，仅就尺度来说，二者已是绝对意义上的大 (前者) 和小 (后者)，干扰是不可避免的，加之，由量子系统的统计特性，测量的不可重复是必然的。

除了薛定谔猫态悖论，还有 EPR 悖论 (成对量子的纠缠态的非局域性和超光速)，将在贝尔不等式中论述，其他值得思考的问题是：

(1) 方程是由微分算子得出的，而动能和势能可以用哈密顿算子$\hat{H}$表示，它具有本征方程的特点，波函数就是态矢量，可由本征态 (基态) 线性展开表示；

(2) 研究量子力学中的算符，狄拉克符号的作用及其运算；

(3) 量子在势函数形成的各种势阱 (方形势阱、球形势阱、δ 势阱、有限与无限深势阱) 和势垒中的行为;

(4) 由量子通过晶体格栅的散射和衍射实验深入研究量子的波动特性;

(5) 测量问题，当测量速度为光速时，有无坍缩现象?

第3讲 波函数篇

波函数是量子力学理论中的核心概念之一，尽管玻恩把它解释成概率波获得了诺贝尔物理学奖 (1954 年)，但丝毫也不意味着我们对波函数已经有了深刻的认识，更不意味着概率波是对波函数诠释的终极真理，它仍然值得而且需要继续深入研究，至今即使在量子力学领域，也未能取得共识，除了波函数模的平方作为概率密度，表示在空间粒子出现的概率之外，我们还能有更多的认识吗？研究量子力学的一些学者，告诫读者不要与水波、声波、电磁波、孤立波一类实物波联想，更有甚者，不要与任何图像联想，形象思维是重要的认识事物的方式，舍此如何认识和理解波函数？它到底是什么？

3.1 微观粒子的状态

微观粒子相对于处理仪器是绝对意义上的小，一个由普朗克常数 $\hbar \approx 1 \times 10^{-34}(\mathrm{J \cdot s})$ 量级限定的尺度上的粒子，是经典物理学未曾接触、更未曾了解和未曾研究过的，由于微观粒子的体积和质量几乎接近于零，引力不起作用，空间是均匀、各向同性的。因此，可以设想，这些粒子必然以很高的速度在时空中飘忽不定，忽上忽下，忽前忽后，忽左忽右，类似于随机游走模式，处于随机状态；粒子本身并非静止不动，各自具有不同的或高或低的能量和动量，这些粒子彼此无法区分和标记，它们是全同粒子，但是，它们可以通过各自的自旋属性进行分类。如果预测空间某一体积单元中的粒子，就要用粒子强度的积分，它是对随机状态的概率预测。如果沿着 x 方向有势函数，就如同有轻风沿 Ox方向从左边吹来，这些飘忽不定的微观粒子的大部分就会向右边漂移，沿着垂直于东–西 (左–右) 方向的平面上的粒子通量或截面上的分布，当然也是不确定的，随机的，这是微观状态可以设想的一种图景，当给出数学描述时，粒子从空间的 A 处随机漂移到 B 处，要确定它的中间这一段运动轨迹，那是不可能的，对于随机漂移的图景，没有轨迹可言。当然，也可以换一种说法，就是不关心运动轨迹，只关心它的路径，从 A 到 B 有无数条路径，其中最短路径只有一条，而且只有这条最短路径消耗的能量最小，众多的路径在 B 处就能形成明暗交替的条纹，这就是量子力学可能有的基本图景，当势函数更高时，粒子的随机漂移变成定向运动，形成运动的路径迹线，它的图景就由经典物理学描述 (这就是费曼的路径积分想法起源，后面会详细论述)。

单电子在多次相同的双缝实验和大量电子在同一次双缝实验中，都出现类似的干涉图案，说明量子波函数是平稳随机过程。但是，在双缝实验中，如果两个缝隙相距很远，还会出现干涉图案吗？如果采用十字型双缝实验，干涉图案会是怎样的？当电子与电子对撞时，是两种电子云在碰撞吗？对撞机中电子绕轨道的加速过程是电子云在运动和被加速的吗？

波函数到底是什么？

1924 年德布罗意受实验物理学家兄长的影响，放弃学习很久的历史专业，改学物理学，拜师法国著名物理学家郎之万，他认为既然光波具有粒子性，那为什么粒子不能有波动性呢？在他的博士学位论文中，大胆提出了物质波的概念，在六人的评委会中，只有爱因斯坦赞同并给出高度评价，物质波拉开了巨大帷幕的一角，“我相信这是我们揭开物理学最难谜题的第一道曙光”，量子力学由此创立和迅速发展，从 1905 年爱因斯坦提出光量子假设，已经过去二十年了。爱因斯坦也曾懊悔自己未能正式提出这一概念，它离自己不过一步之遥，这正是“外来的和尚会念经”(读者朋友认为值得念这个“经”吗？)，没有名誉之累，没有地位之忧，没有资历之靠，正是天时、地利与人和之谓也。

薛定谔阅读了德布罗意的论文，做一个物质波的学术报告，他的老师德拜听过报告后，一再提醒他，谈论物质波，没有一个波动方程是不行的，那太肤浅了，要求他给出一个波动方程。不负所望，半年后这个方程被“拼凑”出来，用于氢原子能级的计算，与玻尔的公式以及实验结果一致，可谓大获成功。

光的波动理论由麦克斯韦电磁场理论支撑，光的粒子假设由爱因斯坦提出，已由实验验证 (1916 年的密立根实验和 1923 年的康普顿实验)，可见，由此形成的波粒二象性已被科学界承认。那么，物质波的概念又如何呢？

薛定谔提出的波动方程，按理来说，是物质波在数学和物理两方面的体现，是有力的理论表达。然而，事实并非如此，围绕着波函数 — 方程的解 — 是什么，出现了巨大分歧：薛定谔本人认为是波包，而波包很快会扩展而消失，不符合波动理论；海森伯不仅认为波函数甚至波动方程都没有什么重要意义，玻恩也只是在他讨论散射的论文简短的脚注中附带说明，找到后向散射粒子的数目与波函数模的平方 (模方) 成比例。其实，任一时间函数的平方代表能量或强度, 例如，电压的平方代表电能，速度的平方代表动能，振幅的平方代表振动的总能量等，18 世纪有关光的衍射实验已经知道，干涉形成的明暗条纹与入射光强度 (振幅的平方) 成正比。由此观之，波函数绝对值的平方表示一种振动的强度，与出现散射粒子的数目成比例，是很明显的事，用不着高深的专业知识，当时玻恩的脚注就是如此。为什么要用波函数绝对值的平方，而不是波函数的平方？有什么深奥或玄妙之处吗？看下面的一个简单实例就一切都明白了，既无深奥之处，也无玄妙之意。

给定一个复数 $d = a + ib$，它的平方和绝对值的平方如下所示：

$$d^2 = (a+\mathrm{i}b)(a+\mathrm{i}b) = a^2 - b^2 + \mathrm{i}(2ab)$$
$$|d|^2 = d^*d = (a+\mathrm{i}b)^*(a+\mathrm{i}b) = (a-\mathrm{i}b)(a+\mathrm{i}b) = a^2+b^2$$

d^2 是复数，是物理学上的不可测之量，而 $|d|^2$ 是实数，属于可测之量，问题就这么简单，道理也不复杂 (请不要小看了这个公式，当年，狄拉克比其他几位量子力学精英的高明之处，就是利用这个公式完成了对狭义相对论能量公式的配平方，$E^2 = p^2c^2 + m^2c^4 = (\alpha \cdot pc + \beta mc^2)^2$，实现了开方运算，从而得出狄拉克方程)。按照上述说明，对波函数很容易得出相同的结论，以自由粒子波函数为例，其中包含的指数项在取绝对值的平方时，对消了，因而得到实数的结果：

$$\Psi = \psi(\boldsymbol{x},t)\mathrm{e}^{(-\mathrm{i}/\hbar)(Et-\boldsymbol{p}\cdot\boldsymbol{x})}=\psi(\boldsymbol{r})\mathrm{e}^{(-\mathrm{i}/\hbar)(Et)}, \quad \Psi^* = \psi(\boldsymbol{r})\mathrm{e}^{(\mathrm{i}/\hbar)(Et)}$$
$$\Psi^*\Psi=|\Psi|^2 = \psi^2(\boldsymbol{r})\mathrm{e}^{(\mathrm{i}/\hbar)(Et)-(\mathrm{i}/\hbar)(Et)} = \psi^2(\boldsymbol{r})$$

玻尔作为当时量子力学界的著名掌门人，看出玻恩这条脚注的重要意义，遂成为哥本哈根学派互补理论的基础，也成为波函数统计诠释的标准，波函数自然就是概率波，对此，爱因斯坦表示有限度的同意，而德布罗意和薛定谔则反对统计解释。

现在，看一看波函数是如何描述微观粒子的，德布罗意指出，自由粒子波函数的表达式是：$\Psi(\boldsymbol{r},t)\mathrm{e}^{-\mathrm{i}/\hbar(E/t-\boldsymbol{p}\cdot\boldsymbol{r})}$，它包含能量 E、动量 $\boldsymbol{p}$、时间 t 和空间坐标 $\boldsymbol{r}(x,y,z)$，这些变量如果都能准确测量，那么，一个微观粒子的全部信息就都知道了；如果通过求解波动方程得出这些变量的表示式，那就更是理论物理学期盼的完美结果，遗憾的是，情况远非如此。

首先设想一下，一个质量几乎为零的微观粒子，在空间处于何种状态？是静止状态还是运动状态？什么原因使它处于这种状态？

其次，如何确定粒子的空间位置并测量它？波函数的初始条件和边界条件如何确定？这时粒子在空间的状态是怎样的？一群粒子情况又如何？一个粒子和一群粒子的空间分布相同还是不同？一个粒子在空间有无遍历过程？

根据玻尔学派的观点：其一，波函数是概率波；其二，微观粒子的共轭量，如位置与动量、时间和能量，具有不确定性。由这两条论据，上述问题变得很容易回答，因为微观粒子不能处于静止状态，它在空间中处于不停的运动状态，而且，具有随时间变化的概率分布，至于一个粒子和一群粒子的空间分布相同还是不同？一个粒子在空间有无遍历过程？由电子的狭缝实验可知，用电子束做实验和用单电子连续做实验，得出相似的衍射图案，说明随机过程可看成是平稳的，但是对于粒子的状态进行测量，存在坍缩问题。显然，对一群类似的粒子进行测量和对一个粒子多次测量，二者是不一样的。既然波函数模方是粒子在空间体积元出现的概率密度，测量得出的就是粒子系综的力学量的平均值，不能由此确定该粒子力学量的瞬时值，表明测量结果具有不确定性，再加上波函数态的叠加，使得不确定性会出现与经典意义上的概率不一样的结果：不是非此即彼，而是亦此亦彼，如薛定谔猫态和纠缠态，这就是波函数的统计诠释描绘的微观粒子图案。

既然波函数是对单个粒子的描述，应当具有确定性，因此，爱因斯坦无法接受这样的解释，遂与波多尔斯基、罗森在 1935 年共同发表了质疑文章，即 EPR 悖论，三十年后，通过贝尔不等式验证，实验结果似乎否定了 EPR 质疑。从 EPR 质疑之后，到爱因斯坦 1955 年去世的二十年间，再也没有涉及量子力学问题，据可靠的传记记载，爱因斯坦这一时期，不时地阅读狄拉克的《量子力学原理》，思考相关的基础理论问题，单就光子而言，爱因斯坦曾说过，五十年的思考并没有让他更接近于什么是光粒子的问题，只有傻瓜才相信他知道答案。何况是一群光粒子呢，了解它们会更加困难。

今天，我们能给出一个完整、自洽而优美的波函数图景吗？谁知道呢？罢了，理论物理学界只好无奈地默认现状吧。

波函数是单值、连续和有限的 (平方可积的) 概率波，将波和粒子联系起来，具有波粒二象性，它的模方是在空间体积元出现粒子的概率密度，这就是关于波函数的全部知识。至于认为波函数没有任何物理意义，只有它的模方才有意义，是从 (复数) 波函数属于不可测之量而言的，这个论点实在过于偏颇，犹如无源之水，无本之木，过于强调它的概率意义了。

3.2 数学处理

17 世纪，牛顿的三棱镜分光实验，展示日光 (白光) 是由七色光 (红、橙、黄、绿、蓝、靛、紫) 组成，给日后数学家傅里叶提出 “任一时间函数展开成 (谐波) 级数” 和积分变换以实际启示，牛顿既是分光的实验者、牛顿环的发现者，又是光的微粒学说的倡导者，他当时是如何将波动和粒子两种截然不同的物质属性在白光中统一起来的？惠更斯、菲涅尔和托马斯 · 杨反驳牛顿的微粒说，提出光的波动说，他们忽略了牛顿分光实验和牛顿环中包含的波动说的思想。

对于光的研究，无论是物理光学还是几何光学，从 17 世纪就有了很大进展，量子力学对于波动学说的各种研究和实验，特别是理论分析，无一不是继承了当时已有的成果，只要提一提普通物理学中的双缝实验和相关的理论结果，就足以说明这一点。那么，被后人夸大的与经典物理学截然不同的论点，是如何形成的？科学史或许能回答这些疑问，这里就不涉及了。不过，在那量子力学的黄金时代与白银时代，新的概念仍然不断涌现出来。就波函数而言，既然波函数是概率波，它的模方是概率密度，与空间体积元内出现的粒子的可能性有关，那么，波函数本身的物理意义就值得思考了，不是它没有意义，而是另有别的含义，在能量守恒前提下，得出的薛定谔方程的解—波函数，会没有物理意义？

应该有如下几方面。

1. 波函数可以表示态的叠加特性

由于薛定谔方程是齐次线性微分方程: $\mathrm{i}\hbar\dfrac{\partial}{\partial t}\varPsi(\boldsymbol{r},t)=\left(-\dfrac{\hbar^2}{2m}\nabla^2+V(\boldsymbol{r})\right)\varPsi(\boldsymbol{r},t)$, 它的解 $\varPsi(\boldsymbol{r},t)$ 自然具有线性叠加特性，即 ψ_1 是一个解，ψ_2 是另一个解，那么 $\varPsi=c_1\psi_1+c_2\psi_2$ 也是方程的解，这个特性可以推广至整个线性空间，也就是说，波函数 $\varPsi$ 可以由它的 N 个解 ψ_i 的线性叠加完全表示，如下式所示:

$$\varPsi=\sum_{i=1}^{N}c_i\left|\psi_i\right\rangle=\sum_{i=1}^{N}\left\langle\psi_i\left|\varPsi\right.\right\rangle\left|\psi_i\right\rangle,\quad c_i=\left\langle\psi_i\right|\left.\varPsi\right\rangle \tag{3-1}$$

这说明粒子表现出波的特性，只有波才能叠加，而粒子在空间同一位置具有排他性，不可能许多粒子同处一个几何位点 (量子力学中，极限和几何点对于微观粒子似乎没有经典物理学意义上精确的含义)，如果是粒子的话，那只能是在空间位置不确定的意义下，表示一团漂浮不定的粒子，是粒子的集合体，占据空间不确定的体积范围$\Delta V(t)$，即

$$\Delta V(t)=\Delta x(t)\Delta y(t)\Delta z(t)\neq\text{const}$$

2. 相干现象

自由粒子波函数 $\varPsi=\psi(\boldsymbol{r},t)\mathrm{e}^{(-\mathrm{i}/\hbar)(Et-\boldsymbol{p}\cdot\boldsymbol{r})}$体现了波和粒子的两种状态，就是波粒二象性，经典物理学已经演示了光波、水波、振动波呈现衍射和干涉特性的一系列实验，对于量子力学来说，应当通过实验显示这一特性，电子的双缝衍射实验更具演示特性。下图是许多精密实验的一个原理演示：电子枪向前方的金属隔板发射被加速的电子束，隔板上有平行的两条狭缝 (缝隙宽度与电子尺寸相适应，一般在 nm 级)，通过狭缝的电子射向后置的屏障板，被可以上下移动的探测器 (如盖革计数器) 计数，屏障板可以是能计数的显示屏。当关闭下方的狭缝时，记录的电子束的强度曲线如 P_1，当关闭上方的狭缝而打开下方狭缝时，记录的电子强度曲线如 P_2，(P_1+P_2) 只是这种实验的电子强度总和。如果两个狭缝同时打开，那么，在显示屏上记录或盖革计数器显示的电子强度曲线将如何？从各个不同时期进行的由水波到光波的衍射与干涉实验，无不显示干涉现象的存在。这里介绍的原理实验，也同样显示出干涉曲线，如图 3-1 和图 3-2 所示，有两点是值得深思的。

其一，波函数即概率幅的线性叠加，应用到双缝实验中，同时打开两个狭缝，表明有两个概率幅 ψ_1 和 ψ_2 分别通过了两个狭缝，总的概率幅 $\varPsi_{12}$ 应当是这二者的叠加 $(a_1\psi_1+a_2\psi_2)$(为简单起见，比例系数都可以定为 1)，而不是 (P_1+P_2), 在

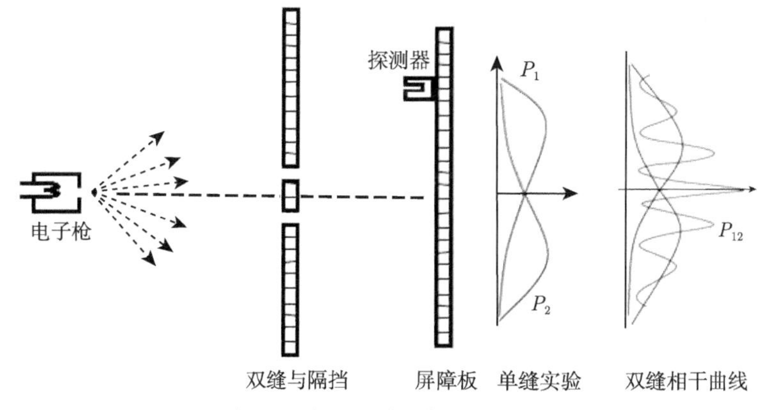

图 3-1 电子双缝衍射实验示意图

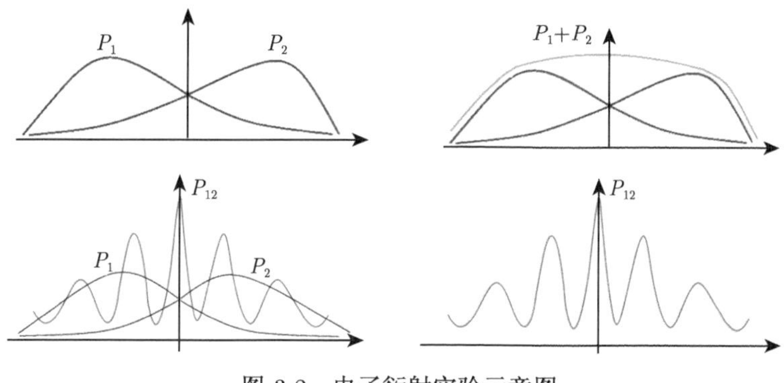

图 3-2 电子衍射实验示意图

显示屏或计数器得出电子数目或电子流强度，也就是波函数的模方，有如下表示式:

$$\Psi_{12}=\sum_{i=1}^{2}a_i\psi_i=a_1\psi_1+a_2\psi_2$$

$$\begin{aligned}|\Psi|^2=|\Psi_{12}|^2=P_{12}&=\left|\left(\sum_{i=1}^{2}a_i\psi_i\right)\right|^2=|(a_1\psi_1+a_2\psi_2)|^2\\&=\boldsymbol{a}_1^*\boldsymbol{a}_1\psi_1^*\psi_1+\boldsymbol{a}_2^*\boldsymbol{a}_2\psi_2^*\psi_2+\boldsymbol{a}_1^*\psi_1^*\boldsymbol{a}_2\psi_2+\boldsymbol{a}_2^*\psi_2^*\boldsymbol{a}_1\psi_1\\&=P_1+P_2+(a_1^*\psi_1^*a_2\psi_2+a_2^*\psi_2^*a_1\psi_1)\end{aligned}$$

式中，最后一项 $(a_1^*\psi_1^*a_2\psi_2+a_2^*\psi_2^*a_1\psi_1)$ 就是产生波的相干的根源, 已经很清楚，P_{12} 和 (P_1+P_2)二者不同，即$P_{12}=P_1+P_2+(a_1^*\psi_1^*a_2\psi_2+a_2^*\psi_2^*a_1\psi_1)$。

其二，从电子枪发射出的电子是如何通过双狭缝的，这一段中间过程至今仍然不清楚，也许是在量子力学中没有轨道概念的缘故。控制电子枪一个一个电子发射，实验持续时间足够长形成的干涉条纹，与发射电子束形成的条纹一样，如何解释这个实验，量子力学对此没有答案。费曼的路径积分正是处理粒子如何通过这一段路径的，他考虑了所有可能的路径，按照拉格朗日的最小作用量原理，对所有路径进行积分，得出传播子，实现了对波函数的全局描述，但是并未涉及一个电子如何同时通过双狭缝的，这是量子力学面临的、无力解决的重大难题。近一个世纪以来，量子力学的理论家、实验家和探索者，用尽了各种办法，均没有发现粒子是分裂成两部分各自通过一个狭缝的，凭借各种实验手段也没有观察到粒子是怎样通过狭缝的，一旦观察到通过狭缝的粒子，状态立刻坍缩，干涉条纹消失。从电子枪发射电子，到双缝之间呈现粒子状态 (路径信息)；然后通过双缝到达显示屏，表现出波动特性 (波动信息)，电子在显示屏上落点的分布，与衍射条纹的图案一致；唯有如何通过双缝的一直困扰着物理学家，包括哥本哈根学派，对统计物理学的诠释也是一种挑战。

3. 波函数归一化

量子力学的统计诠释，要求波函数的概率密度在全空间的积分等于 1，含义是在全空间能够找到粒子的概率必定是 1 (这是数学出于自洽的要求，而不是实际的物理图景，因为概率密度在空间的分布是变化的，在全空间各点同时改变，自然不是局域的改变，即使如此，那也是指概率密度的可能值的改变，而不是实物粒子的移动出现超光速的情况)。

$$\int_{全空间} |\Psi(\boldsymbol{r},t)|^2 \mathrm{d}x\mathrm{d}y\mathrm{d}z = 1 \tag{3-2}$$

这就要求波函数 $\Psi(\boldsymbol{r},t)$必须是单值、连续和平方可积的 (一般只要求是有限的)，才能保证概率密度在全空间的积分等于 1，即归一化，实际上就是相对概率密度，如下式所示：

$$\frac{|\Psi(\boldsymbol{r},t)|^2 \mathrm{d}x\mathrm{d}y\mathrm{d}z}{\displaystyle\int_{全空间} |\Psi(\boldsymbol{r},t)|^2 \mathrm{d}x\mathrm{d}y\mathrm{d}z} \tag{3-3}$$

如果 $\displaystyle\int_{全空间} |\Psi(\boldsymbol{r},t)|^2 \mathrm{d}x\mathrm{d}y\mathrm{d}z = 1$，上式表示的相对概率密度与绝对概率密度就是一回事；当$\displaystyle\int_{全空间} |\Psi(\boldsymbol{r},t)|^2 \mathrm{d}x\mathrm{d}y\mathrm{d}z \neq 1$时，如何使波函数归一化呢？假设

$$\int_{全空间} |\Psi(\boldsymbol{r},t)|^2 \mathrm{d}x\mathrm{d}y\mathrm{d}z = A \tag{3-4}$$

只要令 $\Psi_N(\boldsymbol{r},t) = \dfrac{1}{\sqrt{A}}\Psi(\boldsymbol{r},t)$, 就能使下式成立

$$\int_{\text{全空间}} |\Psi_N(\boldsymbol{r},t)|^2 \mathrm{d}x\mathrm{d}y\mathrm{d}z = \int_{\text{全空间}} \left|\frac{1}{\sqrt{A}}\Psi(\boldsymbol{r},t)\right|^2 \mathrm{d}x\mathrm{d}y\mathrm{d}z = 1 \tag{3-5}$$

可见，归一化本身很简单，只不过涉及一个问题，就是波函数在数学上被确定到什么程度？已经看到，在 $|\Psi(\boldsymbol{r},t)|^2$ 中包含一个相位因子 $\mathrm{e}^{-\mathrm{i}\alpha}$，经过绝对值的平方处理，这个相位因子与 $\mathrm{e}^{+\mathrm{i}\alpha}$ 就对消了，如果乘以常数 c，那么就有如下结果 (ρ表示概率密度)：

$$\left|\frac{c\Psi_1(\boldsymbol{r},t)}{c\Psi_2(\boldsymbol{r},t)}\right|^2 = \left|\frac{\Psi_1(\boldsymbol{r},t)}{\Psi_2(\boldsymbol{r},t)}\right|^2 = \frac{\rho_1}{\rho_2} \tag{3-6}$$

这就是说，$\Psi(\boldsymbol{r},t)$ 与 $c\Psi(\boldsymbol{r},t)$、$\psi(\boldsymbol{r},t)\mathrm{e}^{-\mathrm{i}\alpha}$ 的数学和物理意义是等价的，换句话说，波函数 $\Psi(\boldsymbol{r},t)$ 只能确定到一个常数因子和一个相位因子的程度 (也可以说是波函数的规范不变性，这和电磁场中的规范不变性类似，对电磁场只能确定到任意实函数的程度是类似的，将该函数–空间位置和时间的函数，加到场量 $\boldsymbol{E}$ 和 $\boldsymbol{B}$ 的矢量势和标量势的表示式中，并不改变电磁场方程)。

概率密度归一化的问题并不复杂，其中包括出现连续函数 (如动量) 不能归一化的情况，这时可以采用 δ 函数乘以波函数，或先使动量离散然后再使其连续，如箱归一化等处理办法，这些办法很容易理解和数学推导，就不详细说了。如果在空间某一处概率密度减小了，那一定会在另一处增加，概率密度就有流动，仿照流体力学中的连续性，即一处微元体内流体密度的减少 $(\partial\rho/\partial t)$，与通过微元体表面流出的流体是平衡的，通过微元体表面的流体用散度表示：$\nabla\cdot(\rho\boldsymbol{u})$，速度 $\boldsymbol{u}$ 表示流动的快慢，$\boldsymbol{J}=\rho\boldsymbol{u}$ 表示概率流密度，那么，概率密度 ρ 与概率流密度就有如下关系：

$$\frac{\partial\rho}{\partial t} + \nabla\cdot(\rho\boldsymbol{u}) = \frac{\partial\rho}{\partial t} + \nabla\cdot\boldsymbol{J} = 0, \quad \boldsymbol{J} = \rho\boldsymbol{u} \tag{3-7}$$

而概率密度与波函数的关系则是

$$\rho = |\Psi(r,t)|^2 = \Psi^*(r,t)\cdot\Psi(r,t) = \langle\Psi,\Psi\rangle$$

$$\frac{\partial\rho}{\partial t} = |\Psi(r,t)|^2 = \frac{\partial\Psi^*(r,t)}{\partial t}\cdot\Psi(r,t) + \Psi^*(r,t)\frac{\partial\Psi(r,t)}{\partial t}$$

如果波函数的指数项为零，就是 $Et=\boldsymbol{p}\cdot\boldsymbol{r}$，归一化的 $\rho=|\Psi(r,t)|^2=1$ 仍然成立。那么，这会有什么物理含义呢？从波粒二象性的观点，这是波与粒子处于平衡状态，波函数表示的状态既是波又是粒子；既不是波，也不是粒子，那是一种什么状态呢？其实就是坍缩态，不是物理属性的坍缩，而是位置的锁定，从各种可能的随机位置锁定到一个确定的位置，物理属性仍然表现出粒子本性，属性并未改变。粒子的运动方式可以呈现出波动图像，波动运动方式是由粒子携载的，在通过双缝时，既通过此缝，又通过彼缝，既不通过此缝，又不通过彼缝，总的统计结果是一半对

一半，击在屏幕上产生光点的是粒子，而落点位置按衍射图案的方式分布，波与粒子在状态和运动两方面的对抗与平衡，也许这是对波粒二象性和坍缩的一种另类解释吧!

4. 分离变量

研究波函数的特性，除了物理上加深理解外，在数学上，是为了求解薛定谔方程，对波函数最直接的理解，就是可以通过分离变量，把既含有时间变量 t，又含有空间变量 $\boldsymbol{r}(x,y,z)$ 的波函数，分成 $\psi(\boldsymbol{r})$和$\mathrm{e}^{(-\mathrm{i}/\hbar)(Et)}$，由此，$\Psi=\psi(\boldsymbol{r},t)\mathrm{e}^{(-\mathrm{i}/\hbar)(Et-\boldsymbol{p}\cdot\boldsymbol{r})}$就表示成空间和时间的表示式：$\Psi=\psi(\boldsymbol{r})\mathrm{e}^{(-\mathrm{i}/\hbar)(Et)}$，只要解出 $\psi(\boldsymbol{r})$，再乘以 $\mathrm{e}^{(-\mathrm{i}/\hbar)(Et)}$，就得波函数的整体解，因此，求解薛定谔方程，主要是求解 $\psi(\boldsymbol{r})$，一般以直角坐标系中的一维为例进行求解，然后再推广到三维。

波函数 $\psi(x,y,z)$ 按照分离变量的方法，可以分成 $\psi(x,y,z)=\psi(x)\cdot\psi(y)\cdot\psi(z)$，而势函数 $V(x,y,z)$ 的表示式比较简单，也可分解为 x、y 和 z 三个分量，与 $\psi(x)$、$\psi(y)$ 及 $\psi(z)$ 一一对应，后面讨论谐振子问题时，将进一步给出具体实例。

分析一下物理学的相互作用在数学上的表达是有启发意义的，在物理学上，只有同类项才能相加，但相加没有相互作用的含义；A 与 B 无论是否属于同类，相乘 $A\times B$，意味着二者的相互作用。但是，不同的是，波函数是 $\mathrm{e}^{\mathrm{i}Et}$ 和 $\mathrm{e}^{\mathrm{i}\boldsymbol{p}\cdot\boldsymbol{r}}$ 的相乘，既是相互作用，又是同类项相加，$\mathrm{e}^{-\mathrm{i}Et/\hbar}\times\mathrm{e}^{\mathrm{i}\boldsymbol{p}\cdot\boldsymbol{r}/\hbar}=\mathrm{e}^{-\mathrm{i}/\hbar(Et-\boldsymbol{p}\cdot\boldsymbol{r})}$，这就将波与粒子结合在一起，相加体现了波粒二象性，相乘反映彼此之间的对抗。实验物理学家喜欢进行乘法运算和操作，这是他们的传统和有效的方法，不管是卢瑟福的 α 轰击原子的实验，还是超大型回旋加速器，都是碰撞实验，乘法操作，因此，碰撞截面和散射截面的计算是量子力学的内容之一。

3.3 德布罗意波

粒子一般有两种状态：处于原子核内受约束的状态，核外不受约束的自由状态。当时，了解最清楚的要算是电子和氢原子，根据质量、速度、频率和波长的关系，可以方便地计算出电子的不同能级的德布罗意波长，与实验进行对比，具体计算如下。

已知$m=0.91\times10^{-30}\mathrm{kg}$，$h=6.6\times10^{-34}\mathrm{J\cdot s}$，分以下三种情况。

(1) 当加速电压 $U=200\mathrm{eV}$ 时，电子的能量为 $E=200\times1.6\times10^{-19}\mathrm{J}=3.2\times10^{-17}\mathrm{J}$，由 $E=\dfrac{1}{2}mv^2$ 可得电子的运动速度 $V=8.4\times10^{6}\mathrm{m/s}$，将 $E=p^2/2m$ 代入德布罗意波长公式：$\lambda=h/p$，可得 $\lambda=h/p=h/\sqrt{2mE}=h/(mv)=6.6\times10^{-34}\mathrm{J\cdot s}/(0.91\times10^{-30}\mathrm{kg}\times8.4\times10^{6}\mathrm{m/s})\approx0.86\times10^{-10}\mathrm{m}=0.086\mathrm{nm}$;

(2) 如果加速电压 $U = 150\text{eV}$, 相应的德布罗意波长 $\lambda = 0.1\text{nm}$;

(3) 当加速电压 $U = 1\text{eV}$ 时，波长 $\lambda = 1.226\text{nm}$。

可见，这个计算例子的德布罗意波长与氢原子处于同一尺度量级，已经适用于经典理论。当时，德布罗意提出物质波就是概率波，这一概念远比光量子的概念广泛而深刻，审阅他的博士论文的爱因斯坦对此大加赞赏，给出高度评价 (在其博士论文的 8 篇参考文献中，并没有爱因斯坦的论文，在 310 个单词的前言中只有一句话说明，从三年前 (1924 年) 开始的学位论文就得到爱因斯坦的支持)，表明德布罗意物质波理论的原创性，其中关键的一步是将 $E = mc^2$ 推广到 $E = mv^2$，将光速 c 用粒子速度 v 代替。

图 3-3 给出德布罗意物质波的图示，当满足玻尔–索末菲原子轨道能级量子化时，电子轨道的周长正好等于德布罗意波长 λ 的整数倍 $n\lambda = 2\pi r$ (后来知道，更准确的数值应是 $(n + 1/2)\lambda$)，沿着电子轨道闭合而形成驻波时，电子的运动就达到稳定状态，他指出，这是对玻尔–索末菲稳定性的第一个物理学的解释，玻尔–索末菲的量子条件是：$\oint p\mathrm{d}q = \frac{h}{\lambda}\oint \mathrm{d}q = \left(\frac{\hbar}{\lambda}2\pi\right)2\pi r = \hbar\frac{2\pi r}{\lambda}2\pi = \hbar\left(n+\frac{1}{2}\right)2\pi$ (式中，$n+\frac{1}{2} = \frac{2\pi r}{\lambda}$，轨道半径为 r、动量为 p、坐标为 q、普朗克常数为 h)，这大致上给出原子中波函数的一种可以想象的图景 (当 n 较大时，与 $n\hbar$ 相比，$\hbar/2$ 是一个很小的数值，也可以略去，因而可得: $n\lambda = 2\pi r$)。

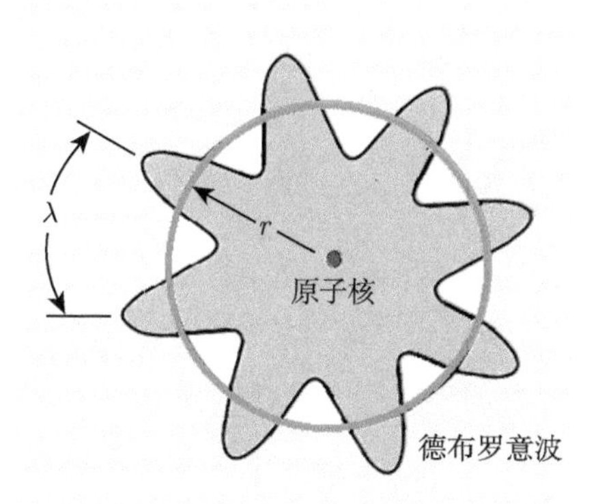

图 3-3　原子中德布罗意波的示意图，在圆形轨道上形成闭合的驻波

德布罗意物质波的理论，促进了电子衍射特性的研究与采用晶体格栅 (镍单晶$\sim$ 0.3 nm) 进行实验的研究，也扩展了波粒二象性的理论范围，不仅光子，其他粒子甚至自然界的物质都有波动特性，对玻尔–索末菲轨道量子化条件给出了一种物理图景，如图 3-3 所示。爱因斯坦提出的光量子假设，给出了动量 $\lambda=h/p$ 和光量子的量子化能量 $E = h\nu = mc^2$，已经体现了光的波动性 (波长 λ) 和粒子性 (动

量 p)，但是，1905~1925 年，长达二十年之久，没有将 $p=h/\lambda$ 改写为 $\lambda=h/p$，反映了爱因斯坦当时和其后的岁月里，看待光的运动仍然是在粒子特性方面，他本人也遗憾地表示，未将光量子理论 (实验已经验证了 1905 年光量子假设的正确，该假设自然成为理论) 推向电子等微观粒子。下面将会看到，从德布罗意波长可以推出薛定谔方程。

在电磁场中，对电场的波动方程通过上面提出的分离变量方法，可以得到如下的亥姆霍兹方程：

$$\nabla^2\psi(\boldsymbol{r})+k^2\psi(\boldsymbol{r})=0 \tag{3-8}$$

式中，波数 $k=2\pi/\lambda$，已知动量 $p=h/\lambda$，动能 $T=p^2/(2m)$，由此可得

$$k^2=\left(\frac{2\pi}{\lambda}\right)^2=\left(\frac{p}{\hbar}\right)^2=\frac{2m}{\hbar^2}T-\frac{2m}{\hbar^2}[E-V(\boldsymbol{r})] \tag{3-9}$$

将此代入亥姆霍兹方程的 k^2 中，即得定态薛定谔方程：

$$\left(-\frac{\hbar^2}{2m}\nabla^2+V(\boldsymbol{r})\right)\psi(\boldsymbol{r})=E\psi(\boldsymbol{r}) \tag{3-10}$$

亥姆霍兹方程是如何与薛定谔方程联系起来的？其实，对于理论物理学家来说，再简单不过了，将上述薛定谔方程 (3-10) 改写成下式：

$$\left(-\frac{\hbar^2}{2m}\nabla^2+V(\boldsymbol{r})\right)\psi(\boldsymbol{r})=E\psi(\boldsymbol{r}) \tag{3-11}$$

进一步可得

$$\frac{\hbar^2}{2m}\nabla^2\psi(\boldsymbol{r})+(E-V(\boldsymbol{r}))\,\psi(\boldsymbol{r})=0 \tag{3-12}$$

令$k^2=\dfrac{2m}{\hbar^2}[E-V(\boldsymbol{r})]$，方程 (3-12) 就是亥姆霍兹方程 (3-8)。由此可见德布罗意物质波的提出，在当时具有重要意义。此外，在讨论散射问题时，可以借助亥姆霍兹方程引入格林函数，解释玻恩近似方法的机理。

第4讲 算 符 篇

无论量子力学中的统计学派 (玻尔)、确定论学派 (爱因斯坦) 和不可知论学派 (泡利)，对波函数持有什么样的学术观点和哲学思想，大都承认薛定谔方程是量子力学的开端，其地位可以比之为牛顿第二定律 (这种比较可能并不贴切，牛顿第二定律指明了运动发生的原因和结果，波动方程只是微观粒子状态的描述)。尽管哥本哈根学派认为波函数属于不可测的量，它本身没有物理意义，但波函数的动力学是能量守恒的，这就说明它有意义。因此，求薛定谔方程就很重要，是理解量子力学的关键 (方程的求解主要包括两部分，其一是指粒子处于约束态，它的能量 $E<0$, 求解的目标是本征方程，即本征值和本征函数；而当 $E>0$ 时，则是自由粒子，求解的目标自然是含时薛定谔方程，获得波函数 $\Psi(\boldsymbol{r},t)$ 的解析表示式)。

4.1 方程概论

那么，如何求解呢?

首先，有三点需要注意：① 埃伦菲斯特 (Ehrenfest) 定理，② 分离变量，③ 本征方程。

先看一看薛定谔方程的数学表达式：

$$\text{一维}\qquad \mathrm{i}\hbar\frac{\partial\Psi(x,t)}{\partial t}=\underbrace{\left(-\frac{\hbar^2}{2m}\frac{\partial^2}{\partial x^2}\nabla^2+V(x,t)\right)}_{\hat{H}}\Psi(x,t) \tag{4-1}$$

$$\text{三维}\qquad \mathrm{i}\hbar\frac{\partial\Psi(\boldsymbol{r},t)}{\partial t}=\underbrace{\left(-\frac{\hbar^2}{2m}\nabla^2+V(\boldsymbol{r},t)\right)}_{\hat{H}}\Psi(\boldsymbol{r},t) \tag{4-2}$$

其中，$\Psi(\boldsymbol{r},t)$ 是空间和时间的未知函数，描述微观粒子的状态；$V(\boldsymbol{r},t)$ 是势能函数；而方程右边则是哈密顿算符；$\hat{H}$ 作用于波函数 $\Psi(\boldsymbol{r},t)$，这三个特点对于求解方程很重要，现在分述如下。

先说势能函数，在经典力学中，作用力 F 可以用势能函数表示，即 $F=-\dfrac{\partial V(\boldsymbol{r},t)}{\partial x}$。在量子力学中，力的概念不再适用，代之的是势能函数 (势函数)，由埃伦菲斯特证明，平均值的牛顿第二定律仍然成立，其表达式是

$$\frac{\mathrm{d}\langle p\rangle}{\mathrm{d}t}=\left\langle-\frac{\mathrm{d}V}{\mathrm{d}x}\right\rangle\quad(\text{一维})\quad \text{和}\quad \frac{\mathrm{d}\langle p\rangle}{\mathrm{d}t}=\langle-\nabla\cdot V\rangle\quad(\text{三维})$$

量子系统是保守系统，势函数与时间无关，使方程求解的难度大为减少，采用势函数代替力，是一种能量的观点，那么如何代替呢？其实就是设置不同的势函数，形成所谓的势阱 (形象而直观地说，在势函数 $V(\boldsymbol{r})$ 中，可以选择不同的高度 z，当 $z=0$ 时，设 $V(x,y,z)=0$，即势函数的零位置作为参考点；当 $z>0$ 时，$V(x,y,z)>0$，是势垒 (势能凸起)；当 $z<0$ 时，$V(x,y,z)<0$，是势阱 (势能凹陷)。可以想象成地面下方陡峭的深坑和地面上方的土堆)，如有限深的、无限深的或半无限深方势阱，对称的、非对称的、不同形状组合的势阱 (如球方势阱)、δ 势阱，以及高出零势能的、高度不同的势垒等 (当将薛定谔方程用于氢原子时，坐标系必定由直角坐标系改为球面坐标系，因此，波动方程、势函数和算符都需要在球面坐标系中表示，这会增加数学处理的复杂性，但不会增加对概念理解的困难)。研究粒子在这样的势函数形成的能量阱中的行为，自然，这种行为取离散的能级 (由于黑体辐射和普朗克的能量量子化假设，这已是共识)。其实，量子力学主要是研究电子的行为，在原子中的电子受原子核的引力作用，是约束态 [$E<0$，或者 $E<V(-\infty)$ 和 $E<V(+\infty)$]，如图 4-1 所示；游离于原子之外的电子具有正能量，是自由粒子，非约束态 [就是说：$E>0$，等价地：$E>V(+\infty)$，$E>V(-\infty)$]。其实，在无穷远处，势函数趋于零，因此，$V(-\infty)\to 0$，$V(+\infty)\to 0$。它们的状态可以分别用不同的势阱和势垒描述。简言之，粒子处于势阱内，运动的空间受限，是约束态；在阱外，粒子的运动空间不受限，是非约束态。理论家的兴趣不限于研究实际情况，他们常常扩展到更广泛的一般情况，这样就有了各种势阱和势垒，求解处于其中的粒子的薛定谔方程，至于这种理论上的扩展是否有实际应用，那就不是他们考虑的事了，但是，学习时需要理智地思考这类问题。

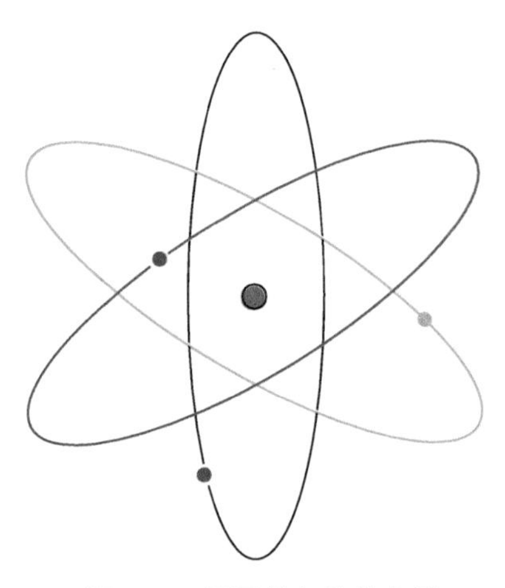

图 4-1　原子核与核外电子

对于定态薛定谔方程：

$$\left(-\frac{\hbar^2}{2m}\nabla^2+V(x)\right)\varPsi(x)=E\varPsi(x) \tag{4-3}$$

可以改写成如下形式

$$\nabla^2\psi(x)+\frac{m}{\hbar^2}[E-V(x)]\psi(x)=0 \tag{4-4}$$

一般设势函数为常数，即 $V(x)=V_0$，这时，在各种不同的势阱模型中，大致有如下三种情形：① $E-V_0>0$，② $E-V_0<0$，③ $E-V_0=0$。相应的，方程 (4-4) 可以分别表示如下：

(1) $\dfrac{\mathrm{d}^2\psi}{\mathrm{d}x^2}+k^2\psi=0$，　$k^2=\dfrac{2m}{\hbar^2}[E-V(x)]$；

(2) $\dfrac{\mathrm{d}^2\psi}{\mathrm{d}x^2}-k^2\psi=0$，　$k^2=\dfrac{2m}{\hbar^2}[V(x)-E]$；

(3) $\dfrac{\mathrm{d}^2\psi}{\mathrm{d}x^2}=0$，　$k^2=\dfrac{2m}{\hbar^2}[V(x)-E]$。

后面会根据势阱模型讨论定态波函数的解。

再说本征方程，薛定谔方程就是对能量的一种时空表述，求解该方程，与能量联系起来是很自然的，继承经典力学的办法，将动能与势能之和定义为哈密顿函数 $H(x,p)$，即

$$H(x,p)=\frac{p^2}{2m}+V(x)$$

而哈密顿算符 $\hat{H}$ 就是在哈密顿量 $H(x,p)$ 中做替换 $p\to\dfrac{\hbar}{\mathrm{i}}\dfrac{\partial}{\partial x}$，即

$$\hat{H}=-\frac{\hbar^2}{2m}\frac{\partial^2}{\partial x^2}+V(x)\quad(\text{一维})$$
$$\hat{H}=-\frac{\hbar^2}{2m}\nabla^2+V(r)\quad(\text{三维})$$

这时，就可以把薛定谔方程简化为如下算符方程，就是本征方程，而本征值 E 就是定态薛定谔方程的能量

$$\hat{H}\psi=E\psi \tag{4-5}$$

这是量子力学中频繁使用的一个基本方程，至关重要，那么如何来理解它呢？

4.2 态 矢 量

我们回过头来再仔细分析一下图 2-4，将此图左、右两部分分开，分成图 4-2 和图 4-3，再进行仔细对比分析。

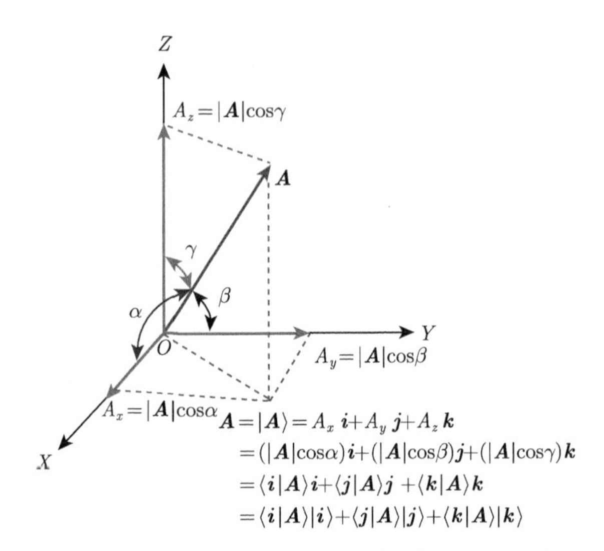

图 4-2　普通矢量 $\boldsymbol{A}$ 在笛卡儿坐标系三个轴上的投影

分别用分矢量的内积和狄拉克符号表示

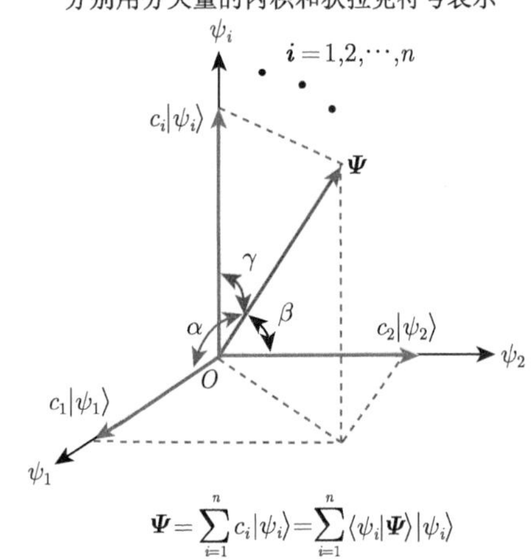

图 4-3　态矢量 $\boldsymbol{\Psi}$ 在正交坐标系中的投影和各个本征矢量 ψ_i 的狄拉克符号表示

在图 4-2 中，显示了矢量 $\boldsymbol{A}$ 在笛卡儿坐标系中三个正交坐标轴上的投影。矢量 $\boldsymbol{A}$ 在笛卡儿坐标系中的分矢量或者投影 (实际上也是内积运算) 虽然简单，也很熟悉，但是以前未曾与算符、狄拉克符号联系起来思考。现在，为了深入了解本征函数的物理与几何含义，将它的线性叠加的表达式写在下面：

$$\begin{aligned}\boldsymbol{A}=|\boldsymbol{A}\rangle&=A_x\boldsymbol{i}+A_y\boldsymbol{j}+A_z\boldsymbol{k}=(|\boldsymbol{A}|\cos\alpha)\boldsymbol{i}+(|\boldsymbol{A}|\cos\beta)\boldsymbol{j}+(|\boldsymbol{A}|\cos\gamma)\boldsymbol{k}\\&=\langle\boldsymbol{i}|\boldsymbol{A}\rangle\boldsymbol{i}+\langle\boldsymbol{j}|\boldsymbol{A}\rangle\boldsymbol{j}+\langle\boldsymbol{k}|\boldsymbol{A}\rangle\boldsymbol{k}=\langle\boldsymbol{i}|\boldsymbol{A}\rangle|\boldsymbol{i}\rangle+\langle\boldsymbol{j}|\boldsymbol{A}\rangle|\boldsymbol{j}\rangle+\langle\boldsymbol{k}|\boldsymbol{A}\rangle|\boldsymbol{k}\rangle\\&=a_i\boldsymbol{i}+a_j\boldsymbol{j}+a_k\boldsymbol{k}\end{aligned}\tag{4-6}$$

矢量 $\boldsymbol{A}$ 是三维矢量，在笛卡儿坐标系用三个分矢量能完全表示，体现了基矢量的完备性。由于基矢量 $\boldsymbol{i}$、$\boldsymbol{j}$ 和 $\boldsymbol{k}$ 是单位正交矢量，具有正交归一性，矢量 $\boldsymbol{A}$ 在三个坐标轴的投影是通过它与基矢量之间的内积 (标积，点积) 运算确定的，用狄拉克符号表示就是 $\langle \boldsymbol{i}|\boldsymbol{A}\rangle$、$\langle \boldsymbol{j}|\boldsymbol{A}\rangle$ 和 $\langle \boldsymbol{k}|\boldsymbol{A}\rangle$，将矢量 $\boldsymbol{A}$ 换成态矢量 $\boldsymbol{\Psi}$ (或 $\boldsymbol{\psi}$)，从三维扩展到 N 维 (相当于三维笛卡儿坐标系全向旋转的结果)，由于态矢量彼此正交，它们会在各个方向上张成一个全向性空间 (就是常说的希尔伯特空间)，如图 4-3 所示。但是，基矢量 $\boldsymbol{i}$、$\boldsymbol{j}$ 和 $\boldsymbol{k}$ 仅仅表示一种状态，刻画它们，需要各自的系数 a_i、a_j 和 a_k，就相当矢量 $\boldsymbol{A}$ 的分矢量的本征值 (例如，$A_x\boldsymbol{i} = a_i\boldsymbol{i}$，$A_y\boldsymbol{j} = a_j\boldsymbol{j}$，$A_z\boldsymbol{k} = a_k\boldsymbol{k}$)，对其分量的测量，获得的结果就是 A_x、A_y 和 A_z，相当于态矢量的系数 a_i，由于矢量 $\boldsymbol{A}$ 不是随机量，测量值与平均值是一回事；对于态矢量，因为它的状态是分立的随机量 (量子化的)，整体是各个分立状态的集合 $\boldsymbol{\psi} = \{\psi_i\}$，因此，可观测量需要进行平均处理。将几何矢量扩展到量子力学的态矢量，如图 4-3 所示，二者的相同之处 (正交归一性、完备性和测量的属性等) 已如上述。将图 4-2 与图 4-3 仔细对比分析，是减少学习量子力学困难的有效办法。

当 $\boldsymbol{A}$ 与 Z 轴的夹角 $\gamma = 0$，$\alpha = \beta = \pi/2$ 时，矢量 $\boldsymbol{A}$ 与 Z 轴重合，情况便如图 4-4 所示, 可以联想赤道与南北极轴的类似情况。虽然矢量 $\boldsymbol{A}$ 与 Z 轴

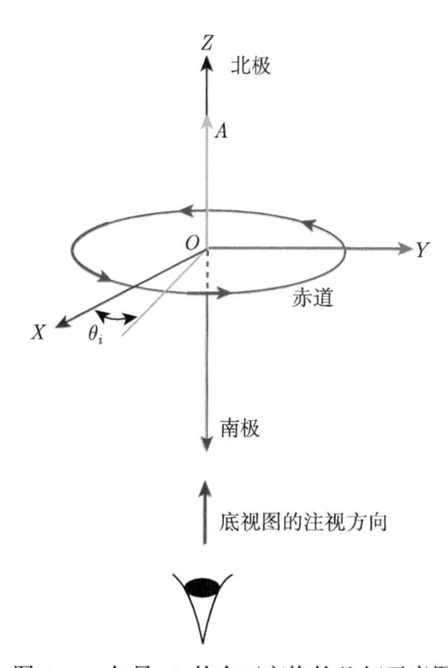

图 4-4 矢量 $\boldsymbol{A}$ 的幺正变换的几何示意图

重合，但是，它随着 Z 轴一起旋转，不同的转角记为 θ_i，矢量在 Z 轴上的投影 $\boldsymbol{A}=\langle\boldsymbol{k}|\boldsymbol{A}\rangle\boldsymbol{k}=\alpha\boldsymbol{k}$。在实空间中，矢量的投影是不变的，但是量子力学处理的是复空间的线性变换。因此，虽然投影的幅值 (模)、内积运算和正交性均不变，即旋转前后的基矢量 $|\alpha\rangle=|\beta\rangle$，或者表示成 $\hat{T}|\alpha\rangle=|\alpha\rangle$，但随着 Z 轴转角 θ_i 的不同，幅角会有变化，状态随之改变，此变换恰好可以用幺正算符表示为：$|\alpha\rangle=\hat{U}|\beta\rangle$ (对于 θ_i，有 $|\alpha_i\rangle=\hat{U}|\beta_i\rangle$)。因为 $|\alpha\rangle=|\beta\rangle$，所以 $\hat{U}=1$，是幺正算符 (某些量子力学名家在回答现场质疑时，常说“你可以做一个幺正变换”，其实就是表达“换一个角度看问题”的意思)。在 Z 轴的负向有：$\hat{T}|\alpha\rangle=-|\alpha\rangle$。其实，也可以用球面坐标系的角动量算符 $\hat{L}$ 来处理，后面的章节将会论述。

4.3 基 本 算 符

现在要问，算符的数学和物理的含义到底是什么？

已经说过，对于态矢量而言，算符有等价的三种作用：变换、操作和测量。当然，都具有线性特性，即它不改变态矢量的结构，对其施加的影响用实系数 λ 表示。也就是说，$T|\psi\rangle\rightarrow\lambda|\psi\rangle$。就测量而言，按照系综的理论，应对众多相同的系统进行足够多次测量，既然态矢量的本质是概率幅 (ψ)，测量结果就是对多次测量的一种平均 (记为 $\langle T\rangle$，$\bar{T}$)，如下所示

$$\langle T\rangle=\langle\psi,T\psi\rangle=\langle\psi,\lambda\psi\rangle=\lambda\langle\psi,\psi\rangle=\lambda \tag{4-7}$$

对于第 i 个本征矢，有

$$\langle T\rangle=\langle\psi_i,T\psi_i\rangle=\langle\psi_i,\lambda_i\psi_i\rangle=\lambda_i\langle\psi_i,\psi_i\rangle=\lambda_i \tag{4-8}$$

是 λ_i $(i=1,2,\cdots,n)$ 的平均值，表明与算符对应的力学量的平均值就是相应的本征值。算符 $\hat{H}$ 对态函数 ψ 的作用得到的是一个实数，就是可观测量 λ，它可以表示成 $\hat{H}\psi=\sum\limits_i a_i\psi_i$，同样，$E\psi$ 也是一个实数，可以表示成 $E\psi=\sum\limits_i b_i\psi_i$。由此可以说，作用于态矢量的算符就是态矢量所对应的力学量，换句话说，算符就是 (可观测的) 力学量。为了强调这一点，在本征方程中，算符与本征值都用同一个符号表示，如 $\hat{F}\psi=F\psi$、$\hat{Q}\psi=Q\psi$ 或 $\hat{A}\psi=A\psi$，可以看出，算符是在众多可能状态中，指定了一个确定的状态，就是 ψ，这就表明每一个 (实) 力学量都对应一个 (线性自共轭) 厄米算符。

为了具体理解，可以给出一个实例，算符是 $\dfrac{\mathrm{d}^2}{\mathrm{d}\varphi^2}$，$\varphi$ 是极坐标系的方位角，本征函数是 $f(\varphi)$，那么本征方程便是 $\dfrac{\mathrm{d}^2}{\mathrm{d}\varphi^2}f(\varphi)=\lambda f(\varphi)$，已知 $f(\varphi)=A\mathrm{e}^{\pm\sqrt{\lambda}\varphi}$，可

以求得本征值 $\lambda = -k^2$ $(k = 0, \pm 1, \pm 2, \cdots)$，由此可以看出本征方程具体的物理意义。

在本征矢正交的条件下，将会看到，本征值 E(或是 λ_i) 是对角矩阵，ψ 可以由 ψ_i 的线性叠加得出，这就明白了为什么把薛定谔方程的求解看成是本征值问题的缘由。

最后，再说变量分离，前面提到过这个问题，现在结合薛定谔方程给出稍许详细的说明 (此处是直角坐标系，后面会处理球面坐标系的分离变量)：对于势函数不含时间变量的保守系统，分离变量是可行的，设

$$\Psi(\boldsymbol{r}, t) = \psi(\boldsymbol{r})\varphi(t) \tag{4-9}$$

此方程的一阶和二阶导数分别是 $\dfrac{\partial \Psi}{\partial t} = \psi \dfrac{\mathrm{d}\varphi}{\mathrm{d}t}$ 和 $\dfrac{\partial^2 \Psi}{\partial x^2} = \varphi \dfrac{\partial^2 \psi}{\partial x^2}$，代入薛定谔方程 (4-1) 可得

$$\mathrm{i}\hbar \frac{1}{\varphi}\frac{\mathrm{d}\varphi}{\mathrm{d}t} = -\frac{\hbar^2}{2m}\frac{1}{\psi}\frac{\partial^2 \varphi}{\partial x^2} + V \tag{4-10}$$

方程左边与时间有关，右边与空间坐标有关，任何一边的变化都会破坏平衡。因此，它们只能等于常数，设此常数为 E，方程两边各得一个等式。左边：$\mathrm{i}\hbar \dfrac{1}{\varphi}\dfrac{\mathrm{d}\varphi}{\mathrm{d}t} = E$，它的解很容易得出 $\varphi(t) = \mathrm{e}^{-\mathrm{i}Et/\hbar}$；右边稍许复杂一些：

$$-\frac{\hbar^2}{2m}\frac{1}{\psi}\frac{\partial^2 \varphi}{\partial x^2} + V = E \quad \text{或} \quad -\frac{\hbar^2}{2m}\frac{\partial^2 \varphi}{\partial x^2} + V\psi = E\psi \tag{4-11}$$

这就是不含时间变量的定态薛定谔方程，解得 $\psi(\boldsymbol{r})$，再乘以 $\varphi(t) = \mathrm{e}^{-\mathrm{i}Et/\hbar}$，就是 $\Psi(\boldsymbol{r}, t)$。

提起算符，不能不提及量子力学初创时的情况。当时，也就是 1925 年，海森伯、约尔丹和玻恩三人，面对二十五年前陆续提出的普朗克黑体辐射的能量量子化假设、爱因斯坦的光量子假设和玻尔的氢原子轨道量子化假设，急于建立一种能解释这些假设的理论。在索末菲的指导和鼓励下，他们发表了三篇文章，由量子状态的数据表格逐步扩展到矩阵，索末菲虽然数学物理造诣很高、思考严谨，但是遗憾的是，他希望用经典理论解释这些假设。同时，上述三个重要假设，全部是有关量子化的假设，大有山雨欲来风满楼的气势，应运而生的矩阵力学，就是离散的数学运算，可以根据不同的需要借用其中的某种方法，算符表示正好可以适用于此目的。因此，可以说量子力学中的算符主要是为矩阵力学引入的。庆幸的是，双雄逐鹿的局面就此出现，在德拜的支持下，薛定谔接受了德布罗意的物质波思想，提出了波函数及其波动方程。在量子化大趋势下，波动理论以二足鼎立的局面形成，描述波动方程的微分方法 (连续变量) 依然有用武之地，它的数学表示能具体而明显

地表达物理含义。为了适应矩阵力学和波动力学二者的共同需要，加上粒子在势能函数的连续区是自由粒子，适合经典描述，这就造成量子力学的数学处理比较复杂、烦琐，不同方法混合与交替使用。算符是一种抽象表示，好处是通过代数方程作运算，缺点是掩盖了运算的具体物理意义，加之，狄拉克符号的频繁应用，使得学习和掌握这些方法比较困难，与简单、和谐之美相去甚远了。

关于算符，在量子力学中，算符只作用于态矢量，而不作用于代数函数，算符可以建立物理量与态矢量的抽象关系，要获得具体结果，仍然要求解薛定谔方程(主要是在能级 $E \leqslant 0$ 的束缚区，见图 1-1)。因为，有些算符具有数学结构，作用于力学量，实现了确定的数学运算，如哈密顿算符 $\hat{H}$，它对态矢量 ψ 实现的运算就是 $-(\hbar^2/2m)\nabla^2\psi + V(\boldsymbol{r})\psi$。但是，有些算符并没有数学结构，它对态矢量的作用只是抽象意义上的运算，表达一种假设的、可能的状态转变。因此，可以说，算符对波函数的数学运算相当于测量对力学量的实际操作 (所得的力学量是无量纲的实数值)。

量子力学中常用且有用的算符主要有五个：哈密顿算符、厄米算符 (自共轭厄米算符)、幺正算符、动量算符和角动量算符 (其他算符在用到时再说明)。至于狄拉克符号，前面已经详细介绍了，下面不妨结合算符的讨论，再一次重复说明，以方便阅读。

4.3.1 哈密顿量和哈密顿算符

对此，一定要分清楚哈密顿量和哈密顿算符，哈密顿量是体系的动能加势能：$H = T + V$，而哈密顿算符则是能量算符：$\hat{H}\psi = -(\hbar^2/2m)\nabla^2\psi + V(\boldsymbol{r})\psi$，它也是厄米算符。

用哈密顿算符 $\hat{H}$ 可使薛定谔方程的表示式简化：$\mathrm{i}\hbar\dfrac{\partial\psi(\boldsymbol{r},t)}{\partial t} = \hat{H}\psi(\boldsymbol{r},t)$，再将波函数 $\psi(\boldsymbol{r},t) = \psi(\boldsymbol{r})\mathrm{e}^{(-\mathrm{i}/\hbar)(Et-\boldsymbol{p}\cdot\boldsymbol{r})}$ 代入 $\mathrm{i}\hbar\dfrac{\partial\psi(\boldsymbol{r},t)}{\partial t}$，可得 $\mathrm{i}\hbar\dfrac{\partial\psi(\boldsymbol{r},t)}{\partial t} = E\psi(\boldsymbol{r},t)$，这样又可得出本征方程 $\hat{H}\psi(\boldsymbol{r},t) = E\psi(\boldsymbol{r},t)$。因此，$\mathrm{i}\hbar\dfrac{\partial}{\partial t}$ 等价于哈密顿算符 $\hat{H}$，$\mathrm{i}\hbar\dfrac{\partial}{\partial t} \leftrightarrow \hat{H}$。追根溯源，本征方程与薛定谔方程原初的联系就是哈密顿算符 $\hat{H}$。可以举一实例，已知 $\psi(x) = \dfrac{\sqrt{ma}}{\hbar}\mathrm{e}^{-ma|x|/\hbar^2}$，那么，$\hat{H}\psi(x) = -\dfrac{ma^2}{2\hbar^2}\cdot\dfrac{\sqrt{ma}}{\hbar}\mathrm{e}^{-ma|x|/\hbar^2} = -\dfrac{ma^2}{2\hbar^2}\psi(x) = E\psi(x)$，本征值就是 $E = -\dfrac{ma^2}{2\hbar^2}$，显然是一个实数 (注意，没有量纲，是纯数值)，$\hat{H}$ 的运算结果是线性运算。

4.3.2 厄米算符 (自共轭厄米算符，也称自伴算符)

首先给出定义，然后再说明它的功能，如果一个算符 $\hat{F}$ 等于它的转置 $(\sim)$ 加复共轭 $(*)$，就是 $\hat{F} = \tilde{\hat{F}}^*$，这时称算符 $\hat{F}$ 是厄米算符，并记为 $\hat{F}^\dagger$，即 $\hat{F} =$

$\tilde{\hat{F}}^* = \hat{F}^\dagger$。如果 $|\varphi\rangle = \hat{F}|\psi\rangle$，那么共轭变换就意味着 $\langle\varphi| = \langle\psi|\hat{F}^\dagger$，厄米算符的本征值是实数，它自然是线性算符，与不同本征值对应的本征矢相互正交，与此相应的运算功能主要表现在内积 $\langle\cdot,\cdot\rangle$ 中，该算符 $\hat{F}$ 在左矢中与在右矢中的地位相同，即 $\langle\hat{F}\psi|\varphi\rangle = \langle\psi|\hat{F}\varphi\rangle$，根据厄米算符的定义，这实在是显然的事。有不少算符是厄米算符，但其中最主要的是哈密顿算符 $\hat{H}$，有了哈密顿算符 $\hat{H}$，本征函数 $\hat{H}\psi = \lambda\psi$、薛定谔方程的求解及测量问题等就都可以进行理论分析。

由于量子力学在很多情况下，处理的问题是系综，需要的算符是它的矩阵形式 (注意，量子力学的矩阵表示，大都是对角方阵)，对于常用的厄米算符，根据定义，它的矩阵形式如下 (矩阵元的位置按对角线翻转，再对复数元素取共轭)：

$$\boldsymbol{T} = \boldsymbol{T}^\dagger = \tilde{\boldsymbol{T}}^* = \begin{bmatrix} T_{11}^* & T_{21}^* & \cdots & T_{n1}^* \\ T_{12}^* & T_{22}^* & \cdots & T_{n2}^* \\ \vdots & \vdots & & \vdots \\ T_{1n}^* & T_{2n}^* & \cdots & T_{nn}^* \end{bmatrix} \tag{4-12}$$

尽管式 (4-12) 很好理解，这里仍然给出一个实例，如下：

$$\boldsymbol{A} = \begin{bmatrix} a_1 + \mathrm{i}b_1 & a_2 - \mathrm{i}b_2 \\ a_3 + \mathrm{i}b_3 & a_4 - \mathrm{i}b_4 \end{bmatrix}, \quad \boldsymbol{A}^* = \begin{bmatrix} a_1 - \mathrm{i}b_1 & a_2 + \mathrm{i}b_2 \\ a_3 - \mathrm{i}b_3 & a_4 + \mathrm{i}b_4 \end{bmatrix}, \quad \tilde{\boldsymbol{A}}^* = \begin{bmatrix} a_1 - \mathrm{i}b_1 & a_2 - \mathrm{i}b_2 \\ a_3 + \mathrm{i}b_3 & a_4 + \mathrm{i}b_4 \end{bmatrix}$$

由 $\boldsymbol{A} = \tilde{\boldsymbol{A}}^*$ 可得

$$a_1 + \mathrm{i}b_1 = a_1 - \mathrm{i}b_1, \quad a_2 - \mathrm{i}b_2 = a_3 - \mathrm{i}b_3$$
$$a_3 + \mathrm{i}b_3 = a_2 + \mathrm{i}b_2, \quad a_4 - \mathrm{i}b_4 = a_4 + \mathrm{i}b_4$$

即 $b_1 = 0, a_1 \neq 0, a_2 = a_3, b_2 = b_3, b_4 = 0, a_4 \neq 0$，由此可以确定算符的表达式：

$$\boldsymbol{A} = \tilde{\boldsymbol{A}}^* = \begin{bmatrix} a_1 & a - \mathrm{i}b_3 \\ a + \mathrm{i}b_2 & a_4 \end{bmatrix}$$

其中，$a = a_2 = a_3$。其他算符的矩阵形式与此类似，不再重复表示。

4.3.3 幺正算符

算符 $\hat{U}$ 与它的厄米算符 $\hat{U}^\dagger$ 若有关系：$\hat{U}\hat{U}^\dagger = \hat{U}^\dagger\hat{U} = \hat{I}$ 或者 $\hat{U}^\dagger = U^{-1}$, 则称 $\hat{U}$ 是幺正算符，它的运算功能是将同一线性空间的两组基矢量 $|\alpha_i\rangle$ 和 $|\beta_i\rangle$ 联系起来

$$|\alpha_i\rangle = \hat{U}|\beta_i\rangle \tag{4-13}$$

也就是说 $|\beta_i\rangle$ 是基矢量，那么 $\hat{U}|\beta_i\rangle$ 也是基矢量。当一个矢量绕 Z 旋转时，有 $|\alpha_i\rangle = |\beta_i\rangle$，就是保持不动的坐标系 $|\alpha_i\rangle$ 与旋转的坐标系 $|\beta_i\rangle$ 相同，因此可

得 $\hat{U}=1$。此外，幺正算符不改变态矢量的模，即绝对值 $(\hat{U}||\psi\rangle|=||\psi\rangle|$，几何矢量的模就是它的长度)、不改变内积运算 (态矢量在左边和右边的位置：$\langle\hat{U}\varphi|\hat{U}\psi\rangle=\langle\varphi|\psi\rangle$)、也不改变态矢量的本征值和正交性，幺正算符主要用于求解态矢量绕轴的旋转问题。当然，它的另一项功能就是将算符的矩阵进行对角化变换，因为幺正算符的对角线上的元素之和就是迹，$\mathrm{Tr}U=\sum_n U_{nn}$，是不变量。在这里，想要说的一点，就是记住重要算符的基本功能就可以了，具体的证明实际上很繁琐，又很容易忘记，并没有太多意义。例如，幺正算符不改变态矢量的本征值，它的具体证明如下。

已知 $\hat{A}|\psi\rangle=|\varphi\rangle$，用幺正算符 $\hat{U}$ 分别作用于态矢量 ψ 和 φ，得新的态矢量 $\varPsi$ 和 $\varPhi$，就是 $|\varPsi\rangle=\hat{U}|\psi\rangle$，或者 $\hat{U}^{-1}|\varPsi\rangle=|\psi\rangle$，$|\varPhi\rangle=\hat{U}|\varphi\rangle$。

设 $\hat{B}|\varPsi\rangle=|\varPhi\rangle$，将 $\hat{A}|\psi\rangle=|\varphi\rangle$ 代入 $|\varPhi\rangle=\hat{U}|\varphi\rangle$，可得

$$|\varPhi\rangle=\hat{U}\hat{A}|\psi\rangle=\hat{U}\hat{A}\hat{U}^{-1}|\varPsi\rangle$$

由 $\hat{B}|\varPsi\rangle=|\varPhi\rangle$，可知 $\hat{B}|\varPsi\rangle=\hat{U}\hat{A}|\psi\rangle=\hat{U}\hat{A}\hat{U}^{-1}|\varPsi\rangle$，即

$$\hat{B}=\hat{U}\hat{A}|\psi\rangle=\hat{U}\hat{A}\hat{U}^{-1}$$

如果给出一个新的态矢量：$\hat{A}|\phi\rangle=\alpha|\varphi\rangle$，并用幺正算符 $\hat{U}$ 左乘 $\hat{A}|\phi\rangle=\alpha|\varphi\rangle$，得

$$\hat{U}\hat{A}|\phi\rangle=\hat{U}\alpha|\phi\rangle$$

在 $\hat{U}\hat{A}|\phi\rangle$ 中插入 $\hat{U}^{-1}\hat{U}$，得

$$\hat{U}\hat{A}\hat{U}^{-1}\hat{U}|\phi\rangle=\hat{U}\alpha|\phi\rangle=\alpha\hat{U}|\phi\rangle$$

可得

$$\hat{B}\hat{U}|\phi\rangle=\alpha\hat{U}|\phi\rangle$$

令 $\hat{U}|\phi\rangle=|\beta\rangle$，那么

$$\hat{B}|\beta\rangle=\alpha|\beta\rangle$$

幺正算符虽然使态矢量改变，但本征值不变，仍旧是 α，与原来给出的本证方程 $\hat{A}|\phi\rangle=\alpha|\phi\rangle$ 的本征值相同。

由上面的实例可见，算符的变换过程并不难理解，但是很繁琐，很难记住，因此，只要记住算符的主要功能就行了，为什么这样说，从上面这个例子就给出了一个充足的理由。

4.3.4 动量算符

自由粒子波函数的表达式是 $\psi(\boldsymbol{r},t)=A\mathrm{e}^{-\mathrm{i}(Et-\boldsymbol{p}\cdot\boldsymbol{r})/\hbar}$，分别对 t 和 $\boldsymbol{r}$ 微分可得

$$\mathrm{i}\hbar\frac{\partial\psi}{\partial t}=E\psi \tag{4-14}$$

$$-\mathrm{i}\hbar\nabla\psi=\boldsymbol{p}\psi \tag{4-15}$$

式中，动量 $\boldsymbol{p}$ 是空间三维变量 $\boldsymbol{r}$ 的函数，∇ 是笛卡儿坐标系的梯度算符，即

$$\hat{\boldsymbol{p}}=\hat{p}_x\boldsymbol{i}+\hat{p}_y\boldsymbol{j}+\hat{p}_z\boldsymbol{k} \tag{4-16}$$

$$\nabla=\frac{\partial}{\partial x}\boldsymbol{i}+\frac{\partial}{\partial y}\boldsymbol{j}+\frac{\partial}{\partial z}\boldsymbol{k} \tag{4-17}$$

因此，将 $-\mathrm{i}\hbar\nabla$ 定义为动量算符：$\hat{\boldsymbol{p}}=-\mathrm{i}\hbar\nabla$，代入上式可得

$$\hat{\boldsymbol{p}}\psi=\boldsymbol{p}\psi$$

这就是本征方程，再一次表明动量算符 $\hat{\boldsymbol{p}}$ 就是相应于态矢量 ψ 的动量 $\boldsymbol{p}$。

4.3.5 角动量算符

角动量算符如果用 $\hat{\boldsymbol{L}}$ 表示，则其定义是：$\hat{\boldsymbol{L}}=\hat{\boldsymbol{r}}\times\hat{\boldsymbol{p}}$，具体表达式如下：

$$\begin{aligned}\hat{\boldsymbol{L}}&=\hat{\boldsymbol{r}}\times\hat{\boldsymbol{p}}=\begin{vmatrix}\boldsymbol{i}&\boldsymbol{j}&\boldsymbol{k}\\x&y&z\\p_x&p_y&p_z\end{vmatrix}\\&=-\mathrm{i}\hbar\left(y\frac{\partial}{\partial z}-z\frac{\partial}{\partial y}\right)-\mathrm{i}\hbar\left(z\frac{\partial}{\partial x}-x\frac{\partial}{\partial z}\right)-\mathrm{i}\hbar\left(x\frac{\partial}{\partial y}-y\frac{\partial}{\partial x}\right)\\&=\hat{L}_x+\hat{L}_y+\hat{L}_z\end{aligned}$$

角动量算符在经典力学与量子力学之间的区别是：经典力学 $\hat{\boldsymbol{L}}\times\hat{\boldsymbol{L}}=0$；量子力学 $\hat{\boldsymbol{L}}\times\hat{\boldsymbol{L}}=\mathrm{i}\hbar\hat{\boldsymbol{L}}$。这个算符在自旋问题的研究中将会用到。

如果对算符给出一个简单直观的概括性表述，那就是：算符的表述将数学的预言和物理实验巧妙地结合起来，本征函数和本征值是数学问题 (求解薛定谔方程，解析的、近似的)，本征方程是物理问题 (力学量的测量)，通过算符联系起来；量子力学通过本征函数和本征值的预言，与通过本征方程的物理实验完全一致，证明它不仅在数学上，而且在物理上都是自洽的。至于正确性和合理性，自然是仍有疑问 (例如，测量引起的坍缩)。

在本书第 1 讲第 3 节 “量子力学的三部曲” 中提到要熟悉算符，就是指熟悉如何使用这一数学工具，而不是把它当做一个研究的对象，仅此而已。

第5讲　方　程　篇

量子力学的基本方程是薛定谔方程 (狄拉克方程和费曼路径积分是量子场论的主要内容)，与经典物理学中列写方程，利用初始、边界条件解方程有很大不同，这里不需要列写方程，薛定谔方程就是基本方程，要做的是如何处理该方程中波函数的时间偏微分、空间偏微分和势函数三者的关系，它构成了基础量子力学的主要内容。

就粒子而言，想要了解它的性能：一是靠近距离观测实验；二是靠散射或碰撞实验。而要了解其结构，主要是高能、超高能的非弹性碰撞，如大型超高能电子、质子对撞机等，意图是寻找新粒子，但这一方法会耗费大量的人力物力财力。因此，研究物质的起源需要另辟蹊径，首先在理论上进行探讨。目前为止，这方面的研究依然很少。

由于测不准关系，粒子没有零能量，也就没有零位值。因此，上面提到的近距离观测实验，就是指约束态的粒子行为，对于基础量子力学，约束态的基本问题就是对波函数分离变量，得出不含时的本征方程 $\hat{H}\psi=\lambda\psi$，对 $\hat{H}$ 中包含的势函数 $V(\boldsymbol{r},t)$ 的不同形式求解薛定谔方程，得出波函数 $\psi(\boldsymbol{r},t)$。这里没有原理上的疑难，有的是实际求解时数学方法上的困难，不是任何微分方程都能得出解析解，常常是利用很多近似方法来获得 $\psi(\boldsymbol{r},t)$ 的近似表示式。近似方法可以从 $V(\boldsymbol{r},t)$ 入手，也可以从 $\hat{H}$ 入手，下面将分别论述这两方面的具体方法。解 (定态) 方程既是为了实际应用，也是为了验证理论的正确与合理，后者可能更重要一些。用势函数 $V(\boldsymbol{r},t)$ 代替力的作用，从能量的观点，以直观形象的势阱和势垒模型 (已有深度、形状和对称性不同的十多种模型)，描述电子在导体、在氢原子中的状态，以及在超导中的隧穿效应，是量子力学最优美的画卷，无不令人惊叹!

5.1　$V(\boldsymbol{r},t)$ 的不同形式

量子力学中势函数 $V(\boldsymbol{r},t)$ 一般与时间无关，可以看成孤立系统，这样就可以用 $V(\boldsymbol{r})$ 代替 $V(\boldsymbol{r},t)$，下面主要是设置 $V(\boldsymbol{r})$ 的形式，然后求解定态的薛定谔微分方程。

5.1.1　一维无限深对称的方势阱

对于薛定谔方程而言，这是一个简单的情况，但是，将其结果用于印证前面对

本征方程、概率密度、波函数归一化的论述，却是非常重要的。

在一维情况下，势函数 $V(\boldsymbol{r})$ 用 $V(x)$ 表示 (如果 $V(x)=V(-x)$ 称作偶宇称，那么 $V(x)=-V(-x)$ 就称作奇宇称)，如图 5-1 所示，即

$$V(x)=\begin{cases}0, & -\dfrac{a}{2}\leqslant x\leqslant\dfrac{a}{2}\\ \infty, & |x|>\dfrac{a}{2}\end{cases}\tag{5-1}$$

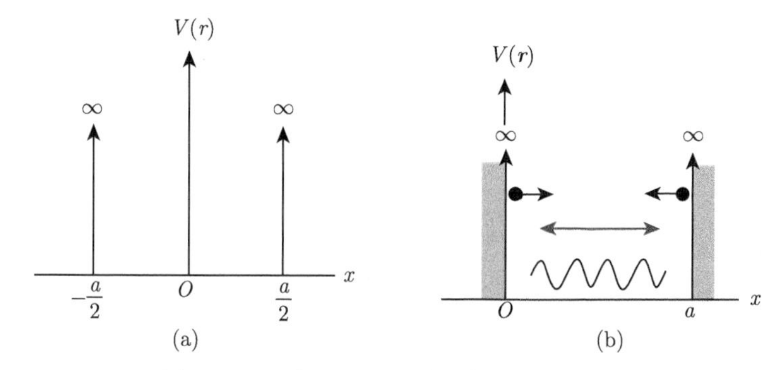

图 5-1　一维无限深方势阱的两种表示方式

(a) 对称表示；(b) 单向表示。二者等价，a 是阱宽，(b) 中给出简谐振动的示意图

正如前面讨论态矢量时所说的，在这种情况下，势阱中的粒子必然处于自旋和简谐振动状态，势阱无限深，阱外没有粒子，$\psi(x)=0$。阱内 $V(x)=0$，如式 (5-2) 所示的定态方程：

$$-\frac{\hbar^2}{2m}\frac{\partial^2\psi}{\partial x^2}+V\psi=E\psi\tag{5-2}$$

将其简化为下式

$$-\frac{\hbar^2}{2m}\frac{\partial^2\psi}{\partial x^2}=E\psi,\quad \frac{\partial^2\psi}{\partial x^2}=-k^2\psi,\quad k=\frac{\sqrt{2mE}}{\hbar}\tag{5-3}$$

这个方程的解描述了粒子在势阱内沿 x 方向的谐振运动 (在阱壁处是弹性碰撞，如图 5-1 所示，指数函数表示式适合于行波运动状态，如自由粒子的波函数；谐波表示式适合于驻波运动方式，也就是相向而行的、振幅与相位均相同的谐波)

$$\psi(x)=A\sin kx+B\cos kx\tag{5-4}$$

式中，A 和 B 是待定系数，由边界条件确定。对于二阶定态微分方程，边界条件是波函数的一阶和零阶值。现在，阱壁处 $V(0)\to\infty$，波函数的一阶导数不连续，只能用零阶导数值，即 $\psi(0)=\varphi(a)=0$，由式 (5-4) 可得

$$\psi(0)=A\sin kx+B\cos kx=A\sin 0+B\cos 0=B=0\tag{5-5}$$

再由 $\psi(a)=0$ 得 $\psi(a)=A\sin kx=A\sin ka=0$，显然 $A=0$ 没有意义，只能是 $\sin ka=0$，由此可得如下结果：$ka=n\pi$，$k=n\pi/a$，$n=1,2,3,\cdots(n=0$ 相当于 $\psi(0)$，表示势阱内没有粒子，不符合实际情况，没有物理意义；另外，$n=-1,-2,-3,\cdots$ 给出的信息与 $n=1,2,3,\cdots$ 相同，负号可以归并到 A 中)。由此得出 $\psi(x)=A\sin kx=A\sin\dfrac{n\pi}{a}x$，这个表示式显示，$n$ 的取值是一个无限序列：$n=1,2,3,\cdots$，对于 $\sin\dfrac{n\pi}{a}$ 波函数是连续的，如图 5-2 所示。但是，注意到 $k=\sqrt{2mE}/\hbar$，即可得出本征方程的本征能量 E_n(定态能量) 表示式：

$$E_n=\frac{k_n^2\hbar^2}{2m}=\frac{n^2\pi^2\hbar^2}{2ma^2} \tag{5-6}$$

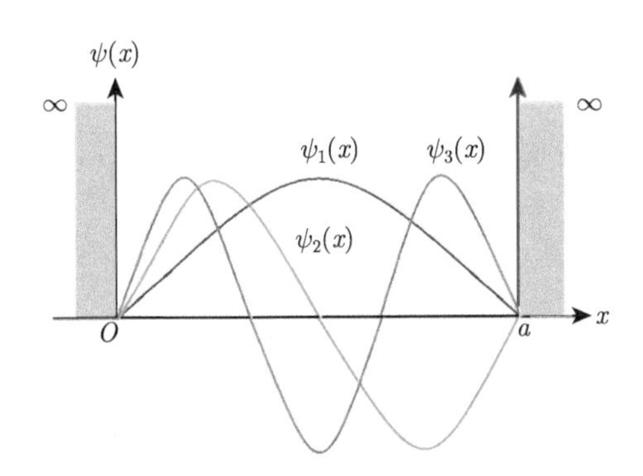

图 5-2　波函数 $\psi(x)=A\sin kx$ 的波形图

$\psi_1(x)$ 与 x 轴没有交点，$\psi_2(x)$ 与 x 轴有一个交点，$\psi_3(x)$ 与 x 轴有两个交点

因为 $\dfrac{\hbar^2}{ma^2}$ 的量纲对消了，E_n 是无量纲的实数，这和前面对本征方程中的本征值是实数的论断一致。式 (5-6) 表明，定态薛定谔方程很自然地给出了能量 E_n 的量化结果。其实，阱内势能为零，动能 $E=\dfrac{1}{2}mv^2=\dfrac{p^2}{2m}=\dfrac{1}{2}\dfrac{\hbar^2}{m\lambda^2}$，由于德布罗意波长 λ 与阱宽 a 满足驻波条件：$a=\lambda n/2$，代入动能公式，就有

$$E=\frac{1}{2}mv^2=\frac{p^2}{2m}=\frac{1}{2}\frac{\hbar^2}{m\lambda^2}=\frac{1}{2}\frac{n^2\hbar^2}{m4a^2}=\frac{n^2\hbar^2}{2ma^2}$$

再一次看到德布罗意波与薛定谔波函数的自洽和一致性。此处有两点值得指出：其一，当 $n=1$ 时，$E_1=\dfrac{\hbar^2}{2ma^2}$，表明基态能量不为零，这是量子力学特有的结果，它和测不准关系是一致的，不然，若能量为零，自然意味着速度等于零，粒子具有确定的位置，这与测不准关系相矛盾；其二，$\psi(0)=\varphi(a)=0$ 和 $A\sin\dfrac{n\pi}{a}x$ 可以表示两端固定的振弦，当德布罗意波长 λ 与阱宽 a 满足驻波条件 $a=\lambda n/2$ 时，才会形

成具有分立能量的驻波，再联想普朗克黑体辐射的谐振子，以量子能量辐射，就说明量子特性是由波动而来，并不是源于粒子的特性。下面再利用概率密度来确定待定系数 A，势阱外没有粒子，积分只在势阱内进行

$$\int_{-\infty}^{+\infty}|\psi(x)|^2\mathrm{d}x=\int_0^a|A|^2\sin^2kx\mathrm{d}x=\frac{|A|^2a}{2} \tag{5-7}$$

可得 $A=\sqrt{\dfrac{2}{a}}$。到此，基矢量 $\psi_n(x)$ 的具体表示式已经完全确定：

$$\psi_n(x)=\sqrt{\frac{2}{a}}\sin kx=\sqrt{\frac{2}{a}}\sin\left(\frac{n\pi}{a}\right)x \tag{5-8}$$

$\psi_n(x)$ 与时间分量 $\varphi_n(t)=\mathrm{e}^{-\mathrm{i}E_nt/\hbar}=\mathrm{e}^{-\mathrm{i}(n^2\pi^2\hbar^2/2ma^2)}$ 的乘积是

$$\psi_n(x,t)=\left(\sqrt{\frac{2}{a}}\sin kx\right)\mathrm{e}^{-\mathrm{i}E_nt/\hbar}=\left(\sqrt{\frac{2}{a}}\sin\left(\frac{n\pi}{a}\right)x\right)\mathrm{e}^{-\mathrm{i}(n^2\pi^2\hbar/(2ma^2))t} \tag{5-9}$$

再根据态矢量或波函数 $\psi(x,t)$ 由其分量 (即基矢量) 的叠加表示，可得如下展开式

$$\varPsi(x,t)=\sum_{n=1}^{\infty}c_n\psi_n(x,t)=\sum_{n=1}^{\infty}c_n\left(\sqrt{\frac{2}{a}}\sin\left(\frac{n\pi}{a}\right)x\right)\mathrm{e}^{-\mathrm{i}(n^2\pi^2\hbar/(2ma^2))t} \tag{5-10}$$

求解微分方程时，需给定初始条件，即当 $t=0$ 时的初始波函数 (可以有多种形式)，如下所示

$$\varPsi(x,0)=\sum_{n=1}^{\infty}c_n\psi_n(x,0) \tag{5-11}$$

或者

$$\varPsi(x,0)=\psi(x)=\sum_{n=1}^{\infty}c_n\psi_n(x) \tag{5-12}$$

展开式系数 c_n 很容易由傅里叶变换求得

$$c_n=\int\psi_n^*(x)\psi(x)\mathrm{d}x=\sqrt{\frac{2}{a}}\int_0^a\sin\left(\frac{n\pi}{a}\right)x\psi(x)\mathrm{d}x \tag{5-13}$$

在给定初始波函数 $\varPsi(x,0)$ 或者 $\psi(x)$ 时，就可以按照上式求出系数 c_n。为什么需要初始波函数呢？它的物理意义又是什么？量子力学的基本要求，就是波函数能够给出量化的能量表示式，在这种情况下，波函数必定是由一系列分量叠加而成，它的能量表示式才是量化的。现在，要确定波函数展开式的系数 c_n，必须知道波函数的表示式 $\varPsi(x,t)$ 或 $\psi(x)$，而不是 $\varPsi_n(x,t)$ 或 $\psi_n(x)$。那么如何确定 $\varPsi(x,t)$ 或 $\psi(x)$ 呢？只能给定一个与 $\varPsi_n(x,t)$ 或 $\psi_n(x)$ 相近似的表达式，根据傅里叶级数理论，显

然，$n=1,2,3,\cdots$ 代表了基波和谐波，在这里，就是能级序列，$n=1$ 是基态，其他就是不同的激发态。一般情况下，波函数与基态最相似，可以按照基态波形给出 $\Psi(x,t)$ 或 $\psi(x)$，如图 5-3 所示，初始波函数的拟合表达式是 $\psi(x)=Ax(x-a)$，然后由归一化求出系数 A：

$$1=\int_0^a|\Psi(x,0)|^2\mathrm{d}x=\int_0^a|\psi(x)|^2\mathrm{d}x=|A|^2\int_0^a x^2(x-a)^2\mathrm{d}x=|A|^2\frac{a}{30}\tag{5-14}$$

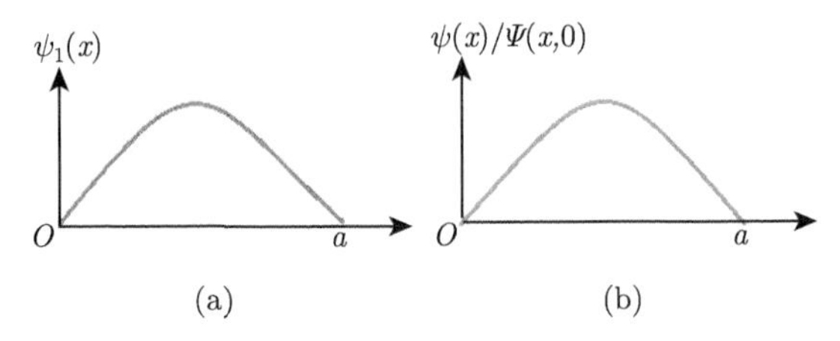

图 5-3　波函数 $\psi(x)$ 与基态分量 $\psi_1(x)$ 或初始波函数 $\Psi(x,0)$ 的波形图
$\psi(x)=Aa(x-a)$

可得 $A=\sqrt{\dfrac{30}{a^5}}=\dfrac{1}{a^2}\sqrt{\dfrac{30}{a}}$，初始波函数 $\Psi(x,0)$ 或 $\psi(x)$ 的表达式便是

$$\Psi(x,0)=\psi(x)=\sqrt{\frac{30}{a^5}}x(x-a)=\frac{1}{a^2}\sqrt{\frac{30}{a}}\tag{5-15}$$

现在，将上式代入式 (5-13)，可得波函数展开式的系数 c_n

$$\begin{aligned}c_n&=\int\psi_n^*(x)\psi(x)\mathrm{d}x=\sqrt{\frac{2}{a}}\int_0^a\sin\left(\frac{n\pi}{a}\right)x\psi(x)\mathrm{d}x\\&=\sqrt{\frac{2}{a}}\frac{1}{a^2}\sqrt{\frac{30}{a}}\int_0^a\sin\left(\frac{n\pi}{a}\right)x(x-a)\mathrm{d}x\\&=\frac{2\sqrt{15}}{a^3}\left[a\int_0^a\sin\left(\frac{n\pi}{a}\right)\mathrm{d}x-\int_0^a x^2\sin\left(\frac{n\pi}{a}\right)\mathrm{d}x\right]\\&=\frac{4\sqrt{15}}{(n\pi)^3}(\cos 0-\cos n\pi)=\begin{cases}0, & n\text{为偶数}\\ \dfrac{8\sqrt{15}}{(n\pi)^3}, & n\text{为奇数}\end{cases}\end{aligned}\tag{5-16}$$

这样，在给定 $t=0$ 的初始条件 (即 $\Psi(x,0)$) 和势函数界定的边界条件 $\psi(0)=\psi(a)=0$ 之后，由式 (5-10) 和式 (5-16)，即可得出波函数的完整表示式：

$$\Psi(x,t)=\sum_{n=1}^{\infty}c_n\psi_n(x,t)=\sqrt{\frac{30}{a}}\left(\frac{2}{\pi}\right)^2\sum_{n=1,3,5,\cdots}\frac{1}{n^3}\sin\left(\frac{n\pi}{a}\right)\mathrm{e}^{-\mathrm{i}[n^2\pi^2\hbar/(2ma^2)]t}\tag{5-17}$$

当 $n=1$ 时，$c_1=\dfrac{8\sqrt{15}}{\pi^3}=0.999270$，可以说，态矢量 $\psi(x)$ 包含了 $0.999270\psi_1(x)$；当 $n=3$ 时，$c_3=c_3=0.03701$；当 $n=5$ 时，$c_5=0.00799$；当 $n=7$ 时，$c_7=0.00291$。由此可得：$\sum\limits_i^4 c_i=1.04718, \sum\limits_i^4 c_i^2=0.998541$，当求和的项数很多时，各系数的平方和等于 1，其中，$c_1=0.999270$，说明 $\psi_1(x)$ 在 $\psi(x)$ 中占有极大的比例。再由 $c_1^2=0.998573$ 可以看出，在整个空间中，找到 $\psi_1(x)$ 的概率最大，意味着什么？此外，由 $\psi(x)=\sum\limits_i c_i\psi_i(x)$ 可知，这个求和是正交表示，其一，系数之和不等于 1，以 4 项为例：$\sum\limits_i^4 c_i=1.04718$。因而，$\psi(x)=\sum\limits_i c_i\psi_i(x)$ 是正交之和 (参考图 1-2、图 4-2 和图 4-3)，其几何意义如同矢量与它的分矢量的关系 (式 (2-36)，式 (2-37))。理解这一点很重要，为此，下面将证明 $\int\psi_n^*(x)\psi(x)\mathrm{d}x=0$，也就是 $\int_0^a\sqrt{\dfrac{2}{a}}\sin\left(\dfrac{n\pi x}{a}\right)\cdot\sqrt{\dfrac{2}{a}}\sin\left(\dfrac{m\pi x}{a}\right)\mathrm{d}x=0$。

证明其实很简单，利用下面的基本公式：

(1) $\sin\alpha\sin\beta=-\dfrac{1}{2}[\cos(\alpha+\beta)-\cos(\alpha-\beta)]$

(2) $\displaystyle\int_0^a\cos x\mathrm{d}x=\frac{1}{a}\sin\alpha x\Big|_0^a$

(3) $\mathrm{Sa}(x)=\dfrac{\sin x}{x}$(采样函数)，$\lim\limits_{x\to0}\mathrm{Sa}(x)=\lim\limits_{x\to0}\dfrac{(\sin x)'}{x'}=\lim\limits_{x\to0}\cos x=1$

对 $\int_0^a\sqrt{\dfrac{2}{a}}\sin\left(\dfrac{n\pi x}{a}\right)\cdot\sqrt{\dfrac{2}{a}}\sin\left(\dfrac{m\pi x}{a}\right)\mathrm{d}x=0$ 作积分运算：

$$\int_0^a\sqrt{\frac{2}{a}}\sin\left(\frac{n\pi x}{a}\right)\cdot\sqrt{\frac{2}{a}}\sin\left(\frac{m\pi x}{a}\right)\mathrm{d}x=\frac{1}{a}\int_0^a\left(\cos\frac{m-n}{a}\pi x-\cos\frac{m+n}{a}\pi xx\right)\mathrm{d}x$$

$$=\frac{\sin(m-n)\pi}{(m-n)\pi}+\frac{\sin(m+n)\pi}{(m+n)\pi}=\begin{cases}0, & m\neq n\\ 1, & m=n\end{cases}$$

这就证明了基矢量的正交归一性：

$$\int\psi_n^*(x)\psi(x)\mathrm{d}x=\delta_{m,n}=\begin{cases}0, & m\neq n\\ 1, & m=n\end{cases}$$

再看图 5-3，它给出了初始波函数的波形，与第一个基矢量 $\psi_1(x)=\sqrt{\dfrac{2}{a}}\sin\left(\dfrac{\pi}{a}\right)x$

的拟合公式是 $\psi(x)=Ax(x-a)$，由一阶导数为零，可知在 $x=a/2$ 时取最大值，代入 $\psi(x)$，可得其幅值：$\psi(a/2)=Aa^2/4=\sqrt{30/a^5}(a^2/4)=\sqrt{30/16a}=\sqrt{1.875/a}$，非常接近 $\psi_1(x)$ 的幅值 $\sqrt{2/a}$，换句话说，$\sqrt{1.875/a}$ 与 $\sqrt{2/a}$ 相比，$\psi(x)$ 的最大幅值大约是 $0.937\psi_1(x)$。可见，这个拟合公式与第一个基矢量是非常相似的。那么为什么不能用已有的第一个基矢量 $\psi_1(x)$ 代替初始波函数 $\psi(x)=Ax(x-a)$ 呢？为了回答这个问题，利用 $\psi_1(x)$ 求解展开式的系数 c_n

$$
\begin{aligned}
c_n&=\int\psi_n^*(x)\psi(x)\mathrm{d}x=\int_0^a\sqrt{\frac{2}{a}}\sin\left(\frac{n\pi x}{a}\right)\cdot\sqrt{\frac{2}{a}}\sin\left(\frac{\pi x}{a}\right)\mathrm{d}x\\
&=\frac{1}{a}\int_0^a\left[\cos\frac{(n+1)\pi x}{a}-\cos\frac{(n-1)\pi x}{a}\right]\mathrm{d}x\\
&=-\frac{\sin(n+1)\pi}{(n+1)\pi}+\frac{\sin(n-1)\pi}{(n-1)\pi}=\begin{cases}0, & n\neq 1\\ 1, & n=1\end{cases}
\end{aligned}
$$

上述结果在意料之中，因为用 $\psi_1(x)$ 代替 $\psi(x)$，它只包含本身，并不包含其他基矢量，计算结果只能是 $c_1=1$，其他为零，不然，理论就有问题了。同样，由于初始波函数 $\psi(x)=Ax(x-a)$ 以 $\psi_1(x)$ 为样本，实现逼真的模拟，使得它包含了 $0.999270\psi_1(x)$，系数已达到 $c_1=0.999270$，其他的系数非常小，也是预料之中的事。

根据前面已经计算出的 $c_n=\dfrac{8\sqrt{15}}{(n\pi)^3}$，还可以验证 $\sum\limits_{n=1}^{\infty}c_n^2=1$，其计算结果如下：

$$
\begin{aligned}
\sum_{n=1}^{\infty}c_n^2&=\sum_{1,3,5,\cdots}^{\infty}\left(\frac{8\sqrt{15}}{(n\pi)^3}\right)^2=\left(\frac{8\sqrt{15}}{\pi^3}\right)^2\sum_{1,3,5,\cdots}^{\infty}\frac{1}{n^6}\\
&=\left(\frac{8\sqrt{15}}{\pi^3}\right)^2\left(\frac{1}{1^6}+\frac{1}{3^6}+\frac{1}{5^6}+\cdots\right)=\left(\frac{8\sqrt{15}}{\pi^3}\right)^2\frac{\pi^6}{960}=\frac{64\times15}{\pi^6}\frac{\pi^6}{960}=1
\end{aligned}
$$

上式级数求和利用了黎曼的 ζ 函数。现在，检验一下定态本征方程。已知 $\psi_n(x)=\sqrt{\dfrac{2}{a}}\sin kx=\sqrt{\dfrac{2}{a}}\sin\left(\dfrac{n\pi}{a}\right)x$，在势阱内 $V(x)=0$，由哈密顿算子 $\hat{H}=-\dfrac{\hbar^2}{2m}\dfrac{\partial^2}{\partial x^2}$ 作用于基矢量 $\psi_n(x)$ 可得

$$
\begin{aligned}
\hat{H}&=-\frac{\hbar^2}{2m}\frac{\partial^2}{\partial x^2}\psi_n(x)=-\frac{\hbar^2}{2m}\frac{\partial^2}{\partial x^2}\left(\sqrt{\frac{2}{a}}\sin\left(\frac{n\pi}{a}\right)x\right)\\
&=\frac{\hbar^2}{2m}\frac{n^2\pi^2}{a^2}\sqrt{\frac{2}{a}}\sin\left(\frac{n\pi}{a}\right)x=E_n\psi_n,\quad E_n=\frac{\hbar^2}{2m}\frac{n^2\pi^2}{a^2}
\end{aligned}
$$

与式 (5-6) 完全一致，整个结果表明理论是自洽的，不过这个例子并不是一个好的实例，主要是展示一种具体的方法。当然，利用这种理论模型可以实现对电子长达几个月的囚禁 (F. M. Penning 陷阱，H. G. Dehmelt 和 W. Paul 的离子陷阱)，也可以模拟金属中电子的运动。

现在，我们再来回看式 (5-2)：$-\dfrac{\hbar^2}{2m}\dfrac{\partial^2\psi}{\partial x^2}+V\psi=E\psi$，势函数 V 对波函数 ψ 并没有数学变换或微分运算的功能，势函数表示粒子所处的时空环境，它体现的是一种固有的能量场。将上述公式改写为 $\dfrac{\hbar^2}{2m}\dfrac{\partial^2\psi}{\partial x^2}=(V-E)\psi$，由于 E 是实数，这样势函数 V 必然也是实数或为零。设计势函数的各种模型，求得相应的波函数，就是求解定态波函数的主要内容。有些求解是有价值的，可以和物理问题对应；有些是没有价值的，只是一种数学运算的演示，没有物理意义。下面将给出各种典型的势函数模型，在这种情况下，定态波函数主要是二阶常微分方程，其中有一些是变系数的，求解时需要一定的数学技巧。不过，相应的级数求和公式是已知的，尽管数学技巧很高明，但物理内容不多，也没有理解上的困难，就不重复论述了。

5.1.2 典型的势函数

如图 5-4 所示是典型的几种势函数模型。

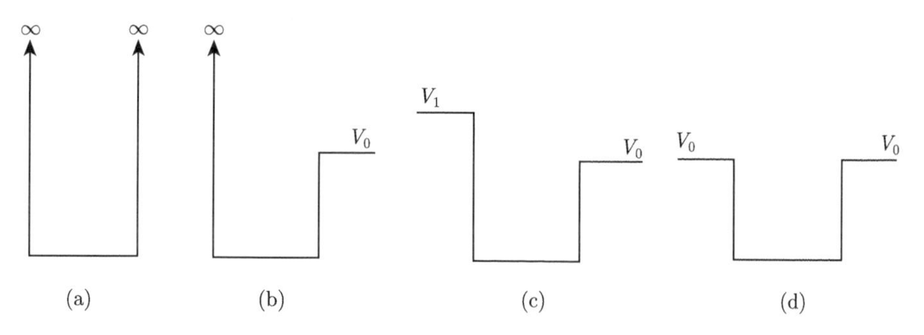

图 5-4 典型的势函数模型

(a) 无限深对称方势阱，(b) 半无限深方势阱，(c) 有限深非对称势阱，(d) 有限深对称方势阱

以图 5-4(c) 为例，理论上势函数陡峭的突变，对应于实际上可能的改变，并且根据埃伦菲斯特定律 (牛顿第二定律的量子力学形式) 对势函数微分，可得出突变点附近区域的力 (平均值)，如图 5-5 所示，这主要是概念上的对比，图中相反方向的力就是阱壁作用于粒子的力，以能量的形式表现出来。

此外，还有一些特殊的势阱模型，如 δ 势阱及其组合 (双 δ、三 δ 势阱) 如图 5-6 所示，具有正负能量的势阱，等等。它们的数学处理都是程式化的 (在得出常微分方程的通解之后，利用波函数在势阱端点处连续的边界条件、归一化条件以

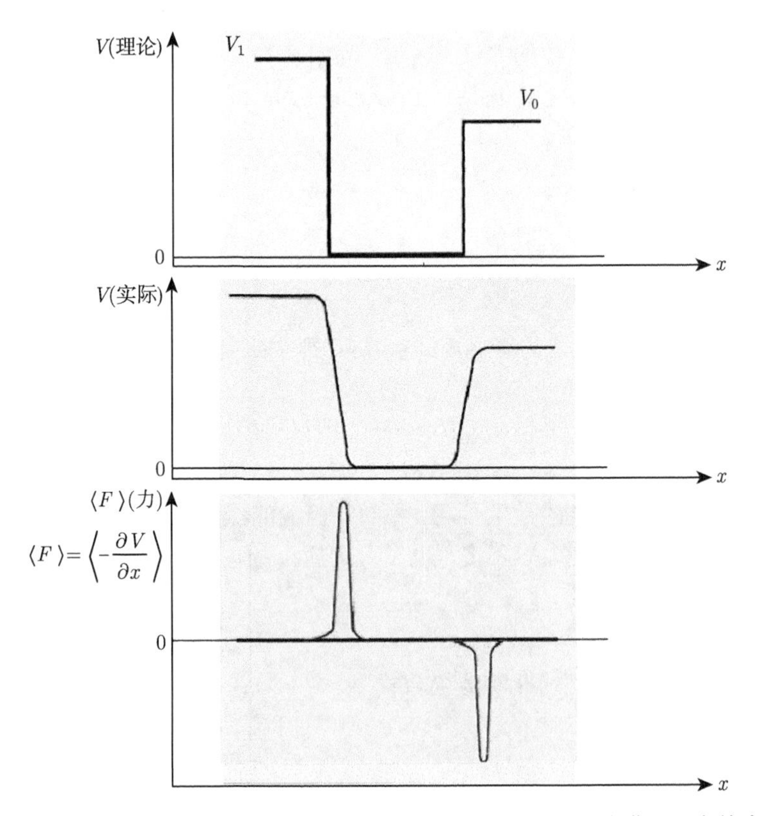

图 5-5　理论上的 (三维) 方势阱的 (剖面) 图及实际的方势阱和对应的力

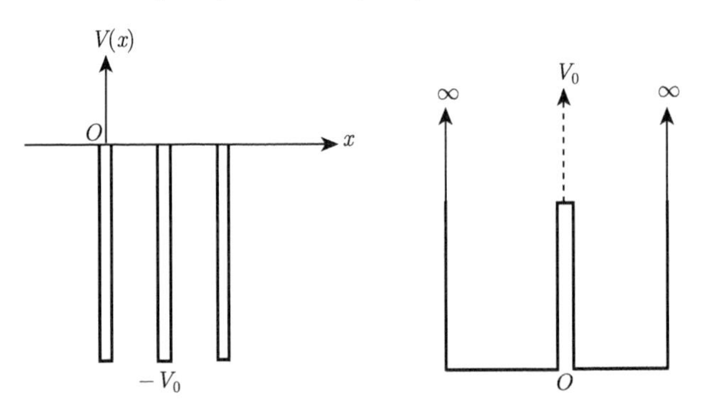

图 5-6　不同的势函数模型示意图

及本征方程，可以确定波函数的所有待定常数)，不存在难点，就不再一一介绍了。

5.1.3　δ 势阱

下面讨论 δ 势阱模型，主要是考虑这个模型具有 $E<0$ 和 $E>0$ 两种情形，体现了约束态和散射态，势函数 $V(x)=V(-x)=-a\delta(x)$，具有从零位到 $-\alpha$ 的势能 (δ 的量纲是 L^{-1}，α 的量纲是 $\mathrm{L^3MT^{-2}}$，因此，$a\delta$ 具有能量的量纲)，如图 5-7 所示。此处的 $\delta(x)$ 就是 Dirac δ，具有广义函数的性质，它有多种等价的定义和表示式，而常用的则是

$$\delta(x)=\begin{cases}0, & x\neq 0\\ \infty, & x=0\end{cases} \quad 和 \quad \int_{-\infty}^{+\infty}\delta(x)\mathrm{d}x=\begin{cases}0, & x\neq 0\\ 1, & x=0\end{cases} \tag{5-18}$$

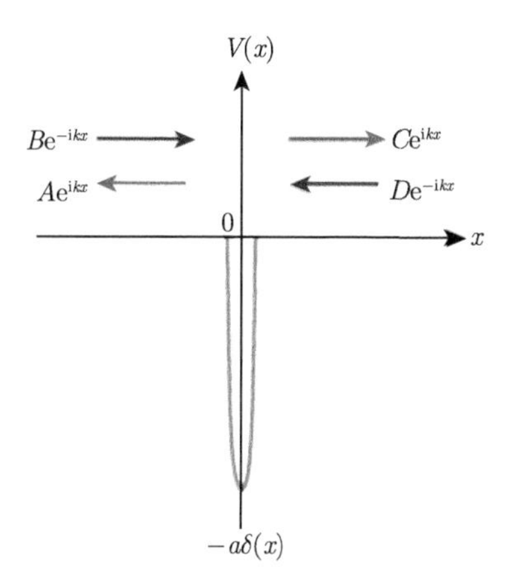

图 5-7　δ 势阱

它得到广泛的应用：在数学上，在信号处理中，具有筛选特性，如 $\int_{-\infty}^{+\infty}f(x)\delta(x-a)\mathrm{d}x=f(a)$；在物理方面，可以描述点电荷的电荷密度，质点的质量密度，等等。现在，不采用通过初边值条件解常微分方程的程式化方法，根据 $\delta(x)$ 函数的性质，直接采用傅里叶变换处理这个问题更容易。傅里叶变换是域变换 (即指数 $\mathrm{e}^{-\omega x}$ 中

的 x 和 ω)，波函数 $\psi(x)$ 与它的傅里叶变换 $\varPsi(\omega)$ 由下式定义

$$\varPsi(\omega)=\int_{-\infty}^{+\infty}\psi(x)\mathrm{e}^{-\omega x}\mathrm{d}x;\quad \psi(x)=\frac{1}{2\pi}\int_{-\infty}^{+\infty}\varPsi(\omega)\mathrm{e}^{-\omega x}\mathrm{d}\omega \tag{5-19}$$

现在对定态薛定谔方程 (参见式 (5-2) 和式 (5-3))：

$$\frac{\mathrm{d}^2\psi(x)}{\mathrm{d}x^2}-k^2\psi(x)=-a\delta(x)\psi(x),\quad k=\frac{\sqrt{-2mE}}{\hbar} \tag{5-20}$$

进行傅里叶变换

$$\int_{-\infty}^{\infty}\left(\frac{\mathrm{d}^2\psi(x)}{\mathrm{d}x^2}-k^2\psi(x)\right)\mathrm{e}^{-\omega x}\mathrm{d}x=\int_{-\infty}^{\infty}-a\delta(x)\psi(x)\mathrm{e}^{-\omega x}\mathrm{d}x \tag{5-21}$$

由此可得

$$-\omega^2\Psi(\omega)-k^2\Psi(\omega)=-a\psi(0) \tag{5-22}$$

以及

$$\Psi(\omega)=\frac{a\psi(0)}{\omega^2+k^2} \tag{5-23}$$

对 $\Psi(\omega)$ 进行傅里叶反变换，就可以得到本征矢

$$\begin{aligned}\psi(x)&=\frac{a\psi(0)}{2\pi}\int_{-\infty}^{\infty}\frac{\mathrm{e}^{-\omega x}}{\omega^2+k^2}\mathrm{d}\omega=\frac{a\psi(0)}{2\pi}\int_{-\infty}^{\infty}\frac{\cos\omega x}{\omega^2+k^2}\mathrm{d}\omega\\&=\frac{a\psi(0)}{k}\int_{0}^{\infty}\frac{\cos\omega x}{\omega^2+k^2}\mathrm{d}\omega=\frac{a\psi(0)}{k}\mathrm{e}^{-k|x|}=A\mathrm{e}^{-k|x|}\end{aligned} \tag{5-24}$$

在积分时，对 $\mathrm{e}^{\mathrm{i}\omega x}=\cos\omega x+\mathrm{i}\sin\omega x$ 只取实部 $\cos\omega x$，因为虚部 $\sin\omega x$ 不可测量，可以略去。然后，由归一化条件，确定本征矢的系数 $A=\dfrac{a\psi(0)}{k}$，

$$\int_{-\infty}^{\infty}|\psi(x)|^2\mathrm{d}x=\int_{-\infty}^{\infty}|A\mathrm{e}^{-k|x|}|^2\mathrm{d}x=2|A|^2\int_{0}^{\infty}\mathrm{e}^{-2k|x|}\mathrm{d}x=\frac{|A|^2}{k}=1$$

可得 $A=\sqrt{k}$，本征矢 $\psi(x)=\sqrt{k}\mathrm{e}^{-k|x|}$，如图 5-8 所示。已知 $k=\dfrac{\sqrt{2mE}}{\hbar}$，那么本征值能量就是 $E=\dfrac{k^2\hbar^2}{2m}$。

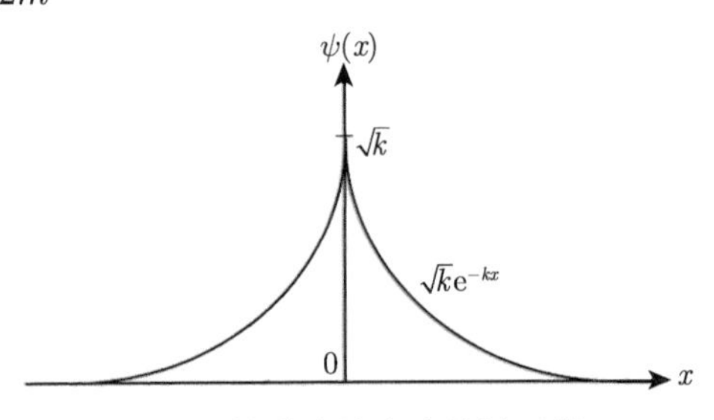

图 5-8　δ 势阱中约束态的波函数 $\psi(x)$

还需要确定 k 的具体参数，为此，要利用一阶导数 $\dfrac{\mathrm{d}\psi}{\mathrm{d}x}$ 的连续性。薛定谔方程是

$$-\frac{\hbar^2}{2m}\frac{\mathrm{d}^2\psi(x)}{\mathrm{d}x^2}+V(x)\psi(x)=E\psi(x) \tag{5-25}$$

将 $V(x)=-a\delta(x)$ 代入上式，方程改写为

$$\frac{\mathrm{d}^2\psi(x)}{\mathrm{d}x^2}-\frac{2ma}{\hbar^2}\delta(x)\psi(x)=\frac{2m}{\hbar^2}E\psi(x) \tag{5-26}$$

根据 $\delta(x)$ 的性质，对此方程从 $-\varepsilon$ 到 $+\varepsilon$ 积分

$$\int_{-\varepsilon}^{+\varepsilon}-\frac{\mathrm{d}^2\psi(x)}{\mathrm{d}x^2}\mathrm{d}x-\int_{-\varepsilon}^{+\varepsilon}\frac{2ma}{\hbar^2}\delta(x)\psi(x)\mathrm{d}x=\int_{-\varepsilon}^{+\varepsilon}\frac{2m}{\hbar^2}E\psi(x)\mathrm{d}x$$

各项的积分结果如下：

$$\int_{-\varepsilon}^{+\varepsilon}-\frac{\mathrm{d}^2\psi(x)}{\mathrm{d}x^2}\mathrm{d}x=-\frac{\mathrm{d}\psi(x)}{\mathrm{d}x}\bigg|_{-\varepsilon\to 0}^{+\varepsilon\to 0}=-2kA$$

$$\int_{-\varepsilon\to 0}^{+\varepsilon\to 0}-\frac{2ma}{\hbar^2}\delta(x)\psi(x)\mathrm{d}x=-\frac{2m}{\hbar^2}\psi(0)=-\frac{2m}{\hbar^2}A$$

$$\frac{2m}{\hbar^2}E\int_{-\varepsilon\to 0}^{+\varepsilon\to 0}\psi(x)\mathrm{d}x=0$$

由此可得 $k=-\frac{ma}{\hbar^2}$，$E=-\frac{k^2\hbar^2}{2m}=\frac{ma^2}{2\hbar^2}$，全部待定系数已经确定，这是约束态的情形。

5.1.4 粒子在势阱中的动力学行为

下面讨论约束态或者散射态，量子力学与经典力学在这种情形下的主要不同是：在量子力学会中出现隧穿现象。为此，需要了解与此有关的散射态的基本概念和物理现象。图 5-9 ~ 图 5-11 给出了典型的入射与散射过程的基本图式。这里是为了将经典物理学的描述与量子力学的描述二者联想，当然，也是为了突出二者的区别，势函数采用了抛物线形状，也就是 $V(x)=kx^2+b$ 类的二次型，在具体分析粒子与势函数的关系时，势函数采用规则形状，以减少非本质的复杂性。

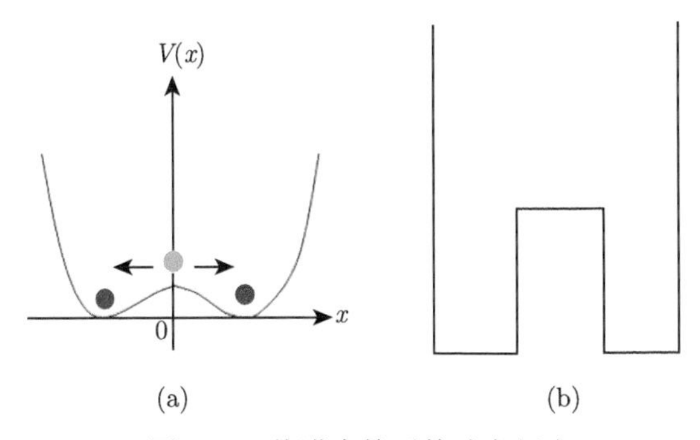

图 5-9 势阱中粒子的动态行为

(a) 粒子 (居中小球) 本身具有的能量只能在势阱的两个低谷中往 (左侧小球) 返 (右侧小球) 运动，不能越出势阱逃逸而去，量子力学的实验观测到粒子可以越过中间的低势垒，往返运动；(b) 简化的规则势函数模型

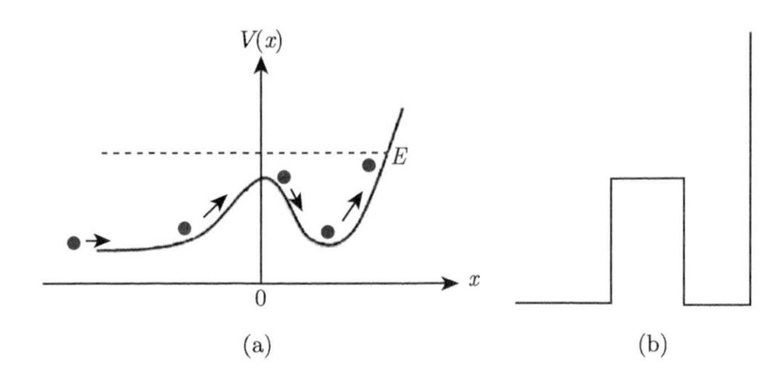

图 5-10　具有能量 E 的粒子被势函数散射的示意图

(a) $V(0)$ 的左边是粒子爬升的耗能区，右边由加速下降再转入耗能上升，箭头表示粒子被散射前的运动状态，或者按照程式化的表述，就是从无穷远射来的粒子，被势函数弹性反射回到无穷远处；(b) 简化的、规则的势函数模型

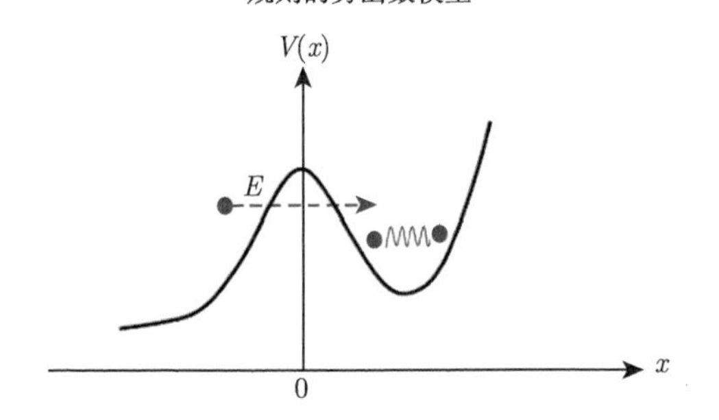

图 5-11　解释粒子穿越势垒的示意图

在势垒右边，能量很高的势壁将粒子弹性反射，这样，粒子只能在右边的势阱中往复运动

现在就以图 5-11 为例，看一看经典粒子与微观粒子在势函数限定的空间范围中运动的不同之处。在图中，设 $E < V(0)$，粒子的能量低于势垒 $V(0)$，经典力学断言，粒子不能翻过、越过和穿过势垒 $V(0)$(在不加速，不增加能量的情况下)。如果 $E = V$，那么，$p = \sqrt{2m(E-V)} = 0$，即 $V = 0$，显然粒子无法越过势垒；但是，量子力学首先在实验中观测到了势垒右边出现粒子的现象，如果微观粒子没有波粒二象性，这种现象是不会出现的。它出现在势垒右边的现象，是波动特性的表现，而不是纯粹粒子特性的反映，这个现象称作隧道效应或隧穿现象。是否可以设想由自然界中的浪涌现象与隧道效应有相似之处呢？如果波函数不是概率幅，它的模方就没有统计意义，也就没有隧道效应。这里需要注意的是，波函数描述波动性，它的模方反映的却是粒子特性 (e 的正负指数因子对消了)，正如前面提到的粒子的衍射实验，从狭缝到显示屏幕的这一段中间过程，直到现在也不清楚。类似的，粒子是如何穿过能量势垒的？对于微观粒子，势垒的壁面是否具有能隙呢？阱壁的势能是否可以在空间量化地分布？对于这些问题，也并不清楚，只是隧道效应在物理和数学上可以“合理”地描述这一效应 (图 5-12)。

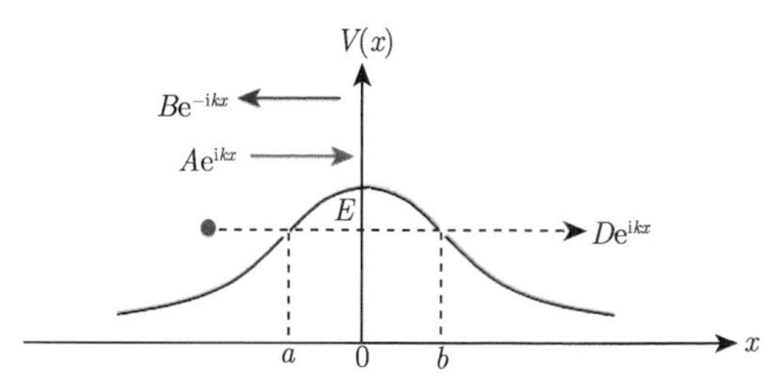

图 5-12 粒子穿过势垒的入射与反射过程示意图

粒子的能量 $E < V(0)$，从左边无穷远射来的粒子，有两种模式：一是被弹性反射回到无穷远，如图中最上面箭头所示；二是透过势垒向无穷远运动，如虚线所示，就是隧穿效应。图中的 a 点和 b 点是拐点

现在，量子隧道效应仍然是一个值得深入探索研究的领域，从 20 世纪 20 年代到 21 世纪 20 年代，近一百年来，在理论研究、实验验证和技术实现方面，都取得了显著成绩。1957 年，江崎玲于奈研制了隧道二极管，属于半导体隧穿，就是在锗材料的 PN 结高掺杂时，伏安特性出现负阻；1960 年，贾埃弗从实验上发现超导单电子隧穿，他所用的实验材料是铝膜-氧化 (铝) 薄膜-铅膜 (金属-绝缘体-超导体)，厚度都在 3nm 范围 (靠真空镀膜方法实现)，置于低温下 (液氦中，7K 温度)，具有超导性能，并观测到电子隧穿现象 (对电子存在一个几毫伏的能隙)。本质上，这个实验是将半导体隧穿与超导隧穿二者结合起来。尽管贾埃弗也作了超导隧穿的许多实验，观测到超导隧穿，但是，误认为是隧道结的短路电流而没有深究，错过了新的发现。1962 年，22 岁的约瑟夫森在他的硕士论文中，从理论和计算上预言了超导电流会通过超导体-绝缘体-超导体形成的“三明治”势垒 (厚度约 1nm)，即超导隧穿，与贾埃弗的单电子隧穿不同，这是库珀电子对的隧穿现象，隧道电流就是势垒两边波函数的相位差的函数，加深了对超导机理的了解；为此，他们分享了 1973 年的诺贝尔物理学奖。顺便指出，贾埃弗几乎是超导和隧穿研究领域的门外汉，工作环境简陋，除了一台真空镀膜机外，别无所有，也没有实验经历，为什么能做出重要贡献？更不必说 (22 岁) 约瑟夫森、库珀、施里弗、缪勒、穆斯堡尔等一批年轻人了，但愿不要让知识的积累成为实现创新的势垒，这也许才是需要警示的问题。

为了从量子力学的观点解释这种现象，下面将详细讨论方势阱对量子隧穿效应的分析。其实，粒子是如何透过势垒这层氧化薄膜的，直至今日，仍然没有从物质结构方面给出可信且合理的解释。须知，一个自洽的也就是能自圆其说的理论，不一定是合理的理论。

5.2　隧穿效应

对于势函数的处理是量子力学的一个亮点。一方面，势函数模拟了隧穿效应；另一方面，势函数还能模拟原子中核与外层电子之间的相互吸引效果。因此，这里假定某种势垒，求解相关的线性常微分方程，与一般的数学物理方程是不一样的。

下面继续讨论方势阱，数学处理并不难，关键是如何解释数学结果的物理意义。

在图 5-13 中，一维方势阱的势函数在 x 方向上有三个不同区域，如下式所示：

$$V(x)=\begin{cases}0, & x<0\to 1\text{区}\\ V_0, & 0\leqslant x\leqslant a\to 2\text{区}\\ 0, & x>a\to 3\text{区}\end{cases}\tag{5-27}$$

对这三个不同的区域，主要是指 2 区，一般有三种情况：① $E-V_0<0$；② $E-V_0=0$；③ $E-V_0>0$。从左边无穷远射来的粒子是 Ae^{ikx} (如图 5-13 中的左侧下方箭头所示)，被势垒反射的粒子是 Be^{ikx} (如图 5-13 中左侧上方箭头表示，由于存在势垒，入射粒子以波的形式运动时，必然会遇到势垒的弹性反射，显然与如 “履” 平地不同)。根据波动特性，一定有透射的波束出现，如 De^{ikx} (如图 5-13 中虚线箭头表示)，实验是从左边开始的，因此右边没有入射波束。这时，定态薛定谔方程为

$$\frac{d^2\psi}{dx^2}+\frac{2m}{\hbar^2}(V_0-E)\psi=0\tag{5-28}$$

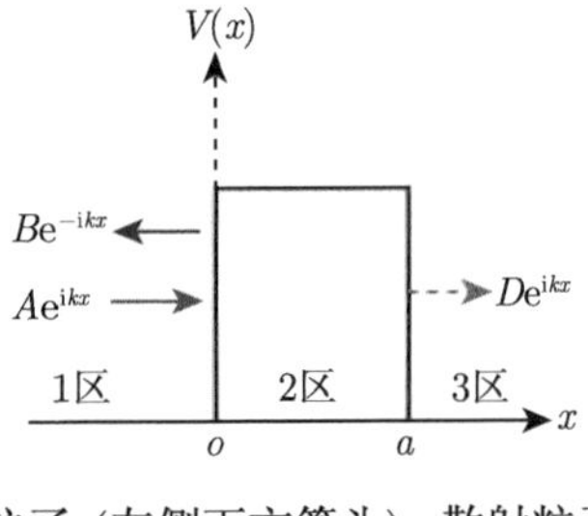

图 5-13　一维方势垒，入射粒子 (左侧下方箭头)、散射粒子 (左侧上方箭头) 和透射粒子 (虚线箭头) 的示意图，oa 是势阱的宽度

根据 E 和 V_0 的大小，分三种情况讨论如下。

情况 ①：$E-V_0<0$。

在 1 区，$x<0$，势函数 $V(x)=0$，记 $k^2=\dfrac{2m}{\hbar^2}$，对应的波动方程简化为

$$\frac{d^2\psi}{dx^2}+k^2\psi=0$$

解的形式是 $e^{\pm ikx}$，因为波函数具有叠加性质，它的解可以表示为 $e^{\pm ikx}$ 的叠加，即

$$\psi_1(x)=Ae^{ikx}+Be^{-ikx}\tag{5-29}$$

在 2 区，$0 \leqslant x \leqslant a$，势函数 $V(x) = V_0$，记 $K^2 = \dfrac{2m}{\hbar^2}(V_0 - E)$，波动方程是

$$\frac{\mathrm{d}^2\psi}{\mathrm{d}x^2} + K^2\psi = 0$$

K^2 对应解是 $\mathrm{e}^{\pm Kx}$，利用公式 $\cosh x = \dfrac{\mathrm{e}^x + \mathrm{e}^{-x}}{2}$ 和 $\sinh x = \dfrac{\mathrm{e}^x - \mathrm{e}^{-x}}{2}$ 可以将 $\mathrm{e}^{\pm Kx}$ 表示如下 (非振动形式):

$$\psi_2(x) = C_1\cosh Kx + C_2\sinh Kx \tag{5-30}$$

在 3 区，$x > a$，在势函数 $V(x) = 0$，与 1 区不同的是，此区只有隧穿的粒子，波动方程的解只有一项，即

$$\psi_3(x) = D\mathrm{e}^{\mathrm{i}kx} \tag{5-31}$$

现在，根据在 $x = 0$ 和 $x = a$ 处的初始条件和边界条件，确定上述波函数解的任意常数之值，对 $x = 0$ 有 $\psi_1(0) = \psi_2(0)$，可得

$$A + B = C_1 \tag{5-32}$$

再利用一阶导数 $\psi_1'(0) = \psi_2'(0)$，可得

$$\mathrm{i}kA - \mathrm{i}kB = KC_2 \tag{5-33}$$

令 $\beta = k/K$，则有 $\mathrm{i}\beta(A - B) = C_2$，再利用 $x = a$ 的初始、边界条件，注意，此处要用的波函数是 $\psi_2(x) = \psi_3(x)$ 和 $\psi_2'(x) = \psi_3'(x)$，由此不难得出下述关系式:

$$\begin{cases} C_1\cosh Ka + C_2\sinh Ka = D\mathrm{e}^{\mathrm{i}ka} \\ C_1\sinh Ka + C_2\cosh Ka = \mathrm{i}\beta D\mathrm{e}^{\mathrm{i}ka} \end{cases} \tag{5-34}$$

将式 (5-32) 和式 (5-33) 代入上式

$$\begin{cases} \left(1 + \dfrac{B}{A}\right)\cosh Ka + \left(1 - \dfrac{B}{A}\right)\sinh Ka = \dfrac{D}{A}\mathrm{e}^{\mathrm{i}ka} \\ \left(1 + \dfrac{B}{A}\right)\sinh Ka + \left(1 - \dfrac{B}{A}\right)\cosh Ka = \mathrm{i}\beta\dfrac{D}{A}\mathrm{e}^{\mathrm{i}ka} \end{cases} \tag{5-35}$$

$\dfrac{B}{A}$ 和 $\dfrac{D}{A}$ 分别表示入射与散射、入射与透射概率幅的比值，物理意义明确，因此，求解 $\dfrac{B}{A}$ 和 $\dfrac{D}{A}$ 即可。由上述方程可得

$$\frac{B}{A} = \frac{-(1 + \beta^2)\sinh Ka}{(1 - \beta^2)\sinh Ka - 2\mathrm{i}\beta\cosh Ka} \tag{5-36}$$

将它代入式 (5-35) 的第一式，再利用 $\cosh^2 x - \sinh^2 x = 1$，就可得下式

$$\frac{D}{A}\mathrm{e}^{\mathrm{i}ka} = \frac{-2\mathrm{i}\beta}{(1-\beta^2)\sinh Ka - 2\mathrm{i}\beta\cosh Ka} \tag{5-37}$$

这里进行如此详细推导，得出上述两个表示式，目的是要印证一个结论：在空间发现入射粒子的概率密度应当等于发现被势阱散射粒子的概率密度加上发现透射粒子的概率密度，也就是下式成立

$$\frac{|B|^2}{|A|^2} + \frac{|D|^2}{|A|^2} = 1 \quad 或 \quad |B|^2 + |D|^2 = |A|^2 \tag{5-38}$$

注意，$|\mathrm{e}^{\mathrm{i}kx}|^2 = (\mathrm{e}^{\mathrm{i}kx})(\mathrm{e}^{-\mathrm{i}kx}) = 1$，同此，式 (5-10) 和式 (5-11) 的模方 (复数绝对值的平方)，主要是分母比较复杂，需要做如下的一点处理：

$$\begin{aligned}
&|(1-\beta^2)\sinh Ka - 2\mathrm{i}\beta\cosh Ka|^2\\
=&[(1-\beta^2)\sinh Ka + 2\mathrm{i}\beta\cosh Ka]\cdot[(1-\beta^2)\sinh Ka - 2\mathrm{i}\beta\cosh Ka]\\
=&(1-\beta^2)^2\sinh^2 Ka + 4\beta\cosh^2 Ka\\
=&(1+\beta^2)^2\sinh^2 Ka + 4\beta^2\cosh^2 Ka - 4\beta^2\sinh^2 Ka\\
=&(1+\beta^2)^2\sinh^2 Ka + 4\beta^2\frac{(k^2+K^2)^2}{K^4}\sinh^2 Ka + \frac{4k^2}{K^2}\\
=&\frac{(k^2+K^2)^2\sinh^2 Ka + 4k^2K^2}{K^4}
\end{aligned} \tag{5-39}$$

最后可得相关的相对概率密度是

$$R = \frac{|B|^2}{|A|^2} = \frac{(k^2+K^2)^2\sinh^2 Ka}{(k^2+K^2)^2\sinh^2 Ka + 4k^2K^2} \tag{5-40}$$

$$T = \frac{|D|^2}{|A|^2} = \frac{4k^2K^2}{(k^2+K^2)^2\sinh^2 Ka + 4k^2K^2} \tag{5-41}$$

$$R + T = \frac{|B|^2}{|A|^2} + \frac{|D|^2}{|A|^2} = \frac{(k^2+K^2)^2\sinh^2 Ka + 4k^2K^2}{(k^2+K^2)^2\sinh^2 Ka + 4k^2K^2} = 1 \tag{5-42}$$

下面要做的事是：在势垒的三个区内，波函数能提供何种具有物理意义的信息。

第一，式 (5-16) 证实，在空间发现入射粒子的概率密度应当等于发现被势阱散射粒子的概率密度加上发现透射粒子的概率密度，也就是下式成立

$$|B|^2 + |D|^2 = |A|^2 \tag{5-43}$$

这是预料中的事，因为波函数的概率诠释就保证了它的自洽性。

第二，在 2 区，即势垒中势函数 $\psi_2(x)$ 的曲线形状如何变化，这当然与粒子通过势垒的过程有关，为此，计算透射系数 T。假设势垒宽度 $a = 3\times10^{-10}$M，电子质量 $m = 1\times10^{-30}$kg，势垒高度 $V_0 - E = 3\text{eV} = 3\times1.6\times10^{-10}$J，普朗克常数 $\hbar = 1\times10^{-34}\text{J}\cdot\text{s}$，由这些参数计算 Ka 之值：

$$Ka = a\frac{\sqrt{2m(V_0-E)}}{\hbar} \approx 2.4\times10^{15} \gg 1,\quad Ka = a\frac{\sqrt{2m(V_0-E)}}{\hbar} \approx 2.4\times10^{15} \gg 1$$

$\sinh\left(Ka\dfrac{\mathrm{e}^{Ka}+\mathrm{e}^{-Ka}}{2}\right) \approx \dfrac{\mathrm{e}^{Ka}}{2}$，而透射系数 T 就可以近似如下：

$$T \approx \frac{16E(V_0-E)}{V_0^2}\mathrm{e}^{-\frac{2a}{\hbar}\sqrt{2m(V_0-E)}} \tag{5-44}$$

这说明波函数 $\psi_2(x)$ 在势垒中是指数衰减的：随着粒子质量 m、势垒宽度 a 和强度 V_0 的增大，衰减将增大，显然，宏观粒子的质量与电子相比，实在太大，不会出现隧道穿透，那是显而易见的事。在图 5-14 中画出了这三个波函数在各自所在区域中的波形图，对此不再作数学分析，因为能够提供的隧穿信息不多，只是仅就初始、边界条件包含的信息，画出波函数的连接波形。已知初始、边界条件保证了在 x 轴的 O 点、a 点波函数的连续性，即对 $x=0$ 有 $\psi_1(0)=\psi_2(0)$ 和 $\psi_1'(0)=\psi_2'(0)$，

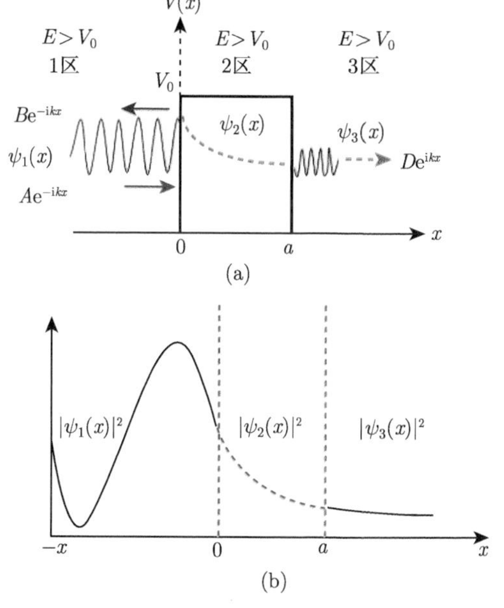

图 5-14 一维方势阱的隧穿效应示意图

入射波与反射波是一样的，而透射波是幅值衰减的波，

而 2 区的势垒宽度，为了使其衰减特性更清楚，其尺寸被放大了

在 a 点有 $\psi_2(a)=\psi_3(a)$ 和 $\psi_2'(a)=\psi_3'(a)$。这就是说，这三个波函数的模方曲线彼此在 O 点和 a 点是平滑连接的，如图 5-14(a) 所示，它只不过是图 5-14(b) 的细部曲线图示 (约瑟夫森在研究超导隧穿效应时，计算了波函数 $\psi_1(x)$ 与 $\psi_3(x)$ 的相位差 $\theta_2-\theta_1$，认为它与超导电流 J_s 有关，即 $J_s\approx J_0\sin(\theta_2-\theta_1)$，根据贾埃弗当时实验的参数，计算的穿透系数 $T\simeq 0.01$)。

如果势垒不是规则形状，而是任意凸形的，那么回想一下定积分的计算：将任意凸形划分成一系列狭窄的长方形做近似 (参见图 5-12)，由于与此对应的波动方程不变，穿透系数 T 只是将式 (5-45) 中的势函数 V_0 改为 $V(x)$，a 用 $\mathrm{d}x$ 代替，就是将势垒宽度 Oa (参见图 5-13) 或 ab(参见图 5-12) 划分为若干个 $\mathrm{d}x$ 的子宽度单元)，然后对宽度为 $\mathrm{d}x$，高度为 $\dfrac{2}{\hbar}\sqrt{2m(V(x)-E)}$ 的子单元进行积分即可，即 $\displaystyle\int_0^a\frac{2}{\hbar}\sqrt{2m(V(x)-E)}\mathrm{d}x$。现在，隧穿系数就可以表示为如下形式：

$$T\approx\frac{16E(V_0-E)}{V_0^2}\mathrm{e}^{-\int_0^a\frac{2}{\hbar}\sqrt{2m(V(x)-E)}\mathrm{d}x}=T_0\mathrm{e}^{-\int_0^a\frac{2}{\hbar}\sqrt{2m(V(x)-E)}\mathrm{d}x}\tag{5-45}$$

需要注意的是积分区间，对于图 5-12，是由 a 到 b；对于图 5-13，则是从 0 到 a，也就是势垒的宽度可以设为 a 或 $2a$，这个积分的上下限正好是势垒曲线的拐点，一阶导数不连续，需要特殊处理，不过，只是数学技巧问题，不再详述。这就是由 Jeffreys-Wentzel-Kramers-Brillouin 提出的 JWKB 近似方法，也简称为 WKB 方法。稍后，将比较详细地论述这个近似方法及其在粒子散射问题中的应用。

情况 ②：2 区的 $E-V_0=0$。

这时，由 $\dfrac{\mathrm{d}^2\psi}{\mathrm{d}x^2}+\dfrac{2m}{\hbar^2}(V_0-E)\psi=0$ 可得 $\dfrac{\mathrm{d}^2\psi}{\mathrm{d}x^2}=0$，积分两次可得 $\psi(x)=cx+d$ (c 和 d 是任意常数)，可以设想，当势阱宽度 $a\to 0$ 时，穿透系数 $T\to 1$，全穿透 (就是所谓势垒全透明)；当势阱宽度 $a\to\infty$ 时，穿透系数 $T\to 0$，全不穿透 (势垒全不透明)。无论哪种情况，均无实际意义。

情况 ③：2 区的 $E-V_0>0$。

对于这种情况，很容易推断，粒子会透过势垒，但是以什么方式透过，是一个有趣的问题，值得稍加论述。

$E-V_0>0$，在式 (5-45) 中，e 的指数 $\dfrac{2}{\hbar}\sqrt{2m[V(x)-E]}$ 变成虚数，即

$$\mathrm{i}\frac{2}{\hbar}\sqrt{2m[E-V(x)]}$$

这意味着透过势垒时，出现振荡模式，也可以通过式 (5-45) 来说明，其中穿透系数是

$$T=\frac{|D|^2}{|A|^2}=\frac{4k^2K^2}{(k^2+K^2)^2\sinh^2 Ka+4k^2K^2}$$

可以改写成下式

$$T=\frac{|D|^2}{|A|^2}=\frac{4k^2K^2}{(k^2+K^2)^2\sinh^2 Ka+4k^2K^2}=\frac{1}{\dfrac{(k^2+K^2)^2}{4k^2K^2}\sinh^2 Ka+1}$$

由于 $E-V_0>0$，$\sinh^2 Ka$ 中的 $K=\frac{1}{\hbar}\sqrt{2m(V_0-E)}$ 成为虚数，可以利用 $\sinh(\mathrm{i}x)=\mathrm{i}\sin x$，$\sinh^2(\mathrm{i}x)=-\sin^2 x$，以及 $k^2=\frac{2mE}{\hbar^2}$，$K^2=\frac{2m(V_0-E)}{\hbar^2}$，将穿透系数的表示式改写成下式：

$$T=\frac{1}{\dfrac{1}{4\dfrac{E}{V_0}\left(\dfrac{E}{V_0}-1\right)}\sinh^2\left(\dfrac{1}{\hbar}\sqrt{2m(E-V_0)}+1\right)}$$

注意到 $\sinh^2\left(\frac{1}{\hbar}\sqrt{2m(E-V_0)}\right)$ 的振荡特性，与上面 e 的指数得出的振荡特性是一致的，当 $(E-V_0)=0$ 时，$\sinh^2\left(\frac{1}{\hbar}\sqrt{2m(E-V_0)}\right)=0$，$T=1$；当 $(V_0-E)\neq 0$ 时，穿透系数 T 起始于坐标轴为 1 的点而作衰减振荡。当然，实际的隧穿图景如何，目前并不清楚 (不过，在微尺度范围，隧穿效应却是一个需要克服的困难问题，例如，手机中的主芯片，光刻的导线宽度已达 5 nm，而一根头发的线径大约是 8 万 nm。这时电子出现隧穿效应，但它不是有效的计算电流，需要将其屏蔽，致使芯片结构更加复杂)。

5.3 JWKB 近似方法

下面，讨论 JWKB 近似方法，它可以用于求解一维的不规则势阱的隧穿系数，也可以用于求解束缚态的能级，甚至是球面坐标系薛定谔方程径向问题的求解。为什么要讨论这个近似方法呢？原因是它包含的原初想法既简单又巧妙，值得深思。

再次写出定态薛定谔方程

$$-\frac{\hbar}{2m}\cdot\frac{\mathrm{d}^2\psi(x)}{\mathrm{d}x^2}+V(x)\psi(x)=E\psi(x) \tag{5-46}$$

或者

$$\frac{\mathrm{d}^2\psi}{\mathrm{d}x^2}=-\frac{p^2}{\hbar^2}\psi,\quad p\overset{\mathrm{def}}{=\!=}\sqrt{2m(E-V)} \tag{5-47}$$

此处 $\overset{\mathrm{def}}{=\!=}$ 表示将动量 p 定义为 $\sqrt{2m(E-V)}$。方程中特意标明自变量是 x，是为了对数学推导不产生误解 (下面不再写出自变量 x)，假定方程的解是

$$\psi(x)=A(x)\mathrm{e}^{\mathrm{i}\theta(x)}$$

代入上式，可得 (为简单起见，下面采用的微分符号是：$(\cdot)' = \dfrac{\mathrm{d}}{\mathrm{d}x}(\cdot)$，如 $\dfrac{\mathrm{d}A}{\mathrm{d}x} = A'$)

$$\frac{\mathrm{d}\psi}{\mathrm{d}x} = (A' + \mathrm{i}\theta')\mathrm{e}^{\mathrm{i}\theta} \tag{5-48}$$

$$\frac{\mathrm{d}^2\psi}{\mathrm{d}x^2} = [A'' + 2\mathrm{i}A'\theta' + \mathrm{i}A\theta'' - A(\theta')^2]\mathrm{e}^{\mathrm{i}\theta} \tag{5-49}$$

代入式 (5-47)，可得

$$[A'' - A(\theta')^2] + \mathrm{i}(2A'\theta' + A\theta''^2) = -\frac{p^2}{\hbar^2}A \tag{5-50}$$

显然，虚部等于零，即 $\mathrm{i}(2A'\theta' + A\theta''^2) = 0$，得 $(A^2\theta')' = 0$，此简单方程的解如下：

$$A = \frac{C}{\sqrt{\theta'}} \tag{5-51}$$

就波动方程的解而言，$\psi(x) = A(x)\mathrm{e}^{\mathrm{i}\theta(x)}$，振幅已知：$A = \dfrac{C}{\sqrt{\theta'}}$，还需要根据式 (5-50) 的实部 $A'' - A(\theta')^2 = -\dfrac{p^2}{\hbar^2}$，求出相位 θ。但是，这不是一个线性常微分方程，并不好求解，JWKB 方法的简单和巧妙之处就在于所作的近似处理，在数学上，概念清晰；在物理上，具有启发性。假定波函数的振幅 $A(x)$ 与德布罗意波长 $\lambda = h/p$ 相比，变化非常缓慢，$\psi(x) = A(x)\mathrm{e}^{\mathrm{i}\theta(x)}$ 的谐波成分 $\mathrm{e}^{\mathrm{i}\theta(x)}$(正弦变化) 仍然保持，$A''$ 可以略去，方程 $A'' - A(\theta')^2 = -\dfrac{p^2}{\hbar^2}$ 简化为 $(\theta')^2 = \dfrac{p^2}{\hbar^2}$，$\theta' = \pm\dfrac{p}{\hbar}$，由此得相位 $\theta = \pm\dfrac{1}{\hbar}\displaystyle\int_0^a p\mathrm{d}x$，积分的范围就是图 5-12 中的拐点 (一阶导数改变方向的点)，正负相位正好表示波函数入射与散射波的线性叠加。这样，波函数最终可以表示成

$$\psi(x) = A(x)\mathrm{e}^{\mathrm{i}\theta(x)} = \frac{C}{\sqrt{p(x)}}\mathrm{e}^{\pm\frac{1}{\hbar}\int_0^a p\mathrm{d}x} \tag{5-52}$$

将 $p = \sqrt{2m(E-V)}$ 代入相位表示式 $\theta = \pm\dfrac{a}{\hbar}\displaystyle\int_a^b p\mathrm{d}x$，可得 $\theta \approx \pm\dfrac{a\sqrt{2m(E-V)}}{\hbar}$，可以看出 $\sqrt{2m(E-V)}$ 的缓慢变化，也就是振幅 $A(x)$ 的变化，均被 $\dfrac{a}{\hbar}$ 放大，因为 $\dfrac{a}{\hbar} \gg 1$，这就表明 $\psi(x) = A(x)\mathrm{e}^{\mathrm{i}\theta(x)}$ 中，$A(x)$ 的变化是缓慢的，$\theta(x)$ 的变化是快速的，JWKB 的基本思路就是对振幅的缓慢变化作近似，当作常数处理，而保留相位的快变化成分。这里得出定态薛定谔方程的一个有效的表达式，不必求解方程，而可以按照式 (5-52) 进行计算。当然，在两个拐点处 $E - V_0 = 0$ (图 5-12 中的 a, b 两点或情况②)，有 $p = \sqrt{2m(E-V_0)} = 0$，使得 $\psi(x) \to \infty$，为了使拐点两侧的波函

数 $\psi(a_+)=\psi(a_-)$，$\psi(b_+)=\psi(b_-)$，需要利用艾里 (Airy) 函数进行数学的“修补”处理，非常繁冗 (可以略去)。但是，所得结果还是比较简单的，这里可以直接使用，也就是说，要使 $\psi(a_+)=\psi(a_-)$，必须有 $\frac{1}{\hbar}\int_a^b p(x)\mathrm{d}x+\frac{\pi}{2}=(n+1)\pi$，如果进行闭路积分 $(a\to b\to a)$，即补充 $\frac{1}{\hbar}\int_a^b p(x)\mathrm{d}x+\frac{\pi}{2}=(n+1)\pi$，那么 $\oint p(x)\mathrm{d}x=\left(n+\frac{1}{2}\right)2\pi\hbar$，这就是玻尔-索末菲的量子化条件。

5.4 伽莫夫核势垒隧道效应模型与计算

这里不得不提及的是，量子隧穿效应在 1928 年就由伽莫夫 (1904~1968 年) 提出，这位才华出众的年轻科学家在许多方面都有建树，如提出宇宙大爆炸理论和超新星的中微子理论、预言宇宙微波背景辐射、建立核裂变模型、提出生物遗传密码的三联体编码 (4 个核苷酸中的 3 个编码 20 个氨基酸) 等，在这一系列重要科学贡献的指引下，许多人研究其中的某一方面，获得了诺贝尔奖。因此，他有资格称得上是科学大师，大概是科学界的共识。

当时，伽莫夫研究 α 衰变的起因，是应卢瑟福的要求，研究放射性铀元素的原子核在强大的引力约束下 (库仑势垒，约 35MeV) 还能放射低能的 α 粒子 (能量约 4.2MeV)，如图 5-15 所示。伽莫夫提出核势垒隧道效应，是量子力学第一次成功地用于核物理学的著名实例。计算的内容有两个：一是穿透系数，二是半衰期。

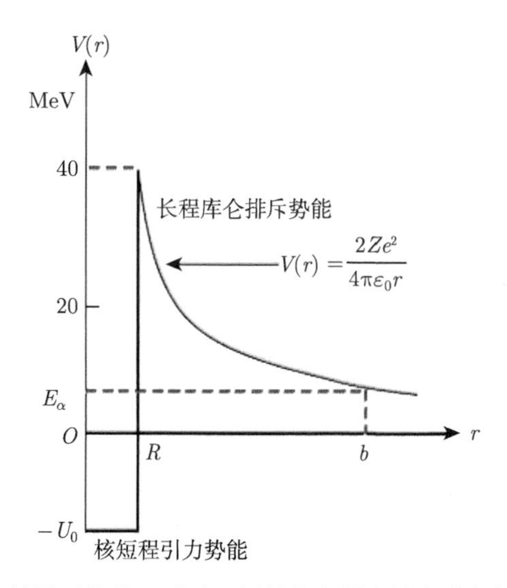

图 5-15 铀原子核的 α 衰变，用核势垒隧穿效应进行解释的图示

图 5-15 就是伽莫夫进行计算的势垒模型，在核半径之内，有一个从负到正的几十兆电子伏的矩形势垒，而在核外，则是库仑排斥势垒，放射性元素是铀 238 (即 ^{238}U)，由实验已经确定的核半径 R 与原子量 A 的比例关系是 $R = k_0 A^{1/3}$，$k_0 = 1.2 \times 10^{-15}\text{m} = 1.2\text{fm}$ (fm 是纪念核物理学家恩里科 · 费米的单位；需要说明的是，计算核半径 R 的比例系数有一个取值范围：$k_0 = 1.2 \times 10^{-15}\text{m}$。同时，核半径是指核强引力势函数的作用范围，它是短程的，并不表示有一个严格的球体半径)，$R = k_0 \times A^{1/3} = 1.4 \times 238^{1/3} \times 10^{-15}\text{m} = 8.68 \times 10^{-15}\text{m} \approx 8.7 \times 10^{-15}\text{m}$，势函数

$$V(R) = \frac{1}{4\pi\varepsilon_0} \cdot \frac{2Ze^2}{R} = \frac{9 \times 10^9 \times 2 \times 90 \times (1.6 \times 10^{-19})^2}{1.2 \times 10^{-15} \times 234^{1/3}}$$
$$= 5.6 \times 10^{-12}(\text{J}) = 35\text{McV}$$

这里，由于 ^{238}U 放射出 α 粒子 (原子量是 4，是氦元素 ^{4}He，蜕变为钍元素 ^{234}Th。因此，计算时原子量 $A = 234$，不是 238)。此外，计算 α 粒子的能量时，公式 $E = \frac{1}{4\pi\varepsilon_0} \cdot \frac{2Ze^2}{b}$ 中的势垒宽度 b 值仍然未知 (图 5-15)，因此，转而根据放射性元素衰变时的质量亏损：$^{238}\text{U} \to {}^{234}\text{Th} + {}^4\text{He}$，利用 $E = mc^2$ 进行计算。注意，实验数据表中通常给出的是原子质量单位 u，$1\text{u} = 1.66 \times 10^{-27}\text{kg} = 931\text{MeV}/c^2$。因此，$\alpha$ 粒子的能量是

$$E = (m_{\text{U}} - m_{\text{Th}} - m_\alpha)c^2 = (238.050784 - 234.043596 - 4.002602) \times 931\text{MeV}$$
$$= 4.27\text{MeV}$$

再由 $E = \frac{1}{4\pi\varepsilon_0} \cdot \frac{2Ze^2}{b}$ 可以计算出 $b = 61 \times 10^{-15}\text{m}$。

由于 $T_0 = \frac{16E(V_0 - E)}{V_0^2}$ 是一个缓慢变化的量，取值范围在 1 附近，故可以认为 $T_0 \approx 1$，所以 α 粒子的隧穿系数计算如下。

通常 μ 是约化质量，就是涉及二体问题时 (存在两个物体相互作用时) 的折合质量，由于元素钍的质量远大于 α 粒子，因此约化质量简化为

$$\mu = \frac{m_\alpha \cdot m_{\text{Th}}}{m_\alpha + m_{\text{Th}}} \approx m_\alpha = m$$

再令

$$\gamma = \frac{1}{\hbar} \int_R^b \sqrt{2mV(r) - E}\,\mathrm{d}r$$

隧穿系数可以简化为

$$T \approx \exp\left(-2\frac{1}{\hbar} \int_R^b \sqrt{2mV(r) - E}\,\mathrm{d}r\right) = \mathrm{e}^{-2\gamma}$$

上面已经计算出 R, b, m, E 的数值，但是 $V(r)$ 是随 r 变化的，需另找出路作处理。

已知 $V(r)=\dfrac{1}{4\pi\varepsilon_0}\cdot\dfrac{2Ze^2}{r}$，$E=\dfrac{1}{4\pi\varepsilon_0}\cdot\dfrac{2Ze^2}{b}$，因此，二者之比便是 b 和 r 之比：

$$\frac{V(r)}{E}=\frac{1}{4\pi\varepsilon_0}\cdot\frac{2Ze^2}{r}\Bigg/\frac{1}{4\pi\varepsilon_0}\cdot\frac{2Ze^2}{b}=\frac{b}{r} \tag{5-53}$$

作变换 $r=b\sin^2\delta$，使得 $\dfrac{b}{r}=\dfrac{1}{\sin^2\delta}$，$\mathrm{d}r=2b\sin\delta\cos\delta\mathrm{d}\delta$，可以积分并得出

$$\gamma=\frac{\sqrt{2mE}}{\hbar}\left[b\left(\frac{\pi}{2}-\arcsin\sqrt{\frac{R}{b}}\right)-\sqrt{R(b-R)}\right]$$

变换 $r=b\sin^2\delta$ 的作用：一是能够进行积分，二是 $\sqrt{R/b}$ 成为一个远小于 1 的值 ε。由于 $\arcsin\varepsilon=\varepsilon$，便可得出 γ 的计算公式：

$$\gamma=\frac{\sqrt{2mE}}{\hbar}\left(\frac{\pi}{2}b-2\sqrt{Rb}\right) \tag{5-54}$$

现在，将 m，E，$\hbar$，R，b 的数值代入上式，可得 $\gamma=45$，$\mathrm{e}^{2\gamma}=\mathrm{e}^{90}\approx10^{38}$，即隧穿系数 $T\approx\mathrm{e}^{-2\gamma}=10^{-38}$。当时，伽莫夫主要是计算铀元素的半衰期，他的计算依据既简明又清楚：图 5-15 中，矩形势垒的宽度是 $2R$，铀元素 ^{238}U 放射出 α 粒子，只要它通过隧穿效应逃逸出去，^{238}U 就会蜕变为 ^{234}Th，这就是半衰期。α 粒子从矩形势垒的一端运动到另一端，并与势垒壁在高度 b 处发生隧穿效应，其概率应是 $\mathrm{e}^{-2\gamma}$。设 α 粒子的运动速度是 v，$\dfrac{2R}{v}$ 就是到达势垒壁的时间，它的倒数 $\dfrac{v}{2R}$ 就是频率，再乘以发生隧穿效应的概率 $\mathrm{e}^{-2\gamma}$，就是单位时间内真正逃逸出去的频率，其倒数便是相应的半衰期 $\tau=\dfrac{2R}{v}\mathrm{e}^{2\gamma}$，$v$ 很容易计算：

$$v=\sqrt{\frac{2E}{m}}=\sqrt{\frac{2\times4.27\times1.6\times10^{-13}}{6.68\times10^{-27}}}=1.4302\times10^{7}(\mathrm{m/s})$$

最后就得出半衰期的值：

$$\begin{aligned}\tau&=\frac{2\times8.7\times10^{-15}}{1.4302\times10^{7}}\times\mathrm{e}^{90}\approx\frac{2\times8.7\times10^{-15}}{1.4302\times10^{7}}\times10^{38}(\mathrm{s})\\&=\frac{1.74\times10^{16}}{1.4302\times365\times24\times60\times60}(\mathrm{yr})=3.886\times10^{9}(\mathrm{yr})\end{aligned}$$

这与实验测量的 ^{238}U 的半衰期 $\tau_{\exp}=(4.59\sim4.48)\times10^{9}(\mathrm{yr})$ 是一致的。在 20 世纪 20 年代，得到个出众的探索成果，实属不易，在本实例的计算中，处于指数位置的 γ，即使一个很小差异，都会引起半衰期 τ 数量级的改变，这一点在上文已经指出。

5.5　谐振、计算方法的比较

量子力学提供的微观世界图景，是一束束 (粒子) 波，还是弥漫在空间的一个个粒子？人们如何想象微观世界图景？我们曾经说过，粒子在空间最稳定的状态是保持振动和显示内禀的属性——自旋，仅就薛定谔方程而言，如果粒子处于这种状态，那么，由什么样的势场与此对应呢？

5.5.1　势函数的拟合

简谐振动是最为经典的例子：就是一端固定的弹簧，当它受到拉伸力的作用后，便开始做往复于平衡位置的振动，类似的，分子、固体中的原子，就是在各自的平衡位置附近做微幅振动。因此，现在讨论的问题具有明显的实际意义。

在平衡位置谐振的振子，如同弹簧，受到的作用可以表示为

$$F=-kx=m\frac{\mathrm{d}^2x}{\mathrm{d}t^2} \tag{5-55}$$

易得通解：$x=A\sin(\omega t+\theta)$，$\omega=\sqrt{k/m}$；(回复系数或刚度系数 k 和质量 m 决定了振动频率，很大的质量很难保持高的频率) 或者 $x=a\sin\omega t+b\cos\omega t$。而力与势函数的关系是 (埃伦菲斯特定理)

$$F=-kx=-\frac{\partial V}{\partial x}=m\frac{\mathrm{d}^2x}{\mathrm{d}t^2} \tag{5-56}$$

对上式积分，可得

$$V(x)=\int kx\mathrm{d}x=\frac{1}{2}kx^2+V_0 \tag{5-57}$$

选择参考点的势能 $V_0=0$，可得

$$V(x)=\int kx\mathrm{d}x=\frac{1}{2}kx^2=\frac{1}{2}m\omega^2x^2 \tag{5-58}$$

势函数正好具有抛物线形状，在图 5-16 中，虚线表示用抛物线近似拟合有最低值的曲线，其实，利用泰勒级数展开，同样可以得出这个结果

$$V(x)=V(x_0)+V'(x_0)(x-x_0)+\frac{1}{2}V''(x_0)(x-x_0)^2+\cdots$$

在 x_0 处，有极小值，因此一阶导数 $V'(x_0)=0$，可得 $V(x)=V(x_0)+\frac{1}{2}V''(x_0)\cdot(x-x_0)^2$，正是抛物线形状。这说明一个质点受到弹簧拉伸力的作用后，运动是简谐振动，这个结果能不能延伸到微观粒子？因为动能 (速度，v) 和势能 (位置，x) 包含了一对共轭量，不能同时确定，不过这里采用能量的观点，避开了可能有的矛

盾。这里需要说明，在平衡点的往复振动是微幅振动，原因有二：一是粒子的移动速度不能超过光速，二是微观粒子的线尺度很小，位移自然是一个小量，抛物线势函数会将粒子限制在平衡点附近 (因为势函数是向着平衡点的回复作用，与位移方向相反)。此外，这里的讨论具有普适性，原因是薛定谔波动方程是线性的，最大的特点是无穷多个分量 $c_n\psi_n(x)$ 的叠加：

$$\Psi(x,t)=\sum_n c_n\psi_n(x)\mathrm{e}^{-\mathrm{i}E_nt/\hbar} \tag{5-59}$$

按照德布罗意波，式中指数项的关系式 $E=h\nu=\omega\hbar$，可以推广至任何系统，表示各个分量在空间全方位不同方向上彼此正交，这就意味着指数函数 $\mathrm{e}^{-\mathrm{i}E_nt/\hbar}$ 确定的谐振形式，在时间上是同步振动，而在空间上有可能是朝向、方位一致的振动模式，是否会有实例呢？这是一个值得研究的问题，在分子物理、材料和凝聚态物理中会遇到这类问题。例如，碳纳米管，在垂直于纳米管轴线的界面上，以轴线与平面的交点为中心，各个碳原子径向地、辐射状地向内或向外集体振动 (比喻为“径向呼吸”模式)，就是谐振的表现。

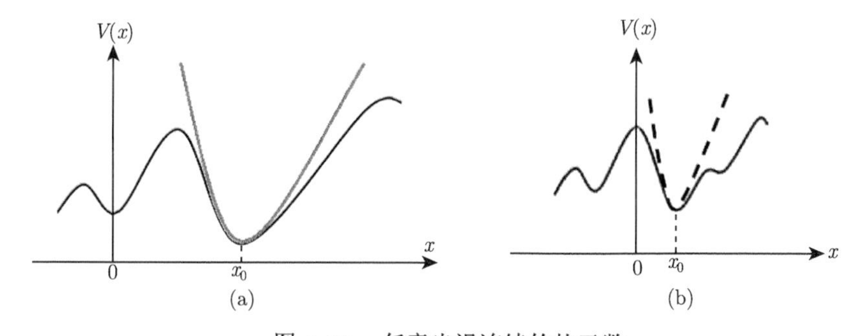

图 5-16 任意光滑连续的势函数

灰色线 (a) 或虚线 (b) 表示对具有势能最低点的一部分曲线的抛物线近似

现在，进一步分析抛物线势函数的特点，抛物线是初等几何、普通物理学讲述的内容，已为读者所熟悉。但是，它如何与原子间的相互作用联系起来，则是需要在量子力学中深入研究的内容。原子间的距离小于各个平衡位置的间距时，彼此互相排斥；相反，间距大于各平衡位置的距离时，彼此吸引，如双原子分子、晶格、固体中和金属表面原子的振动，都属于在平衡位置附近的谐振，并由抛物线型势垒维持这种运动模式，偏离平衡位置的距离越大，产生的回复力 (指向平衡位置) 就越大。谐振模式基本上能描述由粒子组成的系统的集体运动，这一点很重要。根据这个集体运动形态，可以对微观世界的场景进行略微具体一些的设想。

在谐振情况下，势函数 $V(x)=\dfrac{1}{2}m\omega^2x^2$ 中的平方项 x^2 是造成薛定谔方程的求解虽不困难但很复杂的原因，波动方程如下：

$$-\frac{\hbar^2}{2m}\frac{\mathrm{d}^2\psi}{\mathrm{d}x^2}+\frac{1}{2}m\omega^2x^2\psi=E\psi \tag{5-60}$$

这个方程有两种常用的解法，目的是确定粒子的能级和相应的能量。一是代数法，二是解析法，都是对上述方程 (5-60) 进行一些简易变换，分别介绍如下。

5.5.2 代数法

利用动量算符 $p=\frac{\hbar}{\mathrm{i}}\frac{\mathrm{d}}{\mathrm{d}x}$ 改写方程 (5-60)，可得

$$\frac{1}{2m}[p^2+(m\omega x)^2]\psi=E\psi \tag{5-61}$$

正像狄拉克利用 $a^2+b^2=(a+\mathrm{i}b)(a-\mathrm{i}b)$ 得出他的方程那样，这里同样用这个公式

$$\frac{1}{2m}[p^2+(m\omega x)^2]=\sqrt{\frac{1}{2\hbar m\omega}}(m\omega x+\mathrm{i}p)\cdot\sqrt{\frac{1}{2\hbar m\omega}}(m\omega x-\mathrm{i}p) \tag{5-62}$$

但是，此处 p 和 x 是一对共轭量 (算符)，使得 $px\neq xp$，而 $[px-xp]=-\mathrm{i}\hbar$，这样一来，上式展开后，不是 $\frac{1}{2m}[p^2+(m\omega x)^2]$，而是多出附加的一项 $\frac{1}{2}$，即如下式

$$\begin{aligned}&\sqrt{\frac{1}{2\hbar m\omega}}(m\omega x+\mathrm{i}p)\cdot\sqrt{\frac{1}{2\hbar m\omega}}(m\omega x-\mathrm{i}p)\\&=\frac{1}{2\hbar m\omega}[p^2+(m\omega x)^2]-\frac{1}{2\hbar}\mathrm{i}[px-xp]\\&=\frac{1}{2\hbar m\omega}[p^2+(m\omega x)^2]+\frac{1}{2}\end{aligned} \tag{5-63}$$

这种处理的好处是，引入了升、降算符 a_+ 和 a_-(也称作产生算符和湮灭算符)，若 $\hat{H}$ 是哈密顿算符：$\hat{H}=\frac{1}{2m}[p^2+(m\omega x)^2]$，那么，升算符就表示 $a_+a_-=\frac{\hat{H}}{\hbar\omega}-\frac{1}{2}$，而降算符就表示 $a_-a_+=\frac{\hat{H}}{\hbar\omega}+\frac{1}{2}$，算符 a_+ 和 a_- 是联合使用的 (注意二者的顺序)。显然有如下关系：

$$a_-a_+-a_+a_-=\frac{\hat{H}}{\hbar\omega}+\frac{1}{2}-\frac{\hat{H}}{\hbar\omega}+\frac{1}{2}=1,\quad a_-a_+=a_+a_-+1,\quad \hat{H}=\hbar\omega\left(a_\pm a_\mp\pm\frac{1}{2}\right)$$

分别表示为 $\hat{H}=\hbar\omega\left(a_+a_-+\frac{1}{2}\right)$ 和 $\hat{H}=\hbar\omega\left(a_-a_+-\frac{1}{2}\right)$，有了哈密顿算符，就可得到本征方程

$$\hat{H}\psi=\hbar\omega\left(a_\pm a_\mp\pm\frac{1}{2}\right)\psi=E\psi \tag{5-64}$$

也就容易得到本征值即能量 E 的表达式，这就是本方法的优点。其实，这个方法的核心思想是：如果 $\hat{H}\psi = E\psi$，那么一定会有

$$\hat{H}(a_+\psi) = (E + \hbar\omega)(a_+\psi) \quad 和 \quad \hat{H}(a_-\psi) = (E - \hbar\omega)(a_-\psi) \tag{5-65}$$

也就是说，算符 a_+ 作用于 ψ，即 $(a_+\psi)$，就使 ψ 增加一个能级 $\hbar\omega$；反之，算符 a_- 的作用将使 ψ 降低一个能级 $\hbar\omega$。利用升、降算符的上述基本关系式，很容易证明这个结果，以算符 a_+ 为例：

$$\begin{aligned}
\hat{H}(a_+\psi) &= \hbar\omega\left(a_+a_- + \frac{1}{2}\right)(a_+\psi) = \hbar\omega\left(a_+a_-a_+ + \frac{1}{2}a_+\right)\psi \\
&= \hbar\omega a_+\left(a_-a_+ + \frac{1}{2}\right)\psi = a_+\hbar\omega\left(a_+a_- + 1 + \frac{1}{2}\right)\psi \\
&= a_+(\hat{H} + \hbar\omega)\psi = (E + \hbar\omega)(a_+\psi)
\end{aligned} \tag{5-66}$$

算符 a_- 的结果便是 $\hat{H}(a_-\psi) = (E - \hbar\omega)(a_-\psi)$。如果使 a_- 不断作用于 ψ，总会使其能量降低为零 (不可能低于零能量)，记这一情况为 $a_-\psi_0 = 0$，并用 $\dfrac{\hbar}{\mathrm{i}}\dfrac{\mathrm{d}}{\mathrm{d}x}$ 代替 a_- 中的动量算符 p，便有如下结果

$$a_-\psi_0 = \sqrt{\frac{1}{2\hbar m\omega}}(m\omega x + \mathrm{i}p)\psi_0 = \sqrt{\frac{1}{2\hbar m\omega}}\left(m\omega x + \hbar\frac{\mathrm{d}}{\mathrm{d}x}\right)\psi_0 = 0 \tag{5-67}$$

由此得以方程

$$\hbar\frac{\mathrm{d}\psi_0}{\mathrm{d}x} + m\omega x\psi_0 = 0 \tag{5-68}$$

一次积分就可以获得其解

$$\psi_0 = A\mathrm{e}^{-\frac{m\omega}{2\hbar}x^2} \tag{5-69}$$

任意常数 A 由 ψ_0 的归一化 $\int |\psi_0|^2\mathrm{d}x = 1$ 得出

$$\psi_0 = A\mathrm{e}^{-\frac{m\omega}{2\hbar}x^2} = \left(\frac{m\omega}{\pi\hbar}\right)^{1/4}\mathrm{e}^{-\frac{m\omega}{2\hbar}x^2} \tag{5-70}$$

显然，$A = \left(\dfrac{m\omega}{\pi\hbar}\right)^{1/4}$，但是，根据式 (5-68) 可以得出动量算符的表达式：$\hbar\dfrac{\mathrm{d}}{\mathrm{d}x} = -m\omega x$，对 ψ_0 使用升算子 a_+，可以得出 ψ_1：

$$\begin{aligned}
\psi_1 = A_1a_+\psi_0 &= A_1\sqrt{\frac{1}{2\hbar m\omega}}\left(m\omega x - \hbar\frac{\mathrm{d}}{\mathrm{d}x}\right)\left(\frac{m\omega}{\pi\hbar}\right)^{1/4}\mathrm{e}^{-\frac{m\omega}{2\hbar}x^2} \\
&= A_1\left(\frac{m\omega}{\pi\hbar}\right)^{1/4}\sqrt{\frac{1}{2\hbar m\omega}}(2m\omega x)\mathrm{e}^{-\frac{m\omega}{2\hbar}x^2}
\end{aligned}$$

$$
\begin{aligned}
&= A_1 \left(\frac{m\omega}{\pi\hbar}\right)^{1/4} \sqrt{\frac{2m\omega}{\hbar}} x \mathrm{e}^{-\frac{m\omega}{2\hbar}x^2} \\
&= \left(\frac{m\omega}{\pi\hbar}\right)^{1/4} \sqrt{\frac{2m\omega}{\hbar}} x \mathrm{e}^{-\frac{m\omega}{2\hbar}x^2}
\end{aligned}
\tag{5-71}
$$

ψ_1 的归一化给出 $A_1 = 1$，由上式很容易检验。原则上，可以反复使用升降算符，不过，更恰当的是给出一个递推公式 (具体推导就略去了)

$$
a_+\psi_n = \sqrt{n+1}\psi_{n+1}, \quad a_-\psi_n = \sqrt{n}\psi_{n-1}, \quad \psi_n = \frac{1}{\sqrt{n!}}(a_+)^n\psi_0 \tag{5-72}
$$

在使用降算符时，已经指出：$a_-\psi_0 = 0$，把这一关系式用于方程 $\hat{H}\psi = \hbar\omega \cdot \left(a_\pm a_\mp \pm \frac{1}{2}\right)\psi = E\psi$，只要将波函数 ψ 用 ψ_0 代替，就有 $E_0 = \frac{1}{2}\hbar\omega$，也可以给出升降算符的另一个定义，即量子数 n，$(a_-a_+)(a_+a_-) = \frac{\hat{H}}{\hbar\omega} - \frac{1}{2} = n$，同样可得 $\hat{H} = E_n = \left(n + \frac{1}{2}\right)\hbar\omega$，说明谐振子的零点能量不为零，而是有一个最低值，即 $E_0 = \frac{1}{2}\hbar\omega$，它表明粒子没有静止状态。这个结果在前文中已经说过。将升算符作用于波函数，自然有 $E_n = \left(n + \frac{1}{2}\right)\hbar\omega$ 的结果。

这里，作为回顾，简单提一下，1925 年海森伯计算谐振子能量的矩阵方法，当时在几乎一个世纪之前，海森伯实际上并不熟悉矩阵运算 (其实，18 世纪后期，矩阵基本理论已经建立，19 世纪初期，已经开始在数学刊物上公开发表矩阵论著，到 1925 年海森伯的方形数据表格也已有百年之久了)，他利用的是类似矩阵的表格 (更早是里兹提出的列写物理量成方形表格的经验规则)，在涉及谐振子问题时，还没有提出薛定谔方程，自然也不必深入了解势函数在量子力学中的重要意义，知道胡克定律或者弹簧的回复力和回复系数就足够了。

谐振子的基本公式是：$\frac{\mathrm{d}}{\mathrm{d}x}V(x) = m\omega^2 x = m\frac{\mathrm{d}^2x}{\mathrm{d}t^2} = m\ddot{x}$ $\left(此处\ \ddot{x}\ 表示\ \frac{\mathrm{d}^2x}{\mathrm{d}t^2}\right)$，可得 $m\ddot{x} + m\omega^2 x = 0$，即 $\ddot{x} + \omega^2 x = 0$。根据海森伯的矩阵力学原则，将力学量 (位置 x 和动量 p) 视为矩阵表格中的元素，用下角标 m，n 标记，例如，x_{mn} 是 x 由原来的 m 态跃迁到 n 态的矩阵元，因此有 $(\ddot{x})_{mn} + \omega^2 x_{mn} = 0$，这里的频率 ω 是势函数的固有谐振频率 (ω_0)，不是力学量的跃迁频率，不必用下标；但是，$(\ddot{x})_{mn}$ 是从 m 态跃迁到 n 态的加速度，与此相应的是，频率 ω 同时也从 m 态跃迁到 n 态 (频率与状态一一对应变化)，因此需要有下标，即 $(\ddot{x})_{mn} = -\omega_{mn}^2 x_{mn}$，由此得出公式 $(\omega_{mn}^2 - \omega^2)x_{mn} = 0$。这表明，如果 $(\omega_{mn}^2 - \omega^2) \neq 0$，那么 $x_{mn} = 0$；反之，如

果 $(\omega_{mn}^2-\omega^2)=0$ (即 $\omega_{mn}=\pm\omega$)，那么 $x_{mn}\neq 0$。再根据势函数的如下公式

$$V(x)=\int kx\mathrm{d}x=\frac{1}{2}kx^2=\frac{1}{2}m\omega^2x^2$$

可知，谐振子的位移受到弹簧回复力的反向作用，不可能出现大位移，只能是微幅振动，也就是线性谐振。然后，再按照动量 p 与位移 x 之间的测不准关系，得出第二个关系式：$[\hat{p}\hat{x}-\hat{x}\hat{p}]=-\mathrm{i}\hbar$，$[m\hat{\dot{x}}\hat{x}-\hat{x}m\hat{\dot{x}}]=-\mathrm{i}\hbar$ 及 $[\hat{\dot{x}}\hat{x}-\hat{x}\hat{\dot{x}}]=-\mathrm{i}\hbar/m$，将最后的关系式改写成矩阵形式 $(\dot{x}x)_{mn}-(x\dot{x})_{mn}=(-\mathrm{i}\hbar/m)\delta_{mn}$ 。注意矩阵的乘法，只有当一个矩阵的行数与另一个矩阵的列数相等时，才能相乘，这时乘积矩阵的矩阵元就是

$$\sum_l(\dot{x}_{ml}x_{ln}-x_{ml}\dot{x}_{ln})=(-\mathrm{i}\hbar/m)\delta_{mn}$$

不为零的矩阵元是 $m=n$ 的矩阵元 $\sum\limits_l(\dot{x}_{ml}x_{ln}-x_{ml}\dot{x}_{ln})=-\mathrm{i}\hbar/m$，由傅里叶级数可知

$$x(t)_{mn}=x_{mn}\mathrm{e}^{\mathrm{i}\omega_{mn}t},\quad \dot{x}(t)_{mn}=\mathrm{i}\omega x_{mn}\mathrm{e}^{\mathrm{i}\omega_{mn}t}=\mathrm{i}\omega x(t)_{mn}$$

将此结果代入矩阵元的表示式，就有

$$\mathrm{i}\sum_l(\omega_{nl}x_{nl}x_{ln}-x_{nl}\omega_{nl}\dot{x}_{ln})=2\mathrm{i}\sum_l\omega_{nl}x_{nl}^2=-\mathrm{i}\hbar/m$$

再经过繁复冗长的计算、矩阵表格的规则检验和矩阵元乘法运算不对易，终于得出能量量子化的表示式：

$$E_n=\left(n+\frac{1}{2}\right)\hbar\omega$$

与前面通过波函数得出的结果相同。

当然，狄拉克利用他的符号规则，也可以得出同样的结果。但是，相对而言，波函数方法是比较简单和比较容易理解的方法，下面介绍另一种基于波函数的方法。

5.5.3 解析法

由德布罗意波的形式可知，薛定谔方程一定包含 e 的指数项，如果是正指数，随着变量的增大而指数增长，不符合物理要求，必须抛弃该项；反之，如果是负指数项，随着变量的增加就会指数式地趋近于零，这就给近似方法提供了应用的条件，通常幂级数展开是很有效的近似方法。为此，引入无量纲的辅助变量

$$\frac{\xi}{x}=\sqrt{\frac{m\omega}{\hbar}},\quad \kappa=\frac{2E}{\hbar\omega}$$

薛定谔方程:

$$-\frac{\hbar^2}{2m}\frac{\mathrm{d}^2\psi}{\mathrm{d}x^2}+\frac{1}{2}m\omega^2x^2\psi=E\psi \tag{5-73}$$

就可以改写为

$$\frac{\mathrm{d}^2\psi}{\mathrm{d}\xi^2}=(\xi^2-\kappa)\psi \tag{5-74}$$

上述方程在 $-\infty<\xi<+\infty$ 的区域求解时，必然有 $\xi^2\gg\kappa$，κ 可以略去，该方程简化为

$$\frac{\mathrm{d}^2\psi}{\mathrm{d}\xi^2}\approx\xi^2\psi \tag{5-75}$$

这个简单的微分方程有解

$$\psi(\xi)=A\mathrm{e}^{-\xi^2/2}+B\mathrm{e}^{+\xi^2/2} \tag{5-76}$$

其中，$B\mathrm{e}^{+\xi^2/2}$ 显然不符合要求，可以抛弃；而 $A\mathrm{e}^{-\xi^2/2}$ 需要确定 A 的表示式，暂时记为 $A=y(\xi)$，这样就有 $\psi(\xi)=y(\xi)\mathrm{e}^{-\xi^2/2}$，对它求二阶导数，得下式

$$\frac{\mathrm{d}^2\psi}{\mathrm{d}\xi^2}=\left[\frac{\mathrm{d}^2y}{\mathrm{d}\xi^2}-2\xi\frac{\mathrm{d}y}{\mathrm{d}\xi}+(\xi^2-1)y\right]\mathrm{e}^{-\xi^2/2} \tag{5-77}$$

注意到式 (5-74)，$\frac{\mathrm{d}^2\psi}{\mathrm{d}\xi^2}$ 由 $(\xi^2-\kappa)\psi$ 代替，而 $\psi(\xi)=y(\xi)\mathrm{e}^{-\xi^2/2}$，这样式 (5-77) 为

$$(\xi^2-\kappa)y\mathrm{e}^{-\xi^2/2}=\left[\frac{\mathrm{d}^2y}{\mathrm{d}\xi^2}-2\xi\frac{\mathrm{d}y}{\mathrm{d}\xi}+(\xi^2-1)y\right]\mathrm{e}^{-\xi^2/2} \tag{5-78}$$

由式 (5-78) 很容易得出著名的厄米方程

$$\frac{\mathrm{d}^2y}{\mathrm{d}\xi^2}-2\xi\frac{\mathrm{d}y}{\mathrm{d}\xi}+(\kappa-1)y=0 \tag{5-79}$$

将厄米方程的 $y(\xi)$ 展开成幂级数 (这里有一个限制条件，就是 $\kappa-1=2n$)，最终便能得出 $y(\xi)$ 的解，进而获得 $\psi(\xi)=y(\xi)\mathrm{e}^{-\xi^2/2}$，具体表示式如下:

$$\psi_n(\xi)=\left(\frac{m\omega}{\pi\hbar}\right)^{1/4}\frac{1}{\sqrt{2^n n!}}H_n(\xi)\mathrm{e}^{-\xi^2/2} \tag{5-80}$$

式中，$\xi=\sqrt{\frac{m\omega}{\hbar}}x$。根据 $\kappa-1=2n$ 的条件和 $\kappa=\frac{2E}{\hbar\omega}$，可得 $E_n=\left(n+\frac{1}{2}\right)\hbar\omega$，就是波函数量子化的表示式，再次给出了微观粒子基态能量是 $E_0=\frac{1}{2}\hbar\omega$，而不是零的结果。现在不妨看一看这个方法得到的解与上面的代数法得出的解是否一样。厄米多项式的值有表可查，$H_0=1$，$H_1=2\xi=2\sqrt{\frac{m\omega}{\hbar}}x$，分别代入上式，其结果与

式 (5-70)、式 (5-71) 完全一样。

事实上，物理学家的数学知识不一定丰富，基于物理直觉和实验发现提出的理论模型，大都是由数学家给出数学处理的方法。通过上面的例子，能够看得出，数学方法的巧妙、推理的严谨、结果的可靠，都体现了数学的特点，但是物理学家更注重理论模型包含的物理概念和思想。比如说，$1+1=2$，理论家必须解释为什么 $(1+1)$ 应该是 2，数学家需要证明这个结论，而应用科学家着重应用这个结果解决实际问题，实验科学家应当通过实验证明该结果符合实际。不过，有人会“无事生非”，提出 $(1+1)$ 不一定等于 2，理由是一斤铁和一斤棉花相加并不能简单地说等于 2，这就有了只有同类项才能相加的约定，进一步扩大到相同量纲才能相加，这就是科学的进步 (例如量纲理论中白金汉姆 (E. Buckingham) 的 π 定理)。道理非常浅显，然而却能涵盖任何复杂的学科，其实道理是一样的，不要轻视简单的例证。

第6讲 角 动 量 篇

当从一维进入三维时，首先是研究粒子的波函数在直角坐标系中的求解 (物理概念和数学处理方法都是雷同的，可以从一维“平移”到三维)，然后是在球面坐标系中的求解 (数学处理自然变得复杂，涉及一些专门的数学物理方程的求解，需要注意，转动方向通常采用右手螺旋定则)，同时，考察粒子的行为和状态，其实，这才是粒子所处的实际状态，因此研究这些问题具有重要的理论意义和实际应用价值。如同太阳系中的地球，它既自转又绕太阳公转，这是它的存在方式，如果地球不自转了，那就预示着它的毁灭；对于粒子而言，情形是相同的 (如轨道角动量、自旋角动量和质子-中子的同位旋等问题)。至于为什么会如此，并没有答案，谁也不清楚。

6.1 三维直角坐标系

波函数在三维直角坐标系的求解是一个简单的重复过程，就是将一维 x 轴的求解平移到 y 轴和 z 轴，解的形式完全一样，例如谐振子，一维的势函数是 $V(x)=\dfrac{1}{2}m\omega^2x^2$，相应地，三维的势函数就是 $V(x,y,z)=\dfrac{1}{2}m\omega^2(x^2+y^2+z^2)$，定态波函数 $\psi(x,y,z)$ 可以直接表示成 $\psi(x,y,z)=\psi(x)\cdot\psi(y)\cdot\psi(z)$，代入定态的薛定谔方程

$$-\frac{\hbar^2}{2m}\left(\frac{\partial^2\psi}{\partial x^2}+\frac{\partial^2\psi}{\partial y^2}+\frac{\partial^2\psi}{\partial z^2}\right)=E\psi \tag{6-1}$$

可得三个分离变量的方程

$$\begin{aligned}&-\frac{\hbar^2}{2m}\left(\psi(y)\psi(z)\frac{\mathrm{d}^2\psi(x)}{\mathrm{d}x^2}+\psi(x)\psi(z)\frac{\mathrm{d}^2\psi(y)}{\mathrm{d}y^2}+\psi(x)\psi(y)\frac{\mathrm{d}^2\psi(z)}{\mathrm{d}z^2}\right)\\&=E\psi(x)\psi(y)\psi(z)\end{aligned}$$

除以 $\psi(x)\psi(y)\psi(z)$，可得下式

$$\frac{1}{\psi(x)}\frac{\mathrm{d}^2\psi(x)}{\mathrm{d}x^2}+\frac{1}{\psi(y)}\frac{\mathrm{d}^2\psi(y)}{\mathrm{d}y^2}+\frac{1}{\psi(z)}\frac{\mathrm{d}^2\psi(z)}{\mathrm{d}z^2}=-\frac{2m}{\hbar^2}E \tag{6-2}$$

方程左边的三项分别仅与 x、y 和 z 有关。这就意味着，要保持三项之和等于方程右边的常数，它们必须分别各自等于常数，这就是分离变量方法的基本思想，设其

常数分别为 k_x^2，k_y^2 和 k_z^2，由式 (6-2) 即得

$$\left.\begin{aligned}\frac{1}{\psi(x)}\frac{\mathrm{d}^2\psi(x)}{\mathrm{d}x^2}=-k_x^2,\quad \frac{\mathrm{d}^2\psi(x)}{\mathrm{d}x^2}+k_x^2\psi(x)=0\\ \frac{1}{\psi(y)}\frac{\mathrm{d}^2\psi(y)}{\mathrm{d}y^2}=-k_y^2,\quad \frac{\mathrm{d}^2\psi(y)}{\mathrm{d}y^2}+k_y^2\psi(y)=0\\ \frac{1}{\psi(z)}\frac{\mathrm{d}^2\psi(z)}{\mathrm{d}z^2}=-k_z^2,\quad \frac{\mathrm{d}^2\psi(z)}{\mathrm{d}z^2}+k_z^2\psi(z)=0\end{aligned}\right\}\tag{6-3}$$

式中，$k_x^2+k_y^2+k_z^2=\dfrac{2m}{\hbar^2}E$，而上面的方程就是典型的简谐运动方程，它们的解很容易得出

$$\left.\begin{aligned}\psi(x)=A_x\sin k_xx+B_x\cos k_xx\\ \psi(y)=A_y\sin k_yy+B_y\cos k_yy\\ \psi(z)=A_z\sin k_zz+B_z\cos k_zz\end{aligned}\right\}\tag{6-4}$$

对于三维而言，一维的无限深方势阱就成为边宽为 a 的三维无限深方势箱，仿照一维的情况，可以利用边界条件 $\psi(0)=\psi(0)=\psi(0)=0$ 和 $\psi(x)=\psi(y)=\psi(z)=0$，

$$\left.\begin{aligned}\psi(0)=A_x\sin k_x0+B_x\cos k_x0=B_x=0\\ \psi(0)=A_y\sin k_y0+B_y\cos k_y0=B_y=0\\ \psi(0)=A_z\sin k_z0+B_z\cos k_z0=B_z=0\end{aligned}\right\}\tag{6-5}$$

$$\left.\begin{aligned}\psi(a)=A_x\sin k_xa=0,\quad k_xa=n_x\pi,\quad k_x=n_x\pi/a\\ \psi(a)=A_y\sin k_ya=0,\quad k_ya=n_y\pi,\quad k_y=n_y\pi/a\\ \psi(a)=A_z\sin k_za=0,\quad k_za=n_z\pi,\quad k_z=n_z\pi/a\end{aligned}\right\}\tag{6-6}$$

由此可得

$$\psi(x)=A_x\sin k_xx,\quad \psi(y)=A_y\sin k_yy,\quad \psi(z)=A_z\sin k_zz$$

再利用归一化条件，确定 A_x，A_y 和 A_z 的值:

$$1=\int_0^a|\psi(x)|^2\,\mathrm{d}x=\int_0^a|\psi(y)|^2\,\mathrm{d}y=\int_0^a|\psi(z)|^2\,\mathrm{d}z=A_x^2\frac{a}{2}=A_y^2\frac{a}{2}=A_z^2\frac{a}{2}\tag{6-7}$$

即得$A_x=A_y=A_z=\sqrt{\dfrac{2}{a}}$，然后由 $k_x^2+k_y^2+k_z^2=\dfrac{2m}{\hbar^2}E$ 和式 (6-7)得出三维坐标系中谐振子的能量表示式

$$E=\frac{\hbar^2}{2m}(k_x^2+k_y^2+k_z^2)=\frac{\pi^2\hbar^2}{2ma^2}(n_x^2+n_y^2+n_z^2),\quad n_x,n_y,n_z=1,2,3,\cdots\tag{6-8}$$

这里顺便提一下关于物理直观的问题，物理直观其实并不是灵光乍现，而是长期思索之后的顿悟。以这里的谐振子问题为例，在熟悉一维方势阱的结果之后，考虑到空间的均匀和各向同性，三维坐标系的结果必然与一维的情形一致，毋须类比，即可得出式 (6-8) 的结果，这也属于物理直觉吧!

6.2 球面坐标系

量子力学初期主要研究氢原子的原子核与外层电子之间的相互作用，即中心力场中电子的行为，这时波函数 $\Psi(\boldsymbol{r},t)$ 的空间参数就是电子与核之间的径向距离 $\boldsymbol{r}$，如图 6-1 所示，薛定谔方程的拉普拉斯算符 ∇^2 也需要采用球面坐标系的表达式，它比直角坐标系中的算符 ∇^2 复杂很多，通常简单的替换办法是：设 $u=u(r,\theta,\phi)$，利用图 6-1 中两种坐标系的关系：

$$x=r\text{sin}\theta\text{cos}\phi,\quad y=r\text{sin}\theta\text{sis}\phi,\quad z=r\text{cos}\theta,\quad r^2=x^2+y^2+z^2$$

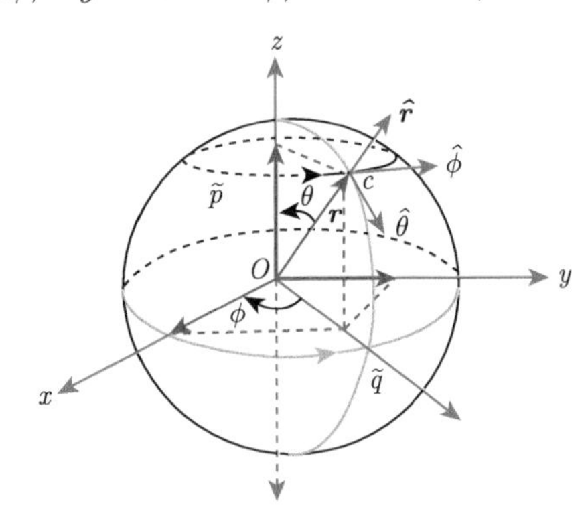

图 6-1 直角坐标系与球面坐标系

图中 $\tilde{p}$ 表示纬圈，$\tilde{q}$ 表示经圈，$\boldsymbol{r}$ 是球面上一点 c 到球心 O 的距离，而方向垂直于过 c 点的球体切平面，指向球体外部为正，$\hat{\phi}$ 在 c 点与纬圈 p 相切，而 $\hat{\theta}$ 在 c 点与经圈相切，方位角 θ 和 ϕ 如图所示，采用右手坐标系

可以求出

$$\frac{\partial u}{\partial y}=\frac{\partial r}{\partial x}\frac{\partial u}{\partial r}+\frac{\partial \theta}{\partial x}\frac{\partial u}{\partial \theta}+\frac{\partial \phi}{\partial x}\frac{\partial u}{\partial \phi}=\sin\theta\cos\phi\frac{\partial u}{\partial r}+\frac{1}{r}\cos\theta\cos\phi\frac{\partial u}{\partial \theta}-\frac{1}{r}\frac{sin\phi}{\sin\theta}\frac{\partial u}{\partial \phi}$$

$\dfrac{\partial u}{\partial y}$ 和 $\dfrac{\partial u}{\partial z}$ 也可类似求出，然后再求出二阶导数：$\dfrac{\partial^2 u}{\partial x^2}$，$\dfrac{\partial^2 u}{\partial y^2}$ 和 $\dfrac{\partial^2 u}{\partial z^2}$，即可获得直角坐标系的算符 $\nabla^2=\dfrac{\partial^2}{\partial x^2}+\dfrac{\partial^2}{\partial y^2}+\dfrac{\partial^2}{\partial z^2}$ 在球面坐标系中的表示式：

$$\nabla^2=\frac{1}{r^2}\frac{\partial}{\partial r}\left(r^2\frac{\partial}{\partial r}\right)+\frac{1}{r^2}\frac{1}{\text{sin}\theta}\frac{\partial}{\partial \theta}\left(\text{sin}\theta\frac{\partial}{\partial \theta}\right)+\frac{1}{r^2}\frac{1}{\text{sin}^2\theta}\frac{\partial^2}{\partial \phi^2}\tag{6-9}$$

球面坐标系的定态薛定谔方程即如下所示：

$$-\frac{\hbar^2}{2m}\left[\frac{1}{r^2}\frac{\partial}{\partial r}\left(r^2\frac{\partial\psi}{\partial r}\right)+\frac{1}{r^2}\frac{1}{\sin\theta}\frac{\partial}{\partial\theta}\left(\sin\theta\frac{\partial\psi}{\partial\theta}\right)+\frac{1}{r^2}\frac{1}{\sin^2\theta}\frac{\partial^2\psi}{\partial\phi^2}\right]+V\psi=E\psi \quad (6\text{-}10)$$

波函数的求解，均以这个方程为准。与直角坐标系中的分离变量法一样，首先处理定态问题，波函数 $\psi(r,\theta,\phi)$ 可以按照变量 r(径向)、θ(角度) 和 ϕ(方位) 分离成如下三个部分 (先将 $\psi(r,\theta,\phi)$ 分离成 $\psi(r)$ 与 $\psi(\theta,\phi)$，然后再将 $\psi(\theta,\phi)$ 分离为 $\psi(\theta)$ 和 $\psi(\phi)$，这里涉及的数学处理并不复杂，分离后的波函数分别记为 $\psi(r)$，$\psi(\theta)$，$\psi(\phi)$)：

$$\psi(r,\theta,\phi)=\psi(r)\cdot\psi(\theta)\cdot\psi(\phi) \quad (6\text{-}11)$$

分离变量的过程就是，将式 (6-11) 代入式 (6-10)，第一次是将 $\psi(r,\theta,\phi)$ 分离成 $\psi(r)$ 与 $\psi(\theta,\phi)$，分离变量的常数用 $l(l+1)$ 表示 (在论述角动量时，进一步解释采用这种常数的原因)：

$$\frac{1}{\psi(r)}\frac{\mathrm{d}}{\mathrm{d}r}\left(r^2\frac{\mathrm{d}\psi(r)}{\mathrm{d}r}\right)+\frac{2m_e r^2}{\hbar^2}(E-V(r))=l(l+1) \quad (6\text{-}12)$$

$$-\frac{1}{\psi(\theta,\phi)}\left[\frac{1}{\sin\theta}\frac{\mathrm{d}}{\mathrm{d}\theta}\left(\sin\theta\frac{\mathrm{d}\psi(\theta,\phi)}{\mathrm{d}\theta}\right)+\frac{1}{\sin^2\theta}\frac{\mathrm{d}^2\psi(\theta,\phi)}{\mathrm{d}\phi^2}\right]=l(l+1) \quad (6\text{-}13)$$

第二次是将 $\psi(\theta,\phi)$ 再分离为 $\psi(\theta)$ 和 $\psi(\phi)$，分离变量的常数用 m^2 表示，为什么如此表示，下面会有说明，如此可得如下三个方程：

(1) 径向方程

$$\frac{1}{\psi(r)}\frac{\mathrm{d}}{\mathrm{d}r}\left(r^2\frac{\mathrm{d}\psi(r)}{\mathrm{d}r}\right)+\frac{2m_e r^2}{\hbar^2}(E-V(r))=l(l+1) \quad (6\text{-}12)$$

(2) 角向方程

$$\frac{1}{\psi(\theta)}\sin\theta\frac{\mathrm{d}}{\mathrm{d}\theta}\left(\sin\theta\frac{\mathrm{d}\psi(\theta)}{\mathrm{d}\theta}\right)+l(l+1)\sin^2\theta=m^2 \quad (6\text{-}14)$$

(3) 方位方程

$$\frac{1}{\psi(\phi)}\frac{\mathrm{d}^2\psi(\phi)}{\mathrm{d}\phi^2}=-m^2 \quad (6\text{-}15)$$

要特别注意，式中电子的质量用 m_e 表示。这里 m 不是电子的质量，而是第二次分离变量的常数，为什么用 m 标记，是因为 m 在玻尔的氢原子理论中代表磁量子数，已经约定，成为习惯表示；当能量给定后，轨道的形状就确定了，这个结果就由轨道量子数 l 来表征，因此，l 称作角量子数。除此而外，在原子核形成的电场中，电子的轨道运动会产生小的磁效应，与核的轨道磁矩相互作用，不过这里可以忽略不计，但是上述的表示正好体现了这些潜在的效应。下面还会给出一个与能量本征值有关的主量子数 n，这样波函数就由这三个量子数来标记，即 $\psi_{n,l,m}(r,t)$。考虑自旋时，加入自旋量子数 s，即 $\psi_{n,l,m}(r,t) \to \psi_{n,l,m,s}(r,t)$。

势函数只是径向距离 r 的函数：$V = V(r)$，其他两个方程 (6-13) 和 (6-14) 与势函数无关，可以独立求解，这些方程在其他物理问题 (如电动力学) 中遇到的也是典型的数学物理方程，已有现成的结果，知道并直接利用即可，无需在数学处理方面耗费时间。这两个方程的解分别给出如下。

角向方程

$$\psi(\theta) = A_{lm}\mathrm{P}_l^m(\cos\theta), \quad l = 0, 1, 2, \cdots ; \ m = 0, \pm 1, \pm 2, \cdots, \pm l \tag{6-16}$$

式中，$\mathrm{P}_l^m(\cos\theta)$ 是连带勒让德函数，$A_{lm} = \sqrt{\dfrac{(l-|m|)!(2l+1)}{4\pi(l+|m|)!}}$ 是角向波函数的归一化常数。

方位方程

$$\psi(\phi) = \mathrm{e}^{\mathrm{i}m\phi}, \quad m = 0, \pm 1, \pm 2, \cdots$$

顺便提一下，$\psi(\theta,\phi) = \psi(\theta)\cdot\psi(\phi)$ 就是球谐函数 [也常用 $Y_{lm}(\theta,\phi)$ 或 $\psi_l^m(\theta,\phi)$ 表示]，根据式 (6-13)，有

$$-\left[\frac{1}{\sin\theta}\frac{\mathrm{d}}{\mathrm{d}\theta}\left(\sin\theta\frac{\mathrm{d}\psi(\theta,\phi)}{\mathrm{d}\theta}\right) + \frac{1}{\sin^2\theta}\frac{\mathrm{d}^2\psi(\theta,\phi)}{\mathrm{d}\phi^2}\right] = l(l+1)\psi(\theta,\phi) \tag{6-17}$$

如果方程 (6-17) 的左边用一个算符 $\hat{L}^2$ 表示 (因为包含了 θ 和 ϕ 的二阶导数)

$$\hat{L}^2 = -\left[\frac{1}{\sin\theta}\frac{\mathrm{d}}{\mathrm{d}\theta}\left(\sin\theta\frac{\mathrm{d}\psi(\theta,\phi)}{\mathrm{d}\theta}\right) + \frac{1}{\sin^2\theta}\frac{\mathrm{d}^2\psi(\theta,\phi)}{\mathrm{d}\phi^2}\right] \tag{6-18}$$

那么方程 (6-17) 显然可以写成算符方程

$$\hat{L}^2\psi(\theta,\phi) = l(l+1)\psi(\theta,\phi) \tag{6-19}$$

$l(l+1)$ 就是球谐函数的本征值，算符 $\hat{L}^2$ 称作角动量平方算符 (无量纲形式)，这就是将第一次分离变量的常数表示成 $l(l+1)$ 的原因，它与角动量有关。在直角坐标系中讨论薛定谔方程时，曾经指出，波动方程的求解可以归结为本征方程的求解，现在可以看出，在球面坐标系中依然如此。进一步，如果将 $\psi(\theta)$ 和 $\psi(\phi)$ 的解相乘

$$\psi(\theta,\phi) = \psi(\theta)\cdot\psi(\phi) = A_{lm}\mathrm{P}_l^m(\cos\theta)\cdot\mathrm{e}^{\mathrm{i}m\phi}, \quad l = 0, 1, 2, \cdots ; m = 0, \pm 1, \pm 2, \cdots, \pm l \tag{6-20}$$

$\mathrm{P}_l^m(\cos\theta)\cdot\mathrm{e}^{\mathrm{i}m\phi}$ 称作连带勒让德函数，根据式 (6-20) 可知，本征值 $l(l+1)$ 和本征函数 $\psi(\theta,\phi)$ 的个数并不相等，由式 (6-20) 即可看出，对于给定的每一个 l，m 的取值范围是 $(2l+1)$，也就是说每一个本征值 l 对应着 $(2l+1)$ 个本征函数，这种情况就称作"简并"，其简并度就是 $(2l+1)$，而不是 $2l$。就波函数而言，若算符 $\hat{A}$ 的某一个本正值 λ_k 有 f 个本征函数与它对应，就称作 f 重简并若以一对一，简并度为 1，若以一对二，简并度就等于 2，依次类推。当波函数由 n，l，m 及自旋量子数 s 共同表征时，简并度的确定就变得比较复杂。

另外，利用微分算子 $L_\phi=-\mathrm{i}\dfrac{\partial}{\partial\phi}$ 作用于 $\psi(\theta,\phi)$，则有

$$\begin{aligned}L_\phi&=-\mathrm{i}\frac{\partial}{\partial\phi}\psi(\theta,\phi)=-\mathrm{i}\frac{\partial}{\partial\phi}\psi(\theta)\cdot\psi(\phi)=-\mathrm{i}\frac{\partial}{\partial\phi}\left(A_{lm}\mathrm{P}_l^m(\cos\theta)\cdot\mathrm{e}^{\mathrm{i}m\phi}\right)\\&=m\left(A_{lm}\mathrm{P}_l^m(\cos\theta)\cdot\mathrm{e}^{\mathrm{i}m\phi}\right)\end{aligned}\tag{6-21}$$

即

$$L_\phi\left(A_{lm}\mathrm{P}_l^m(\cos\theta)\cdot\mathrm{e}^{\mathrm{i}m\phi}\right)=m\left(A_{lm}\mathrm{P}_l^m(\cos\theta)\cdot\mathrm{e}^{\mathrm{i}m\phi}\right)\tag{6-22}$$

式中，m 就是本征函数 $A_{lm}\mathrm{P}_l^m(\cos\theta)\cdot\mathrm{e}^{\mathrm{i}m\phi}$ 的本正值，第二次分离变量的常数用 m 表示，用意就在于此，这是称 m 为磁量子数的另一个原因 (附带说明，任意微分算符作用于指数函数均可得出本征方程的形式，但不一定具有重要的物理意义)。

6.3 氢 原 子

选择氢原子 (最简单的原子) 作为实例，对于量子力学有重要意义，其结果可以通过实验验证，进而对理论的正确与否进行检验。为了对比，再次将径向方程写出

$$\frac{1}{\psi(r)}\frac{\mathrm{d}}{\mathrm{d}r}\left(r^2\frac{\mathrm{d}\psi(r)}{\mathrm{d}r}\right)+\frac{2m_er^2}{\hbar^2}\left(E-V(r)\right)=l(l+1)\tag{6-12}$$

对于径向方程 (6-12)，只要给定势函数 $V(r)$，就可以求解。但是直接求解比较困难，需要进行一些变换，目的是得出与直角坐标系中的薛定谔方程在形式上一致的方程，利于求解。设 $u(r)=r\psi(r)$，则有 $\psi(r)=\dfrac{u(r)}{r}=r^{-1}u(r)$，对其进行复合函数求导，可得下式

$$\frac{\mathrm{d}}{\mathrm{d}r}\left(r^2\frac{\mathrm{d}\psi(r)}{\mathrm{d}r}\right)=r\frac{\mathrm{d}^2u}{\mathrm{d}r^2}\tag{6-23}$$

代入式 (6-12)，则有

$$-\frac{\hbar^2}{2m}\frac{\mathrm{d}^2u}{\mathrm{d}r^2}+\left(V+\frac{\hbar^2}{2m}\frac{l(l+1)}{r^2}\right)u=Eu\tag{6-24}$$

令 $V_R = V + \dfrac{\hbar^2}{2m_e}\dfrac{l(l+1)}{r^2}$(此处第二项是离心项，相当于排斥势，随着离原子核距离 r 的减小，排斥电子落向原子核的势迅速增长，从而保持吸引和离心之间的平衡，根据 $L = rmv$ 可知，$\hbar^2 l(l+1) = L^2$，$L = \sqrt{l(l+1)}\hbar$ 就是具有离心作用的轨道角动量。顺便指出，也可以通过德布罗意波长的驻波公式，确定电子轨道动量矩 $L = m_e rv = n\hbar$，$n = 0, 1, 2, \cdots$。当 $n = 1$ 或 $l = 0$ 时，$L = \hbar$，$\hbar$ 就是轨道动量矩的度量)，上述方程简化为 $-\dfrac{\hbar^2}{2m}\dfrac{\mathrm{d}^2u}{\mathrm{d}r^2} + V_R u = Eu$，就是薛定谔方程。至于为什么想到这种变换，那是数学家研究的结果，当然也经过多次尝试，并不是一蹴而就的。在无限深球形势阱中 $V(r): r < a$，$V(r) = 0$；$r > a$，$V(r) = \infty$；一定有 $E_n = n^2\pi^2\hbar^2/2m_e a^2$，$n = 1, 2, 3, \cdots$，这种情况很容易预料，不再详述。

现在，考虑氢原子 (原子序数 $Z = 1$，一般 $Z = 1 \sim 4$ 是类氢原子，如氦 He、锂 Li、铍 Be 等，外层只有一个价电子，势函数雷同)，其中电子受到的约束作用就是电场中的库仑势函数

$$V(r) = -\frac{e^2}{4\pi\varepsilon_0 r} \tag{6-25}$$

代入方程 (6-24)，并用 E 除方程两端，再将方程左端的第二项移到右端，可得

$$\frac{\hbar^2}{2m_e E}\frac{\mathrm{d}^2u}{\mathrm{d}r^2} = \left(1 - \frac{e^2}{4\pi\varepsilon_0 r}\frac{1}{E} + \frac{\hbar^2}{2m_e E}\frac{l(l+1)}{r^2}\right)u \tag{6-26}$$

由于只考虑离散能级，$E < 0$，因而可令 $\dfrac{1}{\kappa} = -\dfrac{\hbar^2}{2m_e E}$，则有 $\kappa = \dfrac{\sqrt{-2m_e E}}{\hbar}$，再设 $\kappa r = \rho$，$\beta = \dfrac{m_e e^2}{2\pi\varepsilon_0\hbar^2\kappa}$，上述方程 (6-26) 就可简化为

$$\frac{\mathrm{d}^2u}{\mathrm{d}\rho^2} = \left(1 - \frac{\beta}{\rho} + \frac{l(l+1)}{\rho^2}\right)u \tag{6-27}$$

这就是研究氢原子的主要方程，现在先分两种情况，定性分析如下。

情况 (1)：

当 $r \to \infty$ 时，就意味着 $\rho \to \infty$，自然有如下结果

$$\frac{\mathrm{d}^2u}{\mathrm{d}\rho^2} = u \tag{6-28}$$

方程有解

$$u(\rho) = A\mathrm{e}^{-\rho} + B\mathrm{e}^{\rho} \tag{6-29}$$

显然，e^{ρ} 不是有物理意义的解 ($\rho \to \infty$，$\mathrm{e}^{\rho} \to \infty$)，只能是 $B = 0$，$u(\rho) = A\mathrm{e}^{-\rho}$。

情况 (2):

对于 $\rho \to 0$，就意味着 $r \to 0$，根据式 (6-24)，这时势函数 $V_R = V + \frac{\hbar^2}{2m}\frac{l(l+1)}{r^2}$ 中的离心项 $\frac{\hbar^2}{2m}\frac{l(l+1)}{r^2}$ 起主要作用，产生很强的离心倾向，当 $\rho \to 0$ 时，与 $\frac{l(l+1)}{\rho^2}$ 相比，$\left(1-\frac{\beta}{\rho}\right)$ 可以忽略，方程 (6-27) 就简化为如下形式

$$\frac{\mathrm{d}^2u}{\mathrm{d}\rho^2} = \frac{l(l+1)}{\rho^2}u \tag{6-30}$$

同样，也有通解 $u(\rho) = C\rho^{l+1} + D\rho^{-l}$，当 $\rho \to 0$，$\rho^{-l} \to \infty$ 时，只能是 $D = 0$，其解便是 $u(\rho) = C\rho^{l+1}$。至此，已经有了两个方程

$$\left.\begin{array}{ll} u(\rho) = A\mathrm{e}^{-\rho}, & \rho \to \infty \\ u(\rho) = C\rho^{l+1}, & \rho \to 0 \end{array}\right\} \tag{6-31}$$

此处，A 与 C 是待定系数，如果要既反映 $\rho \to \infty$ 的渐进解，又体现 $\rho \to 0$ 的渐进解，怎么办？根据分离变量方法的启迪，作直观考虑，将表示前段的渐近解 $C\rho^{l+1}$ 和后段的渐近解 $A\mathrm{e}^{-\rho}$ 联合起来，并加入一个中间段的解 $f(p)$，组成一个新的解 $u(\rho) = Af(p)\rho^{l+1}\mathrm{e}^{-\rho}$。

暂不考虑待定系数，将 $u(\rho) = f(p)\rho^{l+1}\mathrm{e}^{-\rho}$ 代入方程 (6-27)，对 $\frac{\mathrm{d}u(\rho)}{\mathrm{d}\rho}$ 和 $\frac{\mathrm{d}^2u(\rho)}{\mathrm{d}\rho^2}$ 的表示式做整理之后，得出如下 $u(\rho)$ 由 $f(\rho)$ 表示的微分方程 (即库默尔方程)：

$$\rho\frac{\mathrm{d}^2f}{\mathrm{d}\rho^2} + 2(l+1-\rho)\frac{\mathrm{d}f}{\mathrm{d}\rho} + [\beta - 2(l+1)]f = 0 \tag{6-32}$$

设 $x = 2\rho$，$c = 2(l+1)$，$2a = 2(l+1) - \beta$，f 用 F 替代，上述方程改写为通常的标准形式

$$x\frac{\mathrm{d}^2F}{\mathrm{d}x^2} + (c-x)\frac{\mathrm{d}F}{\mathrm{d}x} + aF = 0 \tag{6-33}$$

方程 (6-33) 是一个著名的数学方程，它的解称作合流超几何函数，它由拉盖尔多项式表示，与合流超几何函数的描述等价，在这里，“合流” 表示级数的各个参数与自变量共同起作用。实际上，超几何函数的展开式有如下形式

$${}_pF_q(\alpha_1,\cdots,\alpha_p;\beta_1,\cdots,\beta_q;z) = \sum_{n=0}^{\infty}\frac{(\alpha_1)_n,\cdots,(\alpha_p)_n}{(\beta_1)_n,\cdots,(\beta_q)_n}\cdot\frac{z^n}{n!} \tag{6-34}$$

式中，$\alpha_n = a + n - 1$。合流超几何函数则是超几何函数在 $p = q = 1$ 的特例：

$${}_1F_1(a;c;x) = 1 + \frac{a}{c}\frac{x}{1!} + \frac{a(a+1)}{c(c+1)}\frac{x^2}{2!} + \frac{a(a+1)(a+2)}{c(c+1)(c+2)}\frac{x^3}{3!} + \cdots \tag{6-35}$$

为简单起见，略去 $p=q=1$ 的下角标，由此，$f(\rho)$ 就可以用合流超几何函数 F 表示如下：

$$f(\rho)=F\left(l+1-\frac{\beta}{2};2(l+1);2\rho\right) \tag{6-36}$$

$f(\rho)$ 与 $F(a;c;x)$ 之间变量的对应关系是

$$f(\rho)=F\left(\underbrace{l+1-\frac{\beta}{2}}_{a};\underbrace{2(l+1)}_{c};\underbrace{2\rho}_{x}\right)$$

$u(\rho)=Af(p)\rho^{l+1}\mathrm{e}^{-\rho}$ 的待定系数 A (考虑氢原子，原子序数 $Z=1$) 如下：

$$A=\left(\frac{1}{a}\right)^{3/2}\frac{2}{n^2(2l+1)!}\sqrt{\frac{(n+l)!}{(n-l-1)!}} \tag{6-37}$$

下面，根据方程 (6-32)，将 $f(\rho)$ 表示成广义级数解，通过这个级数解的分析，主要是确定波函数的主量子数 n，$f(\rho)$ 的广义级数解表示如下：

$$f(\rho)=\sum_{i=0}^{+\infty}b_i\rho^i,\quad b_0\neq 0 \tag{6-38}$$

$b_0\neq 0$，说明级数不能在 ρ 的奇点 $(\rho=0)$ 处展开。将式 (6-38) 代入方程 (6-32)，通过 ρ^i 的展开系数 b_i 的相邻两项之比，可得关系式：

$$b_{i+1}=\frac{2(i+l+1)-\beta}{(i+1)(i+2l+2)}b_i \tag{6-39}$$

要想 $f(\rho)=\sum\limits_{i=0}^{+\infty}b_i\rho^i$ 的展开式不是无限，而是在某一项，例如 $i=n$ 处截止，那么可以硬性规定 $b_{n+1}=0$，这时相邻两项之比，就如式 (6-38) 所示：

$$b_{i+1}=\frac{2(i+l+1)-\beta}{(i+1)(i+2l+2)}b_i$$

因而有 $2(i+l+1)-\beta=0$，即 $\beta=2(i+l+1)=2n$，β 就是通常所说的主量子数 n，由前面设定的 β 和 κ 之值：

$$\kappa=\frac{\sqrt{-2m_eE}}{\hbar},\quad \beta=2n=\frac{m_ee^2}{2\pi\varepsilon_0\hbar^2\kappa}$$

即可得出玻尔氢原子的能量、半径、基态能量公式和数据 (由多种实验验证是正确的)：

$$E=-\left[\frac{m_e}{2\hbar^2}\left(\frac{e^2}{4\pi\varepsilon_0\hbar^2}\right)^2\right]\frac{1}{n^2},\quad \kappa=\frac{\sqrt{-2m_eE}}{\hbar}=\left(\frac{e^2}{4\pi\varepsilon_0\hbar^2}\right)\frac{1}{n}=\frac{1}{a_0n}$$

$$a_0 = \frac{4\pi\varepsilon_0\hbar^2}{m_e e^2} = 0.529 \times 10^{-10}\text{m}, \quad E = -\frac{\hbar^2}{2m_e}\frac{1}{a_0^2 n^2}, \quad E_1 = -13.605\text{eV}$$

波函数理论的正确性由此得以验证。

广义级数求解，并由合流超几何函数表示 (见式 (6-33) 和式 (6-35))，计算过程很繁复，此处详细论述似乎没有必要，以后如有需要，再仔细查阅不迟。

径向方程 (6-14) 及它的简化形式 (6-24) 和 (6-27) 描述自由粒子的解 (也就是势函数为零) 是 1913 年玻尔为了解释卢瑟福行星原子模型中电子环绕原子核稳定运动而不落到核上的难题，研究并选择了经典力学中有关联的概念，主要是圆周运动的轨道，加上普朗克的能量量子化的理论，提出了轨道量子化的概念。电子只能在一些特定轨道上运动，并在不同轨道上跃迁，由此建立了氢原子的基本模型，它的概念简单、图像清楚、结果正确；十年之后，在德布罗意波函数理论模型的启示下，确信一切粒子都具有波动性，进而得出波动方程，首先求出电子的量化能量，与玻尔的结果吻合，验证了波动方程的正确。1935 年，狄拉克在他的《量子力学原理》一书中，强调不应要求量子力学给出具体的结构、状态或动力学图像，这就出现了量子力学的数学描述与物理图像毋需关联的结果 (他主要是针对光量子双缝实验而言：物理科学的主要目的并不是提供图像，而是以公式表达那些支配现象的规律，并利用这些规律去发现新的现象。如果存在着图像，那当然更好，但是否存在图像只是次要问题。在一般意义上，图像这个词就是一个基本上按照经典思路起作用的模型，以原子现象而言，不能期望有任何这样的图像存在)。不由得使人想起一桩轶事，1788 年，拉格朗日出版了他的《分析力学》一书，自豪地宣称书中没有一幅插图；随着科学技术的进步，可读性成为科技论文和著作的一个标准，大约 85% 的信息是由视觉感知的，图像是信息的重要载体。因此，昔日的自豪，也许会被现今读者所诟病，不值得欣赏。令人欣慰的是，实验物理学家和后来的理论物理学家仍然力图用图像阐释相关的理论，在量子场论中已经成为重要工具的费曼图方法就是最好的佐证。

此处，$f(p)$ 需要利用广义级数求解，并由合流超几何函数表示 (参见式 (6-33) 和式 (6-35)，过程很繁复，在此就不再赘述，以后如有需要，再仔细查阅即可)。

径向方程 (6-12) 和它的简化形式 (6-24)、(6-27) 描述自由粒子的解 (也就是势函数为零的解) 是相同的，均由两部分组成，即

$$u(r) = A_r j_l(kr) + B_r n_l(kr) \tag{6-40}$$

式中，$j_l(kr)$ 是 l 阶球贝塞尔函数，$n_l(kr)$ 是 l 阶球诺依曼函数：

$$j_l(\rho) = (-\rho)^l \left[\frac{1}{\rho}\frac{\mathrm{d}}{\mathrm{d}\rho}\right]^l \left(\frac{\sin\rho}{\rho}\right), \quad n_l(\rho) = (-\rho)^l \left[\frac{1}{\rho}\frac{\mathrm{d}}{\mathrm{d}\rho}\right]^l \left(\frac{\cos\rho}{\rho}\right) \tag{6-41}$$

当 $\rho \to 0$ 时，$j_l(\rho) \to \rho^l \to 0$；$n_l(\rho) \to \rho^{-l-1} \to \infty$，由于 $n_l(\rho)$ 随 l 的增大趋于无穷大，只能令 $B_r = 0$，这样就有 $u(r) = A_r j_l(kr)$，而待定系数 A_r(拉盖尔多项式形式) 或 A_{nl}(合流超几何函数) 分别如下所示

$$A_r = \sqrt{\left(\frac{2}{an}\right)^3 \frac{(n-l-1)!}{2n[(n+l)!]^3}} \quad 或 \quad A_{nl} = \left(\frac{1}{a}\right)^{3/2} \frac{2}{n^2(2l+1)!}\sqrt{\frac{(n+1)!}{(n-l-1)!}} \tag{6-42}$$

氢原子的球面波函数很复杂

$$\begin{aligned}
\psi_{nlm}(r,\theta,\phi) &= \underbrace{\sqrt{\left(\frac{2}{na}\right)^3 \frac{(n-l-1)!}{2n[(n+l)!]^3}}}_{A_r} \mathrm{e}^{-r/na}\left(\frac{2r}{na}\right)^l \mathrm{L}_{n-l-1}^{2l+1}(2r/na)\cdot\psi_l^m(\theta,\phi) \\
&= \underbrace{\left(\frac{1}{a}\right)^{3/2} \frac{2}{n^2(2l+1)!}\sqrt{\frac{(n+1)!}{(n-l-1)!}}}_{A_{nl}} \mathrm{e}^{-r/na}\left(\frac{2r}{na}\right)^l \\
&\quad \cdot F[(-n+l+1;2l+2;(2r/na)]\cdot\psi_l^m(\theta,\phi) \\
&= R_n(r)Y_{lm}(\theta,\phi) \\
&= \sum_{n=0}^{\infty}\sum_{l=0}^{n-1}\sum_{m=-l}^{+l}\psi_{nlm}(r,\theta,\phi)
\end{aligned}$$

$$n=1,2,3,\cdots;\ l=0,1,2,\cdots,n-1;\ m=0,\pm1,\pm2,\cdots,\pm l \tag{6-43}$$

式中，$Y_{lm}(\theta,\phi) = \psi_l^m(\theta,\phi)$ 就是球谐函数 (相当于 $\psi(\theta,\phi) = \psi(\theta)\cdot\psi(\phi)$)，$n$、$l$ 和 m 分别称作主量子数 (表示波函数的量化能量)、角动量数和磁量子数。式中 $\mathrm{L}_{n-l-1}^{2l+1}(2r/na)$ 是拉盖尔多项式，F 是合流超几何函数，二者的描述是等价的。

为了后面近似方法的需要，这里给出由式 (6-43) 计算得出的氢原子的波函数的表示式，它是由 $\psi_{nlm}(r,\theta,\phi) = \psi(r)\psi(\theta,\phi) = R_{nl}(r)Y_{lm}(\theta,\phi)$ 分别计算 $R_{nl}(r)$ 和 $Y_{lm}(\theta,\phi)$ 得出的，关于量子力学的著作都会给出 $R_{nl}(r)$ 和 $Y_{lm}(\theta,\phi)$ 的前几项的计算结果，考虑到氢原子的简并是 $n^2=4$，对应的波函数是由 $R_{nl}(r)$ 的 $n=1,2$，$l=0,1$ 和 $Y_{lm}(\theta,\phi)$ 的 $l=0,1$, $m=0,\pm1$ 计算的结果：

$$\begin{cases}
\psi_{21} = \psi_{2,0,0} = R_{2,0}Y_{0,0} = \dfrac{1}{4\sqrt{2\pi}}a_0^{-3/2}\left(2-\dfrac{r}{a_0}\right)\mathrm{e}^{-r/2a_0} \\
\psi_{22} = \psi_{2,1,1} = R_{2,1}Y_{1,1} = -\dfrac{1}{4\sqrt{2\pi}}\dfrac{r}{a_0}a_0^{-3/2}\left(2-\dfrac{r}{a_0}\right)\mathrm{e}^{-r/2a_0}\cos\theta \\
\psi_{23} = \psi_{2,1,1} = R_{2,1}Y_{1,0} = \dfrac{1}{8\sqrt{2\pi}}\dfrac{r}{a_0}a_0^{-3/2}\left(2-\dfrac{r}{a_0}\right)\mathrm{e}^{-r/2a_0}\sin\theta\mathrm{e}^{\mathrm{i}\varphi} \\
\psi_{24} = \psi_{2,1,1} = R_{2,1}Y_{1,-1} = \dfrac{1}{8\sqrt{2\pi}}\dfrac{r}{a_0}a_0^{-3/2}\left(2-\dfrac{r}{a_0}\right)\mathrm{e}^{-r/2a_0}\sin\theta\mathrm{e}^{-\mathrm{i}\varphi}
\end{cases} \tag{6-44}$$

在 $\psi_{n,l,m}=R_{n,l}Y_{l,m}$ 中，各下角标的意义已经显示清楚，主量子数 n 表示能量，一个 n 值对应于一个角动量 l，但是，可以与多个 m 相对应，例如，$n=2$，$l=1$，角动量 m 可以有三个值：0，1，−1。如此，就有 3 种情况：$R_{2,1}Y_{1,+1}$，$R_{2,1}Y_{1,0}$，$R_{2,1}Y_{1,-1}$。按照光谱线的组合态符号，可称作 2s2p，就是说，$R_{nl}(r)$ 的下角标 nl 确定第一个态 2s，$Y_{lm}(\theta,\phi)$ 的下角标确定第二个态 2p，它包括了 $m=0,\pm1$ 的 3 种情况。

主量子数n：	1	2	3	4	5	6	7
角动量数l：	0	1	2	3	4	5	6
磁量子数m_l：	0	±1	±2	±3	±4	±5	±6
光谱线的组合态符号：	s	p	d	f	g	h	i

可以看出，表示式 (6-43) 过于复杂，并不能为理解或想象氢原子的状态、电子的动态特性提供具体的信息，虽然可以根据概率密度 $|\psi|^2$ 画出在不同的 n、l 和 m 之下的亮度图或者等概率面图 (对化学家也许有用)，但是在氢原子中，单电子的状态能如此复杂吗？

6.4 角 动 量

以太阳为惯性参考中心的八大行星的运动，例如，地球环绕太阳的公转和绕极轴的自转，陀螺和飞轮的旋转，原子中外层电子的绕核转动和自旋，无一不是与角动量理论相关。其实，经典力学和量子力学关于角动量的物理含义是一样的。下面将要论述的角动量理论，包括轨道角动量 ($\boldsymbol{L}$，$\boldsymbol{l}$)、自旋角动量 ($\boldsymbol{S}$，$\boldsymbol{s}$)、对易关系、狄拉克符号表示、矩阵表示和本征方程等。

轨道角动量 ($\boldsymbol{L}$，$\boldsymbol{l}$)、自旋角动量 ($\boldsymbol{S}$，$\boldsymbol{s}$)，也常用角动量 ($\boldsymbol{J}$，$\boldsymbol{j}$) 统一表述。

转动的角动量描述如图 6-2 所示，质点 m 与转动中心 O 的距离为 $\boldsymbol{r}$，它与动量 $\boldsymbol{p}$ 的夹角为 φ，那么角动量就可以定义为：$\boldsymbol{L}=\boldsymbol{r}\times\boldsymbol{p}=\boldsymbol{r}\times m\boldsymbol{v}$，含义就是物体质心相对于原点的运动，方向按右手坐标系确定 (这是直观的、物理意义明确的、几何与矢量结合的定义；下面用无限小旋转算符定义的角动量，是一种解析的定义方式)，角动量的大小按下式计算：

$$L=rp\sin\varphi=rmv\sin\varphi$$

在圆周运动时，动量 $\boldsymbol{p}$ (或速度 $\boldsymbol{v}$) 与圆周的每一点相切，$\varphi=\pi/2$，$L=rp\sin\varphi=rmv$。质点 m 与转动中心 O 的距离为 $\boldsymbol{r}$，它与动量 $\boldsymbol{p}$ 的夹角为 φ，$\boldsymbol{L}$ 为角动量：$\boldsymbol{L}=\boldsymbol{r}\times\boldsymbol{p}=\boldsymbol{r}\times m\boldsymbol{v}$(这里需要说明的是，质心在运动轨迹上的运动方向是在不停地改变，矢量的叉乘既反映了这种方向按右手坐标系的变化，又反映了垂直于叉乘平面的轴的方向的不变性，因此，将其定义为旋转运动的方向)。

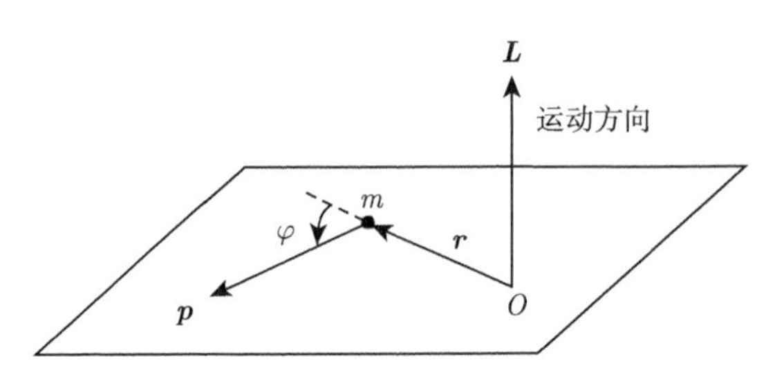

图 6-2　质点转动与角动量关系的示意图

量子力学主要研究原子中电子的行为，粒子没有静止状态，谐振运动是它的常态 (符合测不准关系)，而原子中的电子则处于势阱的约束中，轨道角动量是有心立场中电子的运动状态，自旋则是它的内禀特性，轨道角动量在经典力学中已经有了详细的研究结果，这里也会扼要论及，重点则是自旋角动量。到此，谐振、角动量、自旋便成为微观粒子运动的三种主要方式。

转动涉及对称 (群) 和哈密顿量的守恒问题，对于前者，空间是均匀和各向同性的，但是绕不同的坐标轴转动顺序不同，结果也不同，无论是经典力学还是量子力学，都会出现特有的对易问题；对于后者，只要在很小的转动下，哈密顿量守恒即可。轨道角动量的物理意义是非常清楚的，不必用更复杂的数学处理去定义，直接由 $\boldsymbol{L}=\boldsymbol{r}\times\boldsymbol{p}$ 引出对应的算符表示即可，也就是由动量算符引出角动量算符，具体推导过程如下。

1. **动量算符**

自由粒子波函数的表达式是 $\psi(\boldsymbol{r},t)=A\mathrm{e}^{-\mathrm{i}(Et-\boldsymbol{p}\cdot\boldsymbol{r})/\hbar}$，分别对 t 和 $\boldsymbol{r}$ 微分可得

$$-\mathrm{i}\hbar\nabla\psi=\boldsymbol{p}\psi \tag{6-45}$$

式中，动量 $\boldsymbol{p}$ 是空间三维变量 $\boldsymbol{r}$ (或 $\boldsymbol{x}$) 的函数，∇ 是笛卡儿坐标系的梯度算符，即

$$\hat{\boldsymbol{p}}=\hat{p}_x\boldsymbol{i}+\hat{p}_y\boldsymbol{j}+\hat{p}_z\boldsymbol{k} \tag{6-46}$$

$$\nabla=\frac{\partial}{\partial x}\boldsymbol{i}+\frac{\partial}{\partial y}\boldsymbol{j}+\frac{\partial}{\partial z}\boldsymbol{k} \tag{6-47}$$

因此，将 $-\mathrm{i}\hbar\nabla$ 定义为动量算符：$\hat{\boldsymbol{p}}=-\mathrm{i}\hbar\nabla$，代入上式可得 (对于量子力学而言)

$$\hat{\boldsymbol{p}}\psi=\boldsymbol{p}\psi$$

这就是本征方程，再一次表明动量算符 $\hat{\boldsymbol{p}}$ 就是相应于态矢量 ψ 的动量 $\boldsymbol{p}$。

2. 轨道角动量算符

通常，单个粒子的轨道角动量算符用 $\hat{\boldsymbol{l}}$ 表示，多粒子系统的角动量算符用 $\hat{\boldsymbol{L}}$ 表示，当然，也不必细分，可以全用 $\hat{\boldsymbol{L}}$ 或 $\hat{\boldsymbol{l}}$，而采用下角标加以区分 (下面将给出二者的具体公式)，其定义是 $\hat{\boldsymbol{L}}=\boldsymbol{r}\times\hat{\boldsymbol{p}}$ (或 $\hat{\boldsymbol{l}}=\boldsymbol{r}\times\boldsymbol{p}$)，它的重要性在于将坐标和动量联系起来，凸显了海森伯的不确定关系的意义，具体表达式如下。

已知 $\boldsymbol{r}=x\boldsymbol{i}+y\boldsymbol{j}+z\boldsymbol{k}$，$\hat{\boldsymbol{p}}=\hat{p}_x\boldsymbol{i}+\hat{p}_y\boldsymbol{j}+\hat{p}_z\boldsymbol{k}$，$\boldsymbol{p}=-\mathrm{i}\hbar\nabla$，那么，对 $\boldsymbol{L}=\boldsymbol{r}\times\boldsymbol{p}$ 两边同乘 $-\mathrm{i}\hbar$，就有 $\hat{\boldsymbol{L}}=\boldsymbol{r}\times\hat{\boldsymbol{p}}=\boldsymbol{r}\times(-\mathrm{i}\hbar\nabla)$，也可以表示成如下形式 (旋度)：

$$
\begin{aligned}
\hat{\boldsymbol{L}}=\boldsymbol{r}\times\hat{\boldsymbol{p}}&=\begin{vmatrix}\boldsymbol{i} & \boldsymbol{j} & \boldsymbol{k}\\ x & y & z\\ p_x & p_y & p_z\end{vmatrix}\\
&=\boldsymbol{i}(yp_z-zp_y)+\boldsymbol{j}(zp_x-xp_z)+\boldsymbol{k}(xp_y-yp_x)\\
&=-\mathrm{i}\hbar\left(y\frac{\partial}{\partial z}-z\frac{\partial}{\partial y}\right)\boldsymbol{i}-\mathrm{i}\hbar\left(z\frac{\partial}{\partial x}-x\frac{\partial}{\partial z}\right)\boldsymbol{j}-\mathrm{i}\hbar\left(x\frac{\partial}{\partial y}-y\frac{\partial}{\partial x}\right)\boldsymbol{k}\\
&=\hat{L}_x\boldsymbol{i}+\hat{L}_y\boldsymbol{j}+\hat{L}_z\boldsymbol{k}
\end{aligned}\tag{6-48}
$$

显然，$\hat{\boldsymbol{L}}^2=\hat{L}_x^2+\hat{L}_y^2+\hat{L}_z^2$。式中，

$$
\hat{L}_x=-\mathrm{i}\hbar\left(y\frac{\partial}{\partial z}-z\frac{\partial}{\partial y}\right),\quad \hat{L}_y=-\mathrm{i}\hbar\left(z\frac{\partial}{\partial x}-x\frac{\partial}{\partial z}\right),\quad \hat{L}_z=-\mathrm{i}\hbar\left(x\frac{\partial}{\partial y}-y\frac{\partial}{\partial x}\right)
$$

角动量算符在经典力学与量子力学中的区别是，经典力学 $\hat{\boldsymbol{L}}\times\hat{\boldsymbol{L}}=0$；量子力学 $\hat{\boldsymbol{L}}\times\hat{\boldsymbol{L}}=\mathrm{i}\hbar\hat{\boldsymbol{L}}$，这个算符在自旋问题的研究中有用。前面已经说过，绕不同的坐标轴，转动顺序不同，结果也不同，无论是经典力学还是量子力学，都会出现特有的对易问题。它的物理含义就是能否同时测量，对易表示可以 (非共轭量)，非对易表示不可以 (共轭量)。这里，对易是指不同坐标轴的角动量与坐标之间的泊松括号 (由狄拉克引入量子力学中)，即

$$
[\boldsymbol{A},\boldsymbol{B}]=[\boldsymbol{AB}-\boldsymbol{BA}]=\begin{cases}0, & \text{经典力学}\\ \mathrm{i}\hbar, & \text{量子力学}\end{cases}\tag{6-49}
$$

由于坐标轴与坐标各有三个分量，绕不同坐标轴的转动，这二者之间就有 9 种不同对易关系式，即角动量之间、角动量与坐标之间，以及角动量与动量三个分量之间的对易关系 (每一种各有 9 个对易关系式)。其中坐标和动量之间的对易关系是基本的，它是测不准关系的体现，其他对易关系皆可由此证明。所有对易关系式，

既可以列表表示，简单直观；也可以用数学公式表示，适合于论文中使用。以下分别给出列表表示与数学公式表示形式。

根据测不准关系：

$$x\hat{p}_x\psi = -\mathrm{i}\hbar\frac{\partial\psi}{\partial x}, \quad \hat{p}_x x\psi = \hat{p}_x(x\psi) = -\mathrm{i}\hbar\frac{\partial}{\partial x}(x\psi) = -\mathrm{i}\hbar\psi - \mathrm{i}\hbar x\frac{\partial\psi}{\partial x}$$

由此可得

$$x\hat{p}_x\psi - \hat{p}_x x\psi = (x\hat{p}_x - \hat{p}_x x)\psi = [x, \hat{p}_x]\psi = \mathrm{i}\hbar\psi$$

式中，$[x, \hat{p}_x] = (x\hat{p}_x - \hat{p}_x x)$，这就是测不准关系的泊松括号，它表示

$$[\boldsymbol{A}, \boldsymbol{B}] = [\boldsymbol{AB} - \boldsymbol{BA}] = \begin{cases} 0, & \text{对易} \\ -\mathrm{i}h, & \text{不对易} \end{cases}$$

$$[\boldsymbol{A}, \boldsymbol{B}] = -[\boldsymbol{B}, \boldsymbol{A}]$$

在用数学公式表示量子力学中的各种对易关系时，主要是利用替换算符 e_{ijk} 的功能，它的取值 $(0, 1, -1)$ 的规则如下：

$$e_{ijk} = \epsilon^{ijk} = \begin{cases} 1, & \text{当}i,j,k = 312 \to 231 \to 123\text{(由顺时针循环回到123, 偶置换)} \\ -1, & \text{当}i,j,k = 132 \to 312 \to 231 \to 123\text{(由逆时针循环回到 123,} \\ & \text{奇置换)} \\ 0, & \text{当}i,j,k\text{中有两个的取值相同时} \end{cases} \tag{6-50}$$

如果 i，j 和 k 的顺序是 jik，即 $3,1,2$，那么需要经过 $(3.1,2) \mapsto (2,1,3) \mapsto (1,2,3)$ 的两次置换（偶置换 $+1$）而得；如是 $1,3,2$，则需要三次置换（奇置换 -1），即 $(1,3,2) \mapsto (3,1,2) \mapsto (2,3,1) \mapsto (1,2,3)$。这里介绍的有关 e_{ijk} 的内容在科技文献中会经常遇到，虽然是一些数学表示的技巧，但熟悉它是有必要的。循环规则如图 6-3 所示。

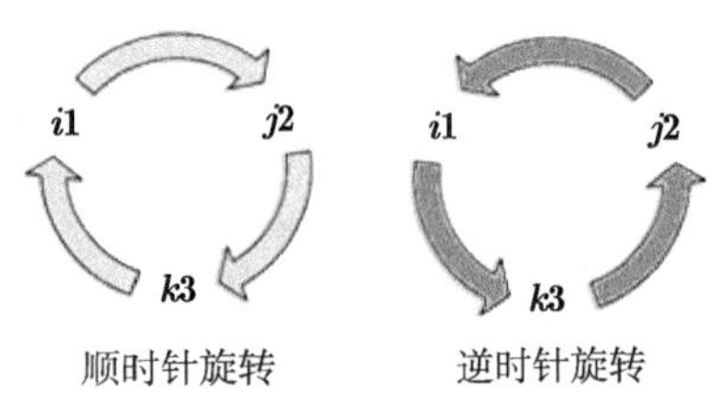

图 6-3 替换算符 e_{ijk} 的奇偶循环

利用 e_{ijk} 或 e^{ijk} 可以简化数学表示式，如

$$\nabla \times v = \begin{bmatrix} \boldsymbol{g}_1 & \boldsymbol{g}_2 & \boldsymbol{g}_3 \\ \dfrac{\partial}{\partial x_1} & \dfrac{\partial}{\partial x_2} & \dfrac{\partial}{\partial x_3} \\ v_1 & v_2 & v_3 \end{bmatrix} = \begin{bmatrix} \boldsymbol{g}_i & \boldsymbol{g}_j & \boldsymbol{g}_k \\ \dfrac{\partial}{\partial x_i} & \dfrac{\partial}{\partial x_j} & \dfrac{\partial}{\partial x_k} \\ v_i & v_j & v_k \end{bmatrix} \leftrightarrow (\nabla \times v)_i = e^{ijk}\frac{\partial v_k}{\partial x_j}\boldsymbol{g}_i$$

式中，$\boldsymbol{g}_i$ 代表任意基矢量或单位矢量。替换算符 e_{ijk} 也称为 Ricci 符号 (e_{ijk} 也常用 ε_{ijk} 表示)，值得注意的是，它与另外一个称为爱丁顿三阶置换张量 $\boldsymbol{\varepsilon}_{ijk}$ 的区别是 e_{ijk} 不是张量，而 $\boldsymbol{\varepsilon}_{ijk}$ 是张量，二者不可混淆。由此可得 $e_{ijk}e^{ijk} = \varepsilon_{ijk}\varepsilon^{ijk} = 2\delta_i^i = 6$ (这是张量表示)。

量子力学中主要的对易关系如下。

坐标与动量是共轭量 (非共轭量之间不存在非对易关系式)，它们之间有九个对易关系：$\mathrm{i}\hbar[x_i, \hat{p}_j] = \delta_{ij}$：$x_1 = x$，$x_2 = y$，$x_3 = z$；$p_1 = p_x$，$p_2 = p_y$，$p_3 = p_z$

$$\begin{cases} [x, \hat{p}_x] = \mathrm{i}\hbar, & [x, \hat{p}_y] = 0, & [x, \hat{p}_z] = 0 \\ [y, \hat{p}_y] = \mathrm{i}\hbar, & [y, \hat{p}_x] = 0, & [y, \hat{p}_z] = 0 \\ [z, \hat{p}_z] = \mathrm{i}\hbar, & [z, \hat{p}_x] = 0, & [z, \hat{p}_y] = 0 \end{cases} \tag{6-51}$$

利用这种关系可以证明其他对易表示式，数学处理非常简单。

先看一看基矢量 (单位矢量) 的叉乘积：$\boldsymbol{i} \times \boldsymbol{i} = \boldsymbol{j} \times \boldsymbol{j} = \boldsymbol{k} \times \boldsymbol{k} = \boldsymbol{0}$；$\boldsymbol{i} \times \boldsymbol{j} = \boldsymbol{k}$，$\boldsymbol{j} \times \boldsymbol{k} = \boldsymbol{i}$，$\boldsymbol{k} \times \boldsymbol{i} = \boldsymbol{j}$，它的情形恰好与角动量算符的泊松括号一致，便于记忆和查看。

角动量之间的对易关系：$[\hat{L}_i, \hat{L}_j] = \mathrm{i}\hbar e_{ijk}\hat{L}_k$

$$\begin{cases} [\hat{L}_x, \hat{L}_x] = 0, & [\hat{L}_y, \hat{L}_y] = 0, & [\hat{L}_z, \hat{L}_z] = 0 \\ [\hat{L}_x, \hat{L}_y] = \mathrm{i}\hbar\hat{L}_z, & [\hat{L}_y, \hat{L}_z] = \mathrm{i}\hbar\hat{L}_x, & [\hat{L}_z, \hat{L}_x] = \mathrm{i}\hbar\hat{L}_y \\ [\hat{L}_x, \hat{L}_z] = -\mathrm{i}\hbar\hat{L}_y, & [\hat{L}_y, \hat{L}_x] = -\mathrm{i}\hbar\hat{L}_z, & [\hat{L}_z, \hat{L}_y] = -\mathrm{i}\hbar\hat{L}_x \end{cases} \tag{6-52}$$

以上各种对易关系式与此是一样的，下面给出两个利用坐标-动量基本公式证明的实例。当然也可以利用其他关系证明，不过证明过程是类似的，这里不再叙述。

例 1 坐标与轨道角动量的对易关系

$$\begin{aligned} [\hat{L}_x, y] &= [y\hat{p}_z - z\hat{p}_y, y] = y\hat{p}_z y - z\hat{p}_y y - yy\hat{p}_z + yz\hat{p}_y \\ &= y\hat{p}_z y - yy\hat{p}_z - z\hat{p}_y y + yz\hat{p}_y \\ &= y(\hat{p}_z y - y\hat{p}_z) - z(\hat{p}_y y - y\hat{p}_y) = 0 + z(y\hat{p}_y - \hat{p}_y y) = \mathrm{i}\hbar z \end{aligned}$$

例 2　轨道角动量的对易关系

$$\begin{aligned}[\hat{L}_x, \hat{L}_y] &= [y\hat{p}_z - z\hat{p}_y, z\hat{p}_x - x\hat{p}_z] \\ &= (y\hat{p}_z - z\hat{p}_y)(z\hat{p}_x - x\hat{p}_z) - (z\hat{p}_x - x\hat{p}_z)(y\hat{p}_z - z\hat{p}_y) \\ &= y\hat{p}_z \cdot z\hat{p}_x - y\hat{p}_z \cdot x\hat{p}_z - z\hat{p}_y \cdot z\hat{p}_x + z\hat{p}_y \cdot x\hat{p}_z - z\hat{p}_x \cdot y\hat{p}_z + z\hat{p}_x \cdot z\hat{p}_y \\ &\quad + x\hat{p}_z \cdot y\hat{p}_z - x\hat{p}_z \cdot z\hat{p}_y\end{aligned}$$

由于坐标 x，y 和 z 之间没有对易关系，故

$$(x\hat{p}_z \cdot y\hat{p}_z - y\hat{p}_z \cdot x\hat{p}_z) = (z\hat{p}_x \cdot z\hat{p}_y - z\hat{p}_y \cdot z\hat{p}_x) = 0$$

$$\begin{aligned}[\hat{L}_x, \hat{L}_y] &= y\hat{p}_z \cdot z\hat{p}_x + z\hat{p}_y \cdot x\hat{p}_z - z\hat{p}_x \cdot y\hat{p}_z - x\hat{p}_z \cdot z\hat{p}_y = y\hat{p}_x[\hat{p}_z, z] + x\hat{p}_y[z, \hat{p}_z] \\ &= \mathrm{i}\hbar(x\hat{p}_y - y\hat{p}_{xz}) = \mathrm{i}\hbar L_z\end{aligned}$$

轨道角动量是适合用几何图示说明它的对易关系的实例，图 6-4 中在纬圈 g 上的 a、b 两点，角动量 L_{za} 和 L_{zb} 完全一样，$L_{za} = L_{zb}$，但是，对应的角动量 (L_{x1}, L_{y1}) 和 (L_{x2}, L_{y2}) 却完全不同，就是说，当 L_z 为确定值时，L_x 和 L_y 则没有确定的值，图示已经一目了然。

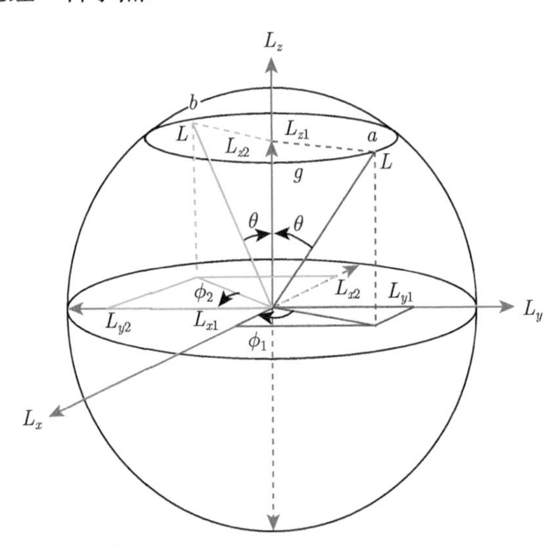

图 6-4　角动量与其分量对易关系的几何图示

例 3　轨道角动量和动量之间的对易关系：$[\hat{L}_i, p_j] = \mathrm{i}\hbar e_{ijk} p_k$

$$\begin{cases} [\hat{L}_x, \hat{p}_x] = 0, & [\hat{L}_y, \hat{p}_y] = 0, & [\hat{L}_z, \hat{p}_z] = 0 \\ [\hat{L}_x, \hat{p}_y] = \mathrm{i}\hbar\hat{p}_z, & [\hat{L}_y, \hat{p}_z] = \mathrm{i}\hbar\hat{p}_x, & [\hat{L}_z, \hat{p}_x] = \mathrm{i}\hbar\hat{p}_y \\ [\hat{L}_x, \hat{p}_z] = -\mathrm{i}\hbar\hat{p}_y, & [\hat{L}_y, \hat{p}_x] = -\mathrm{i}\hbar\hat{p}_z, & [\hat{L}_z, \hat{p}_y] = -\mathrm{i}\hbar\hat{p}_x \end{cases} \tag{6-53}$$

例 4 轨道角动量和坐标之间的对易关系：$[\hat{L}_i, x_j] = \mathrm{i}\hbar e_{ijk} x_k$

$$\begin{cases} [\hat{L}_x, x] = 0, & [\hat{L}_y, y] = 0, & [\hat{L}_z, z] = 0 \\ [\hat{L}_x, y] = \mathrm{i}\hbar z, & [\hat{L}_y, z] = \mathrm{i}\hbar x, & [\hat{L}_z, x] = \mathrm{i}\hbar y \\ [\hat{L}_x, z] = -\mathrm{i}\hbar y, & [\hat{L}_y, x] = -\mathrm{i}\hbar z, & [\hat{L}_z, y] = -\mathrm{i}\hbar x \end{cases} \tag{6-54}$$

例 5 $\hat{L}^2$ 和 $\hat{L}_x$，$\hat{L}_y$，$\hat{L}_z$ 之间，也有对易关系，如下所示

$$[\hat{\boldsymbol{L}}^2, \boldsymbol{L}] = 0 \quad 或 \quad [\hat{\boldsymbol{L}}^2, L_x] = 0,\ [\hat{\boldsymbol{L}}^2, L_y] = 0,\ [\hat{\boldsymbol{L}}^2, L_z] = 0 \tag{6-55}$$

6.5 无限小旋转算符

需要指出的是，为了避免将轨道角动量的定义直接与坐标、动量联系起来，也就是不用 $\hat{\boldsymbol{L}} = \boldsymbol{r} \times \boldsymbol{p}$，而是采用无限小旋转算符的概念，其本质是不影响转动的对称性。对于转动，在右手螺旋定则下 (简称右手坐标系)，首先要确定是坐标系的转动 (被动转动)，还是物理系统的转动 (主动转动)，后者很好理解，绕一个轴转动，不存在对易问题，但绕不同的轴转动，先后顺序不同，结果也不相同。当坐标系不动，物体 (物理系统) 绕 Z 轴转过一个角度 φ 时，用 $R(\varphi)$ 表示，转动前后的坐标 (x, y, z) 和 (x', y', z') 有如下关系：

$$\begin{bmatrix} x' \\ y' \\ z' \end{bmatrix} = R_z(\varphi) \begin{bmatrix} x \\ y \\ z \end{bmatrix} = \begin{bmatrix} \cos\varphi & -\sin\varphi & 0 \\ \sin\varphi & \cos\varphi & 0 \\ 0 & 0 & 1 \end{bmatrix} \begin{bmatrix} x \\ y \\ z \end{bmatrix}$$

其中

$$R_z(\varphi) = \begin{bmatrix} \cos\varphi & -\sin\varphi & 0 \\ \sin\varphi & \cos\varphi & 0 \\ 0 & 0 & 1 \end{bmatrix}, \quad R_y(\beta) = \begin{bmatrix} \cos\beta & 0 & \sin\beta \\ 0 & 1 & 0 \\ -\sin\beta & 0 & \cos\beta \end{bmatrix},$$

$$R_x(\alpha) = \begin{bmatrix} 1 & 0 & 0 \\ 0 & \cos\alpha & -\sin\alpha \\ 0 & \sin\alpha & \cos\alpha \end{bmatrix} \tag{6-56}$$

既然是无限小旋转，那么就有 $\alpha \mapsto \varepsilon$，$\beta \mapsto \varepsilon$，$\varphi \mapsto \varepsilon$，$\sin\varphi = \sin\alpha = \sin\beta = \varepsilon$，因此有 $\cos\alpha = \cos\beta = 1 - \varepsilon^2/2$。考查先绕 x 轴再绕 y 旋转，与先绕 y 轴再绕 x 旋转之间的差别，数学处理上就是确定 $R_x(\alpha) \cdot R_y(\beta) - R_y(\beta) \cdot R_x(\alpha)$ 之值，它有如下关系：

$$R_x(\alpha)\cdot R_y(\beta)-R_y(\beta)\cdot R_x(\alpha)$$
$$=\begin{bmatrix}1-\varepsilon^2/2 & 0 & \varepsilon\\ \varepsilon^2 & 1-\varepsilon^2/2 & -\varepsilon\\ -\varepsilon & \varepsilon & 1-\varepsilon^2\end{bmatrix}-\begin{bmatrix}1-\varepsilon^2/2 & \varepsilon^2 & \varepsilon\\ 0 & 1-\varepsilon^2/2 & -\varepsilon\\ -\varepsilon & \varepsilon & 1-\varepsilon^2\end{bmatrix} \tag{6-57}$$

如果略去二阶小量 ε^2，式 (6-57) 将是

$$R_x(\alpha)\cdot R_y(\beta)-R_y(\beta)\cdot R_x(\alpha)=R_x(\varepsilon)\cdot R_y(\varepsilon)-R_y(\varepsilon)\cdot R_x(\varepsilon)$$
$$=\begin{bmatrix}1 & 0 & \varepsilon\\ 0 & 1 & -\varepsilon\\ -\varepsilon & \varepsilon & 1\end{bmatrix}-\begin{bmatrix}1 & 0 & \varepsilon\\ 0 & 1 & -\varepsilon\\ -\varepsilon & \varepsilon & 1\end{bmatrix}=0 \tag{6-58}$$

这就表明，在无限小旋转的情况下，绕不同坐标轴转动，与顺序无关，维持对易关系。如果保留二阶小量 ε^2，那么式 (6-58) 将有如下结果：

$$R_x(\alpha)\cdot R_y(\beta)-R_y(\beta)\cdot R_x(\alpha)$$
$$=\begin{bmatrix}0 & -\varepsilon^2 & 0\\ \varepsilon^2 & 0 & 0\\ 0 & 0 & 0\end{bmatrix}=\begin{bmatrix}0 & -\varepsilon^2\\ \varepsilon^2 & 0\end{bmatrix}=-(-\varepsilon^2)_y(\varepsilon^2)_x \tag{6-59}$$

也就是说，这种转动是不对易的。那么，这些结果与角动量有什么关系呢？简单地说，就是任意有限转动都可以看成是绕同一个坐标轴的无限小旋转的级联累积的结果，由此可以获得定义角动量的另一种方法。但是，需要相应的无限小旋转算符，这可以通过如下的分析和类比得出。

在球面坐标系中，径矢量 $\boldsymbol{r}$ 的无限小旋转 $\delta\boldsymbol{\varphi}$ 的弧长记为 $\delta\varphi$，径矢量的增量 $\delta\boldsymbol{r}=\delta\boldsymbol{\varphi}\times\boldsymbol{r}$，方向由单位矢量 $\hat{\boldsymbol{n}}$ 表示，考虑任意函数 $\psi(\boldsymbol{r})$ 在做无限小转动时的增量

$$\psi(\boldsymbol{r}+\delta\boldsymbol{r})=\psi(\boldsymbol{r})+\delta\boldsymbol{r}\cdot\nabla\psi=\psi(\boldsymbol{r})+\delta\boldsymbol{\varphi}\times\boldsymbol{r}\cdot\nabla\psi=(1+\delta\boldsymbol{\varphi}\cdot\boldsymbol{r}\times\nabla)\,\psi(\boldsymbol{r}) \tag{6-60}$$

式中，$(1+\delta\boldsymbol{\varphi}\cdot\boldsymbol{r}\times\nabla)$ 就是无限小旋转算符，用 $\boldsymbol{l}$ 表示，记为 $D(\hat{\boldsymbol{n}},\mathrm{d}\varphi)=(1+\delta\boldsymbol{\varphi}\cdot\boldsymbol{r}\times\nabla)$，将 $p=-\mathrm{i}\hbar\nabla$ 代入，可得

$$D(\hat{\boldsymbol{n}},\mathrm{d}\varphi)=1+\delta\boldsymbol{\varphi}\cdot\boldsymbol{r}\times\nabla=1-\delta\boldsymbol{\varphi}\cdot\boldsymbol{r}\times\frac{\mathrm{i}}{\hbar}\boldsymbol{p}=1-\delta\boldsymbol{\varphi}\cdot\frac{\mathrm{i}}{\hbar}\boldsymbol{r}\times\boldsymbol{p} \tag{6-61}$$

当 $\psi(\boldsymbol{r})$ 是多粒子系统时，即 $\psi(\boldsymbol{r}_1+\delta\boldsymbol{r}_1,\boldsymbol{r}_2+\delta\boldsymbol{r}_2,\cdots)$，相应地有

$$\psi(\boldsymbol{r}_1+\delta\boldsymbol{r}_1,\boldsymbol{r}_2+\delta\boldsymbol{r}_2,\cdots)=\psi(\boldsymbol{r}_1,\boldsymbol{r}_2,\cdots)+\sum_i\delta\boldsymbol{r}_i\cdot\nabla_i\psi$$

$$= \psi(\boldsymbol{r}_1, \boldsymbol{r}_2, \cdots) + \sum_i \delta\boldsymbol{\varphi} \times \boldsymbol{r}_i \cdot \nabla\psi_i$$

$$= \left(1 + \delta\boldsymbol{\varphi} \cdot \sum_i \boldsymbol{r}_i \times \nabla_i\right) \psi(\boldsymbol{r}_1, \boldsymbol{r}_2, \cdots)$$

其中，$\left(1 + \delta\boldsymbol{\varphi} \cdot \sum\limits_i \boldsymbol{r}_i \times \nabla_i\right)$ 表示多粒子系统的无限小旋转算符，对应的角动量用 $\boldsymbol{L}$ 表示。式中的 $\delta\boldsymbol{\varphi}$ 就是无限小转角，即 $\delta\varphi \equiv \varepsilon$，如果将这种转动的效果不看作 $\boldsymbol{r} \times \frac{\mathrm{i}}{\hbar}\boldsymbol{p} = \frac{\mathrm{i}}{\hbar}\boldsymbol{r} \times \boldsymbol{p}$，而是更普遍地认为是角动量 $\boldsymbol{J}$，如此可得

$$D(\hat{\boldsymbol{n}}, \mathrm{d}\varphi) = D(\hat{\boldsymbol{n}}, \varepsilon) = 1 - \mathrm{i}\left(\frac{\boldsymbol{J} \cdot \hat{\boldsymbol{n}}}{\hbar}\right)\varepsilon \tag{6-62}$$

ε 是无限小转角，定义为 $\varepsilon = \frac{\varphi}{n}$，将它级联 n 次:

$$\left(1 - \mathrm{i}\left(\frac{\boldsymbol{J} \cdot \hat{\boldsymbol{n}}}{\hbar}\right)\varepsilon\right)^n = \left(1 - \mathrm{i}\left(\frac{\boldsymbol{J} \cdot \hat{\boldsymbol{n}}}{\hbar}\right)\frac{\varphi}{n}\right)^n$$

其累积效果就形成有限的转动，有限转角用 φ 表示 $\sum\limits_k \varepsilon_k \cong \varphi$；由 $\varepsilon \mapsto 0$，$\mathrm{e}^{-\mathrm{i}\varepsilon} = \cos\varepsilon - \mathrm{i}\sin\varepsilon = 1 - \mathrm{i}\varepsilon$，可得下式

$$\left(1 - \mathrm{i}\left(\frac{\boldsymbol{J} \cdot \hat{\boldsymbol{n}}}{\hbar}\right)\varepsilon\right)^n = \exp\left(-\frac{\mathrm{i}\boldsymbol{J} \cdot \hat{\boldsymbol{n}}}{\hbar}\frac{\varphi}{n}\right)^n = \exp\left(-\frac{\mathrm{i}\boldsymbol{J} \cdot \hat{\boldsymbol{n}}}{\hbar}\varphi\right) \tag{6-63}$$

这个结果也可以利用泰勒级数展开式得出。在讨论自旋问题时，还会涉及这个问题。很明显，$\boldsymbol{J} \cdot \hat{\boldsymbol{n}}$ 是 $\boldsymbol{J}$ 在 $\hat{\boldsymbol{n}}$ 方向的投影，当绕 z 轴旋转时，$\boldsymbol{J} \cdot \hat{\boldsymbol{n}}$ 就是在 z 轴上的投影，即 $\boldsymbol{J} \cdot \hat{\boldsymbol{n}} = J_x$，式 (6-63) 简化为下式:

$$\exp\left(-\frac{\mathrm{i}J_x\varphi}{\hbar}\right) = 1 - \frac{\mathrm{i}J_x\varphi}{\hbar} - \frac{J_x^2\varphi^2}{2\hbar^2} + \cdots \tag{6-64}$$

因为在 3×3 正交矩阵表示的转动中，具有封闭性，即 $D(R_x) \cdot D(R_y) = D(R_z)$，据此，在无限小旋转的情况下，$\varphi \approx \varepsilon$ 或 $\varphi \mapsto \varepsilon$，可以得出一个结果，就是先绕 x 轴转 ϕ_x 角，再绕 y 轴转 ϕ_y 角，与先绕 y 轴转 ϕ_y 角，再绕 x 旋转 ϕ_x 角之间的差别，等于以 $\phi_x\phi_y = \varepsilon^2$ 角度绕 z 转动的结果，由此可得下式:

$$\begin{aligned} &R_x(\alpha) \cdot R_y(\beta) - R_y(\beta) \cdot R_x(\alpha) \\ &= R_x(\varepsilon) \cdot R_y(\varepsilon) - R_y(\varepsilon) \cdot R_x(\varepsilon) = R_z(\varepsilon^2) \end{aligned} \tag{6-65}$$

取式 (6-64) 前三项，按式 (6-65) 计算

$$\left(1-\frac{\mathrm{i}J_x\varepsilon}{\hbar}-\frac{J_x^2\varepsilon^2}{2\hbar^2}\right)\left(1-\frac{\mathrm{i}J_y\varepsilon}{\hbar}-\frac{J_y^2\varepsilon^2}{2\hbar^2}\right)-\left(1-\frac{\mathrm{i}J_y\varepsilon}{\hbar}-\frac{J_y^2\varepsilon^2}{2\hbar^2}\right)\left(1-\frac{\mathrm{i}J_x\varepsilon}{\hbar}-\frac{J_x^2\varepsilon^2}{2\hbar^2}\right)$$

$$=-\frac{\mathrm{i}J_z\varepsilon^2}{\hbar}$$

结果是

$$\frac{J_xJ_y\varepsilon^2}{\hbar^2}-\frac{J_yJ_x\varepsilon^2}{\hbar^2}=\frac{\mathrm{i}J_z\varepsilon^2}{\hbar}$$

改写成对易关系式

$$[J_x,J_y]=e_{ijk}\mathrm{i}\hbar J_z \tag{6-66}$$

无论采用哪种定义方式，所得的对易关系式都是完全一样的，也许无限小旋转算符在自旋问题的研究中有用。其实，要避开 $\boldsymbol{r}\times\boldsymbol{p}$ 定义角动量是不可能的，对易关系是量子力学的一个基本关系，角动量的对易关系式正是测不准原理的体现，而测不准原理就是对易关系的理论基础。

6.6　角动量的本征值

前面在讨论球面坐标系的波函数求解时，对于分离变量的常数 $l(l+1)$，曾经给出一些说明 (见式 (6-18) 和式 (6-19))，现在再从严格的数学推导表明 $l(l+1)$ 的深刻含义，它就是轨道角动量平方算符 L^2 的本征值；本征方程表明，算符对波函数的作用是一种实际测量，而本征值则是实际测量时波函数所处状态对应的力学量 (相当于测量结果)，因而是理论预测和实验验证的过程，也是物理与数学相结合的方式。现在，已经有了角动量算符 $\hat{\boldsymbol{J}}$，当它作用于球面波函数时，本征值如何计算呢？此外，它的物理意义是什么？是波函数的状态还是力学量？

这里出现一个新问题，就是共同本征值问题，由式 (6-55) 可知

$$[\hat{\boldsymbol{L}}^2,\boldsymbol{L}]=0\quad 或\quad [\hat{\boldsymbol{L}}^2,L_x]=0,[\hat{\boldsymbol{L}}^2,L_y]=0,[\hat{\boldsymbol{L}}^2,L_z]=0$$

既然 $[\hat{\boldsymbol{L}}^2,\boldsymbol{L}]=0$，也就是对易，换句话说，二者不是共轭算符，可以各有各的定态 (态矢量)，那么，它们的态矢量是否一样？等价地，$\hat{\boldsymbol{L}}^2$ 和它的分量，如 L_x，是否有同样的本征值呢？回答这个问题，主要是一个数学演绎，具体过程如下：为了简单起见，首先仿照粒子在轨道上吸收或释放能量的上下跃迁，定义一个角动量升降算符

$$\hat{L}_\pm=\hat{L}_x+\mathrm{i}\hat{L}_y \tag{6-67}$$

需要注意的是，升降算符就 z 轴而言 (正反向空间是相同的，物理上是等价的)，表示能量跃迁的升和降有一个高限和低限，超过高限或低限时等于零，从式 (6-49) 得

知，因为 $\hat{\boldsymbol{L}}^2 = \hat{L}_x^2 + \hat{L}_y^2 + \hat{L}_z^2$，所以有 $\hat{\boldsymbol{L}}^2 - \hat{L}_z^2 = \hat{L}_x^2 + \hat{L}_y^2 \geqslant 0$，这就是存在高限和低限的原因。先试探性地假设 $\hat{L}^2$ 和 $\hat{L}_z$ 有共同的本征矢，即

$$\hat{L}^2\psi = \lambda\psi, \quad \hat{L}_z\psi = \mu\psi \tag{6-68}$$

然后再验证这个假设是否合理。

当超出高限 $\hbar l$ 时，l 就是升降算符能取的最高值，这时对应的态矢量记为 ψ_l，如果用 $\hat{L}_+$ 作用于 ψ_l，那就意味着 $l \mapsto l+1$，因此有 $\hat{L}_+\psi_l = 0$。根据前面给出对易关系式和 $\hat{L}_\pm$ 定义即式 (6-67)，很容易计算出如下结果

$$[\hat{L}_z, \hat{L}_\pm] = \pm\hbar\hat{L}_\pm, \quad [\hat{L}^2, \hat{L}_\pm] = 0 \tag{6-69}$$

由此可得

$$\hat{L}_z\psi_l = \hbar l\psi_l$$

$$\hat{L}_\pm\hat{L}_\mp = (\hat{L}_x \pm \mathrm{i}\hat{L}_y)(\hat{L}_x \mp \mathrm{i}\hat{L}_y) = \hat{L}_x^2 + \hat{L}_y^2 \mp \mathrm{i}(\hat{L}_x\hat{L}_y - \hat{L}_y\hat{L}_x) = \hat{L}^2 - \hat{L}_z^2 \mp \mathrm{i}(\mathrm{i}\hat{L}_z)$$

$$\hat{L}^2\psi_l = (\hat{L}_-\hat{L}_+ + \hat{L}_z^2 + \hbar\hat{L}_z)\psi_l = (0 + \hbar^2 l^2 + \hbar^2 l) = \hbar^2 l(l+1)\psi_l$$

根据式 (6-69)，$\hat{L}^2$ 的本征值是 $\lambda = \hbar^2 l(l+1)$，这就表明，$\hat{\boldsymbol{L}}^2$ 和它的分量 (如 L_x) 有共同的本征值，说明本征方程的基本理论也适合于球面坐标系。分离变量时，选定角动量平方算符 $\hat{L}^2$ 的本征值 $\hbar^2 l(l+1)$ 作为常数，物理上是合理的，数学处理上是非常巧妙的。当然，也可以按通常分离变量的做法，设定该常数为 K，可以证明这个常数等于 $K = l(l+1)$，参看式 (6-13)，当时用 $l(l+1)$ 作为分离变量的常数

$$-\frac{1}{\psi(\theta,\phi)}\left[\frac{1}{\sin\theta}\frac{\mathrm{d}}{\mathrm{d}\theta}\left(\sin\theta\frac{\mathrm{d}\psi(\theta,\phi)}{\mathrm{d}\theta}\right) + \frac{1}{\sin^2\theta}\frac{\mathrm{d}^2\psi(\theta,\phi)}{\mathrm{d}\phi^2}\right] = l(l+1)$$

现在，用常数 K 代替，这是通常的做法

$$-\frac{1}{\psi(\theta,\phi)}\left[\frac{1}{\sin\theta}\frac{\mathrm{d}}{\mathrm{d}\theta}\left(\sin\theta\frac{\mathrm{d}\psi(\theta,\phi)}{\mathrm{d}\theta}\right) + \frac{1}{\sin^2\theta}\frac{\mathrm{d}^2\psi(\theta,\phi)}{\mathrm{d}\phi^2}\right] = K$$

或者改写成

$$\frac{1}{\sin\theta}\frac{\mathrm{d}}{\mathrm{d}\theta}\left(\sin\theta\frac{\mathrm{d}\psi(\theta,\phi)}{\mathrm{d}\theta}\right) + \frac{1}{\sin^2\theta}\frac{\mathrm{d}^2\psi(\theta,\phi)}{\mathrm{d}\phi^2} = -K\psi(\theta,\phi)$$

波函数的角部 $\psi(\theta,\phi)$ 的态矢量 $|\psi_{l,m}(\theta,\varphi)\rangle$ 可以由角量子数 l 和磁量子数 m 表示成 $|l,m\rangle$，即 $|\psi_{l,m}(\theta,\varphi)\rangle \mapsto |l,m\rangle$；$\psi(\theta,\phi)$ 是绕 z 转动 ϕ 角，即 $R_z(\phi)$，它对态 $|l,m\rangle$ 的作用就是乘以相位因子 $\mathrm{e}^{\mathrm{i}m\phi}$；然后，再绕 y 轴转过 θ 角，即 $R_y(\theta)$，它的作用是在 y 轴上的投影，当角动量为 l 时，投影是 $b\sin^l\theta$，

$$R_z(\phi)|l,m\rangle = \mathrm{e}^{\mathrm{i}m\phi}|l,m\rangle, \quad R_y(\theta)|l,m\rangle = b(\sin\theta)^l = b\sin^l\theta$$

级联转动的结果是

$$R_z(\phi)R_y(\theta)|l,m\rangle \propto \mathrm{e}^{\mathrm{i}m\phi}\sin^l\theta$$

m 可以取任意值。在随后的计算中，令 $m=l$ 是一种简单的情况，这时有

$$R_z(\phi)R_y(\theta)|l,l\rangle \propto \mathrm{e}^{\mathrm{i}l\phi}\sin^l\theta \equiv \psi(\theta,\phi)$$

现在，将 $\psi(\theta,\phi)\equiv \mathrm{e}^{\mathrm{i}l\phi}\sin^l\theta$ 代入下式

$$\frac{1}{\sin\theta}\frac{\mathrm{d}}{\mathrm{d}\theta}\left(\sin\theta\frac{\mathrm{d}\psi(\theta,\phi)}{\mathrm{d}\theta}\right)+\frac{1}{\sin^2\theta}\frac{\mathrm{d}^2\psi(\theta,\phi)}{\mathrm{d}\phi^2}=-K\psi(\theta,\phi)$$

其中，

$$\frac{1}{\sin\theta}\frac{\mathrm{d}}{\mathrm{d}\theta}\left(\sin\theta\frac{\mathrm{d}\psi(\theta,\phi)}{\mathrm{d}\theta}\right)=\mathrm{e}^{\mathrm{i}l\phi}l\left(l\sin^l\theta\cos^2\theta-\sin^l\theta\right)$$

$$\frac{1}{\sin^2\theta}\frac{\mathrm{d}^2\psi(\theta,\phi)}{\mathrm{d}\phi^2}=\mathrm{e}^{\mathrm{i}l\phi}l\left(-l\sin^{l-2}\theta\right)$$

二者相加：

$$\frac{1}{\sin\theta}\frac{\mathrm{d}}{\mathrm{d}\theta}\left(\sin\theta\frac{\mathrm{d}\psi(\theta,\phi)}{\mathrm{d}\theta}\right)+\frac{1}{\sin^2\theta}\frac{\mathrm{d}^2\psi(\theta,\phi)}{\mathrm{d}\phi^2}=-l(l+1)\psi(\theta,\phi)=-K\psi(\theta,\phi)$$

由此可得：$K=l(l+1)$。也就是说，即使分离变量的常数设为 K，最后也能得出 $K=l(l+1)$ 的结果。

6.7　自旋、实验、转动算符

与轨道角动量 $\boldsymbol{L}=\boldsymbol{r}\times\boldsymbol{p}$ 相伴的一个重要概念，就是自旋角动量 $\boldsymbol{S}=\boldsymbol{I}\boldsymbol{\omega}$，表示物体绕其质心转动。在宏观尺度的力学中，地球绕太阳旋转 (作为坐标原点)，用轨道角动量描述；地球绕它的极轴旋转 (作为质心)，用自旋角动量描述，这是力学中的常识 (二者并未有本质的区别)。正因为如此，在量子力学中，从玻尔的氢原子轨道模型延伸到其他粒子的行为，就很自然地出现了与地球转动类似的概念，由此引出一段发人深省的史实，值得读者思考，并引以为戒。为什么？读了下面的内容，就会明白。

1. 斯特恩-格拉赫实验

将光源置于强磁场中，光谱线会发生分裂 (1896 年塞曼发现的效应)，那么，其他原子束若通过强磁场，会发生什么现象？1922 年，德国的斯特恩和格拉赫进行了一个重要实验 (S-G 实验)，如图 6-5 所示，高温炉 K 中被加热的银原子汽化，从炉壁开口射出，经过准直器 B 和形状特殊的磁铁 N-S 形成的不均匀磁场 (方向沿

着 z 轴)，银原子束在磁场中分裂成只有向上或向下偏转的射束，最后在特殊的玻璃板 (胶片) P 上形成向上、下方向偏转的眼形线斑 (图 6-5)。由于空间是均匀和各向同性的，当磁场方向沿着 x 轴时 (SGx)，银原子束的偏转方向是前和后 (见图 6-5 中坐标系指向)，当磁场方向与 y 轴一致时 (SGy)，其偏转方向则是左和右 (或东和西)。在这个实验的基础上，继续进行 S-G 级联实验，如图 6-5 所示。

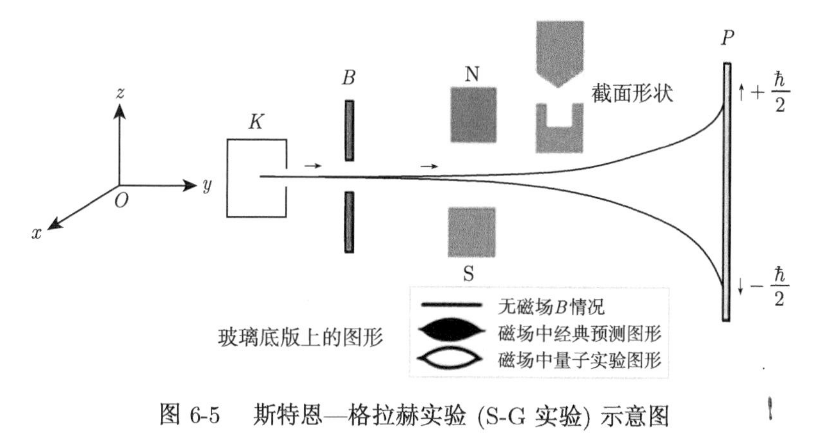

图 6-5 斯特恩—格拉赫实验 (S-G 实验) 示意图

如果在玻璃板 P 上，相应于银原子束冷凝的位置开孔，在它的后方就可以得到具有确定自旋态的原子束，这就是粒子态的制备，同时也证明了空间量子化

图 6-6 的实验结果一目了然，$\mathbf{SG}_{\hat{z}}1$ 输出的 $\boldsymbol{S}_{\hat{z}-}$ 被屏蔽，只有 $\boldsymbol{S}_{\hat{z}+}$ 输入到 $\mathbf{SG}_{\hat{x}}2$，它输出的 $\boldsymbol{S}_{\hat{x}-}$ 被屏蔽，只有 $\boldsymbol{S}_{\hat{x}+}$ 输入到 $\mathbf{SG}_{\hat{z}}3$，结果是 $\mathbf{SG}_{\hat{z}}3$ 的输出既有 $\boldsymbol{S}_{\hat{z}+}$，同时也有 $\boldsymbol{S}_{\hat{z}-}$，为什么被屏蔽的 $\boldsymbol{S}_{\hat{z}-}$ 不影响 $\mathbf{SG}_{\hat{z}}3$ 的输出？这是与当时 (1922 年) 已有的量子力学理论矛盾的结果，无法给出合理的解释。

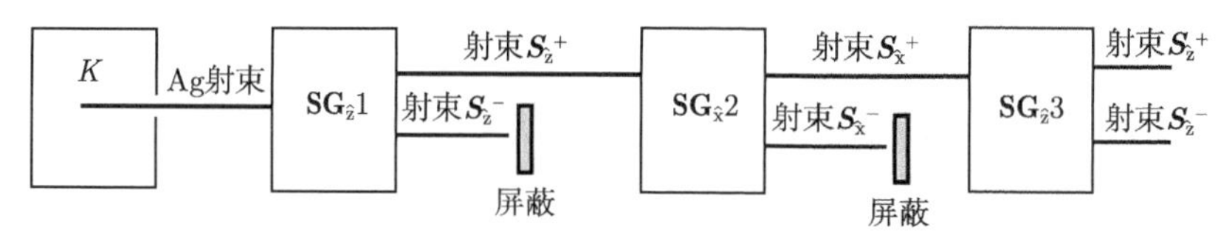

图 6-6 S-G 装置的级联实验

屏蔽某一分量不影响下一级，此处仍然输出两种状态值的结果

2. 电子自旋概念的提出

在 S-G 实验中，银原子共有 47 个电子，其中内层 46 个电子形成球形对称的电子云，绕原子核的净轨道角动量为零 (也是电中性的，不受电场的影响)，这是选择银原子成为实验的关键一步，在 x、y 方向没有力的作用，只有最外层的第

47 个电子使整个银原子形成角动量 (按照原子核外电子的 (壳层) 分布状态，依序用 K, L, M, N, O, P, Q 分类，在每一类中，再用 s，p，d 细分为子类，这第 47 个最外层价电子属于子类 5s，也称为 5s 态)，而且类似于线圈中的环流，这里在改变参考系之后，以第 47 个电子为中心，原子核及其 46 个电子形成的电子云环绕价电子运动。

然而，实验观测到，在磁场 $\boldsymbol{B}$ 中会产生一个磁矩 μ_{B}，根据 S-G 实验，在 z 方向 (即在磁场 B 的方向) 的投影是 $\pm\frac{\hbar}{2}$，这将会使沿 y 方向的银原子束在 z 方向上偏移 (图 6-5)，在玻璃胶片上形成上下分开的眼形线斑。至于磁矩 μ_{B} 是如何产生的，银原子束为什么会出现上下分裂，在玻璃胶片上呈现出上下相隔的两个线斑图，这是经典力学和量子论均无法解释的现象。

在该实验之后的三年中，科隆尼克和埃伦菲斯特的研究生乌隆贝克、古兹米特 (莱顿大学)，在分析光谱线精细结构，也就是正常光谱线再分裂的现象时 (如塞曼光谱线)，可能想到了 S-G 实验，如果电子有自旋，在银原子束中，自然各有 50%的正向旋转和 50%的反向旋转，就像电子衍射时，各有 50%分别通过左、右狭缝，进而提出电子具有旋转。科隆尼克和乌隆贝克、古兹米特对电子自旋的设想有所不同，前者思考泡利在 1925 年提出的不相容原理，认为自旋可能是波函数的第四个空间维度；后二人主要是着眼于光谱线的分裂。不幸的是，科隆尼克受到泡利和海森伯当面反驳，指出电子是点粒子，没有内部结构，如果具有自旋，其旋转速度会超过光速，因此科隆尼克只好放弃了自己的想法；乌隆贝克、古兹米特在导师埃伦菲斯特的鼓励和建议之下，将电子自旋的设想写成一篇短文，并由埃伦菲斯特亲自寄到英国的期刊 *Nature*，期间，这二人还请教了荷兰莱顿大学的著名教授洛伦兹 (诺贝尔奖获得者，几乎与爱因斯坦齐名)，洛伦兹计算了电子自旋的速度，得出 10 倍光速的结果，这使得他们想要撤稿，但是，埃伦菲斯特觉得即使错了，也不是什么严重的事，不必撤稿。意外的是，该短文发表后，爱因斯坦、玻尔都赞成该文的观点，其实，1915 年，爱因斯坦与德哈斯就曾做过一个悬丝磁棒在外磁场自转的实验，原理与卡文迪什通过悬丝小球测引力常数类似，得出电子的角动量与其磁矩之比值，即旋磁比 $(-e/m_e)$，与量子论按照电子的轨道角动量计算的结果，也就是玻尔磁子 M_{B} 相差 2 倍，即 $(-e/2m_e)$，无法解释；根据 S-G 实验，银原子的 5s 层只有一个电子，正常情况下，它没有轨道角动量，$\boldsymbol{L}=0$，$l=0$，那么 S-G 实验中测定的磁矩是哪里来的？既然原子核围绕 5s 层的电子旋转，就相当于载流子线圈，自然会形成磁矩 $\mu_{\mathrm{s}}=\boldsymbol{M}_{\mathrm{B}}$，如果假定电子有自旋角动量 $\boldsymbol{S}$，在 z 方向的投影记为 S_z，$S_z=\pm\hbar/2$，则计算结果与此完全符合，自旋磁矩与自旋角动量二者之比是

$$\frac{\mu_s}{S_z}=\frac{M_{\mathrm{B}}}{S_z}=\frac{-eh/(2m_e)}{h/2}=-\frac{e}{m_e}$$

正好抵消了多出的因子 2，泡利和海森伯也放弃了原来的反对意见，就这样，电子自旋这一极为重要的概念正式诞生了 (而科隆尼克遗憾地与此失之交臂)。

当时已知电子的质量 m_e、电荷量 e、量子度量 $\hbar$、电子的半径 $r_e = 2.8\times10^{-15}\text{m}$，它在磁场中的势能 $V = \dfrac{e^2}{4\pi\varepsilon_0 \boldsymbol{r}_e}$，与质能公式 $E = m_e c^2$ 相当，由此得 $\dfrac{e^2}{4\pi\varepsilon_0 r_e} = m_e c^2$，然后就可以计算 r_e：

$$r_e = \frac{e^2}{4\pi\varepsilon_0 m_e c^2} = \frac{(1.6\times10^{-19})^2}{4\pi(8.85\times10^{-12})(9.11\times10^{-31})(3\times10^8)^2}\text{m} = 2.8\times10^{-15}\text{m}$$

(实测结果要小很多倍)，自旋角动量记为 $\boldsymbol{S}$，当将电子看成一个球体，转轴穿过球心时，自转角动量是 $S = \dfrac{2}{5}m_e r_e^2$，则有 $S = I\omega = \dfrac{h}{2} = \left(\dfrac{2}{5}m_e r_e^2\right)\left(\dfrac{v}{r_e}\right) = \dfrac{2}{5}m_e r_e v$，电子自旋的速度 $v = \dfrac{5\hbar}{4m_e r_e} \approx \dfrac{\hbar}{m_e r_e}$，由 $\dfrac{e^2}{r_e} = m_e c^2$，得 $\dfrac{1}{r_e m_e} = \dfrac{c^2}{e^2}$，代入 $\dfrac{\hbar}{m_e r_e} = \left(\dfrac{\hbar c}{e^2}\right)c = \dfrac{c}{\alpha} = 137c$，即 $v = 137c$，而 $\alpha = \dfrac{e^2}{\hbar c} = \dfrac{1}{137}$，就称之为精细结构常数，其中包括了相对论 (光速 c)、电磁学 (e) 和量子力学 ($\hbar$) 三者的联系。

以上的近似计算结果显示，电子自旋的速度远超过光速，说明设想电子具有自旋角动量是不合理的，但是，S-G 实验却有力地支持电子具有自旋特性，二者矛盾的症结是什么？

在计算电子速度时，将电子在磁场中的势能看成与质能公式 $E = m_e c^2$ 相当，这样处理似乎并不合适。这是将经典力学用相对论来处理的结果，电子自旋到底是什么样的运动？目前，在理论上和实验上都没有更清楚的了解，已有的解释只能算作是初步的，它包括以下两方面。

1) 物理解释

尽管计算所得电子的速度 v 超过光速，但那是沿用经典力学的观点进行的计算，并不反映 S-G 实验的实质，乌隆贝克与古兹米特提出，电子自旋在各个方向上 (一般是在外磁场 $\boldsymbol{B}$ 与 z 坐标轴重合的方向上) 的投影只有 $\pm\dfrac{\hbar}{2}$ 态，实验证实这两个状态不受任何外部条件的影响，而且在强磁场中，银原子的正常态，即 5s 态的轨道角动量 $\boldsymbol{L} = 0$，如果将 $\pm\dfrac{\hbar}{2}$ 看作是旋转方向相反的角动量形成的，就能够解释实验的结果。既然轨道角动量 $\boldsymbol{L} = 0$，那只能是电子本身固有特性的反映，即所谓 “内禀” 角动量。既如此，电子除了轨道运动外，仍然具有自旋这种运动，不妨看成是一种特殊的 “转动”。

电子既然具有自旋角动量，在磁场 $\boldsymbol{B}$ 中产生磁矩就不奇怪了，记自旋磁矩为

μ_s，与自旋角动量 s_z 的关系是 $\mu_s = -\dfrac{e}{m_e}S_z = \pm\dfrac{h}{2}\dfrac{e}{m_e}$，因而，旋磁比是 $\gamma_s = \dfrac{\mu_s}{S_z} = -\dfrac{e}{m_e}$，正好与爱因斯坦-德哈斯的实验一致 (同样，根据 S-G 实验数据，在 2%的精度范围内，乌隆贝克、古兹米特提出电子也具有自旋磁矩，即 μ_s，并且在数值上等于 $-e/m_e$)。

自旋的经典概念认为，银原子束沿着 y 方向，可以不考虑 x 方向的作用，不均匀磁场会形成 z 方向势能的梯度变化，即

$$F_z = \mu_{\mathrm{B}}\nabla \cdot B = \mu_s \nabla \cdot B = \pm\frac{\hbar}{2}\gamma_s\left(\frac{\partial B}{\partial x} + \frac{\partial B}{\partial y} + \frac{\partial B}{\partial z}\right) = \pm\frac{\hbar}{2}\gamma_s\frac{\partial B}{\partial z} \neq 0$$

这个势能产生的作用使沿着 x 方向分布的原子束线状条纹在 y 方向上下分离，从而形成如图 6-5 所示的眼形图案，这种经典力学的解释采用了作用力的概念，并不合适 (尽管银原子是重原子，也可以用经典力学进行分析)，因此，改用哈密顿算符可能更符合量子力学的要求。哈密顿量 $\boldsymbol{H} = -\mu_s \cdot \boldsymbol{B} = -\gamma_s\boldsymbol{B}\cdot\boldsymbol{S}$，相应的作用力 $F_z = \gamma_s\alpha S_z$，对应的动量是 $p_z = \alpha\gamma_s t_\alpha \hbar/2$，$t_\alpha$ 是银原子穿过不均匀磁场的时间，α 为一常数，由于 $S_z = \pm\hbar/2$，因此，有沿着 z 方向相反的动量作用于银原子束，使其上下分裂，形成眼形图案。由于自旋角动量只能取分立的两个状态，也就从实验上证明了角动量的空间量子化。

2) 数学描述

1925 年，泡利提出一种二阶对角矩阵，前文在推导狄拉克方程时，曾经给出狄拉克四阶矩阵 γ 与泡利二阶矩阵 $\boldsymbol{\sigma}$ 的关系 (见式 (2-26))，狄拉克利用该矩阵建立了狭义相对论波函数的数学表述；泡利对角矩阵如下所示，正好可以用来表示电子的二态自旋。

$$\boldsymbol{\sigma}_1 = \boldsymbol{\sigma}_x \equiv \begin{pmatrix} 0 & 1 \\ 1 & 0 \end{pmatrix},\quad \boldsymbol{\sigma}_2 = \boldsymbol{\sigma}_y \equiv \begin{pmatrix} 0 & -\mathrm{i} \\ \mathrm{i} & 0 \end{pmatrix},\quad \boldsymbol{\sigma}_3 = \boldsymbol{\sigma}_z \equiv \begin{pmatrix} 1 & 0 \\ 0 & -1 \end{pmatrix} \tag{6-70}$$

根据二阶矩阵的表示式，很容易得出泡利矩阵的对易关系：

$$\boldsymbol{\sigma}_x^2 + \boldsymbol{\sigma}_y^2 + \boldsymbol{\sigma}_z^2 = 1;\quad [\boldsymbol{\sigma}_x, \boldsymbol{\sigma}_y] = 2\mathrm{i}\boldsymbol{\sigma}_z,\ [\boldsymbol{\sigma}_y, \boldsymbol{\sigma}_z] = 2\mathrm{i}\boldsymbol{\sigma}_x,\ [\boldsymbol{\sigma}_z, \boldsymbol{\sigma}_x] = 2\mathrm{i}\boldsymbol{\sigma}_y;\quad \boldsymbol{\sigma}_x\boldsymbol{\sigma}_y = \mathrm{i}\boldsymbol{\sigma}_z$$

这些关系很容易检验，例如：

$$[\boldsymbol{\sigma}_z, \boldsymbol{\sigma}_x] = \boldsymbol{\sigma}_z\boldsymbol{\sigma}_x - \boldsymbol{\sigma}_x\boldsymbol{\sigma}_z = \begin{pmatrix} 1 & 0 \\ 0 & -1 \end{pmatrix}\begin{pmatrix} 0 & 1 \\ 1 & 0 \end{pmatrix} - \begin{pmatrix} 0 & 1 \\ 1 & 0 \end{pmatrix}\begin{pmatrix} 1 & 0 \\ 0 & -1 \end{pmatrix}$$

$$
= \begin{pmatrix} 0 & 1 \\ -1 & 0 \end{pmatrix} - \begin{pmatrix} 0 & -1 \\ 1 & 0 \end{pmatrix} = - \begin{pmatrix} 0 & -1 \\ 1 & 0 \end{pmatrix} - \begin{pmatrix} 0 & -1 \\ 1 & 0 \end{pmatrix}
$$

$$
= -2 \begin{pmatrix} 0 & -1 \\ 1 & 0 \end{pmatrix} = 2\mathrm{i}^2 \begin{pmatrix} 0 & -1 \\ 1 & 0 \end{pmatrix} = 2\mathrm{i} \begin{pmatrix} 0 & -\mathrm{i} \\ \mathrm{i} & 0 \end{pmatrix} = 2\mathrm{i}\boldsymbol{\sigma}_y
$$

注意，矩阵的乘法，如 $\boldsymbol{AB} = \boldsymbol{C}$，$\boldsymbol{A}$ 的第 i 行与 $\boldsymbol{B}$ 的第 j 列对应元素分别相乘之和就是 $\boldsymbol{C}$ 的第 i 行、第 j 列的元素 (泡利矩阵和哈密顿的四元数或 2×2 的矩阵表示有类似之处)。

有了泡利矩阵，再来看一看它和自旋角动量 $\boldsymbol{S}$ 的关系。其实，轨道角动量和自旋角动量在运动方式上并未有本质的区别，对于轨道角动量 $\boldsymbol{L}$ 所作的物理解释和数学处理结果，对于自旋角动量 $\boldsymbol{S}$ 也完全适合 (因为 $\boldsymbol{L} \cong \boldsymbol{S}$)，泡利矩阵和自旋角动量 $\boldsymbol{S}$ 的关系如下。

自旋角动量用 $\boldsymbol{S}$ 表示，本征值用 σ 或 s 表示，即 $S = \frac{1}{2}$，$\sigma = \pm\frac{1}{2}$，或者 $S = \frac{1}{2}$，$s = \pm\frac{1}{2}$，这样表示的含义是：粒子的自旋只有两个状态，就是上旋 $(\uparrow)$ 或者下旋 $(\downarrow)$，以 50%的概率处于其中之一，不可能兼而有之，其状态或是 $\begin{pmatrix} 1 \\ 0 \end{pmatrix}$，或者 $\begin{pmatrix} 0 \\ 1 \end{pmatrix}$，如果同时表示这两种状态，那必然是 $\begin{pmatrix} 1 & 0 \\ 0 & 1 \end{pmatrix}$ 或 $\begin{pmatrix} \uparrow & 0 \\ 0 & \downarrow \end{pmatrix}$，就是说，表示这种状态需要二阶单位矩阵，泡利矩阵正好就是二阶单位矩阵。因而有

$$
\boldsymbol{S}_x = \frac{\hbar}{2}\boldsymbol{\sigma}_x, \quad \boldsymbol{S}_y = \frac{\hbar}{2}\boldsymbol{\sigma}_y, \quad \boldsymbol{S}_z = \frac{\hbar}{2}\boldsymbol{\sigma}_z; \quad \boldsymbol{S}_x^2 + \boldsymbol{S}_y^2 + \boldsymbol{S}_z^2 = \frac{3\hbar^2}{4}
$$

其对易关系是：$[\boldsymbol{S}_x, \boldsymbol{S}_y] = \mathrm{i}\hbar\boldsymbol{S}_z$，$[\boldsymbol{S}_y, \boldsymbol{S}_z] = \mathrm{i}\hbar\boldsymbol{S}_x$，$[\boldsymbol{S}_z, \boldsymbol{S}_x] = \mathrm{i}\hbar\boldsymbol{S}_y$，$\boldsymbol{S}^2$ 和 $\boldsymbol{S}$ 的本正值分别是：$\boldsymbol{S}^2|s, m_s\rangle = s(s+1)\hbar^2|s, m_s\rangle$，$S|s, m_s\rangle = m_s\hbar|s, m_s\rangle$。式中，$s = \frac{1}{2}$，$s$ 称作自旋量子数，$m_s = \pm\frac{1}{2}$，m_s 称作自旋磁量子数。对于电子、正电子、质子、中子、中微子、μ 子、超子，它们的自旋量子数 s 都是 $\pm\frac{1}{2}$；光子的自旋量子数 s 是 1；π 介子、K 介子、η 介子的自旋量子数 s 是 0。

自旋既然是一种旋转运动方式，它的上旋与下旋两个状态不妨看成是右手坐标系与左手坐标系的交替 (在均匀和各向同性的空间中，各个取向从绝对意义上是不可分辨的，因而自旋在任何方向上都只有彼此相反的两个状态)，至于如何引起这种交替，自然与不均匀磁场有关，是否可以看成是粒子内禀空间属性的纠缠态？因为粒子内部空间属性目前并不清楚，单就它的取向而言，与磁场有关是显然的，这未尝不能看作是一种解释。

现在，如果泡利矩阵能描述自旋的二态特性，它必然与无限小旋转算符有关，因为这个算符可以描述转动的共有特性，无论是外在的还是内禀的角动量，既然如此，就可以用一种更通用的方法来建立二者的关系：仿照动量算符 $\hat{p}=-\mathrm{i}\hbar\partial/\partial x$，也可定义一个 z 方向的角动量算符 $L_z=-\mathrm{i}\hbar\partial/\partial\varphi$，这样对于可求导的函数 $\psi(\phi+\varphi)$，就有如下泰勒级数展开式：

$$
\begin{aligned}
\psi(\phi+\varphi)&=\psi(\phi)+\frac{\mathrm{d}\psi(\phi)}{\mathrm{d}\phi}\varphi+\frac{1}{2!}\frac{\mathrm{d}^2\psi(\phi)}{\mathrm{d}\phi^2}\varphi^2+\cdots+\frac{1}{n!}\frac{\mathrm{d}^n\psi(\phi)}{\mathrm{d}\phi^n}\varphi^n+\cdots\\
&=\left[1+\left(\frac{\mathrm{i}}{\hbar}\right)\left(-\mathrm{i}\hbar\frac{\mathrm{d}}{\mathrm{d}\phi}\right)\varphi+\frac{1}{2!}\left(\frac{\mathrm{i}}{\hbar}\right)^2\left(-\mathrm{i}\hbar\frac{\mathrm{d}}{\mathrm{d}\phi}\right)^2\varphi^2+\cdots\right.\\
&\quad\left.+\frac{1}{\boldsymbol{n}!}\left(\frac{\mathrm{i}}{\hbar}\right)^n\left(-\mathrm{i}\hbar\frac{\mathrm{d}}{\mathrm{d}\phi}\right)^n\varphi^n+\cdots\right]\psi(\phi)
\end{aligned}
$$

$$
\begin{aligned}
\psi(\phi)&=\left[1+\frac{\mathrm{i}}{\hbar}\hat{\boldsymbol{L}}_z\varphi+\frac{1}{2!}\left(\frac{\mathrm{i}}{\hbar}\hat{\boldsymbol{L}}_z\varphi\right)^2+\cdots+\frac{1}{n!}\left(\frac{\mathrm{i}}{\hbar}\hat{\boldsymbol{L}}_z\varphi\right)^n+\cdots\right]\psi(\phi)\\
&=\mathrm{e}^{\mathrm{i}\hat{\boldsymbol{L}}_z\varphi/\hbar}\psi(\phi)
\end{aligned}
\tag{6-71}
$$

式中，$\mathrm{e}^{\mathrm{i}\hat{\boldsymbol{L}}_z\varphi/\hbar}$ 表示角动量沿 z 轴转过一个角度 φ，相当于波函数 $\psi(\phi)$ 增加一个相因子 $\mathrm{e}^{\mathrm{i}\hat{\boldsymbol{L}}_z\varphi/\hbar}$，而无限小旋转算符就是转动的数学描述，着眼于转动的效果；而 $\hat{\boldsymbol{L}}=\boldsymbol{r}\times\boldsymbol{p}$ 的定义突出的是运动形态。对于自旋角动量，$\mathrm{e}^{\mathrm{i}\hat{\boldsymbol{L}}_z\varphi/\hbar}$ 将由 $\mathrm{e}^{\mathrm{i}\hat{\boldsymbol{S}}\cdot\boldsymbol{n}\varphi/\hbar}$ 代替，$\boldsymbol{n}$ 是任意方向的单位矢量，$\hat{S}\cdot\boldsymbol{n}$ 表示 $\hat{\boldsymbol{S}}$ 在 $\boldsymbol{n}$ 上的投影，已知 $\hat{S}\cdot\boldsymbol{n}=\dfrac{\hbar}{2}\boldsymbol{\sigma}\cdot\boldsymbol{n}=\sigma_n$，则有 $\mathrm{e}^{\mathrm{i}\hat{S}\cdot\boldsymbol{n}\varphi/\hbar}=\mathrm{e}^{\mathrm{i}\boldsymbol{\sigma}\cdot\boldsymbol{n}\varphi/2}=\mathrm{e}^{\mathrm{i}\sigma_n\varphi/2}$，将这个表示式代入式 (6-71)：

$$
\begin{aligned}
\mathrm{e}^{\mathrm{i}\boldsymbol{\sigma}\cdot\boldsymbol{n}\varphi/2}&=\mathrm{e}^{\mathrm{i}\sigma_n\varphi/2}\\
&=1+\left(\sigma_n\frac{\mathrm{i}\varphi}{2}\right)+\frac{1}{2!}\left(\sigma_n\frac{\mathrm{i}\varphi}{2}\right)^2+\frac{1}{3!}\left(\sigma_n\frac{\mathrm{i}\varphi}{2}\right)^3+\cdots+\frac{1}{n!}\left(\sigma_n\frac{\mathrm{i}\varphi}{2}\right)^n+\cdots\\
&=1+\sigma_n\left(\frac{\mathrm{i}\varphi}{2}\right)+\frac{1}{2!}\sigma_n^2\left(\frac{\mathrm{i}\varphi}{2}\right)^2+\frac{1}{3!}\sigma_n^3\left(\frac{\mathrm{i}\varphi}{2}\right)^3+\cdots+\frac{1}{l!}\sigma_n^l\left(\frac{\mathrm{i}\varphi}{2}\right)^l+\cdots
\end{aligned}
$$

根据 $\sigma_n=\boldsymbol{\sigma}\cdot\boldsymbol{n}$，$\sigma_n^2=(\boldsymbol{\sigma}\cdot\boldsymbol{n})(\boldsymbol{\sigma}\cdot\boldsymbol{n})=\boldsymbol{n}^2=1$，可以得出如下关系：

$$
\sigma_n^l=\begin{cases}1, & l=\text{偶数}\\ \sigma_n, & l=\text{奇数}\end{cases}
\tag{6-72}
$$

由此可以将上式分成两部分

$$
\mathrm{e}^{\mathrm{i}\sigma_n\varphi/2}=\left[1-\frac{1}{2!}\left(\frac{\varphi}{2}\right)^2+\frac{1}{4!}\left(\frac{\varphi}{2}\right)^4+\cdots\right]+\mathrm{i}\sigma_n\left[\left(\frac{\varphi}{2}\right)-\frac{1}{3!}\left(\frac{\varphi}{2}\right)^3+\frac{1}{5!}\left(\frac{\varphi}{2}\right)^5+\cdots\right]
$$

$$= \cos(\varphi/2) + \mathrm{i}\sigma_n \sin(\varphi/2) \tag{6-73}$$

由无限小旋转算符 $\mathrm{e}^{-\mathrm{i}\boldsymbol{\sigma}\cdot\boldsymbol{n}\varphi/2} = \mathrm{e}^{-\mathrm{i}\sigma_n\varphi/2} = \cos(\varphi/2) - \mathrm{i}\sigma_n\sin(\varphi/2)$ 可以看出 (与上述公式相比，指数项多了一个负号)，它的确是实施了转动操作，而且转动的结果与泡利矩阵密切相关，以 $\varphi = \pi$ 为例说明之，显然这时有如下转动结果。

(1) 单位方向矢量在 x 方向，$\sigma_n = \sigma_x$，

$$\mathrm{e}^{-\mathrm{i}\sigma_x\varphi/2} = \cos(\pi/2) - \mathrm{i}\sigma_x\sin(\pi/2) = -\mathrm{i}\sigma_x = \begin{pmatrix} 0 & -\mathrm{i} \\ -\mathrm{i} & 0 \end{pmatrix}$$

(2) 单位方向矢量在 y 方向，$\sigma_n = \sigma_y$，

$$\mathrm{e}^{-\mathrm{i}\sigma_y\varphi/2} = \cos(\pi/2) - \mathrm{i}\sigma_y\sin(\pi/2) = -\mathrm{i}\sigma_y = \begin{pmatrix} 0 & -1 \\ 1 & 0 \end{pmatrix}$$

(3) 单位方向矢量在 z 方向，$\sigma_n = \sigma_z$，

$$\mathrm{e}^{-\mathrm{i}\sigma_z\varphi/2} = \cos(\pi/2) - \mathrm{i}\sigma_z\sin(\pi/2) = -\mathrm{i}\sigma_z = \begin{pmatrix} -\mathrm{i} & 0 \\ 0 & \mathrm{i} \end{pmatrix}$$

由于 $\sigma_n = \boldsymbol{\sigma}\cdot\boldsymbol{n}$ 确定了单位矢量 $\boldsymbol{n}$ 和 z 之间的角度，在直角坐标系中，为了数学处理的简单和方便起见，可以选择 $\boldsymbol{n}$ 与 z 重合，这并不失一般性。

(4) 旋量。泡利矩阵可以表示自旋角动量的两个状态，写成矩阵形式就是

$$\psi(\boldsymbol{r}) = \begin{pmatrix} \psi_+(\boldsymbol{r}) \\ \psi_-(\boldsymbol{r}) \end{pmatrix}$$

并称为 (二分量) 旋量，它还可以表示成态矢量的形式：

$$\chi = \begin{pmatrix} \langle + | \alpha \rangle \\ \langle - | \alpha \rangle \end{pmatrix} \equiv \begin{pmatrix} c_+ \\ c_- \end{pmatrix}$$

或者

$$\chi = \begin{pmatrix} a \\ b \end{pmatrix} = a\chi_+ + b\chi_- = a\begin{pmatrix} 1 \\ 0 \end{pmatrix} + b\begin{pmatrix} 0 \\ 1 \end{pmatrix}$$

此外，S^2 和 S_z 的共同本征态是

$$\left| \frac{1}{2}, \ \frac{1}{2} \right\rangle$$

和本征值是

$$\left| \frac{1}{2}, \ -\frac{1}{2} \right\rangle$$

也常用上自旋 (↑) 和下自旋 (↓) 表示状态相同，符号相反的二态自旋，如下面的表示方式：

$$|\psi\rangle = \alpha|+\rangle + \beta|-\rangle, \quad \alpha^2+\beta^2=1; \quad |\psi\rangle = \alpha|\uparrow\rangle + \beta|\downarrow\rangle, \quad \alpha^2+\beta^2=1$$

综观上述，自旋角动量无非是双态的波函数，它的本征值是 $m_s\hbar$，而态矢量是 $|s,m_s\rangle$。其实，无论是主量子数、角量子数、磁量子数，还是自旋量子数，都是从本征方程衍化而来，就是由它们确定各自相应的本征值。值得强调的是，如果自旋是内部空间的特性，那么，它必将成为描述波函数的一个重要的空间参变数。

双态波函数的态矢量表示式为 $|\psi\rangle = \alpha|+\rangle + \beta|-\rangle$ 或者 $|\psi\rangle = \alpha|\uparrow\rangle + \beta|\downarrow\rangle$，也可以利用无限小转动算符表示，由于波函数可以看作是态空间中的态矢量，计入自旋角动量之后，完整地描述就是在坐标空间 $R(\boldsymbol{r})$ 和自旋空间 $\boldsymbol{S}(s,m_s)$ 中表示，如图 6-7 所示。

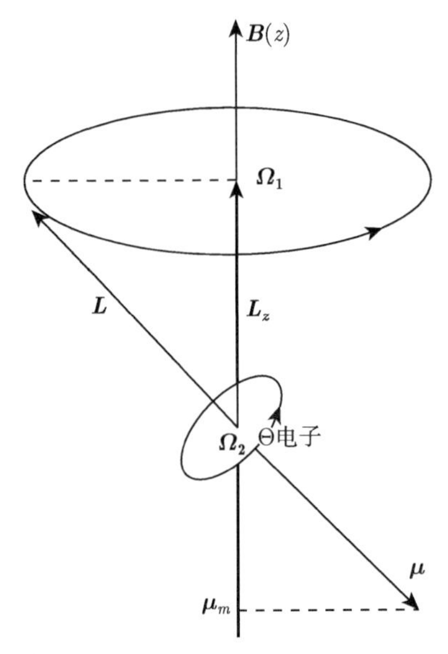

图 6-7　电子的自旋和在均匀外磁场中绕 z 轴的进动

即 Larmor 进动，先绕 y 轴旋转一个角度，然后再绕 z 轴旋转，角动量用 $\boldsymbol{L}$ 表示，$\boldsymbol{L}_z$ 是 $\boldsymbol{L}$ 在 z 轴上的投影，如果 $\boldsymbol{\Omega}_1$ 和 $\boldsymbol{\Omega}_2$ 分别表示角动量态空间和自旋态空间，其含义就如式 (6-74) 所示，$\boldsymbol{\mu}$ 是电子的磁矩，而 $\boldsymbol{\mu}_m$ 则是它在 z 轴上的投影

这二者的联合可以通过两种空间的张量积 $\otimes$ 实现 (因为在 R 空间的量子数 $\boldsymbol{r}$ 和在 $\boldsymbol{S}$ 空间的量子数 s 张成的空间具有很高的维度)，简言之，就是两种态矢量对应元素之积：

$$\boldsymbol{\Omega}_{RS} = \boldsymbol{\Omega}_R \otimes \boldsymbol{\Omega}_S, \quad \psi_{r,s} = \psi_r \otimes \psi_s \tag{6-74}$$

$$|\psi_{r,s}\rangle = |\psi_r\rangle \otimes |\psi_s\rangle = |\psi_r\rangle|\psi_s\rangle \tag{6-75}$$

前面，曾经将球面坐标系的波函数 $\psi(r,\theta,\phi)$ 写成 $\psi(r)$ 与 $\psi(\theta,\phi)$ 之积，即 $\psi(r,\theta,\phi) = \psi(r)\psi(\theta,\phi)$，它是在同一个态空间的表示；将波函数表示成如下形式：

$$\boldsymbol{\Psi}(x,y,z;t) = \psi(x,y,z)\mathrm{e}^{-\mathrm{i}Et/\hbar} = \psi(x,y,z)\cdot\psi(t)$$

则是分别在空域和时域中的表示，这表示任意两个独立部分组成的系统，它的波函数等于两个独立部分各自的波函数之积 (非独立的两部分，如量子纠缠态，则不能如此表示)。仿此，现在也可以在不同的态空间 Ω_R 和 Ω_S，即在 $\boldsymbol{\Omega}_{RS} = \boldsymbol{\Omega}_R \otimes \boldsymbol{\Omega}_S$ 中，对轨道角动量 $\boldsymbol{L}$ 和自旋角动量 $\boldsymbol{S}$ 进行类似的处理。

由无限小旋转算符可知，$\psi_r = \mathrm{e}^{-(\mathrm{i}/\hbar)(\boldsymbol{L}\cdot\boldsymbol{n}\varphi)}$，$\psi_s = \mathrm{e}^{-(\mathrm{i}/\hbar)(\boldsymbol{S}\cdot\boldsymbol{n}\varphi)}$，由此可得

$$\begin{aligned}|\psi_{r,s}\rangle &= |\psi_r\rangle \otimes |\psi_s\rangle = |\psi_r\rangle|\psi_s\rangle = \mathrm{e}^{-(\mathrm{i}/\hbar)(\boldsymbol{L}\cdot\boldsymbol{n}\varphi)}\cdot\mathrm{e}^{-(\mathrm{i}/\hbar)(\boldsymbol{S}\cdot\boldsymbol{n}\varphi)} \\ &= \mathrm{e}^{-(\mathrm{i}/\hbar)(\boldsymbol{L}+\boldsymbol{S})\cdot\boldsymbol{n}\varphi} = \mathrm{e}^{-(\mathrm{i}/\hbar)\boldsymbol{J}\cdot\boldsymbol{n}\varphi}\end{aligned} \tag{6-76}$$

式中，$\boldsymbol{J}$ 是总角动量，与轨道角动量 $\boldsymbol{L}$、自旋角动量 $\boldsymbol{S}$ 有如下关系：

$$\boldsymbol{J} = \boldsymbol{L} + \boldsymbol{S} \tag{6-77}$$

这个结果自然可以由物理概念直接得出，不过由无限小旋转算符解析地得出更具一般性，也可反映出旋转群的某些特性 (轨道角动量算符作用于坐标，自旋角动量算符作用于自旋变量，无限小旋转算符表示转动的特性，例如，SO(3) 群 (三维特殊正交群) 可以表示：先绕 x 旋转，再绕 y 旋转，与先绕 y 轴旋转，再绕 x 轴旋转的差别相当于绕 z 转过前二者转角之积，例如：$[\hat{L}_x,\hat{L}_y] = \mathrm{i}\hat{L}_z$，$[\hat{S}_x,\hat{S}_y] = \mathrm{i}\hat{S}_z$)。最值得注意的是 $\boldsymbol{L}$ 和 $\boldsymbol{S}$ 之间的耦合，它包括两方面，就是角动量的“矢量相加”和二者的耦合，就前者而言，主要是确定角动量相加规则，例如，同向平行时，有最大值，反向平行时，有最小值等；而就后者，即角动量的耦合，主要是确定角动量本征值的个数，有 Clebsch-Gordan (CG) 系数表格，用时查阅即可，例如，在 $\boldsymbol{J} = \boldsymbol{L} + \boldsymbol{S}$ 的情况下，角动量本征值的个数是 $j = l+s, l+s-1, \cdots$，当 $l = 0$ 时 (正如 S-G 实验)，j 只有一个值，即 $j = s = 1/2$。角动量本征值的个数之所以重要，是因为它与原子处于磁场中能级的分裂有关，轨道量子数与自旋量子数相互作用的结果，使原子的能量分裂出比正常塞曼效应更多的光谱线。

6.8 全同粒子、对称性和量子统计

在量子力学中，没有涉及和处理过单个粒子，也不能区分这个粒子或那个粒子，电子云、衍射实验、概率诠释等都是以粒子束或群体或集合为物理对象来论述的。1924 年，印度物理学家玻色再次推导普朗克公式时，提出了全同粒子的概念，

简言之，量子群体中的个体量子之间，没有任何方法可以识别，因为它们在质量、电荷、自旋等方面是全同的，即没有个体性，而且任何方法对粒子的标记都会干扰甚至导致状态的改变，此粒子已非原来的粒子，粒子间的位置自然交换也是无法避免的，总之，全同粒子无法区分。

在经典力学中，粒子具有空间占位的排他性，具有个体性，因此可以区分，也就是说，如果其他任何方法都无法区分两个在质量、电荷、角动量等方面全同的质点，只用它们二者不能在空间处于同一位点，便可区分；但是，在量子力学中，全同性的粒子可以共处于同一位点 (以波的形式叠加)，没有排他性，因此不能区分 (其实，这就是测不准关系和波粒二象性的推广，也就是说，粒子在空间所处的位点由观测精度的测不准误差和概率密度二者决定，前者具有波的特性，后者表现为粒子的随机分布，比如，两个粒子在此时刻与下一时刻均处于既是随机状态又是测不准状态，无法区分彼此)。

至于量子纠缠态，如果它是非局域性的，利用自旋角动量的上旋和下旋区分，这将在质疑篇中论述。尽管如此，大自然仍然赋予粒子不同的自旋态，从而，增加了自旋量子数作为空间的一个新维度，使得波函数就可以按照如下四种不同集合中的元素进行描述和分类：

坐标空间　$\{\boldsymbol{X},\boldsymbol{Y},\boldsymbol{Z},\boldsymbol{S}^2,\boldsymbol{S}_z\}$

动量空间　$\{\boldsymbol{P}_x,\boldsymbol{P}_y,\boldsymbol{P}_z,\boldsymbol{S}^2,\boldsymbol{S}_z\}$

角动量空间　$\{\boldsymbol{H},\boldsymbol{L}^2,\boldsymbol{L}_z,\boldsymbol{S}^2,\boldsymbol{S}_z\}$

态矢量空间　$\{n,l,m,s\}$　或　$\{n,l,m_l,m_s\}$

$$\text{电子的状态}\quad l\begin{cases} l=0\Rightarrow\begin{cases} s=0\\ m=0\end{cases}\\ \underbrace{l=1\Rightarrow}\begin{cases}p=1\\ m\begin{cases}=1\\=0\\=-1\end{cases}\end{cases}\\ \quad\vdots\\ \quad\vdots\end{cases}$$

显然，态矢量空间是角动量空间的子空间。其中，$\boldsymbol{H}$ 和 $\boldsymbol{S}$ 就包括了 $\{n,l,m,s\}$ 或者 $\{n,l,m_l,m_s\}$ (m 和 m_l 相当；s 与相当 m_s)。波函数的完整表示就是

$$\varPsi(x,y,z,s;t)=\psi(n,l,m,s;t)=\psi(n,l,m_l,m_s;t) \tag{6-78}$$

从 $\underbrace{\varPsi(x,y,z;t)}_{\text{(波函数)}} \rightarrow \underbrace{\psi\mathrm{e}^{-\mathrm{i}(\omega t-kx)}}_{\text{(经典波函数)}} \rightarrow \underbrace{\psi\mathrm{e}^{(-\mathrm{i}/\hbar)(Et-px)}}_{\text{(量子波函数)}}$ 到 $\underbrace{\psi(x,y,z,s;t)}_{\text{(时空-自旋波函数)}} \rightarrow$

$\underbrace{\psi(n,l,m_l,m_s;t)}_{\text{(量子数波函数)}}$，既是波函数的演进，也是量子力学自身理论不断完善的过程，包括实验与理论两方面的贡献。

有了自旋角动量，利用自旋量子数，就能对全体粒子进行分类。分类与群论有关，群是指具有某种共性特征的类别或者集合，涉及两方面：一是对称性 (奇偶，宇称)，二是顺序 (交换性)。理解其基本知识并不困难，因此没有必要在此详细论述 (在量子力学中用到的一些群，常用矩阵表示，例如，SO(3)，意即特殊的三维正交群 (用于强相互作用)；SU(2) 是指特殊的二维幺正群 (用于规范群)；还有 O(3)，即三维正交转动群；U(1) 是幺正群 (用于电磁场的规范不变性)；$\mathrm{SU}(3)\times\mathrm{SU}(2)\times\mathrm{U}(1)$ 表示强相互作用、弱相互作用和电磁相互作用的统一 (都是基于规范不变性的思想)，等等。此处 "特殊"(即 S) 的含义是指，表示群的矩阵所对应的行列式之值，有 ±1 之分，也是正交性的必要条件，即 $\det\mathrm{SU}=1$，而 $\det\mathrm{O}(3)=\pm1$，其中 $+1$ 表示合适的转动，而 -1 表示不合适的转动)，这里用到的是对称群，简述之就是，所有变量的符号反转前后，物理系统是否一样，一样则是对称，如 $f(\boldsymbol{r})=f(-\boldsymbol{r})$；若只是系统符号反了，如 $f(\boldsymbol{r})=-f(-\boldsymbol{r})$，便是反对称 (变量可以是空间变量、自旋角动量，也可以是时间，当然也可以是二者同时改变，就是空间反演，时间反演或时空反演，空间旋转)。量子力学的基础是能量守恒，它必然和对称性有关。1915 年，诺特提出：每一种守恒律都对应于一种对称性 (广义地说，不变性就是对称性)，时间平移不变性对应于能量守恒，空间平移不变性对应于动量守恒，空间旋转的对称性则与角动量守恒相对应，它是空间均匀和各向同性的体现 (不过，镜面对称性对于量子力学来说，却有非凡的意义，如李政道-杨振宁发现的弱相互作用宇称不守恒定律，宇称就是镜像反射对称性，即上下不变，左右反转，它与自旋以及坐标系的转换有关)；在数学处理上，可以交换顺序者，称为可交换群 (阿贝尔群)，如无限小旋转属于阿贝尔群 (也就是绕同一个轴转动，前后顺序可以交换，简单的如 $\mathrm{e}^{\mathrm{i}\alpha_1}\cdot\mathrm{e}^{\mathrm{i}\alpha_2}=\mathrm{e}^{\mathrm{i}(\alpha_1+\alpha_2)}$)；不可交换者，称作非阿贝尔群 (例如，绕不同的轴转动，前后顺序不可以交换，相当于矩阵的乘法)。举一个生活中非常通俗的例子，如先戴帽子后穿鞋与先穿鞋后戴帽子，这二者 (顺序) 是可以交换的，凡属这一类者，皆为可交换群；否则，如先穿内衣再穿大衣和先穿大衣后穿内衣，这二者是不可交换的，属于非交换群一类。在群论的开创性研究中，19 岁的伽罗华 (时年死于不公正的悲惨决斗) 和 29 岁的阿贝尔 (时年死于贫困与肺病交加的困境) 都做出了重大贡献，却又像彗星一样，瞬间消失在苍穹之中。

那么，从对称和顺序来看，全同粒子的情况如何呢？

其实，最重要的是粒子的全同性在实验上的验证，以及合理的推理，因为通过实验无法区分粒子群体中的个体粒子，如果电子云难以想象，那也可以想象生活中偶尔遇到的飘动的大量微小尘埃，跟踪和识别其中一个微尘颗粒自然是极其困难的事，何况是量子力学中的粒子呢！它的尺度要比尘埃颗粒小几十个数量级且还具有波动性以及测不准关系的制约，可以想象是何等困难！

轨道在量子力学中没有意义，利用轨道的概念无法跟踪粒子，自然也就不能区分粒子，图 6-8 正是显示全同粒子径迹不可分辨的示意图，图中的 B 可以是波包的弥散，也可以是测不准的误差范围，总之可以看成是黑箱，因为它的存在使得 (a) 中粒子 (如电子) 是径迹 a_1a_2 会被误判成 a_1b_1，同样 b_1b_2 会被误判成 a_2b_2。当然也可以说，粒子以波动的形式在 B 处叠加，在空间点位上没有排他性，也就没有办法区分全同粒子。

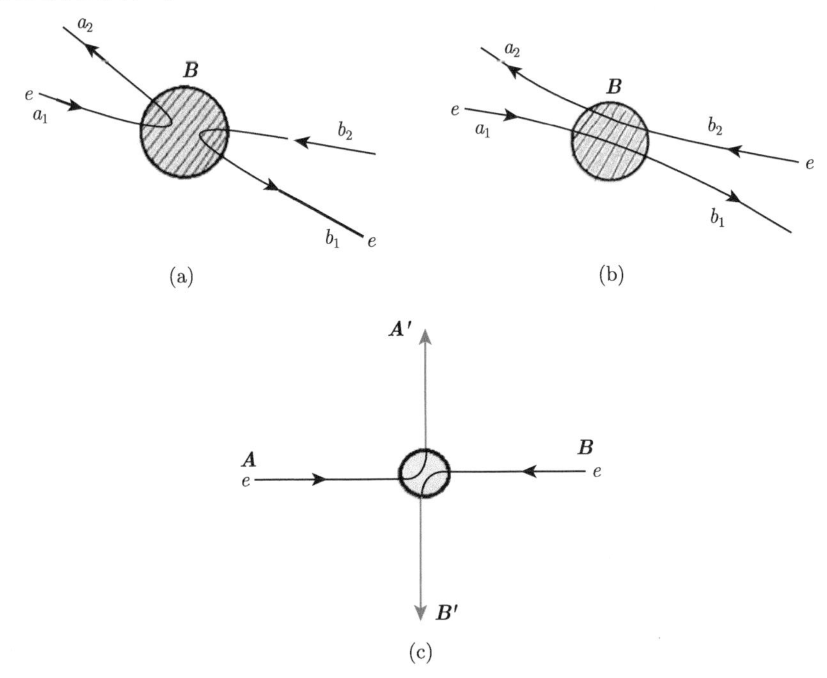

图 6-8　全同粒子径迹不可分辨的示意图

这里画出电子的轨道，只是粒子径迹的一种形象表示；图中 B 为波包的弥散或测不准范围 ($\Delta x\Delta p \geqslant 2\pi\hbar$)，作为不可分辨的黑箱区域，(a) 中的电子的径迹 a_1a_2 或 b_1b_2 会被误判成 (b) 中的 a_1b_1 或 a_2b_2，(c) 是两个电子散射的示意图，在 $\boldsymbol{A}'$、$\boldsymbol{B}'$ 两点无法分辨电子各自来自 $\boldsymbol{A}$ 或 $\boldsymbol{B}$ 的哪一端 (不考虑自旋)

再看一看群论对此是如何处理的。显然群论是一种对类或集合的共性，也就是整体性进行分析的数学方法，对称性是其中最为重要的特性，因为它与守恒定律密切相关。而全同粒子正是一个类或集合，是由大量同种个体组成的系统，其哈密顿量对粒子之间的位置、动量的交换是不变的，如粒子 i 和 k 彼此交换位置，或同时交换位置和动量，用波函数表示时，用 q_i 表示在 (x_i, y_i, z_i) 的粒子，q_k 表示在 (x_k, y_k, z_k) 的粒子，二者最多相差一个常数 λ，因此有如下形式：

$$\Psi(q_1, \cdots, q_i, \cdots, q_k, \cdots, q_N, t) = \lambda \Psi(q_1, \cdots, q_k, \cdots, q_i, \cdots, q_N, t)$$

将 $\Psi(q_1, \cdots, q_i, \cdots, q_k, \cdots, q_N, t)$ 简化表示为 $\Psi_{i,k}$，$\Psi(q_1, \cdots, q_k, \cdots, q_i, \cdots, q_N, t)$ 简化表示为 $\Psi_{k,i}$，引入交换算符 $\widehat{\boldsymbol{P}}_{ki}$，表示粒子 q_i 与 q_k 交换，则有

$$\widehat{\boldsymbol{P}}_{ki}\Psi_{k,i} = \lambda \Psi_{k,i} \tag{6-79}$$

λ 相当于本征方程的本征值，$\Psi_{k,i}$ 就是本征函数。对上式再用一次 $\widehat{\boldsymbol{P}}_{ki}$，即

$$\widehat{\boldsymbol{P}}^2_{ki}\Psi_{k,i} = \widehat{\boldsymbol{P}}_{ki}\lambda\Psi_{k,i} = \lambda\widehat{\boldsymbol{P}}_{ki}\Psi_{k,i} \tag{6-80}$$

注意到式 (6-79)，立即可得下式 (注意到 $\widehat{\boldsymbol{P}}^2_{ki}\Psi_{k,i} = \Psi_{k,i}, \widehat{\boldsymbol{P}}^2_{ki} = 1$)：

$$\Psi_{k,i} = \lambda^2\Psi_{k,i}, \quad \lambda = \pm 1, \quad \widehat{\boldsymbol{P}}_{k,i} = \pm 1 \tag{6-81}$$

(由波函数的统计诠释，$|\Psi_{i,k}|^2 = \lambda^2|\Psi_{k,i}|^2 = 1$，注意到 $|\Psi_{k,i}|^2 = 1$，就不难证明 $\lambda^2 = 1$，$\lambda = \pm 1$)。由此可知，全同粒子在出现粒子位置、位置和动量同时交换时，只能对对称性产生影响，或者改变，或者不变，因为 $\widehat{\boldsymbol{P}}_{k,i} = \pm 1$，$\widehat{\boldsymbol{P}}_{k,i}\Psi = \pm\Psi$。

如果对波函数 $\Psi_{i,k}$ 的电子 q_i 的力学量 (n, l, m, s) 进行测量，同时对 q_k 作同样测量，结果记为 $c(n_1, n_2, t)$，其中 $n_1 = \{n_k, l_k, m_k, s_k\}$，$n_2 = \{n_i, l_i, m_i, s_i\}$；对于 $\Psi_{k,i}$ 则有 $-c(n_2, n_1, t)$，这里的负号表示反对称 (费米—狄拉克粒子)，当 $n_1 = n_2 = n$ 时，必然导致 $c(n, n, t) = -c(n, n, t) = 0$，也就是说，同时测量两个电子具有相同的态，是不可能的事 (从测量的角度表述泡利不相容原理)。此处只是理论上的分析，实际上，一个系统的对称性是不会因为对它的变换处理而改变的 (就是说，系统的对称性由对称性操作来确定，如空间平移、旋转、反演；时间平移、反演，镜像反射以及规范变换的操作确定的对称性，是其固有的特性)，即使是多粒子系统，也不可能出现一部分粒子为对称态，另一部分粒子为反对称态，对称性是系统的整体性质。

这些结果也可以用狄拉克符号进行说明，在经常采用狄拉克符号的专业领域，这是必要的；如果只是偶尔遇到，并不熟悉，也不一定非要用这种表示，因为它比较抽象，致使物理含义不直观、不明显；为了对比，下面给出上述内容的狄拉克符号论述。

对于只有两个粒子 (如电子) 的系统，理论上，可以说是 1 号粒子和 2 号粒子，它们的状态是：$|q'\rangle|q''\rangle$ 和 $|q''\rangle|q'\rangle$，即 1 号粒子是 q'，2 号粒子是 q''，或者反过来，1 号粒子是 q''，2 号粒子是 q'。如果进行测量，结果可能是 $|q'\rangle|q''\rangle$，也可能是 $|q''\rangle|q'\rangle$，因为测量前并不知道是哪种状态，它们的线性组合 $c_1|q'\rangle|q''\rangle + c_2|q''\rangle|q'\rangle$ 也只能导致同样的测量结果，这就说明观测并不能给出确定的答案，现在将前面的交换算符 $\widehat{\boldsymbol{P}}_{i,k}$ 改为 $\boldsymbol{P}_{1,2}$ 并省去 $\wedge$ 符号，以适应两个粒子的情况，由此可得

$$\boldsymbol{P}_{1,2}|q'\rangle|q''\rangle = |q''\rangle|q'\rangle, \quad \boldsymbol{P}_{1,2} = \boldsymbol{P}_{2,1}, \quad \boldsymbol{P}^2_{1,2} = 1 \tag{6-82}$$

这两个粒子的本征方程如下式所示：

$$Q_1|q'\rangle|q''\rangle = \lambda'|q'\rangle|q''\rangle, \quad Q_2|q'\rangle|q''\rangle = \lambda''|q'\rangle|q''\rangle \tag{6-83}$$

式中，λ' 和 λ'' 是本征值，但通常习惯的表示则是

$$Q_1|q'\rangle|q''\rangle = q'|q'\rangle|q''\rangle, \quad Q_2|q'\rangle|q''\rangle = q''|q'\rangle|q''\rangle \tag{6-84}$$

就是用 q' 和 q'' 代替 λ' 和 λ''，并分别表示 $|q'\rangle$ 和 $|q''\rangle$ 的本征值，这时 Q_1，Q_2 就是对应的力学可观测量 Q 的测值。显然，有以下的关系：

$$\boldsymbol{P}_{1,2}|q'\rangle|q''\rangle = q'|q'\rangle|q''\rangle$$
$$\boldsymbol{P}_{1,2}P_{1,2}|q'\rangle|q''\rangle = q'^2|q'\rangle|q''\rangle$$

由于 $\boldsymbol{P}^2_{1,2}|q'\rangle|q''\rangle = |q'\rangle|q''\rangle$，$\boldsymbol{P}^2_{1,2} = 1$，因而有 $q'^2 = 1$，$q' = \pm 1$。这就表明，交换算符引起的只是对称性的改变，对于费米—狄拉克粒子，受泡利不相容原理的制约，只能取一种态

$$\frac{1}{\sqrt{2}}(|q'\rangle|q''\rangle - |q''\rangle|q'\rangle)$$

对于玻色—爱因斯坦粒子是对称的，因而有三种态

$$|q'\rangle|q'\rangle, \quad |q''\rangle|q''\rangle, \quad \frac{1}{\sqrt{2}}(|q'\rangle|q''\rangle + |q''\rangle|q'\rangle)$$

至于麦克斯韦—玻尔兹曼粒子，则有四种态

$$|q'\rangle|q''\rangle, \quad |q''\rangle|q'\rangle, \quad |q'\rangle|q'\rangle, \quad |q''\rangle|q''\rangle$$

那么，在不同的条件下，如何判断系统是哪一种情况呢？已经知道自旋只有两个态：上旋与下旋或正旋与反旋。很自然地会意识到，对称性与自旋有关联。这种关联由泡利不相容原理给出，它是说，在确定的量子态下，对于多粒子系统中的电子，具有相同量子数 (n, l, m_l, m_s) 的电子不能多于一个，当然，也可能零。这很明显，只适合于自旋量子数 s 是 $\hbar$ 的半整数倍的多粒子系统，$s = 1/2, 3/2, 5/2, \cdots$，例如，电子、正电子、质子、中子、中微子、μ 子、超子，它们的自旋量子数 s 都是 $\pm 1/2$，属于费米—狄拉克粒子；自旋量子数 s 是 $\hbar$ 的整数倍，如光子的自旋量子数 s 是 1；π 介子、K 介子、η 介子的自旋量子数 s 是 0，它们属于玻色—爱因斯坦粒子。

为什么会是如此呢？主要原因仍然是对称性，费米—狄拉克粒子是反对称的，而玻色-爱因斯坦粒子则是对称的；它们在量子统计方面，也分属不同的统计原理，亦即费米-狄拉克统计和玻色-爱因斯坦统计，如果假定全同粒子可以区分，那就对

应于经典统计学的麦克斯韦—玻尔兹曼统计，它们的统计表示式并没有显著的区别，如下式所示 (当然，这是自旋量子数属于不同类所致，至于为什么会如此，目前仍不清楚)

$$N(\varepsilon)=\begin{cases}\mathrm{e}^{-(\varepsilon-\mu)/k_{\mathrm{B}}T} & \text{麦克斯韦—玻尔兹曼分布 (M}-\text{E分布)}\\ \dfrac{1}{\mathrm{e}^{(\varepsilon-\mu)/k_{\mathrm{B}}T}+1} & \text{费米—狄拉克分布 (F}-\text{D分布)}\\ \dfrac{1}{\mathrm{e}^{(\varepsilon-\mu)/k_{\mathrm{B}}T}-1} & \text{玻色—爱因斯坦分布 (B}-\text{E分布)}\end{cases} \tag{6-85}$$

式中，$N(\varepsilon)$ 表示能量为 ε (单个粒子的能量) 的系统的粒子数，μ 是一个粒子的化学势 (表示系统趋向统计平衡时，单个粒子对系统的能量变化的贡献)，k_{B} 是玻尔兹曼常量，T 是绝对温度。

自从普朗克提出黑体辐射公式之后，1906 年爱因斯坦、1910 年德拜、1916 年爱因斯坦、1922 年德布罗意、1924 年玻色分别从不同的角度重新推导了该公式，消除了普朗克公式原有的缺陷 (连续与分立的过渡问题)，说明这个公式对于发展量子统计力学的重要性 (特别是爱因斯坦，他第二次推导这个公式时，提出了受激发射，也就是激光原理，后面还会涉及这个问题)。此外，由于自旋形成粒子之间的差异，它们在整体性质方面有什么不同，存在何种相互作用，只有通过统计特性的分析才能获得相关信息。

可以将上述三种不同的分布用统一的方法进行处理，便于比较，它就是吉布斯巨正则系综 (由众多系统组成) 的理论，可以统一推导出上述三种分布，具体公式如下：

$$N(\varepsilon)=N_i(\varepsilon_i)=kT\frac{\partial}{\partial\mu}\ln\sum_{N_i}\mathrm{e}^{-N_i(\varepsilon_i-\mu)/kT} \tag{6-86}$$

式中，$N_i(\varepsilon_i)$ 表示具有能量为 ε_i 的粒子数，对于费米—狄拉克粒子，它服从泡利不相容原理，ε_i 只能取 0 或 1，因此有

$$\sum_{N_i}\mathrm{e}^{-N_i(\varepsilon_i-\mu)/kT}=1+\mathrm{e}^{-N_i(\varepsilon_i-\mu)/kT} \tag{6-87}$$

代入式 (6-86) 即得

$$N(\varepsilon)=\frac{1}{\mathrm{e}^{(\varepsilon-\mu)/k_{\mathrm{B}}T}+1}$$

当 $\mathrm{e}^{(\varepsilon-\mu)/k_{\mathrm{B}}T}\gg 1$ 时，就是麦克斯韦—玻尔兹曼分布：$\mathrm{e}^{-(\varepsilon-\mu)/k_{\mathrm{B}}T}$；对于玻色—爱因斯坦粒子，由于没有泡利不相容原理的限制，$N_i(\varepsilon_i)$ 的数目可以从 0 到 ∞，因此有

$$\sum_{N_i}\mathrm{e}^{-N_i(\varepsilon_i-\mu)/k_{\mathrm{B}}T}=\sum_{N_i=0}^{\infty}\mathrm{e}^{-N_i(\varepsilon_i-\mu)/k_{\mathrm{B}}T}=\frac{1}{1-\mathrm{e}^{-(\varepsilon_i-\mu)/k_{\mathrm{B}}T}}$$

代入式 (6-86) 即得

$$N(\varepsilon)=\frac{1}{\mathrm{e}^{(\varepsilon-\mu)/k_{\mathrm{B}}T}-1}$$

能不能推导出黑体辐射公式呢？自然可以，不然，吉布斯巨正则系综理论的局限性就太大了，下面就来做这件事。

因为 B-E 分布已经得出，处于黑体辐射频段的电磁波可以看成是光子辐射和吸收，所以维恩、瑞利—金斯和普朗克分别推导黑体辐射定律时如何确定炼钢炉辐射的空腔体积是一个关键点。维恩是用热力学方法和玻尔兹曼分布 (确定了玻尔兹曼分布的有效性)、瑞利—金斯是用统计力学方法和能量均分定理 (将波数空间和体积空间联系起来，给出了状态格点和单位体积的关系)，比起前二位在空间划分，普朗克则是将能量以 $h\nu$ 为最小单位细分，降低了能量分布的范围，提高了能量的分辨率。概括起来，瑞利—金斯是巧妙地利用了波数空间，当时已知傅里叶变换的积分核，时间—频率域是 $\mathrm{e}^{-\mathrm{i}\omega t}$，而波数—频谱域则是 $\mathrm{e}^{-\mathrm{i}\boldsymbol{k}\cdot\boldsymbol{r}}$，$\boldsymbol{k}(k_x,k_y,k_z)$ 表示在直角坐标系中沿坐标轴正方向的简谐运动的波数，即 $2\pi/\lambda$，等价于粒子数；$\boldsymbol{r}(l_x,l_y,l_z)$ 正好就是简谐运动所占的空间，这样就把粒子数与空间体积联系在一起，下面的关系式已经不难理解，将 l_x、l_y 和 l_z 视为长方体，依据简谐振动在有限空间内传播与回波形成驻波的特性，也可以回想前面提到的德布罗意波的索末菲—玻尔量子化条件，就是 $2\pi/\lambda$ 只能是正整数 $n(n_x,n_y,n_z)$，换句话说，l_x、l_y 和 l_z 也只能包含波长 λ 和半波长 $\lambda/2$ 的整数倍，如此一来，就有

$$\frac{l_x}{\lambda/2}=n_x,\quad \frac{l_y}{\lambda/2}=n_y,\quad \frac{l_z}{\lambda/2}=n_z \tag{6-88}$$

再根据光速 c 和频率 ν 的关系 $c=\lambda\nu$，$\lambda=c/\nu$ 可得

$$\left(\frac{2\nu}{c}\right)^2=\left(\frac{n_x}{l_x}\right)^2+\left(\frac{n_y}{l_y}\right)^2+\left(\frac{n_z}{l_z}\right)^2 \tag{6-89}$$

由此可得

$$\left(\frac{n_x}{2l_x\nu/c}\right)^2+\left(\frac{n_y}{2l_y\nu/c}\right)^2+\left(\frac{n_z}{2l_z\nu/c}\right)^2=1 \tag{6-90}$$

关键的一步是，式 (6-87) 表示在 n_x、n_y 和 n_z 组成的直角坐标系中，$2l_x\nu/c$, $2l_y\nu/c$, $2l_z\nu/c$ 就是以半波长 $\lambda/2$ 表示的椭球体的长短轴 (最简单的就是球体)，占据坐标系的第一象限的只是整个椭球体的 1/8，与此对应的长方体的体积是：$V=l_x\cdot l_y\cdot l_z$。由此可得下面的等式

$$\frac{1}{8}\left(\frac{4\pi}{3}\cdot\frac{2l_x\nu}{c}\cdot\frac{2l_y\nu}{c}\cdot\frac{2l_z\nu}{c}\right)=\frac{4\pi V}{3}\cdot\frac{\nu^3}{c^3} \tag{6-91}$$

这个公式需要从量纲上做一说明，方程两边都是长度的三次方 (L^3)，它是 n_x、n_y、n_z 坐标系中，以波长为单位的立方体 $V_n = 1\times 1\times 1$，它的频率为 ν 的粒子数密度就如下式所示：

$$N_\nu = \left(\frac{4\pi V}{3}\cdot\frac{\nu^3}{c^3}\right)\Big/V_n = \left(\frac{4\pi V}{3}\cdot\frac{\nu^3}{c^3}\right)\Big/(1\times 1\times 1) = \left(\frac{4\pi V}{3}\cdot\frac{\nu^3}{c^3}\right) \tag{6-92}$$

$$\frac{\mathrm{d}N_\nu}{\mathrm{d}\nu} = \frac{\mathrm{d}}{\mathrm{d}\nu}\left(\frac{4\pi V}{3}\cdot\frac{\nu^3}{c^3}\right) = \frac{4\pi V}{c^3}\nu^2$$

或

$$\mathrm{d}N_\nu = \frac{\mathrm{d}}{\mathrm{d}\nu}\left(\frac{4\pi V}{3}\cdot\frac{\nu^3}{c^3}\right) = \frac{4\pi V\nu^2}{c^3}\mathrm{d}\nu \tag{6-93}$$

那么，考虑到电磁波有两种极化方式，黑体空腔辐射的能量密度便如下式所示

$$\frac{\mathrm{d}N_\nu}{V} = \frac{2\times 4\pi\nu^2}{c^3}\cdot\frac{\hbar\nu}{\mathrm{e}^{\hbar\nu/kT}-1}\mathrm{d}\nu = \frac{8\pi\hbar\nu^3}{c^3}\cdot\frac{1}{\mathrm{e}^{\hbar\nu/kT}-1}\mathrm{d}\nu \tag{6-94}$$

这就是普朗克黑体辐射公式。可以看出，利用吉布斯巨正则系综，要比上述各个分布的推导容易得多，物理意义也很清楚。如果这些物理学家没有采用或当时不熟悉吉布斯巨正则系综，舍简求繁，现在就没有必要重复他们的做法了。

其实，当时普朗克将维恩、瑞利—金斯的黑体辐射公式整合成一个，并不是难事，他迈出的重要一步，是将连续的能量积分改为离散的能量求和，并确定了能量的最小单位是 $h\nu$，这就引发了对能量基本看法的改变，促成了量子力学的诞生!

这里有一个重要的现象，就是当绝对温度 T 低至零附近时，B-E 分布的粒子几乎都趋近于能量基态，形成凝聚态；F-D 分布则不然。

6.9 规范不变性

为什么讨论规范场？主要也是与对称性有关，上面已经涉及了对称性，也就顺便讨论规范不变性的基本概念。规范不变性是从不变量的观点对电磁场理论的特性进行分析，初始 (1864 年)，麦克斯韦创立电磁场理论时，认为矢势 $\boldsymbol{A}$ 和标势 φ 是描述电磁场的基本量，而赫兹与亥维赛德在简化麦克斯韦方程组的过程中，则认为其是辅助量，只是为计算方便而引入。后来，量子力学创立之后，矢势 $\boldsymbol{A}$ 和标势 φ 的意义又成为物理学家关注的热点，究其原因，不外是对称性和不变性的要求，爱因斯坦强烈要求物理定律在参考系改变时具有的不变性，就是协变性。外尔受爱因斯坦引力场方程的影响，在发展对称群理论时，从空间任一点选取度量尺度的随意性出发，推导电磁场方程。外尔毕竟是数学家，其不适当的物理思想 (尺度的随意性) 受到爱因斯坦严厉的批评 (尺度自然具有客观性)，但外尔并不放弃，后来搞清

楚了，他的尺度因子原来是相位，因为相位因子 $|\mathrm{e}^{\mathrm{i}\alpha}|^2 = (\mathrm{e}^{\mathrm{i}\alpha})(\mathrm{e}^{\mathrm{i}\alpha})^* = \mathrm{e}^{\mathrm{i}\alpha}\cdot\mathrm{e}^{-\mathrm{i}\alpha} = 1$，不会改变场量，也不会改变波函数的模方；若矢势 $\boldsymbol{A}$ 和标势 φ 以如下形式引入电磁场：

$$\boldsymbol{E} = -\nabla\varphi - \frac{1}{c}\frac{\partial\boldsymbol{A}}{\partial t}, \quad \boldsymbol{B} = \nabla\times\boldsymbol{A} \tag{6-95}$$

则电磁场方程不变，因此，能满足这种不变性要求 (即规范) 的变换就是规范变换。那么，这种描述是否使电磁场具有唯一性呢？换句话说，就是这种描述是否是确定性的？显然，情形并非如此。由基本电学理论可知，零电位的选择具有任意性，决定电路系统的是电压，而不是电位，比如，落在高压线的飞鸟，与地表绝缘，因而不会有危险。量子力学中的波函数 $\Psi(\boldsymbol{r},t)$ 的幅度并不是唯一的确定值，$\Psi(\boldsymbol{r},t)$、$c\Psi(\boldsymbol{r},t)$ 和 $\mathrm{e}^{-\mathrm{i}\alpha}\Psi(\boldsymbol{r},t)$ 的数学与物理意义是等价的，就是说，对于波函数而言，只能确定到彼此相差一个常数或是一个相位因子。是不是说对这种差别或不确定性没有限制呢？当然，限制肯定存在，就是要保证不变性，如果 $c\mapsto c(x)$，$\mathrm{e}^{-\mathrm{i}\alpha}\mapsto\mathrm{e}^{-\mathrm{i}\alpha(t)}$，那么相应的波函数不再使薛定谔方程的形式保持不变，引起不确定性的因素也并不是随意的，需要满足不变性的要求，这就是规范不变性的基本含义。在接下来论述电磁场方程的规范不变性问题时，它的含义就会更清楚。

电磁场方程有如下两种等价的形式：

$$(1)\mapsto\left(\begin{array}{l}\nabla\times\boldsymbol{E} = -\dfrac{\partial\boldsymbol{B}}{\partial t}\\ \nabla\times\boldsymbol{H} = \dfrac{\partial\boldsymbol{D}}{\partial t}+\boldsymbol{j}\\ \nabla\cdot\boldsymbol{D} = \rho,\ \boldsymbol{D} = \varepsilon\boldsymbol{E}\\ \nabla\cdot\boldsymbol{B} = 0,\ \boldsymbol{B} = \mu\boldsymbol{H}\end{array}\right.\qquad (2)\mapsto\left(\begin{array}{l}\nabla\times\boldsymbol{E} = -\dfrac{1}{c}\dfrac{\partial\boldsymbol{H}}{\partial t}\\ \nabla\times\boldsymbol{H} = \dfrac{1}{c}\dfrac{\partial\boldsymbol{E}}{\partial t}+\dfrac{4\pi}{c}\boldsymbol{j}\\ \nabla\cdot\boldsymbol{E} = 4\pi\rho,\ \boldsymbol{D} = \varepsilon\boldsymbol{E}\\ \nabla\cdot\boldsymbol{H} = 0,\ \boldsymbol{B} = \mu\boldsymbol{H}\end{array}\right. \tag{6-96}$$

当用矢势 $\boldsymbol{A}$ 和标势 φ 表示时，电场 $\boldsymbol{E}$ 与磁场 $\boldsymbol{B}$ 简化为

$$\boldsymbol{E} = -\nabla\varphi - \frac{1}{c}\frac{\partial\boldsymbol{A}}{\partial t}, \quad \boldsymbol{B} = \nabla\times\boldsymbol{A} \tag{6-97}$$

当时是如何想到并引进矢势 $\boldsymbol{A}$ 和标势 φ 的呢？其实在数学上并不难，不过想到这一点，却是概念上的创新。

根据式 (6-93)，由 $\nabla\cdot\boldsymbol{B} = 0$ 可得 $\boldsymbol{B} = \nabla\times\boldsymbol{A}(\boldsymbol{r},t)$(如果一个矢量的散度为零，那它一定是另一个矢量的旋度，这里，矢势 $\boldsymbol{A}$ 由磁场 $\boldsymbol{B}$ 确定)，将此结果代入 $\nabla\times\boldsymbol{E} = -\dfrac{\partial\boldsymbol{B}}{\partial t}$，可得 $\nabla\times\left(\boldsymbol{E}+\dfrac{\partial\boldsymbol{A}}{\partial t}\right) = 0$，显然如果一个矢量 $\left(\boldsymbol{E}+\dfrac{\partial\boldsymbol{A}}{\partial t}\right)$ 的旋度为零，那它一定是一个标量 φ 的梯度 (它主要由电场 $\boldsymbol{E}$ 决定)，因此有

$$\boldsymbol{E}+\frac{\partial\boldsymbol{A}}{\partial t} = -\nabla\varphi \quad 或 \quad \boldsymbol{E} = -\nabla\varphi - \frac{\partial\boldsymbol{A}}{\partial t}$$

这就是矢势 $\boldsymbol{A}$ 和标势 φ 的来源，它的引入的确会使电磁场方程的计算简化，显然，用一个方程代替四个方程，对理论研究更加有利 (可以构成拉格朗日函数，还可以说，这样引入的变换就是规范变换，它形成规范场，与原来的电磁场方程等价)。不过从技术与实验方面看，原来的方程似乎更加直观、物理意义更加明确 (顺便提及关于科学美的问题，无论是从简单、和谐，还是从直观、对称来说，麦克斯韦的四个方程都具有无与伦比的科学美；由于科学美包含了科学家在研究、探索中克服重重困难的体会与感悟及获得成功时的喜悦，因此大凡成功的科学家都会谈论自己对科学美的体验，其实如果不涉及个体因素，客观上，无论是确定性的还是统计性的因果关系的正确的数学表达，一定具有预测能力，表达越简单，结果越重要，美的震撼就越强烈，这就是科学之美)。

如果将式 (6-94) 代入 (利用电磁场方程的第二种形式，$c \neq 1$，第一种形式，是自然单位制，$c=1$) $\nabla \times \boldsymbol{E} = -\dfrac{1}{c}\dfrac{\partial \boldsymbol{H}}{\partial t}$，它的形式并不改变，不过这里要说明的规范不变性是针对式 (6-94) 而言的。设 ϕ 是坐标与时间的任意函数 $\phi(x,t)$，作如下变换

$$\boldsymbol{A}' = \boldsymbol{A} + \nabla\phi, \quad \varphi' = \varphi - \frac{1}{c}\frac{\partial \phi}{\partial t} \tag{6-98}$$

代入式 (6-94)

$$\begin{aligned}\boldsymbol{E} &= -\nabla\varphi - \frac{1}{c}\frac{\partial \boldsymbol{A}}{\partial t} = -\nabla\phi' - \frac{1}{c}\frac{\partial \nabla\phi}{\partial t} - \frac{1}{c}\frac{\partial \boldsymbol{A}'}{\partial t} + \frac{1}{c}\frac{\partial \nabla\phi}{\partial t} \\ &= -\nabla\phi' - \frac{1}{c}\frac{\partial \boldsymbol{A}'}{\partial t} \\ \boldsymbol{B} &= \nabla \times \boldsymbol{A} = \boldsymbol{B} \times (\boldsymbol{A}' - \nabla\phi) = \boldsymbol{B} \times \boldsymbol{A}' - \boldsymbol{B} \times \nabla\phi = \boldsymbol{B} \times \boldsymbol{A}'\end{aligned}$$

可见，变换 (6-95) 并未使方程 (6-94) 的形式改变 (因而式 (6-95) 就是规范)，矢势 $\boldsymbol{A}$ 和标势 φ 各自仍然只能精确到 $\nabla\phi$ 和 $\dfrac{1}{c}\dfrac{\partial \phi}{\partial t}$ (也称作规范 “自由度”)；也就是说，$\boldsymbol{A}+\nabla\phi$ 和 $\varphi - \dfrac{1}{c}\dfrac{\partial \phi}{\partial t}$ 与 $\boldsymbol{A}$ 和 φ 相比，并没有使 $\boldsymbol{E}$ 和 $\boldsymbol{B}$ 的表示式有什么改变，为什么会是这样？大致有这样一些原因：一是自然界的基本规律应该具有普适性，不然，在此处合适，而在彼处则不合适。比如，如果电势只能有一个定值，那它只能在符合该定值的区域使用，岂不是严重受限制吗？发电机和电动机也只能在有限地区能用，现在的手机，其移动性也会成为奢望。这些当然不会发生，因为大自然馈赠给人类的规律是普适的。二是不变性，它包含的物理意义是能量、动量、角动量、电荷等的守恒。三是对称性，在进行某种变换之后，要求对称性不变，不然自然景观将会变得极其复杂、难以想象。

至于说到外尔提出规范变换的初衷，是寄希望从他的尺度伸缩变换推导出电

磁场方程，尺度变换是

$$\exp\left(\frac{q}{\gamma}\oint \mathrm{d}x\cdot \boldsymbol{A}\right)$$

V. A. Fock 和 F. London 指出，式中所谓“尺度”因子 γ，应当用 $-\mathrm{i}c\hbar$ 代替，这样矢势 $\boldsymbol{A}$ 沿着闭合回路的积分 $\oint \mathrm{d}x\cdot \boldsymbol{A}$ 只引起相位的改变，幅值并不改变 (这就是爱因斯坦批评外尔时坚持的观点)，相应地，量子力学中的相位因子就如下式所示：

$$\exp\left(-\frac{q}{\mathrm{i}c\hbar}\oint \boldsymbol{A}\cdot \mathrm{d}x\right) \quad 或 \quad \exp\left(-\frac{q}{\mathrm{i}c\hbar}\alpha(\boldsymbol{r},t)\right)$$

这时，相位因子中标量函数 $\alpha(\boldsymbol{r},t)$ 随着时空点而变化，即

$$\psi'(\boldsymbol{r},t)=\mathrm{e}^{-\mathrm{i}q\alpha(\boldsymbol{r},t)/\hbar c}\psi(\boldsymbol{r},t)$$

表示局域规范不变，如果标量函数 α 是常数，它并不引起波函数在不同时空点的改变，就是全局规范不变 (相当于幺正算符 U(1) 对波函数 $\psi(\boldsymbol{r},t)$ 的作用)，那么，这两种不变性 (或对称性) 的物理意义有什么不同？简言之，全局规范不变性与守恒律有关 (诺特定律)，是静态的；局域规范不变性是动态的，体现了场与粒子的相互作用 (由对称群理论描述，显然电磁场就是 U(1) 对称群)。

需要说明的是：当时将尺度变换称作规范 (Gauge)，现在已经词不达意，更合适的称谓应该是相位不变性，已经沿用至今不宜更改名称，由此引起的误解、产生的困难，与对规范不变性的理解有关。其实对于场量，为使其场方程保持不变，施加附加的变换须满足一定条件，也就是符合规范，而变换后能使原系统的数学形式不变 (可见，规范是借助适当的规范函数研究场的整体特性的一种方法，另一种方法便是通过场与粒子的相互作用来研究其动力学特性)。

这里使人们不禁想起，爱因斯坦早年提出：物理方程的数学形式在坐标系改变时应保持不变的协变思想。就是说，在笛卡儿空间，静止的物体有确定的坐标值；低速运动的物体，牛顿第二定律符合伽利略坐标系，高速运动的物体与洛伦兹坐标系相适应，进一步，引力场方程用张量表示，在黎曼弯曲空间里，已经脱离了坐标系，显示了完全的协变形式。

类似地，这里规范不变性就是指不同的场有不同的规范函数，在规范函数作用下，场变量按规范函数变换，但其数学表示应当不变。由于不变性等价于对称性，而对称性支配粒子间的相互作用。因此，由宏观系统的坐标变换到微观系统的规范变换，其物理思想是继承和发展的，并不是突如其来的。

对于矢势 $\boldsymbol{A}$ 和标势 φ 是辅助参量还是物理参量的问题，1959 年，阿哈罗诺夫与玻姆进行了分析，他们想知道，在量子力学中，电磁场中的哈密顿算符包括了矢势 $\boldsymbol{A}$ 和标势 φ，与不包括二者的哈密顿算符相比，对波函数的表达式有什么影

响? 换句话说, 没有电磁场时的哈密顿算符, 当然不包括矢势 $\boldsymbol{A}$ 和标势 φ, 那么包括了这二者, 但是与不包括电磁场的 $\boldsymbol{E}$ 和 $\boldsymbol{B}$ 相比, 有什么不同? 经典力学预言: 数学形式并无不同, 但矢势 $\boldsymbol{A}$ 和标势 φ 不具备物理场量的效果 (即对电子不会产生作用, 其实矢势 $\boldsymbol{A}$ 和标势 φ 是由场量 $\boldsymbol{E}$ 和 $\boldsymbol{B}$ 导出的, 它们理所应当能够具有场量的物理特性, 对电子有作用)。阿哈罗诺夫与玻姆提出检验其真实性的实验方案, 几乎在三十年后, 才由外村彰团队进行了低温超导实验, 证实了 A-B 效应 (磁效应)。思路其实很简单, 由 $\boldsymbol{B} = \nabla \times \boldsymbol{A}$ 可知, $\boldsymbol{A}$ 的旋度可以用螺旋管通以电流进行模拟, 如果螺旋管足够长, 没有漏磁通, 即 $\nabla \cdot \boldsymbol{B} = 0$, 那么管外就是零磁场, 这时有 $\oint \boldsymbol{A}\mathrm{d}l = \varPhi$ (沿着闭合路径的积分等于管内的磁通量)。同时, 这个环路积分也等于其上的矢势 $\oint \boldsymbol{A}\mathrm{d}l = 2\pi r\boldsymbol{A}_{\bar{\varphi}}$, 因而有 $\boldsymbol{A}_{\bar{\varphi}} = \varPhi/2\pi r$。这样通过电流的通断可以控制管外的磁场, 断开电流时, 外部磁场和管内矢势同时为零, 电子束不发生偏转; 接通电流时, 外部磁场为零, 但管内矢势不为零, 指向螺旋管的电子束发生了偏转 (A-B 效应), 说明管内的矢势对管外电子起作用, 实现了相互耦合, 显示矢势具有物理意义, 直接否定了经典力学的预测, 使量子力学经受了一次严峻的考验 (当然, 矢势和标势仍然不可能直接测量。关于这个问题, 下文还会通过路径积分方法对其进行更详细讨论)。

6.10 同 位 旋

自旋概念的进一步引申, 产生了同位旋, 就是把原子核的中子和质子看成同一种粒子, 即核子的两个状态 (核反应实验证实, 质子所带的电荷对核力, 也就是强相互作用几乎没有影响, 而且, 质子的质量是 1.672×10^{-27}kg, 中子的质量是 1.674×10^{-27}kg, 二者的差值完全可以忽略, 与此类似的还有 π、K、Λ、Σ 等粒子, 均属于 U(2) 对称性): 质子态和中子态, 这两个核子的短程强相互作用与同位旋在空间-时间点上的旋转独立、无关, 是同位旋不变量, 而且, 总同位旋守恒, 因而可以用电荷自旋 (就是同位旋, 无量纲) 来描述, 自旋的二阶矩阵 $\boldsymbol{\sigma}$ 的数学表述, 完全可以平移过来, 因此就不重复了。

根据 6.9 节的分析可知, $\boldsymbol{B} = \nabla \times \boldsymbol{A}$ 包含了重要的物理信息, 它除了促使 A-B 效应的提出; 也还启发规范场 (即杨—米尔斯方程) 的建立, 前面已经多次指出, 经典力学和量子力学在数学表述方面最根本的区别就是泊松括号 (等价于海森伯测不准关系): 经典力学是 $[x_i, p_j]_{\text{经典力学}} = \delta_{ij}$; 量子力学是 $[x_i, p_j]_{\text{量子力学}} = -\mathrm{i}\hbar\delta_{ij}$, 也就是说, 量子力学适合于非对易代数, 当将经典的电磁场张量 $F_{ik} = \dfrac{\partial A_k}{\partial x^i} - \dfrac{\partial A_i}{\partial x^k}$

推广到量子力学时，需要增加非对易项 $\mathrm{i}\varepsilon[A_kA_i - A_iA_k]$ (表示转动不对易，$\mathrm{i}\varepsilon$ 是规范耦合强度)，这样就可得出电磁场张量 $F^i_{\mu\nu}$ 的一个新表达式：

$$F^i_{\mu\nu} = \frac{\partial A^i_\nu}{\partial x^\mu} - \frac{\partial A^i_\mu}{\partial x^\nu} + \mathrm{i}\varepsilon[A^i_\mu A^i_\nu - A^i_\nu A^i_\mu] \tag{6-99}$$

它和黎曼二阶张量或者引力场方程中的曲率张量极为相似 (式中 ε 包含耦合强度 g 在内, 是物理意义上的而不是数学意义上的一个小量；如果 $\varepsilon \to 0$，就退回为经典的电磁场张量)

$$R^l_{ijk} = \frac{\partial \Gamma^l_{ik}}{\partial x^j} - \frac{\partial \Gamma^l_{ij}}{\partial x^k} + \Gamma^m_{ik}\Gamma^l_{mj} - \Gamma^m_{ij}\Gamma^l_{mk} \tag{6-100}$$

式中 Γ^l_{ik} 是 Christoffel 符号，表示曲线坐标系中基矢量随坐标点的改变产生的增量 (因而，会使曲率张量改变，由此影响在曲面上质点或粒子的运动状态，这一点很重要)，也可称作纤维丛上的联络，它是沿闭合曲线平行移动一周后的增量 (与此有关的张量知识，可参阅：赵松年，于允贤. 张量学习三讲. 北京：科学出版社，2018)。由此，可以说，规范场是一种几何化的物理思想，除了上述两个方程在数学结构上的相似之外，在物理机理方面也是相似的，粒子沿定轴的自旋和纤维丛上的联络沿闭合曲线的平行移动，都是在闵可夫斯基四维时—空流形中进行的，二者移动一周之后，都产生相位的改变，而且可以用纤维丛来表示，参看下面的图 6-9。

进一步，将看似不相关的同位旋与微分几何中的纤维丛上的联络，联系起来加以比较，通过深入思考，得出二者相似的新结果 (矢量势 A_{ik} 与 Γ^l_{ik} 相当，而曲率张量 $F^i_{\mu\nu}$ 则相当于场强，纤维丛的联络在不同坐标中的转换有关系式：$\Gamma'_\mu = S^{-1}\Gamma_\mu S + S^{-1}\dfrac{\partial S}{\partial x^\mu}$，其中变换 S 表示与时空坐标相关的同位旋转动 (也相当于李群 G 的平滑函数 $\mathrm{g}(x)$，$\mathrm{g}(x) \in G$)；对于矢量场的规范变换则有：$B'_\mu = S^{-1}B_\mu S + \dfrac{\mathrm{i}}{\varepsilon}S^{-1}\dfrac{\partial S}{\partial x^\mu}$，二者完全相似，可以得出纤维丛的联络就是规范场的结论。至于规范变换 S，后面会给出推导过程的说明)，体现了物理的直观能力，如果用群论 (或矩阵) 表述，经典力学是阿贝尔交换群，而量子力学则是非阿贝尔群，即非交换群。

现在，规范场已是被开发的金矿，但它是富矿 (1979 年和 2004 年共有 6 位物理学家，由于研究工作直接与杨—米尔斯方程有关而获得诺贝尔奖，其实，1999 年弱相互作用的诺贝尔奖也与此有关)，值得有志者去深入开采。

为了对规范场的几何图形和相应的物理含义有一个直观的了解，图 6-9 给出了矢量势 (a)、纤维丛 (b) 和联络 (c) 之间的对比：图中，M 是光滑流形，p 是流形 M 上的点，$p \in M$；U 是 p 的邻域，映射 $\pi^{-1}(U_P) \mapsto U \times \mathbb{R}^n$ 使纤维垂直于过 p 点的切平面。粒子绕定轴沿闭合曲线的同位旋，与纤维丛上的联络 Γ^j_{ik} 沿闭合曲线的平行移动，形成环移群 (holonomy group，和乐群)，二者都会产生相位的改变，情况如图 6-9 所示，图 (a) 的竖直线表示矢势，图 (b) 的竖直线则表示纤维丛 (它是一个比较抽象难懂的概念，很难从微分几何一类数学书籍中获得一个直观清晰的解释。) 其实，还是可以给出一个容易理解的实例：如果在一块地面上竖立许多个有一定长度的直杆，当正午的阳光从上部垂直照下时，地面上会形成相应的点状投影，将地面上部的空间称作全空间 E，这块地面称作底空间 M，阳光的垂直照射称作 (垂直) 投影 π，那么就有如下关系：对于 $x \in M$，$\pi : E \to M$，$\pi^{-1} : M \to E$；$\pi^{-1}(x)$ 即 x 的逆投影 (从 x 点向上看)，相当于点 x 处的直杆，就是 M 上的纤维，而表示地面所有点状投影对应的直杆，则称作纤维丛，其中，复合投影 $s : \pi\pi^{-1}(x) = x$，就称为 x 点纤维的截面，相当于场的强度 $\psi(x)$，数学上将 (E, π, M) 称作纤维丛的

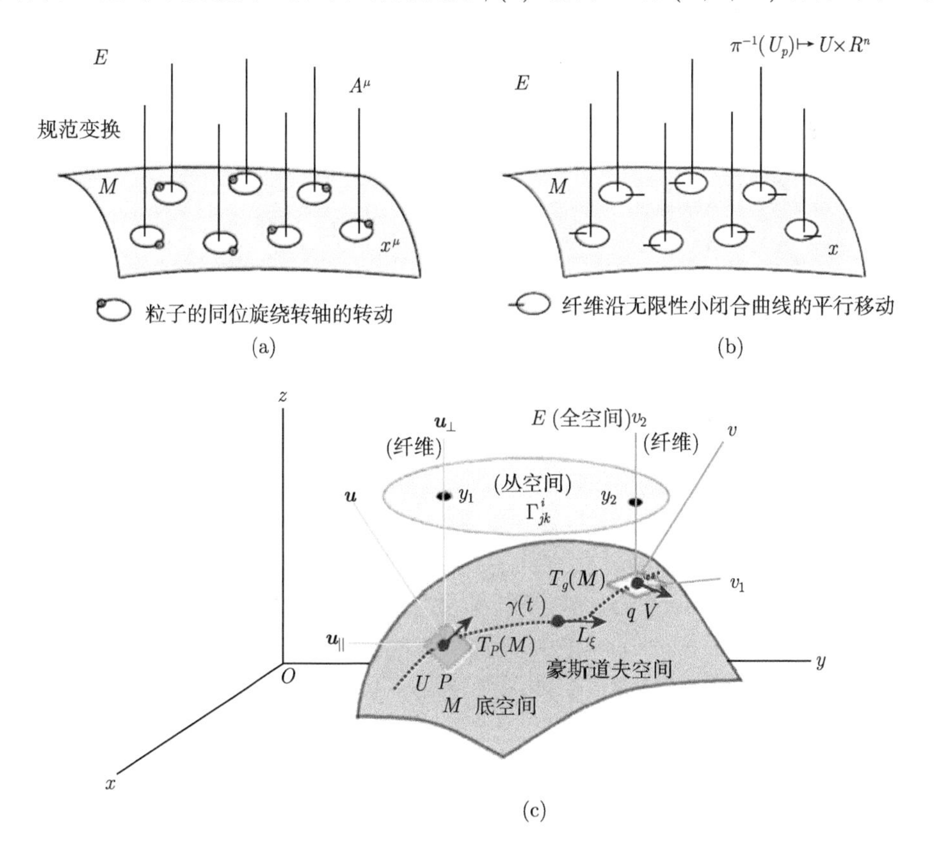

图 6-9 规范场与纤维丛相互比较的示意图

(a) 是规范场：A^μ 是矢势，x^μ 是场的坐标点，(b) 是纤维丛：$T_P M$ 是向量空间，M 是光滑流形，p 是流形 M 上的点，$p \in M$；U 是 p 的邻域，V 是 q 的邻域，映射 $\pi^{-1}(U_p) \mapsto U \times \mathbb{R}^n$ 使纤维垂直于过 p 点的切平面；(c) 是纤维丛上的联络，包括了流形 (底空间、丛空间、全空间)、拓扑空间 (豪斯道夫空间)；李导数 L_ξ(曲线 $\gamma(t)$ 的方向导数)；映射 $\pi^{-1}(p)$、$\pi^{-1}(q)$；主纤维丛 $\boldsymbol{u}, \boldsymbol{v}$；切空间 $T_P(M)$，$T_g(M)$ 和联络 Γ^i_{jk}

拓扑。为了便于理解，可以再举一个直观形象的例子，就是想象熟悉的灌木丛，根部生长在底流形上，众多根部形成一个截面 s，决定了纤维的状态，明显属于底空间 M，灌木从底流形向上生长，它可以看成是纤维，用 F 表示，即 $F=\pi^{-1}(x)$，它自然处于全空间 E 之中，而灌木之间的横向交错的枝杈就相当于纤维丛上的联络 Γ^i_{jk}，如图 6-9(c) 所示，这种复合对象一般简称作 (E,M,π,F)。我们可以从两方面对它进行数学描述，其一是向量的直和分解：$\boldsymbol{u}=\boldsymbol{u}_\perp\oplus\boldsymbol{u}_\parallel$，垂直方向的 $\boldsymbol{u}_\perp$ 就相当于纤维 $F=\pi^{-1}(x)$，而水平方向的 $\boldsymbol{u}_\parallel$ 就相当于纤维丛之间的联络 Γ^i_{jk}；其二是向量在流形 M 的不同点上的变化率，由于不同点的基矢量不同 (这是局部坐标系的特点)，需要包括基矢量本身的变化，相应的表示式是 $\dfrac{\partial \boldsymbol{u}}{\partial \boldsymbol{x}}=\left(\dfrac{\partial u^i}{\partial x^j}+u^k\Gamma^i_{kj}\right)\mathrm{g}_i$，对于笛卡儿坐标系，因为它是整体坐标系，基矢量处处一致，所以有 $\Gamma^i_{kj}=0$；在图 (c) 中，已经画出了与纤维横截的联络 Γ^i_{kj}，也称之为水平子空间，它隐含了粒子在弯曲空间不同位点会受到不同的作用。对曲线坐标系中的联络 Γ^i_{kl} 的物理含义，还有一种解释，已知粒子的运动轨迹是测地线 (相当于在笛卡儿坐标系中的直线)

$$\frac{\partial^2 x^i}{\partial s^2}+\Gamma^i_{kl}\frac{\partial x^k}{\partial s}\frac{\partial x^l}{\partial s}=0$$

方程乘以 m，$m\dfrac{\partial^2 x^i}{\partial s^2}+\Gamma^i_{kl}m\dfrac{\partial x^k}{\partial s}\dfrac{\partial x^l}{\partial s}=0$，显然有 $\dfrac{\partial x^k}{\partial s}=u^k$，$\dfrac{\partial x^l}{\partial s}=u^l$，$\dfrac{\partial^2 x^i}{\partial s^2}=\dfrac{\partial u^i}{\partial s}$，$-m\Gamma^i_{kl}u^ku^l$ 就是弯曲时空中的“四维力”，与 Γ^i_{kl} 对应的度规 g_{kl} 就是引力场的势，$\dfrac{\partial \mathrm{g}_{kl}}{\partial x^i}$ 与“四维力”相当。由此可知，联络体现了与粒子之间的相互作用 (这就是为什么可以将联络 Γ^i_{kj} 看成是场强的原因)。

不过这里有一个问题，就是杨—米尔斯方程是在平直的闵可夫斯基空间中建立的，引力场方程是在黎曼弯曲空间建立的，对于欧几里得空间，Christoffel 符号 $\Gamma^l_{ik}=0$，相当于图 6-9 的流形 M 是纯平面，这种情况会如何？杨—米尔斯方程描述的是波函数的量子状态；而引力场方程刻画的则是弯曲空间的度规，二者看似殊途同归，实际上却是大相径庭，因此，纤维丛的理论能否将二者统一起来，值得进一步深入探讨。

那么，对于同位旋粒子 (如质子和中子)，杨—米尔斯方程有什么意义呢？虽然，量子力学摒弃了“力”的概念，仍然还可以用“相互作用”代替“力”的效果，比如，用质子和中子的相互作用表示它们是如何形成“核”的，相互“吸引”或“排斥”是一种什么样的物理过程？杨—米尔斯方程就是为了回答这个问题，当然是遵从由电磁场理论形成“场”的概念，不过电磁场是可交换的规范场，用对称群 U(1) 表示 (质量为零的光子就是规范玻色粒子)；而杨—米尔斯场则是非交换的规范场 (值得提及的是，在弱相互作用中，宇称也不守恒)，用 SU(2) 群表示，在规范粒子的作用下，才能实现相位的变换即转动，以及矢量势的改变，二者互补的结果，维持了对称性不变或规范不变性，其物理意义深远，一是它揭示了“场”就是纤维丛上的联络，这样“规范场”就有了统一的基础；二是非交换群包含了相互作用的因素；三是“场”用对称群表示，说明对称性支配相互作用；四是量子力学中要求必须有场粒子 (规范粒子) 传递相互作用，后来 (1984 年) 发现的带正电的 W^+、带负电的 W^- 和中性的 Z^0 粒子 (1973 年发现)，恰好就是杨—米尔斯规范场所需要的三种场粒子 (它们的质量通过 Higgs 对称破缺机制获得)，也是在规范场基础上 (弱电统一理论) 做出预言的粒子 (杨—米尔斯 1954 的论文做出了这一预测，与其后 GWS(格拉肖—温贝格—萨拉姆) 的预测一致)。

如何能写出杨—米尔斯方程，除了必备的专业知识外，还需要有多次失败积累的经验，从中寻找出新的途径。在构建场方程时，考虑到电磁场中的洛伦兹力对粒子的影响，应当从自由粒子的动量 p 中扣除与洛伦兹力对应的附加动量，替换过程如下式所示

$$\underbrace{p}_{\text{自由粒子动量}} \to \underbrace{p-\frac{e}{c}A_\mu}_{\text{电动力学}} \to \underbrace{\mathrm{i}\hbar\left(\partial_\mu-\frac{\mathrm{i}e}{\hbar c}A_\mu\right)}_{\text{量子力学}} \to \underbrace{\mathrm{i}\hbar\left(\partial_\mu-\mathrm{i}eB_\mu\right)}_{\text{非阿贝尔规范场协变导数}} \tag{6-101}$$

此处，B_μ 替换 A_μ (就是杨—米尔斯场的矢量势，相当于：$B_\mu=\sigma\cdot A_\mu$)，表示非阿贝尔场，为了方便起见，常采用自然单位，使得 $\hbar=c=1$。

有了协变导数，就可以确定规范函数 S，根据物理方程在规范函数 S 的作用下，它的数学形式应当保持不变，就有关系式：$\psi=S\psi'$ 和 $\mathrm{i}\hbar S\left(\partial_\mu-\mathrm{i}eB'_\mu\right)\psi'=\mathrm{i}\hbar\left(\partial_\mu-\mathrm{i}eB_\mu\right)\psi$，由此便可得出 $B'_\mu=S^{-1}B_\mu S+\frac{\mathrm{i}}{\varepsilon}S^{-1}\frac{\partial S}{\partial x^\mu}$，将此表示式带入杨—米尔斯场方程 $F'_{\mu\nu}=\frac{\partial B'_\mu}{\partial x^\nu}-\frac{\partial B'_\nu}{\partial x^\mu}+\mathrm{i}\varepsilon[B'_\mu B'_\nu-B'_\nu B'_\mu]$(其实就是式 (6-99) 中的矢量势 $\boldsymbol{A}$ 用 $\boldsymbol{B}$ 代替)，就可发现，只要 $F'^i_{\mu\nu}=S^{-1}F^i_{\mu\nu}S$，$F'_{\mu\nu}$ 与 $F_{\mu\nu}$ 这两个方程将保持数学形式不变，也就是规范不变性。

通过协变导数或协变微分确定规范函数的方法是通用的，因为协变微分的分量可以写成如下形式：

$$\frac{\partial\psi}{\partial x^i}=A_i\psi,\quad i=1,2,\cdots,k$$

假定所求的规范函数记为 $q(x)$，它作用于变量 ψ，即 $q(x)\psi(x)=\varphi(x)$，若 $\varphi(x)$ 与 $\psi(x)$ 具有相同的数学表达式

$$\frac{\partial\varphi(x)}{\partial x^i}=\tilde{A}_i\varphi(x),\quad i=1,2,\cdots,k$$

那么，就有如下的规范变换函数

$$A_i = q^{-1}(x)\tilde{A}_i q(x) - q^{-1}(x)\frac{\partial q(x)}{\partial x^i}, \quad i = 1, 2, \cdots, k$$

这个变换函数无论是在量子场论中还是在微分几何、纤维丛、张量分析中都是非常重要的。

其实，对“联络”概念最直观、最容易理解的诠释就是回到克里斯托费尔的原初定义，即：曲线坐标系是局域的，基矢量 g^k 或 g_i 随着坐标 x_j 点位的不同而变化，二者的增量有如下关系

$$\frac{\mathrm{d}g^k}{\mathrm{d}x_j} = \Gamma^i_{kj} g_i; \text{ 或者 } \quad \mathrm{d}g^k = \Gamma^i_{kj}\mathrm{d}x_j g_i, \quad i, j = 1, 2, \cdots, n; \quad k = 1, 2, \cdots, m$$

显然，上式与 $\dfrac{\partial \psi}{\partial x_i} = A_i \psi$ 完全一样，用协变导数的方法自然可以求得不同曲线坐标系中“联络”的变换规则。

现在，将要通过克里斯托费尔符号来求得其变换规则，这样做的目的是，事先并不假设“联络” Γ^i_{kj} 与规范矢 B_μ 是相同的物理场量，而是用独立于协变导数的方法，得到同样的结果。

总的 Γ^i_k 是曲线不同坐标点 $\mathrm{d}x^j$ 的分量 Γ^i_{kj} 的线性叠加 $\Gamma^i_k = \sum\limits_{1 \leqslant j \leqslant n} \Gamma^i_{kj}\mathrm{d}x^j$，由此，式 $\mathrm{d}g^k = \Gamma^i_{kj}\mathrm{d}x_j g_i = \mathrm{d}g^k = \Gamma^i_k g_i$，表示成矩阵：$\mathrm{d}g = \Gamma g$，若在另一个坐标系中的表示式为 $\mathrm{d}g' = \Gamma' g'$，规范场就是要求这两个表示式的形式不变，为此，设其相应的的规范变换是 S，那么两个基矢量 g 和 g' 就可以表示成线性关系：$g' = Sg$，$g = g'/S = g'S^{-1}$，然后对 $\mathrm{d}g = \Gamma g$ 求导，可得

$$\begin{aligned}\mathrm{d}g' &= \mathrm{d}S \cdot g + S \cdot \mathrm{d}g = \mathrm{d}S \cdot g + S \cdot \Gamma g = \mathrm{d}S \cdot \frac{g'}{S} + S\Gamma \cdot \frac{g'}{S} = \left(\mathrm{d}S \cdot S^{-1} + S\Gamma \cdot S^{-1}\right) g' \\ &= \Gamma' g'\end{aligned}$$

那么，规范变换的规律即为下式所示

$$\Gamma' = \mathrm{d}S \cdot S^{-1} + S\Gamma \cdot S^{-1}$$

与前面所得结果完全一样。

这里不得不提及的一个科学史的插曲，就是泡利严苛的质疑，1954 年，当杨振宁和米尔斯提出他们的方程时，实验已经证实，只有电磁场是通过光量子传递长程作用，因为光量子无质量，电磁场是规范不变的；天然放射性衰变、原子的核力，都是短程相互作用，如果杨—米尔斯方程合理地描述了短程相互作用，那传递该作用的量子一定具有质量，使得按照量子场论 (关于重整化、正则化、规范化的理论) 的通用方法，对拉格朗日量 (参见 8.11 节“最小作用量原理”)，进行对称性检验的

结果，该场将失去对称性，场不再具有规范不变性。因此，泡利质问当时在普林斯顿高等研究院作学术报告的杨振宁，传递相互作用的量子的质量是多少 (也就是式 (6-101) 中的 $\boldsymbol{B}_\mu$ 场的规范粒子的质量)？根据上述，无质量不对，有质量也不对，虽然，杨振宁处于两难境地 (Dilemma)，但是，他与米尔斯经过反复思考，认为整个研究合理，具有前瞻性，决定发表，将质量问题在论文最后一节作了详细论述，成为此后研究的前沿课题。

当前，规范场理论的研究非常活跃，微分几何由于研究纤维丛而备受数学家的青睐，二者的结合可能是物理—数学的一个新方向。

从事后看问题，似乎建立规范场方程也并不是难题，熟悉麦克斯韦电磁场方程的人不在少数 (国内每年毕业的理论物理专业人数至少不低于 100 人)，为什么很少有科学家想到将它推广到量子力学中去呢？这里自然涉及到研究者的洞察力、眼光、目标和从事科研的动力，有时，复杂的问题，本质上是很简单的，比如，电磁场是对易的，用 U(1) 群表示，而原理上，量子力学的场不对易，用 SU(2) 群表示，既如此，为什么不试一试呢？在这里，有无创新的思路，就成为问题的关键之点。至于将规范场与纤维丛上的联络联系起来，看出二者的相似，则带有随机的成分，就不在此细说了。

数学注释：

杨—米尔斯方程属于量子场论，将电磁场扩展到非阿贝尔规范场，非常重要，此处即使不宜深入讨论，大致作一轮廓说明也实属必要，就量子场论而言，主要涉及正则化、重整化和规范化，使用的数学工具就是拉格朗日量 $\mathcal{L}$，如下所示

$$\underbrace{\frac{\partial\mathcal{L}}{\partial x}-\frac{\mathrm{d}}{\mathrm{d}t}\left(\frac{\partial\mathcal{L}}{\partial\dot{x}}\right)=0}_{\text{拉格朗如形式}}\rightarrow\underbrace{\frac{\partial\mathcal{L}}{\partial q_i}-\frac{\mathrm{d}}{\mathrm{d}t}\left(\frac{\partial\mathcal{L}}{\partial\dot{q}_i}\right)=0}_{\text{哈密顿形式}}\rightarrow\underbrace{\frac{\partial\mathcal{L}}{\partial\psi}-\frac{\mathrm{d}}{\mathrm{d}t}\left(\frac{\partial\mathcal{L}}{\partial(\partial_\mu\psi)}\right)=0}_{\text{量子力学形式}}$$

可以看出，变量的替换：$(x,\dot{x})\rightarrow(q_i,\dot{q}_i)\rightarrow(\psi,\partial_\mu\psi)$，就是从质点轨迹到场量状态的扩展，那么，拉格朗日量 $\mathcal{L}$ 有什么用呢，如何写出 $\mathcal{L}$？

因为任何动力系统都有一个以 $\mathcal{L}$ 为积分的作用量 S，它的变分 δS 取极小值或零，这是自然界的一个客观事实，表示系统 (包括各分系统及其相互作用) 耗能具有最低值，将它用于粒子在电磁场中的情形，以狄拉克方程描述的粒子为例，在阿贝尔对称性之下，则有

$$\mathcal{L}=\mathcal{L}_{\substack{\text{粒子}\\\text{能量场}}}+\mathcal{L}_{\substack{\text{电磁}\\\text{能量场}}}+\mathcal{L}_{\substack{\text{相互作用}\\\text{能量场}}}=\underbrace{\bar{\psi}(\mathrm{i}\gamma^\mu\partial_\mu-m)\psi}_{\text{狄拉克粒子能量场}}-\underbrace{\frac{1}{4}F_{\mu\nu}F^{\nu\mu}}_{\text{电磁能量场}}-\underbrace{e\bar{\psi}\gamma^\mu\psi A_\mu}_{\text{相互作用能量场}}$$

式中，$\bar{\psi}=\psi^\dagger\gamma_0$ 是狄拉克共轭量，A_μ 是电磁场矢量势，而 $F_{\mu\nu}$ 电磁场张量，因

此，$\mathcal{L}$ 包含了整个系统的全部信息。那么，用于杨—米尔斯方程情况又如何？

$$\mathcal{L}_{\text{Yang-Mills}} = \bar{\psi}(\mathrm{i}\gamma^{\mu}D_{\mu} - m)\psi - \frac{1}{4}F_{\mu\nu}^{i}F^{i\nu\mu}$$

式中，杨—米尔斯场的协变导数

$$D_{\mu} = \left(\partial_{\mu} - \mathrm{ig}\frac{\boldsymbol{\sigma}\cdot A_{\mu}}{2}\right) = \left(\partial_{\mu} - \mathrm{ig}A_{\mu}^{i}\frac{\sigma^{i}}{2}\right), \quad i = 1,2,3; \mu = 0,1,2,3$$

其中，D_{μ} 共有 12 个分量，$\mathrm{g} = 2\varepsilon$ 是耦合强度，而泡利矩阵 $\boldsymbol{\sigma}$ 和置换算符 ε^{ijk} 为描述同位旋的二分量状态引入的，对应的场张量是

$$F_{\mu\nu}^{i} = \overbrace{\underbrace{\partial_{\mu}A_{\nu}^{i} - \partial_{\nu}A_{\mu}^{i}}_{\text{可交换，阿贝尔场}} + \underbrace{ge^{ijk}A_{\mu}^{j}A_{\nu}^{k}}_{\text{不可交换，非阿贝尔场}}}^{\text{杨—米尔斯规范场}}$$

由此得出相互作用的 $\mathcal{L}_{\text{int}} = -\bar{\psi}\gamma^{\mu}\psi\mathrm{g}\dfrac{\boldsymbol{\sigma}\cdot A_{\mu}}{2}$，此处，杨—米尔斯场 B_{μ} 由矢量势 A_{μ} 表示：$B_{\mu} = \boldsymbol{\sigma}\cdot A_{\mu}$ (注意，正体 i 表示虚数，斜体 i 表示指标变量)，可以看出，杨—米尔斯方程比狄拉克方程复杂多了，其中的非线性项 $\mathrm{g}e^{ijk}A_{\mu}^{j}A_{\nu}^{k}$ 使这个方程具有很重要的新特点，例如渐近自由特性，无质量的玻色粒子通过自发对称破缺获得质量 (又借助重整化方法保持局域对称性) 等等。这在阿贝尔对称场下是没有的。

薛定谔方程和狄拉克方程，都是时空坐标系中能量的动态平衡 (前者是哈密顿形式，后者是狭义相对论形式)，它们之所以具有相位不变性，是因为粒子波函数包含 $e^{-i\alpha}$ 项，用群 U(1) 表示；而杨—米尔斯方程是空间运算的关系，而不是基于能量平衡关系，微观粒子的转动和自旋是在有心力场中的基本存在方式和运动模态，用群 SU(2) 表示；由 B_{μ} 替换 A_{μ}(就是杨—米尔斯场的矢量势，相当于：$B_{\mu} = \boldsymbol{\sigma}\cdot A_{\mu}$)，$\sigma\cdot A_{\mu}$ 突出了 B_{μ} 的转动运动模态的重要性，从而与与纤维丛联系起来，这对于从数学结构和物理特性两方面探讨纤维丛与规范场之间的深层次关系，具有重要价值，不同学科的整合存在很多困难，特别是前沿领域的规范场属于量子场论，而纤维丛属于微分几何学的前沿主题；通常涉及不同学科中的基本概念，如微分几何，拓扑，张量分析，量子场论和群论等等，如果能将这两种学科进行交融研究，无疑会加深对规范场和纤维丛上的联络之间物理含义的发掘，因此，是值得进一步思索与研究的问题。

杨—米尔斯场的 $\mathcal{L}_{\text{Yang-Mills}}$ 既满足整体规范不变性，也满足局域规范不变性，是电磁场、弱相互作用场与强相互作用场统一的基础，因此，在量子场论中具有极端重要性，也就不言而喻了。

现在，可以回答前面提出的“拉格朗日量 $\mathcal{L}$ 有什么用”的问题：规范变换是空间均匀性和各向同性的体现，如果拉格朗日量 $\mathcal{L}$ 没有局域对称性 (局域规范不变性)，即表示相应的理论框架存在问题，需要改进，使其完善。

在结束本节的讨论时，顺便对数学表述的物理概念再做一点提示，物理学用到很多数学知识，不过，数学对于物理学，毕竟是一种有效的工具，不能有更多的期待。例如，“流形”(manifold) 这个数学名称，曾经十分流行，平面上的圆，不说是“圆”，而说成是二维流形，那么，流形是什么？即使使用者，在许多情况下也并不清楚，陈省身先生曾风趣地给出一个比喻：笛卡儿坐标系如同普通的服装，流形则是奇装异服。可以这样来理解这个比喻，以极限的观点，从远处看时，二者基本上是一样的，说得更详细一点，过一个球体上的任意一个点，做该球体的切平面，在该点的邻域，包含该点的微小曲面，和同样包含该点的微小切平面是等价的、同胚的；将球面的许多点上的笛卡儿坐标系连起来，就是流形，它具有光滑结构，可进行微分运算，有微分流形之称。简而言之，流形就是曲线上的笛卡儿坐标系序列 (或者更直观一些，就是笛卡儿空间、闵可夫斯基空间、黎曼空间中的高维曲面)。前者是局部坐标系，后者是整体坐标系。

仍以流形为例，数学家常用的定义是：

设 M 是 Hausdorff 空间，如果对每一点 $p \in M$，都有 p 的一个开邻域 $U \in M$ 与 n 维 Euclid 空间 $\mathbb{R}^n$ 中的一个开邻域是同胚的，$\varphi: U \to \varphi(U) \subset \mathbb{R}^n$，则称 M 是 n 维拓扑流形，简称为 n 维流形。

对此可以做出多种具体解释，并给出若干不同的实例，比如，将地球仪 M 上的一个区域 (相对于 U) 画在 $\mathbb{R}^n$ 的一块平面上，需要有一定的规则，这就相当于映射 $\varphi: U \to \varphi(U)$，地球仪上包含许多点的区域 $p \in M$，按照由球面到平面的规则 $\varphi: U \to \varphi(U)$，得出相应于平面的地图：$\varphi(U) \subset \mathbb{R}^n$，这时，就可以称地球仪上局部三维曲面 M 是拓扑流形，对应于平面上的二维流形 $\phi(U)$。

其实还有非常简单的解释：拓扑形状就是流形。例如一个空心球体, 经过拓扑形变 (既不粘连也不撕裂) 成任何能够想象的形状，它依然与原来的空心球体等同 (即同胚)，因此，物理上，流形就是无形之形；数学上，就是在其上每一个点都可以设置一个笛卡儿坐标；几何上，就是无形的空间。

数学家一般没有能力给出具体而直观的解释，也难于举出恰当的实例，这并不奇怪，是很自然的事；要是物理学家也如此，那就很奇怪了，如果物理的直观能力很薄弱，怎能设想从事创新的研究工作？

对于群论在物理学上的应用 (主要是用幺正群 $\mathrm{U}(n)$ 和正交群 $\mathrm{O}(n)$ 的子群 $\mathrm{SU}(n)$ 和 $\mathrm{SO}(n)$ 研究转动过程或角动量问题，而用置换群 S_n 处理波函数置换的对称性)，在引入物理学的初期，受到冷遇和抵制，被称之为“群祸”，现在情况不同了。但是，它仍然是一个数学工具，群论本身的数学描述是矩阵和李代数，它在量子力学中的应用，就是转动或置换过程的对称特性和分类。因此，读者朋友，你同样可以对这里所涉及的群提出合理的要求，既然它是研究物理对象的工具，就应当简单好用，不对物理对象产生复杂的效应，加之，用它就是研究物理对象的转动情况下的对称性，也就是不变性，既如此，显然，群对应的是 $n \times n$ 方阵 $\boldsymbol{R}$ 或者 $\boldsymbol{U}$，行列式为 1，具有正交特性：$\boldsymbol{R}^{\mathrm{T}}\boldsymbol{R} = \boldsymbol{R}\boldsymbol{R}^{\mathrm{T}} = 1$ (通常也可以简化表示为 $R^{\mathrm{T}}R = RR^{\mathrm{T}} = 1$) 或者具有幺正性：$\boldsymbol{U}^{\dagger}\boldsymbol{U} = \boldsymbol{U}\boldsymbol{U}^{\dagger} = 1$。常用的群就是 U(1) 群 (对称群，可交换群，阿贝尔群)、SU(2) 群 (非交换群，非阿贝尔群，二维旋转群) 和 SU(3) 群 (泡利矩阵的推广)，当然，也可以把群看作是具有旋转特性的算子。无论是哪种情况，一定要理解并弄清楚群的物理含义，因为物理学家的主要目的不是研究或通晓群论的全部数学问题，而是应用。

第7讲　近似方法篇

薛定谔波动方程只有在很少情况下，才有解析解，对于大部分无法求得解析解的情况，只能采取近似方法，也算是数学物理方法。其实并不难，但是比较烦琐，可以看作是对已经学过的知识的复习和检验。微积分知识已经足够解决这里的数学问题，有兴趣的读者，还可以发展新的近似处理方法，只要物理概念清楚，数学知识到位，并无不可。

现在，就近似方法进行极为简要的论述，首先，扰动量要微小；其次，扰动量是否随时间变化，可分为如下三个主要内容 (由于定态本征方程 $H\psi = E\psi$ 包含三个量 H、E、ψ，自然是从这三个量入手，采用级数展开来处理问题，这种方法与要研究的具体系统有关)：

(1) 微扰与时间无关，即不含时微扰；

(2) 变分法处理微扰，即没有非微扰的已知解；

(3) 微扰与时间有关，即含时微扰。

讨论微扰，主要是指对系统产生微扰 (自然就是采用薛定谔绘景)，如果未被扰动系统的哈密顿算符是 $\hat{H}^{(0)}$，微扰后是 $\hat{H} = \hat{H}^{(0)} + \hat{H}'$，$\hat{H}'$ 表示对哈密顿算符的微扰 (顺便指出，一种表示是在扰动 H' 中引入小参量 λ，使扰动量成为 $\lambda H'$；另一种是将扰动量表示为 $\hat{H}' = \lambda\hat{w}$，这两种表示随着不同问题可以交互使用)。显然，扰动是对系统而言，哈密顿算符 $\hat{H}$ 是被扰动的对象, 而不是波函数 Ψ，前者是因，后者是果。

按照线性化的思想，或者参数化的作法，一个被扰动的哈密顿算符 $\hat{H}$ 可以线性化表示成 $\hat{H} = \hat{H}^{(0)} + \lambda\hat{H}'$，上角标 “(0)” 表示非微扰量，$\lambda$ 是一个小参数，$\hat{H}^{(0)}$ 是有已知解的部分，即 $\hat{H}^{(0)}\psi_n^{(0)} = E_n\psi_n^{(0)}$(注意，这里的表示是没有简并，$E_n$ 与 $\psi_n^{(0)}$ 具有相同下角标，含义是一一对应)，这也是微扰方法的前提，现在是要求解微扰方程 $\hat{H}\psi_n = E_n\psi_n$。

之所以称其为参数化作法，就是根据 $\hat{H} = \hat{H}^{(0)} + \lambda\hat{H}'$，可以得出本征值和本征函数的参数化方程：

$$E_n = E_n^{(0)} + \lambda E_n', \quad \psi_n = \psi_n^{(0)} + \lambda\psi_n' \tag{7-1}$$

并按幂级数展开，可得下式：

$$E_n = E_n^{(0)} + \lambda E_n^{(1)} + \lambda^{(2)} E_n^{(2)} + \cdots \tag{7-2}$$

$$\psi_n = \psi_n^{(0)} + \lambda\psi_n^{(1)} + \lambda^{(2)}\psi_n^{(2)} + \cdots \tag{7-3}$$

这种处理，意味着 λ 是一个小量，符合微扰的原意，一般取二阶近似就足够了。从本质上讲，$\hat{H} = \hat{H}^{(0)} + \hat{H}'$ 是实际上经常遇到的情况，而 $\hat{H}^{(0)}$ 只是理想状态，为了能够求解简单的本征方程，可以按照参数化的思路，将哈密顿算符 $\hat{H}$ 分解成两部分，即 $\hat{H}^{(0)} + \hat{H}'$，然后根据这里介绍的微扰方法进行分析处理。

7.1　微扰与时间无关，即不含时微扰

将式 (7-2) 和式 (7-3) 分别代入式 (7-1) 的 E_n 与 ψ_n 的表达式中，按照方程两边 λ 的同次幂相等，即可得出如下关系式 (λ 已从等式两边消去)：

一阶近似等式　$$H^{(0)}\psi_n^{(1)} + H'\psi_n^{(0)} = E_n^{(0)}\psi_n^{(1)} + E_n^{(1)}\psi_n^{(0)} \tag{7-4}$$

二阶近似等式　$$H^{(0)}\psi_n^{(2)} + H'\psi_n^{(1)} = E_n^{(0)}\psi_n^{(2)} + E_n^{(1)}\psi_n^{(1)} + E_n^{(2)}\psi_n^{(0)} \tag{7-5}$$

第一个等式 (7-4) 含有 $E_n^{(1)}$ 和 $\psi_n^{(1)}$，可以用于一阶近似，用 $\langle\psi_n^{(0)}|$(即 $(\psi_n^{(0)})^*$) 左乘等式 (7-4) 两边，由于 $H^{(0)}$ 是厄米算符 (实线性算符)，因此有

$$\begin{aligned}&\langle\psi_n^{(0)}|H^{(0)}\psi_n^1\rangle + \langle\psi_n^{(0)}|H'\psi_n^0\rangle\\ =&\langle\psi_n^{(0)}|E_n^{(0)}\psi_n^{(1)}\rangle + \langle\psi_n^{(0)}|E_n^{(1)}\psi_n^{(0)}\rangle = E_n^{(0)}\langle\psi_n^{(0)}|\psi_n^{(1)}\rangle + E_n^{(1)}\langle\psi_n^{(0)}|\psi_n^{(0)}\rangle\end{aligned}$$

其中，等式左边第一项 $\langle\psi_n^{(0)}|H^{(0)}\psi_n^{(1)}\rangle = \langle H^{(0)}\psi_n^{(0)}|\psi_n^{(1)}\rangle = \langle E_n^{(0)}\psi_n^{(0)}|\psi_n^{(1)}\rangle = E_n^{(0)}\langle\psi_n^{(0)}|\psi_n^{(1)}\rangle$ 刚好与等式右边第一项抵消，而 $E_n^{(1)}\langle\psi_n^{(0)}|\psi_n^{(0)}\rangle = E_n^{(1)}$，由此即得

$$E_n^{(1)} = \langle\psi_n^{(0)}|H'\psi_n^{(0)}\rangle$$

此处 H' 不一定是常数，因而不能写成 $H'\langle\psi_n^{(0)}|\psi_n^{(0)}\rangle$，这是很自然的结果，$H'$ 变化的平均值就是微扰后能量的改变，相当于期望值 (这个结果非常重要，可以看作是量子力学的一条基本关系)。然后再根据式 (7-4) 求得 $\psi_n^{(1)}$ 的表达式

$$(H^{(0)} - E_n^{(0)})\psi_n^{(1)} = (E_n^{(1)} - H')\psi_n^{(0)} \tag{7-6}$$

注意到 $\psi_n^1 = \sum\limits_{m\neq n} c_m\psi_n^{(0)}$，代入上式，并用 $\langle\psi_l^{(0)}|$ 左乘，则有

$$c_m^{(n)} = \frac{\langle\psi_m^{(0)}|H'|\psi_n^{(0)}\rangle}{E_n^{(0)} - E_m^{(0)}},\quad \psi_n^{(1)} = \sum_{m\neq n}\frac{\langle\psi_m^{(0)}|H'|\psi_n^{(0)}\rangle}{E_n^{(0)} - E_m^{(0)}}\psi_m^{(0)}$$

实际上，当 $m = n$ 或 $l = n$ 时，上式分母等于零，式 (7-6) 也无解，需要除去这种情况，并不影响所得结论。如果有简并情形，多个态或本征函数对应于一个本征值，

分母也等于零，处理方式就得另行考虑。通常情况，波函数的一阶近似和能量本征值 $E_n^{(2)}$ 的二阶近似就足够了。

对于二阶近似，推导过程完全一样，不再重复，只将能量本征值 $E_n^{(2)}$ 的二阶近似结果给出，公式如下：

$$E_n^{(2)} = \sum_{m \neq n} \frac{|\langle \psi_m^{(0)} | H' | \psi_n^{(0)} \rangle|^2}{E_n^{(0)} - E_m^{(0)}} \tag{7-7}$$

对于有简并的情况，需要增加第二个下角标 (很重要) 表示简并度。要注意的是，如果简并度是 β $(\beta = 1, 2, \cdots, k)$，那么非微扰的能量本征值 $E_n^{(0)}$ 包含有 n 个能级，其中的每一个能级都由 k 个态矢量叠加而成，就是说，简并度是对能量本征值 $E_n^{(0)}$ 中的每一个能级而言，即 $\sum_{\beta=1}^{k} c_{n\beta}\psi_{n\beta}^{(0)}$；而能量本正值 $E_n^{(0)}$ 的 n 个本征矢，则是在计入了 β 个简并因子的贡献后的叠加，即 $\sum_n \sum_{\beta=1}^{k} c_{n\beta}\psi_{n\beta}^{(0)}$，就是 $\psi^{(0)} = \sum_n \sum_{\beta=1}^{k} c_{n\beta}\psi_{n\beta}^{(0)}$，图 7-1 给出了更直观的表示。

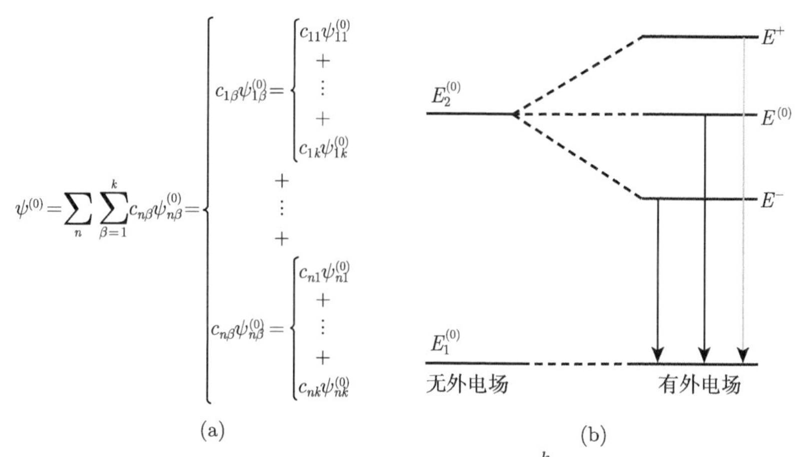

图 7-1 (a) 是能量本征值简并度的波函数公式 $\psi^{(0)} = \sum_n \sum_{\beta=1}^{k} c_{n\beta}\psi_{n\beta}^{(0)}$ 的直观表示，能量的每一个本征值，均对应于 k 个本征态或本征函数 $c_n\psi_{nk}^{(0)}$；(b) 是 Stark 效应 (光谱线分裂) 的示意图，它能用简并方法解释

式 (7-2) 和式 (7-3) 反映了近似处理方法的基本思路，自然也适合有简并的情况，数学处理方法大致是一样的，只不过更复杂一些，主要是下角标的变换和替代 (需要考虑微扰加简并)，这只能在全过程的处理中才能显示出来，如何理解下角标的替换，虽然没有新的信息，但是此处需要用到已经学过的基本知识和概念，还与原子能级的分裂有关，因此值得认真阅读这些内容。

没有简并的情况，哈密顿算符的能量本征值方程是 $\hat{H}\Psi = E\Psi$, 由于能量的量子化，$E = \sum\limits_{n=1}^{N} E_n$ (量子化的数目设为 N，数学处理上可以是 $N \to \infty$)，波函数相应地表示为 $\Psi(r,t) = \sum\limits_{n=1}^{N} c_n \psi_n(r,t)$，如果有简并度是 k，有微扰 H'，上述公式将改写为

$$\hat{H} = H^{(0)} + \lambda \hat{H}', \quad E_n = E_n^{(0)} + \lambda E', \quad \psi_n = \psi_n^{(0)} + \lambda \psi' \tag{7-8}$$

其中，波函数 $\Psi(r,t)$ 将不再适合用 $\sum\limits_{n=1}^{N} c_n \psi_n(r,t)$ 表示，因为每一个能级对应的波函数还需要计入态的简并，每一个波函数 $\psi_n(r,t)$ 应该由 k 简并度的“子能级”波函数表示，即 $\sum\limits_{\beta=1}^{k} c_\beta \psi_\beta(r,t)$ (注意，c_β 与 n 无关)，因而，量子系统的波函数将是上述两个波函数的联合，即

$$\Psi(r,t) = \sum_{n=1}^{N}\sum_{\beta=1}^{k} c_{n\beta}\psi_{n\beta}(r,t) = \sum_{n=1}^{N}\sum_{\beta=1}^{k} c_{n\beta}|\psi_{n\beta}\rangle \tag{7-9}$$

式中，$c_{n\beta} = c_n c_\beta$，图 7-1 是对这个表示式的解释。再将式 (7-9) 代入 $\hat{H} = H^{(0)} + \lambda \hat{H}'$，并用 $\langle\psi_{m\alpha}|$ 左乘整个等式的各项，注意 $m \in n$，$\alpha \in \beta$，由于 $\psi_{m\alpha}$ 与 $\psi_{n\beta}$ 正交，即 $\langle\psi_{m\alpha}, \psi_{n\beta}\rangle\delta_{m,n}\delta_{\alpha,\beta}$ 或 $\langle\psi_{m\alpha}, \psi_{n\beta}\rangle = \begin{cases} 1, & m = n, \quad \alpha = \beta \\ 0, & m \neq n, \quad \alpha \neq \beta \end{cases}$，可得

$$c_{m\alpha}E_m^{(0)} + \lambda\sum_{n=1}^{N}\sum_{\beta=1}^{k} c_{n\beta}\langle\psi_{m\alpha}|H'|\psi_{n\beta}\rangle = Ec_{m\alpha} \tag{7-10}$$

这时，将 E 和 c_{ma} 按照 λ 的幂级数展开 (类似与式 (7-8) 和式 (7-9))

$$E = E_m^{(0)} + \lambda E_m^{(1)} + \lambda^2 E_m^{(2)} + \cdots \tag{7-11}$$

$$c_{n\beta} = c_{n\beta}^{(0)} + \lambda c_{n\beta}^{(1)} + \lambda^2 c_{n\beta}^{(2)} + \cdots \tag{7-12}$$

前面，式 (7-2) 是对波函数 ψ_n 而言；现在，式 (7-11) 是对波函数的系数而言，二者的对象不同，需注意。将式 (7-10) 和式 (7-11) 代入式 (7-12)，注意 $c_{n\beta}$ 与 $c_{m\alpha}$ 有不同的下角标，取一阶近似，就有

$$\begin{aligned} &\lambda^{(0)} : (E^{(0)} - E_m^{(0)})c_{m\alpha}^{(0)} = 0 \\ &\lambda^{(1)} : (E^{(0)} - E_m^{(0)})c_{m\alpha}^{(1)} + E^{(1)}c_{m\alpha}^{(0)} - \sum_{n=1}^{N}\sum_{\beta=1}^{k} c_{n\beta}^{(0)}\langle\psi_{m\alpha}|H'|\psi_{n\beta}\rangle = 0 \end{aligned} \tag{7-13}$$

如果取 $E^{(0)}$ 中的第 l 能级 $E_l^{(0)}$，上面第一式则是 $(E_l^{(0)}-E_m^{(0)})c_{m\alpha}^{(0)}=0$。如果 $l=m$，那么 $E_l^{(0)}-E_m^{(0)}=0$，若 $l\neq m$，$E_l^{(0)}-E_m^{(0)}\neq 0$，无论是哪种情况，都有 $c_{m\alpha}^{(0)}=0$ 或者 $c_{m\alpha}^{(0)}\neq 0$，因此 $c_{m\alpha}^{(0)}=a_\alpha\delta_{lm}=\begin{cases}a_\alpha, & l=m\\ 0, & l\neq m\end{cases}$，将它和 $E^{(0)}=E_l^{(0)}$ 代入式 (7-13)，可得

$$(E_l^{(0)}-E_m^{(0)})c_{m\alpha}^{(1)}+E_l^{(1)}a_\alpha\delta_{lm}-\sum_{n=1}^{N}\sum_{\beta=1}^{k}a_\beta\delta_{ln}\langle\psi_{m\alpha}|H'|\psi_{n\beta}\rangle=0 \tag{7-14}$$

由于考虑的是 $E^{(0)}$ 中的第 l 能级 $E_l^{(0)}$，当 $l=m$ 时，式 (7-14) 简化为

$$E_l^{(1)}a_\alpha-\sum_{\beta=1}^{k}a_\beta\langle\psi_{l\alpha}|H'|\psi_{l\beta}\rangle=0$$

由于 $\alpha\in\beta$，当 $\alpha=\beta$ 时，属于简并度为 $\beta\ (\beta=1,2,\cdots,k)$；当 $\alpha\neq\beta$ 时，$E_l^{(1)}a_\alpha=0$，这样上式就可以表示成关于 a_β 的方程组：

$$\sum_{\beta=1}^{k}\left(\langle\psi_{l\alpha}|H'|\psi_{l\beta}\rangle-E_l^{(1)}\delta_{\alpha\beta}\right)a_\beta=0 \tag{7-15}$$

令 $w_{\alpha,\beta}=\langle\psi_{l\alpha}|H'|\psi_{l\beta}\rangle\ (\alpha,\beta=1,2,\cdots,k)$，代入上式，可得简化形式：

$$\sum_{\beta=1}^{k}\left(w_{\alpha,\beta}-E_l^{(1)}\delta_{\alpha\beta}\right)a_\beta=0 \tag{7-16}$$

它又可以表示成如下矩阵：

$$\begin{bmatrix} w_{11}-E_l^{(1)} & w_{12} & \cdots & w_{1k}\\ w_{21} & w_{22}-E_l^{(1)} & \cdots & w_{2k}\\ \vdots & \vdots & & \vdots\\ w_{k1} & w_{k2} & \cdots & w_{kk}-E_l^{(1)}\end{bmatrix}\begin{bmatrix}a_1\\ a_2\\ \vdots\\ a_k\end{bmatrix}=0 \tag{7-17}$$

显然，这是以前提到的久期矩阵，实际上就是 $E_l^{(1)}$ 的特征方程，方程有解的条件是系数矩阵等于零

$$\begin{bmatrix} w_{11}-E_l^{(1)} & w_{12} & \cdots & w_{1k}\\ w_{21} & w_{22}-E_l^{(1)} & \cdots & w_{2k}\\ \vdots & \vdots & & \vdots\\ w_{k1} & w_{k2} & \cdots & w_{kk}-E_l^{(1)}\end{bmatrix}=0 \tag{7-18}$$

方程若有 k 个相异的实根，就表示上面具体考虑的第 l 能级 E_l 可以表示为 k 个子能级，消除了第 l 能级原有的 k 重简并 (这个久期方程是 k-对角化的)。从物理学的含义来讲，就是第 l 能级分裂成 k 个不同的子能级，说得更详细一些，对于 $E_n=E_n^{(0)}+\lambda E'$ 中指定的第 l 能级：$l=n, E_{l\beta}=E_l^{(0)}+\lambda E_{l\beta}^{(1)}$ $(l\in n,\beta=1,2,\cdots,k)$，可以表示为 k 个能级系列，从而简并被消除，正如图 (7-1) 所示。如果这 k 个实根中还有部分重根，只能说明简并只是部分消除了，仍需继续类似的计算。再将已求得的 k 个相异的实根代回式 (7-17)，即可确定 $a_{\beta\mu}$ $(\beta,\mu=1,2,\cdots,k)$，相应的波函数是

$$\psi^{(0)}=\sum_n\sum_{\beta=1}^{k}c_{n\beta}\psi_{n\beta}^{(0)}$$

在 n 中指定 l 后 (由 δ_{ln} 实现)，它的波函数则是

$$\psi_l^{(0)}=\sum_n\sum_{\beta=1}^{k}c_{l\beta}\delta_{ln}\psi_{n\beta}^{(0)}=\sum_{\beta=1}^{k}a_{l\beta}\psi_{l\beta}^{(0)}=\sum_{\beta=1}^{k}a_\beta\psi_{l\beta}^{(0)},\quad a_\beta=c_{l\beta}$$

但是，对于 E_l 的 k 个相异的实根，矩阵 (7-18) 中，有 k^2 个根与 a_β 对应，因此，考虑一个具体能级 l 的、简并的、微扰的波函数可以表示为

$$\psi'^{(0)}_{l\beta}=\sum_\mu a_{\beta\mu}\psi_{l\mu}^{0}\quad(\beta,\mu=1,2,\cdots,k)$$

在上述的数学处理方法中，下角标的确定比较烦琐，但用到的物理概念只是内积运算：$\langle\psi_i|\psi_k\rangle=\delta_{ik}$。当 $i=k$ 时，$\langle\psi_i|\psi_i\rangle=1$；当 $i\neq k$ 时，$\langle\psi_i|\psi_k\rangle=0$，它能简化方程。

上面的结果可以用来解释原子在外电场中出现光谱线分裂的现象，如反常塞曼效应 (原子光谱线在磁场中的分裂) 和 Stark 效应 (原子光谱线在电场中的分裂)。下面主要以线性 Stark 效应为例，讨论简并微扰方法的应用。

以氢原子为例，$E_n=-\left(\dfrac{1}{4\pi\varepsilon_0}\right)^2\dfrac{m_e^4}{2\hbar^2}\dfrac{1}{n^2}$，从 $n=1$ 的基态到 $n=2$ 的激发态，能量的改变是 $E_2=\dfrac{1}{4}E_1$，基态只是激发态能量的 $\dfrac{1}{4}$，而剩余的能量是 $E_2^{(0)}=\dfrac{3}{4}E_1$，在外电场中氢原子的激发态 $E_2^{(0)}$，分裂成 3 条光谱线，分别占有了 $\dfrac{3}{4}E_1$ 的能量，如图 7-2 所示。

现在，为了得出激发态能量的分裂结果，需要计算 $w_{\alpha,\beta}=\langle\psi_{l\alpha}|H'|\psi_{l\beta}\rangle$，它包括四种波函数，其中波函数 ψ_{nlm} 下角标的含义：n 是表示能级的主量子数，而角量子数 l 与磁量子数 m 与原子不同壳层中电子所处状态有关，并沿用光谱线的 s, p, d, f, $\cdots$ 符号来表达，以下只列出常用的 $l=0$，1 两个态：

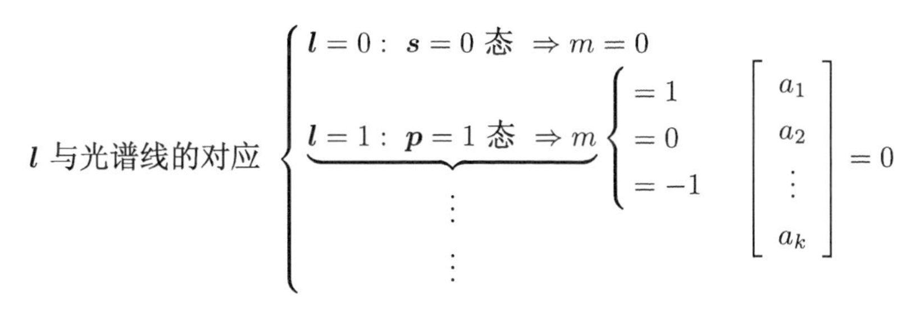

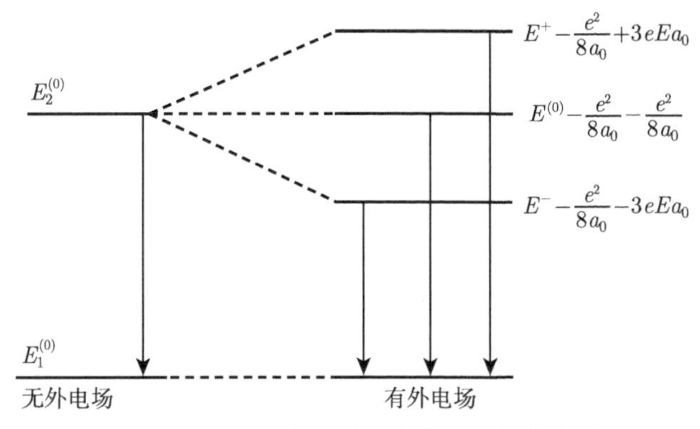

图 7-2 外电场中氢原子的激发与光谱分裂

在外电场 $\boldsymbol{E}$ 中，$E_1^{(0)}$ 跃迁到激发态 $E_2^{(0)}$，光谱线分裂为 E^+,$E^{(0)}$ 和 E^-，相应的能量值在后面的讨论中给出具体的计算

这两个态包括四种不同波函数，如下式所示 (注意下角标的含义：$n=2$，$l=0$ 态：$s=0$，$m=0$；$l=1$ 态：它有 $m=0$，±1 三个子状态，即 $p=1$。因此，用 $nl\begin{cases} s, & m=0 \\ p, & m=0,\pm1 \end{cases}$ 或 $nlspm$ 光谱符号分别表示这四种波函数的下角标：200，210，211 和 21-1)：

$$\begin{cases} \psi_1=\psi_{21}=\psi_{200}=\dfrac{1}{4\sqrt{2\pi}}a_0^{-3/2}\left(2-\dfrac{r}{a_0}\right)\mathrm{e}^{-r/2a_0} \\ \psi_2=\psi_{22}=\psi_{210}=\dfrac{1}{4\sqrt{\pi}}\dfrac{r}{a_0}a_0^{-3/2}\mathrm{e}^{-r/2a_0}\cos\theta \\ \psi_3=\psi_{23}=\psi_{211}=\dfrac{-1}{8\sqrt{\pi}}a_0^{-3/2}\dfrac{r}{a_0}\mathrm{e}^{-r/2a_0}\sin\theta\mathrm{e}^{\mathrm{i}\varphi} \\ \psi_4=\psi_{24}=\psi_{21\text{-}1}=\dfrac{1}{8\sqrt{\pi}}\dfrac{r}{a_0}a_0^{-3/2}\mathrm{e}^{-r/2a_0}\sin\theta\mathrm{e}^{-\mathrm{i}\varphi} \end{cases}$$

外电场 $\boldsymbol{E}$ 对哈密顿算符 $\hat{H}$ 引起的微扰是 $H'=e\boldsymbol{r}\cdot\boldsymbol{E}$(外电场的偶极子势函数)，选

择沿 z 轴方向，则有

$$H' = e\boldsymbol{r} \cdot \boldsymbol{E} = erE\cos\theta \tag{7-19}$$

计算 $w_{\alpha,\beta} = \langle\psi_{l\alpha}|H'|\psi_{l\beta}\rangle$ 时，由于 $l = 2$，$\alpha,\beta = 1,2,3,4$，$w_{\alpha,\beta}$ 矩阵是 4×4 方阵，不过只有 $\alpha = 1$、$\beta = 2$ 和 $\alpha = 2$、$\beta = 1$ 分别对应的波函数 ψ_{21} 和 ψ_{22}，使得 $w_{1,2}$ 和 $w_{2,1}$ 不为零，其余均为零，计算大为简化。为什么有此结论，理由可以从两方面考虑，其一，是对称性，是指对变量 r、θ、φ 而言，在 $w_{\alpha,\beta} = \langle\psi_{l\alpha}|H'|\psi_{l\beta}\rangle$ 中，$H' = er \cdot \boldsymbol{E} = er\cos\theta = eEz$，是在 z 轴上的投影。注意，$r\cos\theta$ 是变量 r 与 θ 的奇对称函数，而上面四种波函数中，ψ_{21}、ψ_{22} 是奇对称；ψ_{23} 和 ψ_{24} 是偶对称；一个系统不可能既是偶对称，又是奇对称。因此，在计算 $w_{\alpha,\beta}$ 时，凡是包括 ψ_{23}、ψ_{24} 和 H' 的 14 项 (在 $\alpha \times \beta = 4 \times 4 = 16$ 的矩阵元中，除了 ψ_{21}、ψ_{22} 之外，共有 14 项，也就是 14 个矩阵元)，均为零；只有 ψ_{21} 和 ψ_{22} 与 H' 运算才有意义，是单一的奇对称。其二，在 $w_{\alpha,\beta}$ 的计算中，也就是矩阵 (7-17) 的大部分矩阵元都是零，不必进行计算，至于那些矩阵元为零，有一个 “选择定则” 可以作为依据，它是和原子从基态到激发态的跃迁有关，跃迁自然是能量扰动的结果，以氢原子为例，这个扰动就是 H'，相应的 $w_{\alpha,\beta}$ 的计算就是 $\langle\psi_{l\alpha}|H'|\psi_{l\beta}\rangle$ 的内积运算，如果原来的状态 $\psi_{l\beta}$ 是 $|nlm\rangle$，经过系统 H' 之后，变为 $\psi_{l\alpha}$ 即 $\langle n'l'm'|$，现在要问矩阵 $\langle\psi_{l\alpha}|H'|\psi_{l\beta}\rangle$，等价地，矩阵 $\langle n'l'm'|H'|nlm\rangle$ 中有哪些矩阵元是零元素？

已知 $H' = erE\cos\theta = eEz$，根据角动量与坐标轴的对易关系 $[L_z, z] = 0$，容易得到如下结果：

$$\begin{aligned}\langle n'l'm'|H'|nlm\rangle &= \langle n'l'm'|L_z z - zL_z|nlm\rangle \\ &= \langle n'l'm'|(m'\hbar)z - z(m\hbar)|nlm\rangle \\ &= (m' - m)\hbar\langle n'l'm'|z|nlm\rangle = 0\end{aligned}$$

由此，或者 $m'-m=0$ 或者 $\langle n'l'm'|z|nlm\rangle=0$，如果 $m' \neq m$，只有 $\langle n'l'm'|z|nlm\rangle = 0$，这意味着所有矩阵元都是零，显然，这不是合理的情况，应当选择 $m' = m$。根据同样的考虑，可得下式

$$\begin{aligned}\langle n'l'm'|H'|nlm\rangle &= \langle n'l'm'|[L^2, [L^2, \boldsymbol{r}]]|nlm\rangle \\ &= [(l' + l + 1)^2 - 1][(l' - l)^2 - 1]\hbar^4\langle n'l'm'|\boldsymbol{r}|nlm\rangle = 0\end{aligned}$$

显然，应选择 $[(l'+l+1)^2-1][(l'-l)^2-1] = 0$ 来满足上式，但是，$[(l'+l+1)^2-1] \neq 0$，只能是 $[(l' - l)^2 - 1] = 0$，由此可得 $l' - l = \pm1$，这样我们就有了两个限制 (选择) 条件：

$$\text{选择条件或限制条件} \begin{cases} m' = m \\ l' - l = \pm1 \end{cases}$$

对于所讨论的问题：$\langle\psi_{l\alpha}|H'|\psi_{l\beta}\rangle$ 有哪些矩阵元为零？现在可以确定，只有 $w_{1,2}$ 和 $w_{2,1}$ 符合选择条件，除此而外，其他矩阵元均为零。而 $w_{\alpha,\beta}$ 的计算就是波函数的内积运算

$$w_{\alpha,\beta}=\langle\psi_{l\alpha}|H'|\psi_{l\beta}\rangle=\int\psi_{l\alpha}H'\psi_{l\beta}\mathrm{d}V$$

$$=\iiint\psi_{l\alpha}H'\psi_{l\beta}r^2\sin\theta\mathrm{d}r\mathrm{d}\theta\mathrm{d}\varphi \tag{7-20}$$

该积分中的立体角体积单元 $\mathrm{d}V$ 和相应的面积单元 Ω 如图 7-3 所示，这个三重积分可以分成三个单积分的乘积：

$$\iiint\psi_{l\alpha}\boldsymbol{H}'\psi_{l\beta}\boldsymbol{r}^2\sin\theta\mathrm{d}\boldsymbol{r}\mathrm{d}\theta\mathrm{d}\varphi=\int_0^{+\infty}f(r)\mathrm{d}r\int_0^{\pi}g(\theta)\mathrm{d}\theta\int_0^{2\pi}h(\varphi)\mathrm{d}\varphi$$

其中，$\mathrm{d}\varphi$ 的积分是 $0\to2\pi$，可直接积分得出，$\mathrm{d}\theta$ 和 $\mathrm{d}r$ 的积分限分别是 $0\to\pi$ 和 $0\to\infty$，将 ψ_{21}、ψ_{22} 代入式 (7-20)，利用现成的特殊函数积分公式，不难得出如下结果：

$$w_{\alpha,\beta}=\langle\psi_{l\alpha}|\boldsymbol{H}'|\psi_{l\beta}\rangle=\int\psi_{l\alpha}\boldsymbol{H}'\psi_{l\beta}\mathrm{d}\boldsymbol{V}$$

$$=\frac{1}{\sqrt{8\pi a^3}}\frac{1}{\sqrt{32\pi a^5}}eE\underbrace{\int_0^{+\infty}\left(1-\frac{r}{2a}\right)\mathrm{e}^{-r/a}r^4\mathrm{d}r}_{(4!-5!)a^6/(2a)}\underbrace{\int_0^{\pi}\cos^2\theta\sin\theta\mathrm{d}\theta}_{2/3}\underbrace{\int_0^{2\pi}d\varphi}_{2\pi}=-3eEa_0$$

将 $w_{\alpha,\beta}=-3eEa_0$ (即 $w_{1,2}w_{2,1}$) 代入式 (7-17)，可得下列行列式，它就是特征方程：

$$\begin{vmatrix}-E_2^{(1)} & -3eEa_0 & 0 & 0\\ -3eEa_0 & -E_2^{(1)} & 0 & 0\\ 0 & 0 & -E_2^{(1)} & 0\\ 0 & 0 & 0 & -E_2^{(1)}\end{vmatrix}=0 \tag{7-21}$$

特征方程的解为 $(E_2^{(1)})^2[(E_2^{(1)})^2-(3eEa_0)^2]=0$，解出 $E_2^{(1)}$ 如下四个根 ($l=2$；β 是四重简并，$\beta=1,2,3,4$)，记为 $E_{l\beta}^{(1)}$：

$$E_{21}^{(1)}=3eEa_0,\quad E_{22}^{(1)}=-3eEa_0,\quad E_{23}^{(1)}=0,\quad E_{24}^{(1)}=0$$

将每一个根 $E_{l\beta}^{(1)}$ 分别代入式 (7-15)：$\sum\limits_{\beta=1}^{k}\left(w_{\alpha,\beta}-E_{l\beta}^{(1)}\delta_{\alpha\beta}\right)a_\beta=0$，以确定该根对应的 α_β 之值，有如下四种情况。

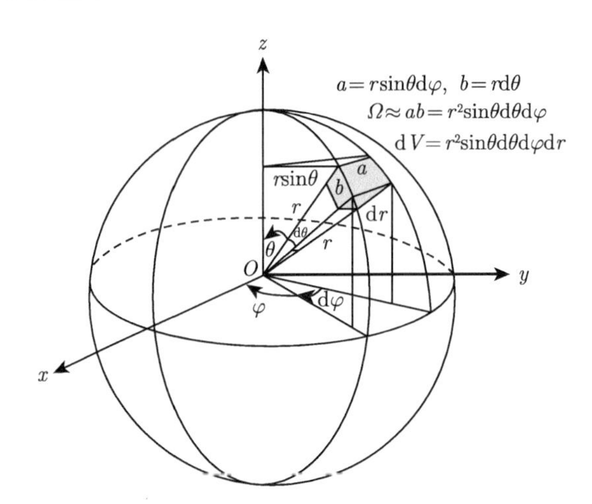

图 7-3　立体角体积单元 dV 和面积单元 Ω 示意图

$$dV = r^2\sin\theta drd\theta d\varphi$$

(1) $E_{21}^{(1)} = 3eEa_0$: (行列式中省略能量标注 eEa_0)

$$\begin{bmatrix} -3 & -3 & 0 & 0 \\ -3 & -3 & 0 & 0 \\ 0 & 0 & -3 & 0 \\ 0 & 0 & 0 & -3 \end{bmatrix} = \begin{bmatrix} a_1 \\ a_2 \\ a_3 \\ a_4 \end{bmatrix}$$

得到 $a_1 = -a_2$, $a_3 = a_4 = 0$, 再由波函数系数的归一化: $|a_1|^2+|a_2|^2+|a_3|^2+|a_4|^2 = 1$, 可以确定 $a_1 = 1/\sqrt{2}$, $a_2 = -1/\sqrt{2}$, 前面曾研究在 n 中指定一个能级 l、简并度为 β 的情况, 对应的波函数如下式所示 (见式 (7-15) 的相关论述):

$$\psi_l^{(0)} = \sum_{\beta=1}^{k} a_\beta \psi_{l\beta}^{(0)}$$

现在的情况是激发态, 即 $l = n = 2$, 简并度 $k = 4$, $\beta = 1,2,3,4$, 式中 $\psi_{21} = \psi_{200}$, $\psi_{22} = \psi_{210}$, $\psi_{23} = \psi_{211}$, $\psi_{24} = \psi_{21\text{-}1}$; 相应的微扰的波函数便是

$E_{21}^{(1)} = 3eEa_0$;

$\psi_n^{(0)} = a_1\psi_{21} + a_2\psi_{22} + a_3\psi_{23} + a_4\psi_{24} = a_1\psi_{21} + a_2\psi_{22} = \dfrac{1}{\sqrt{2}}(\psi_{200} - \psi_{210})$;

(2) $E_{22}^{(1)} = -3eEa_0$: $a_1 = a_2$, $a_3 = a_4 = 0$, $\psi_n^{(0)} = \dfrac{1}{\sqrt{2}}(\psi_{200} + \psi_{210})$;

(3) $E_{23}^{(1)} = 0$: $\psi_{23} = \psi_{211}$;

(4) $E_{24}^{(1)} = 0$: $\psi_{24} = \psi_{21-1}$。

从能量 $E_n=-\left(\frac{1}{4\pi\varepsilon_0}\right)^2\frac{m_e e^4}{2\hbar^2}\frac{1}{n^2}=-\frac{e^2}{2a_0 n^2}$，可得出激发态能量 $E_2=-\frac{e^2}{8a_0}$，$a_0=\frac{\hbar^2}{\mu_0 e^2}$。可以看出，四重简并未全部消除，只是部分消除 (现在简并度为 2)，令 $\lambda=1$，则有

$$E=E^{(0)}+E^{(1)}=\begin{cases}-\frac{e^2}{8a_0}-3eEa_0 \\ -\frac{e^2}{8a_0}-\frac{e^2}{8a_0} \quad (\text{能量不变}) \\ -\frac{e^2}{8a_0}-\frac{e^2}{8a_0} \quad (\text{能量不变}) \\ -\frac{e^2}{8a_0}+3eEa_0\end{cases} \tag{7-22}$$

简并微扰的近似方法，可以适用于更复杂一些的情况，如二体问题 (氦原子中的两电子)、外磁场中塞曼效应等。

7.2 变分法

变分法是根据被研究的系统，在哈密顿量 H 的基态未知时，设定包含参数 λ 的某种试探波函数 $\psi(\lambda)$，如高斯函数 (首选)、三角函数 (次选) 等，根据

$$H=-\frac{\hbar^2}{2m}\nabla^2+V$$

计算 $\langle\psi|H|\psi\rangle$，对其变分，如此求得的哈密顿量 H 能接近实验确定的最低值，因此，这种试探 ψ 的方法还是很有效的 (特别是在量子化学中，研究原子的结合问题，需要知道基态能量)。

由于基态能量具有最低值，$\langle H\rangle$ 是包括基态能量在内的均值，显然下式成立，证明也很容易 (此处省略)。

$$H_{\text{gs}}\leqslant\langle\psi|H|\psi\rangle\equiv\langle H\rangle,\quad \langle H\rangle=\langle T\rangle+\langle V\rangle$$

使用变分方法，是一个程式化的计算过程：确定系统的哈密顿量 $H\rightarrow$ 设定试探波函数 $\psi(\lambda)\rightarrow$ 归一化常数 $A\rightarrow$ 计算 $\langle\psi|H|\psi\rangle\rightarrow$ 求变分 $\partial\langle H\rangle/\partial\lambda$ 得 $\lambda\rightarrow$ 确定 $\psi(\lambda)\rightarrow$ 再由 $H_\lambda\psi(\lambda)=E_\lambda\psi(\lambda)$ 确定 E_λ。前面研究过氢原子，这次以氦原子作为一个实例，它的基态能量已经通过实验精确测定：$H_{\text{gs}}=-78.975\text{eV}$。

(1) 氦原子的哈密顿量 H，由于外壳层有两个电子，与核心形成三体，是当前已知无法解析求解的著名问题，具体公式如下 (质子数 $Z=2$)：

$$H=-\frac{\hbar^2}{2m}(\nabla_1^2+\nabla_2^2)-\frac{e^2}{4\pi\varepsilon_0}\left(\frac{2}{r_1}+\frac{2}{r_2}-\frac{1}{|\boldsymbol{r}_1-\boldsymbol{r}_2|}\right) \tag{7-23}$$

为此，简化为二体问题，如图 7-4 所示，就是用两个独立的电子代替有相互作用的外层电子，用两个正电子代替原子核，也就是说，将势函数的 $\frac{e^2}{4\pi\varepsilon_0}\left(\frac{1}{|\boldsymbol{r}_1-\boldsymbol{r}_2|}\right)$ 忽略，采取简化的势函数 $H=-\frac{\hbar^2}{2m}(\nabla_1^2+\nabla_2^2)-\frac{e^2}{4\pi\varepsilon_0}\left(\frac{2}{r_1}+\frac{2}{r_2}\right)$，这种处理在物理上过分粗糙，近似的结果也不会很好，因此舍弃此法。

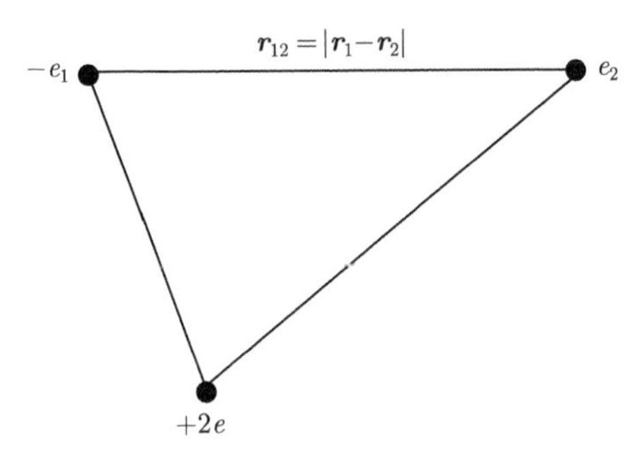

图 7-4　将氦原子的三体问题简化为二体问题，原子核用 $+2e$ 代替，这是一种极为简化的处理，通过变分法所得结果，与实验测试之值比较，有较大差距

如果不忽略外层电子之间的相互作用，相应的哈密顿量可以表示如下更直观的形式

$$
\begin{aligned}
H &= -\frac{\hbar^2}{2m}(\nabla_1^2+\nabla_2^2)-\frac{e^2}{4\pi\varepsilon_0}\left(\frac{Z}{r_1}+\frac{Z}{r_2}-\frac{1}{\boldsymbol{r}_{12}}\right)\\
&=\underbrace{\left(-\frac{\hbar^2}{2m}\nabla_1^2-\frac{e^2}{4\pi\varepsilon_0}\frac{\boldsymbol{Z}}{\boldsymbol{r}_1}\right)}_{H(1)}+\underbrace{\left(-\frac{\hbar^2}{2m}\nabla_2^2-\frac{e^2}{4\pi\varepsilon_0}\frac{\boldsymbol{Z}}{\boldsymbol{r}_2}\right)}_{H(2)}+\underbrace{\frac{e^2}{4\pi\varepsilon_0}\frac{1}{\boldsymbol{r}_{12}}}_{H(1\text{-}2)}
\end{aligned}
\tag{7-24}
$$

式中，$H(1)$ 表示第一个电子的状态；$H(2)$ 表示第二个电子的状态，$H(1\text{-}2)$ 表示二者的相互作用。

(2) 选择试探波函数，根据德布罗意物质波理论给出的波函数，其形式是 $A\psi\mathrm{e}^{-\mathrm{i}(Et-\boldsymbol{r}\cdot\boldsymbol{p})/\hbar}$ 或者 $A\psi\mathrm{e}^{-\mathrm{i}(Et-\boldsymbol{r}\cdot\boldsymbol{p})/\hbar}=A\psi\mathrm{e}^{-\mathrm{i}Et/\hbar}\mathrm{e}^{\mathrm{i}\boldsymbol{r}\cdot\boldsymbol{p}/\hbar}$，在定态之下的形式是 $A\psi(\boldsymbol{r})\mathrm{e}^{-\mathrm{i}Et/\hbar}$，因此试探波函数的首选自然是 e 的指数形式，次选才是三角函数，现在就氦原子而言，外层电子的基态波函数是已知的：

$$
\psi_{nlm}=\psi_{100}=\frac{1}{\sqrt{\pi}}\left(\frac{1}{a_0}\right)^{3/2}\mathrm{e}^{-\frac{r}{a_0}}
$$

也可以设为高斯函数，再确定归一化常数 A，只是电子基态波函数在量子力学中是一个基本函数，已经不必重复这类计算，选定即可，需考虑的是两个外层电子，因此试探波函数有如下形式：

$$\psi_\lambda = \psi_1 \cdot \psi_1 = \frac{1}{\sqrt{\pi}}\left(\frac{\lambda}{a_0}\right)^{3/2} \mathrm{e}^{-\lambda\frac{r}{a_0}} \cdot \frac{1}{\sqrt{\pi}}\left(\frac{\lambda}{a_0}\right)^{3/2} \mathrm{e}^{-\lambda\frac{r}{a_0}} = \frac{1}{\pi}\left(\frac{\lambda}{a_0}\right)^{3} \mathrm{e}^{-\lambda\left(\frac{r_1+r_2}{a_0}\right)}$$

(3) 计算 $\langle\psi|H|\psi\rangle$，实际上就是内积运算，如果波函数表示成 $\psi = \sum\limits_n c_n\psi_n$，则有

$$\langle\psi|H|\psi\rangle = \frac{\int \psi^* H\psi \mathrm{d}V}{\int \psi^*\psi \mathrm{d}V} = \frac{\sum\limits_n |c_n|^2 E_n}{\sum\limits_n |c_n|^2} = \int \psi^* H\psi \mathrm{d}V = \sum_n |c_n|^2 E_n$$

无论是连续量还是离散量，分母等于 1 是显而易见的事。将 ψ_λ 代入上式，进行积分运算, 注意 $\mathrm{d}V = r^2\sin\theta\mathrm{d}r\mathrm{d}\theta\mathrm{d}\varphi$，略去具体积分运算，结果是

$$\begin{aligned}\langle\psi|H|\psi\rangle &= \langle H\rangle \\ &= \int \psi_1^*\left(-\frac{\hbar^2}{2m}\nabla_1^2 - \frac{e^2}{4\pi\varepsilon_0}\frac{Z}{r_1}\right)\psi_1\mathrm{d}V_1 \\ &\quad + \int \psi_2^*\left(-\frac{\hbar^2}{2m}\nabla_2^2 - \frac{e^2}{4\pi\varepsilon_0}\frac{Z}{r_2}\right)\psi_2\mathrm{d}V_2 \\ &\quad + \int \psi_\lambda^*\frac{e^2}{4\pi\varepsilon_0}\frac{1}{\boldsymbol{r}_{12}}\psi_\lambda\mathrm{d}V_1\mathrm{d}V_2 \\ &= -\frac{\lambda^2 e^2}{4\pi\varepsilon a_0} + \frac{5\lambda e^2}{32\pi\varepsilon a_0} + \frac{\lambda(\lambda - Z)e^2}{2\pi\varepsilon a_0} \end{aligned} \tag{7-25}$$

在计算 $H(1\text{-}2)$ 时，要注意 $\mathrm{d}V_1$ 和 $\mathrm{d}V_2$ 的积分限，也就是外层电子 e_1 的库仑势 $e^2/\boldsymbol{r}_{12}$，分球内部分 $(0\sim r_2)$ 和球外部分 $(r_2\sim+\infty)$，它与 e_2 的库仑势等价，考虑其一即可，如下式所示:

$$\begin{aligned}\iint \psi_\lambda^*\frac{e^2}{4\pi\varepsilon_0}\frac{1}{\boldsymbol{r}_{12}}\psi_\lambda\mathrm{d}V_1\mathrm{d}V_2 &= \left(\int_0^{r_2} + \int_{r_2}^{+\infty}\right)\psi_\lambda \boldsymbol{r}_1^2\mathrm{d}r_1 \iint \sin\theta\mathrm{d}\theta\mathrm{d}\varphi \\ &\quad \cdot\int_{r_2}^{+\infty}\psi_\lambda\frac{e^2}{4\pi\varepsilon_0}\frac{1}{\boldsymbol{r}_{12}}\boldsymbol{r}_2^2\mathrm{d}r_2\iint\sin\theta\mathrm{d}\theta\mathrm{d}\varphi\mathrm{d}V_2\end{aligned}$$

(4) 计算变分 $\partial\langle H\rangle/\partial\lambda$ 可得参数 λ。变分的计算:

$$\begin{aligned}\frac{\partial\langle H\rangle}{\partial\lambda} &= \frac{\partial}{\partial\lambda}\left(-\frac{\lambda^2e^2}{4\pi\varepsilon a_0} + \frac{5\lambda e^2}{32\pi\varepsilon a_0} + \frac{\lambda(\lambda-Z)e^2}{2\pi\varepsilon a_0}\right) \\ &= \frac{e^2}{4\pi\varepsilon a_0}\frac{\partial}{\partial\lambda}\left(-\lambda^2 + \frac{5}{8}\lambda + 2\lambda(\lambda - Z)\right) = \frac{e^2}{4\pi\varepsilon a_0}\left(2\lambda - 2Z + \frac{5}{8}\right) = 0\end{aligned}$$

由此可得参数 $\lambda = Z - \dfrac{5}{16}$。

(5) 确定 $\psi(\lambda)$，将 $\lambda = Z - \dfrac{5}{16}$ 代入试探波函数 $\psi_\lambda = \dfrac{1}{\pi}\left(\dfrac{\lambda}{a_0}\right)^3 \mathrm{e}^{-\lambda\left(\frac{r_1+r_2}{a_0}\right)}$，可得下式

$$\psi_\lambda = \frac{1}{\pi}\frac{1}{a_0^3}\left(Z - \frac{5}{16}\right)^3 \mathrm{e}^{-\left(Z-\frac{5}{16}\right)\left(\frac{r_1+r_2}{a_0}\right)} \tag{7-26}$$

(6) 再由 $H_\lambda\psi(\lambda) = E_\lambda\psi(\lambda)$ 确定 E_λ，因为 $\langle\psi|H_\lambda|\psi\rangle = \langle\psi|E_\lambda|\psi\rangle$，即 $\langle E_\lambda\rangle \equiv \langle H\rangle$(这个等式非常重要，它表示多次测量某个区域中包含的能量之均值，就是粒子出现在那里的概率，因此寻找粒子处在何处，就是测量该处的能量值)，这样就可以将 $\lambda = Z - \dfrac{5}{16}$ 代入 $\langle H\rangle$ 得到 E_λ：

$$\langle E_\lambda\rangle \equiv \langle H\rangle = -\frac{\lambda^2 e^2}{4\pi\varepsilon a_0} + \frac{5\lambda e^2}{32\pi\varepsilon a_0} + \frac{\lambda(\lambda - Z)e^2}{2\pi\varepsilon a_0} = -\frac{e^2}{4\pi\varepsilon a_0}\left(Z - \frac{5}{16}\right)^2$$

氦原子的质子数 $Z = 2$，$\lambda = Z - \dfrac{5}{16} = \dfrac{27}{16} = 1.69$，$\langle E_\lambda\rangle = \dfrac{1}{2}\left(\dfrac{4}{2}\right)^6 \cdot E_1 = \dfrac{1}{2}\left(\dfrac{4}{2}\right)^6 \cdot (-13.6)\mathrm{eV} = -77.5\mathrm{eV}$, 而实验值是 $H_{\mathrm{gs}} = -78.975\mathrm{eV}$。

可见，由变分法得出的结果与实测值非常接近。与此相关的还有一个赫尔曼-费曼定理：$\dfrac{\partial H_n}{\partial\lambda} = \left\langle \psi_n|\dfrac{\partial H}{\partial\lambda}|\psi_n \right\rangle$，主要是用于一维谐振子问题和电子径向势函数的求解。

7.3 微扰与时间有关，即含时微扰

引入任何近似方法的理由都是一样的：不能获得解析解，含时微扰自然也不例外，不过它的应用主要是量子跃迁，因为系统处于不同的能级，含时的指数因子不能相互抵消。前面曾经多次说明，波函数可以表示成空间变量和时间变量两部分的乘积：$\varPsi(\boldsymbol{r},t)=\psi(\boldsymbol{r})\mathrm{e}^{-Et/\hbar}$，由于 $|\varPsi(\boldsymbol{r},t)|^2=\varPsi(\boldsymbol{r},t)\cdot\varPsi^*(\boldsymbol{r},t)=\psi(\boldsymbol{r})\mathrm{e}^{-\mathrm{i}Et/\hbar}\psi(\boldsymbol{r})\mathrm{e}^{+\mathrm{i}Et/\hbar}=\psi^2(\boldsymbol{r})$，包含时间的指数因子相互抵消，因此仍然有定态本征方程 $H\psi = E\psi$，如果此时与彼时的状态相同，那自然是定态，不含时微扰主要是定态，以本征方程为基础，将 $\hat{H}(p,V)$ 和 $\varPsi(\boldsymbol{r},t) = \varPsi(\boldsymbol{r},0)$ 联系起来，属于量子力学的静态问题，或称作量子静力学；而现在讨论含时微扰，自然是指此时与彼时的状态不同，属于量子动力学问题。尽管如此，作为微扰问题，其出发点仍然与前面讨论的不含时微扰是一样的，都是指哈密顿量的微扰，它表示状态的改变，只不过这里的哈密顿量是时间的函数 (就是 $\hat{H}$ 包含定态 $H^{(0)}$ 和随时间变化的 $\hat{H}'(t)$)：

$$\hat{H} = \hat{H}^{(0)} + \hat{H}'(t)$$

$\hat{H}'(t)$ 或 $\lambda\hat{H}'(t)$ 引起的状态变化，需要由波函数 $\Psi(\boldsymbol{r},t)$ 描述，二者的演化由薛定谔方程确定，由波函数表示的量子系统，通常有如下熟悉的叠加形式：

$$\Psi(\boldsymbol{r},t)=\sum_{n=1}^{N}c_n\psi_n(\boldsymbol{r})\mathrm{e}^{-E_nt/\hbar}=\sum_{n=1}^{N}c_n(t)\mathrm{e}^{-E_nt/\hbar}|\psi_n(\boldsymbol{r})\rangle \tag{7-27}$$

现在，为了既保留波函数的标准数学形式，又反映状态随时间的改变，一个简单的办法就是将上式中的 c_n 用包含时间变量的系数 $c_n(t)$ 代替，当然该系数的状态应是离散的，例如，一个二能级的系统 (也就是态空间中的二维子空间)，有两个状态 $N=2$，用 ψ_a 和 ψ_b 表示。当 $t=0$ 时，$c_n(t)$ 的状态可以是 $c_a(0)=0$，$c_b(0)=1$；而当 $t\neq 0$ 时，$c_a(t)=1$，$c_b(t)=0$。这样，由 $c_n(t)$ 就可以反映波函数状态的改变 (这时，可以不考虑空间变量 $\boldsymbol{r}$)：

$$\Psi(\boldsymbol{r},t)=\sum_{n=1}^{2}c_n(t)\psi_n(\boldsymbol{r})\mathrm{e}^{-E_nt/\hbar}=c_a(t)\psi_a\mathrm{e}^{-E_at/\hbar}+c_b(t)\psi_b\mathrm{e}^{-E_bt/\hbar} \tag{7-28}$$

当 $t=0$ 时，有 $\Psi(\boldsymbol{r},0)=\sum_{n=1}^{2}c_n(t)\psi_n(\boldsymbol{r})=c_a(0)\psi_a+c_b(0)\psi_b$，以及归一化系数 $|c_a(t)|^2+|c_b(t)|^2=|c_a(0)|^2+|c_b(0)|^2=1$。

现在处理 N 维的一般情况，将 $\Psi(\boldsymbol{r},t)$ 的表示式 (7-27) 代入薛定谔波动方程

$$H\Psi=\left(H^{(0)}+H'(t)\right)\Psi=-\mathrm{i}\hbar\frac{\partial\Psi}{\partial t} \tag{7-29}$$

对于含时微扰，毋须考虑状态改变的暂态过程 (也就是不考虑轨迹或时程曲线一类的问题，除了位置和动量的测不准关系，还有一个原因，就是能量的量化，因此，含时微扰的结果应当是量化的状态)，感兴趣的是状态跃变后的能量、跃迁概率和跃迁速率，加之 ψ_a、ψ_b、$H^{(0)}$、E_a 和 E_b 都是常数 (其实，令 $a=i$，$b=k$，就将二能级扩展到多能级系统)。这样一来，式 (7-27) 两边的定态分量自然可以消去，剩下的只是变化分量：

$$\mathrm{i}\hbar\sum_{n=1}^{N}\frac{\partial c_n(t)}{\partial t}\mathrm{e}^{-E_nt/\hbar}|\psi_n(t)\rangle=\sum_{n=1}^{N}c_n(t)\mathrm{e}^{-E_nt/\hbar}H'(t)|\psi_n(t)\rangle \tag{7-30}$$

与不含时微扰一样，用 $\mathrm{e}^{-E_nt/\hbar}\langle\psi_m(t)|$ 乘式 (7-30) 两边，进行内积运算 (相当于用 $\mathrm{e}^{+E_nt/\hbar}\langle\psi_m(t)|$ 左乘上式)，可得下式

$$\mathrm{i}\hbar\frac{\partial c_m(t)}{\partial t}=\sum_{n=1}^{N}c_n(t)\langle\psi_m(t)|H'(t)|\psi_n(t)\rangle\mathrm{e}^{\mathrm{i}(E_m-E_n)t/\hbar} \tag{7-31}$$

令 $\omega_{mn} = (E_m - E_n)/\hbar$，上式简化为与薛定谔方程等价的矩阵形式：

$$\mathrm{i}\hbar\frac{\partial c_m(t)}{\partial t} = \sum_{n=1}^{N} c_n(t)\langle\psi_m(t)|H'(t)|\psi_n(t)\rangle \mathrm{e}^{\mathrm{i}\omega_{mn}t} \tag{7-32}$$

式中，$\langle\psi_m(t)|H'(t)|\psi_n(t)\rangle$ 就是矩阵元，这里有一个非常有趣的问题，就是以矩阵形式表示的波动方程，显示了它与矩阵力学在形式上的联系，如下式所示：

$$\mathrm{i}\hbar\begin{bmatrix} \dot{c}_1 \\ \dot{c}_2 \\ \dot{c}_3 \\ \vdots \end{bmatrix} = \begin{bmatrix} H_{11} & H_{12}\mathrm{e}^{\mathrm{i}\omega_{12}t} & H_{13}\mathrm{e}^{\mathrm{i}\omega_{13}t} & \cdots \\ H_{21}\mathrm{e}^{\mathrm{i}\omega_{21}t} & H_{22} & H_{23}\mathrm{e}^{\mathrm{i}\omega_{23}t} & \cdots \\ H_{31}\mathrm{e}^{\mathrm{i}\omega_{31}t} & H_{32}\mathrm{e}^{\mathrm{i}\omega_{32}t} & H_{33} & \cdots \\ \vdots & \vdots & \vdots & \end{bmatrix}\begin{bmatrix} c_1 \\ c_2 \\ c_3 \\ \vdots \end{bmatrix} \tag{7-33}$$

然后将 $c_n(t)$ 按小参数 λ 展开：$c_n(t) = c_n^{(0)}(t) + \lambda c_n^{(1)}(t) + \lambda^2 c_n^{(2)}(t) + \cdots$，再代回式 (7-30)，就可以由等式两边 λ^0，λ^1，λ^2，$\cdots$ 的系数项分别相等，得出 $c_n(t)$ 的各阶表达式，进行迭代，实现近似处理；但这里需要强调指出的是，波函数展开式 $\Psi = \sum_{i=1}^{N} c_i\psi_i$ 或 $|\Psi\rangle = \sum_{i=1}^{N} c_i|\psi_i\rangle$ 中的系数 c_i，既表示 Ψ 中包含 ψ_i 的多少，也表示粒子系统 $|\Psi\rangle$ 处于分状态 $|\psi_i\rangle$ 的概率 (数学上，展开式的 N 是无限的，物理上，当然不可能)，在此强调这一点，是因为它和方程 (7-33) 的初值条件密切相关。初值自然是系统在 $t = 0$ 的定态，它可能处于由 $|\Psi\rangle = \sum_{i=1}^{N} c_i|\psi_i\rangle$ 表示的任意态，假定是 ψ_k，那么，受到微扰之后，系统 $|\Psi\rangle$ 将从 ψ_k 开始演化，方程 (7-32) 的指标 $n \to k$，$\sum_{i=1}^{N} c_n\psi_n$ 已经由第 k 个状态 ψ_k 代替，这就意味着 $\rho_k = |c_k(t)|^2 = 1$，$c_k(t) = 1$，因而有

$$\begin{aligned} \mathrm{i}\hbar\frac{\partial c_m(t)}{\partial t} &= c_k(t)\langle\psi_m(t)|H'(t)|\psi_k(t)\rangle \mathrm{e}^{\mathrm{i}\omega_{mk}t} \\ &= \langle\psi_m(t)|H'(t)|\psi_k(t)\rangle \mathrm{e}^{\mathrm{i}\omega_{mk}t} \end{aligned} \tag{7-34}$$

这就是将矩阵方程简化为单一方程，可以直接积分

$$c_m(t) = \frac{1}{\mathrm{i}\hbar}\int_0^t \langle\psi_m(t)|H'(t)|\psi_k(t)\rangle \mathrm{e}^{\mathrm{i}\omega_{mk}t}\mathrm{d}t \tag{7-35}$$

至于 $H'(\boldsymbol{r},t)$ 的具体形式，可以假设产生扰动的势函数 $V(\boldsymbol{r})$ 是谐波扰动，也就是说，$H'(\boldsymbol{r},t) = V(\boldsymbol{r})\cos(\omega t)$，这是一种有重要意义的微扰形式。此后，数学处理几乎属于简单的求导运算，以及矩阵元 $\langle\psi_k|H'|\psi_i\rangle$ 的程式化处理，重复的内容在此就省略了。但是，从 $c_m(t)$ 得出与量子跃迁相关的两个重要公式：一是拉比量子跃迁

概率公式，二是费米量子跃迁速率公式 (通常称为黄金律)，用于对量子跃迁定量分析。下面就给出跃迁概率 $P_{i\to k}$ 和跃迁速率 R_{ik} 的表示式：

$$P_{i\to k}=|\langle\psi_k|\psi(t)\rangle|^2=\rho_k=|c_k(t)|^2\cong\frac{|V_{ik}|^2}{\hbar^2}\frac{\sin^2[(\omega_0-\omega)t/2]}{(\omega_0-\omega)^2} \tag{7-36}$$

$$R_{ik}=\frac{\mathrm{d}}{\mathrm{d}t}P_{i\to k}=\frac{2\pi}{\hbar}|\langle\psi_k|H'|\psi_i\rangle|^2\delta(E_k-E_i\pm\hbar\omega) \tag{7-37}$$

式中，$V_{ik}=\langle\psi_k|H'|\psi_i\rangle$。这都是偶函数，表明高低能态相互跃迁的情况是一样的。但是，在 1925 年薛定谔方程提出之前，为了计算跃迁概率，爱因斯坦在 1917 年研究了量子的吸收、受激辐射和自发辐射，并做出了重要贡献。如果说上述内容是波动方程对量子跃迁的成功应用，那么爱因斯坦的贡献就是概念的更新。

7.4 量子辐射

1913 年，在玻尔的量子论中，两个定态能级符合条件 $E_m-E_n=\pm\omega\hbar$ 时，状态可以相互转变，这是一种自发的跃迁，就是状态的改变；而现在辐射的起因是指吸收或释放光子，伴随着能量的吸收或释放，这就是辐射过程，有两种形式：一种是吸收跃迁 (吸收光子)，处于低能态的原子，受到单光照射，吸收光子后跃迁到高能态，但不释放光子；另一种是受激辐射 (吸收光子并释放光子)，无论是处于低能级 E_a 的状态 ψ_a，或者处于高能级 E_b 的状态 ψ_b，受到单色光的照射，均可以辐射光子而转变状态，且辐射的概率和速率均相同，也就是在条件 $E_m-E_n=\pm\omega\hbar$ 中，$+\omega\hbar$ 和 $-\omega\hbar$ 对应的过程、结果都是一样的，这是 1917 年爱因斯坦的重要预言，体现了概念的重大更新，预示激光理论的诞生。直观明显的事实是，如果系统的所有原子均处于高能级状态 (由外部光泵提供能量)，一个单光子激励一个原子释放一个光子后，转入低能态，这个光子与最初的光子就会继续激励其他原子释放光子，从高能状态转入低能级状态，过程继续，光子数瞬间以几何级数增长，出现链式反应，就是光放大 (这是能量转变为质量，与核反应的质量转变为能量正好互逆)。此外，还有第三种辐射过程，就是自发辐射 (释放光子)：因为根据玻尔–索末菲量子化条件，粒子没有零能量。因此，含时微扰永久存在，自发辐射就是这种扰动产生的过程，只不过发生的概率很小。

根据这三种辐射过程，可以确定高能状态粒子的变化关系

$$\frac{\mathrm{d}N_b}{\mathrm{d}t}=-N_bA-N_bB_{ba}\rho(\omega_0)+N_aB_{ab}\rho(\omega_0) \tag{7-38}$$

其中，N_a 是处于低能态的粒子数；N_b 是处于高能态的粒子数；A 是自发辐射速率；N_bA 就是从高能态转入低能态的粒子数；受激辐射从高能态转入低能态的量

子数是 $N_bB_{ba}\rho(\omega_0)$，B_{ba} 是转变速率；$N_aB_{ab}\rho(\omega_0)$ 是从低能态跃迁到高能态的量子数，B_{ab} 是与 B_{ba} 相反的跃迁速率，$\rho(\omega_0)$ 是电磁场的能量密度 (与炼钢炉温度成正比，而粒子处于电磁场中)。

在热平衡状态，高能状态粒子数目不变化，$\dfrac{\mathrm{d}N_b}{\mathrm{d}t}=0$，这样即可得出下式：

$$-N_bA-N_bB_{ba}\rho(\omega_0)+N_aB_{ab}\rho(\omega_0)=0 \tag{7-39}$$

这就是爱因斯坦为重新推导普朗克公式，建立的量子辐射的平衡关系。显然可以看出，如果没有受激辐射，这个平衡关系不会成立，物理上也解释不通，因为电磁场的作用 $\rho(\omega_0)$ 无法体现，有无电磁场 $\rho(\omega_0)$，$\mathrm{d}N_b/\mathrm{d}t$ 情况显然大不相同，而能量密度 $\rho(\omega_0)$ 的表达式正是普朗克公式，下面的推导会显示这个结果。

由式 (7-39)，可得

$$\rho(\omega_0)=\frac{N_bA}{N_aB_{ab}-N_bB_{ba}}=\frac{A}{\dfrac{N_a}{N_b}B_{ab}-B_{ba}} \tag{7-40}$$

由玻尔兹曼定理 $N=\mathrm{e}^{-E/k_\mathrm{B}T}$ 可得

$$\frac{N_a}{N_b}=\frac{\mathrm{e}^{-E_a/k_\mathrm{B}T}}{\mathrm{e}^{-E_b/k_\mathrm{B}T}}=\mathrm{e}^{(E_b-E_a)/k_\mathrm{B}T}=\mathrm{e}^{\hbar\omega_0/k_\mathrm{B}T}$$

将这个结果代入式 (7-40)

$$\rho(\omega_0)=\frac{A}{\mathrm{e}^{\hbar\omega_0/k_\mathrm{B}T}B_{ab}-B_{ba}}=\frac{A}{B_{ab}}\cdot\frac{1}{\mathrm{e}^{\hbar\omega_0/k_\mathrm{B}T}-\dfrac{B_{ba}}{B_{ab}}}$$

再与普朗克公式比较 (其正确性已经被实验验证)

$$\rho(\omega)=\frac{\hbar}{\pi^2c^3}\cdot\frac{\omega^3}{\mathrm{e}^{\hbar\omega/k_\mathrm{B}T}-1}$$

立即得出如下结果

$$\frac{B_{ba}}{B_{ab}}=1,\quad B_{ab}=B_{ba},\quad A=\frac{\hbar\omega^3}{\pi^2c^3}$$

爱因斯坦为了得出普朗克公式，第二个假设就是 $B_{ab}=B_{ba}$，即从高能态跃迁到低能态与其逆过程 (低能态跃迁到高能态) 相同，这在 1917 年，称得上是重要的概念创新。

这里要问，爱因斯坦为什么在普朗克公式发表并被实验证实之后的第八年，又一次推导该公式？其他几位名家，如德拜、玻色、德布罗意，也推导了普朗克公式 (德拜的推导简单清楚，玻色的推导体现了全同粒子不可分的重要概念，也就是玻色–爱因斯坦凝聚态思想的发轫之源)，唯独爱因斯坦得出新概念，为什么会如此？不能不说，爱因斯坦具有深邃的洞察力，更具有强烈的探索精神，追求物理机制的简单和明确。读者朋友，我们从中能得到一些启发吗？

第 8 讲　路径积分篇

按时间出现的顺序，量子力学有三种形式：第一种是矩阵力学，第二种是波动力学，第三种是路径积分。虽然它们各擅胜场，各有千秋，但并不是平分秋色，而是波动力学胜出，它比最初的矩阵力学更容易理解和应用，近百年的科学史证明了这一点。不过，波动力学基于微分方程，是局部结构；路径积分是整体性结构，是在确定性 (经典力学的最小作用量原理) 与随机性 (传播函数) 相结合的基础上推导出来的。显然，从整体结构研究微观粒子，能够更深刻地理解它的内禀性质，对 (相对论) 量子场论的发展有重要贡献。以下将简要说明与路径积分有关的主要内容。

8.1　路径积分的基本思想

从电子枪发射出的电子是如何通过双狭缝的，这一段中间过程至今仍然不清楚 (参考图 8-1 的 L)，也许是在量子力学中没有轨道概念的缘故。控制电子枪一个一个发射电子，实验持续时间足够长形成的干涉条纹，与发射电子束形成的条纹一样，如何解释这个实验，量子力学对此没有答案。

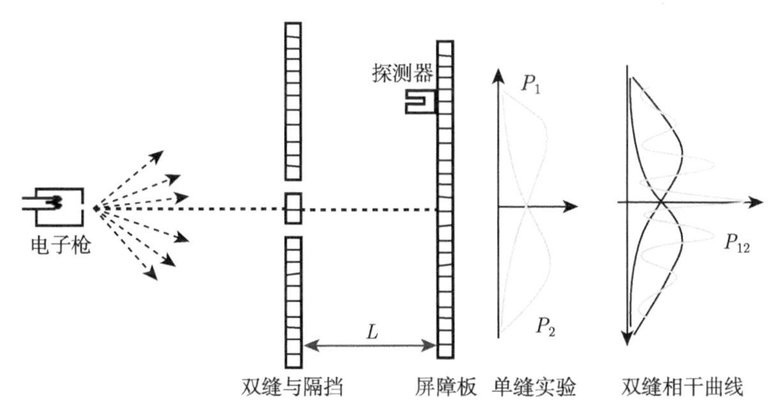

图 8-1　电子双缝衍射实验示意图

费曼的路径积分正是处理粒子如何通过这一段路径 L 的，尽管有测不准关系对粒子位置和动量同时测量的限制，但是在相隔时段非常短暂的两个点间 (一个极限时刻)，时空中的任意一个粒子从一个点到另一个点，必定经历了一条路径，不然它是如何从此点到彼点的？我们不知道实际的路径，然而总可以考虑这两点之间所有可能的路径 (路径集合)，而且假定粒子通过每一条路径的概率相同，即等概率。当然，它包括了一条耗能最小的极值路径，按照拉格朗日的最小作用量原理 S，对所有路径进行积分，就得出了称作 "传播子"(propagator or kernel) 的函数 $K(x_b, t_b; x_a, t_a)$，实现了对波函数的全局描述，包含了从电子枪发射电子，通过双缝，再到显示屏所包含的全部信息，也就是波动特性信息和粒子特性信息。那么，路径积分的数学表示式如何获得，它又是如何表达这两方面的信息呢？

在进一步阐述路径积分概念的形成之前，先介绍两个有关的经典力学原理。

8.1.1 最小作用量原理

一个系统的拉格朗日函数是 (动能–势能)

$$L = L(x, \dot{x}, t) = \frac{m}{2}\dot{x}^2 - V(x, t)$$

因而有

$$\frac{\mathrm{d}}{\mathrm{d}t}\left(\frac{\partial L}{\partial \dot{x}}\right) - \frac{\partial L}{\partial x} = 0$$

相当于牛顿力学公式 $F = ma$ (或 $F - ma = 0$) 坐标的二阶微分表象，其中力 F 是势函数 V 的梯度：

$$F = -\frac{\partial V}{\partial x}$$

加速度是坐标的二次微分、速度的一次微分：

$$ma = m\frac{\mathrm{d}}{\mathrm{d}t}\frac{\mathrm{d}x}{\mathrm{d}t} = m\frac{\mathrm{d}v}{\mathrm{d}t} = m\frac{\mathrm{d}\dot{x}}{\mathrm{d}t}$$

而作用量 S 就是拉格朗日函数 L 的积分：

$$S = \int L(x, \dot{x}, t)\mathrm{d}t$$

在此，它被定义为 a、b 两点间路径 $x(t)$ 的泛函：

$$S = S[x(t)] = \int_{t_a}^{t_b} L(x, \dot{x}, t)\mathrm{d}t$$

表示粒子在这条 (极值) 路径上具有耗能最小的稳定极值，因为作用量 S 的变分 $\delta S = 0$，由此即可得出

$$\frac{\mathrm{d}}{\mathrm{d}t}\left(\frac{\partial L}{\partial \dot{x}}\right) - \frac{\partial L}{\partial x} = 0$$

可见，牛顿力学公式 $F = ma$ 就是力与加速度之间的最优表达 (顺便指出，按照拉格朗日的观点，将物理体系的广义坐标 q_i $(i = 1, 2, \cdots, N)$ 对应的欧几里得空间或

笛卡儿空间称之为“位形”空间 (configuration space) (对于质点的描述，既可以采用直角坐标系，也可以采用圆柱坐标系或球面坐标系)，其实质点本身无形状可言，主要是描述质点的位置；在数学上也称作构形空间，以区别其他数学空间，例如，其后哈密顿用共轭量 (广义动量和广义速度) 构成的相空间。不过，最好是像实验物理学家那样，并不关注各种数学空间，它们都是欧几里得空间的衍生空间)。

8.1.2 惠更斯原理

这个原理是由惠更斯–托马斯 · 杨–菲涅尔提出、发展和完善的，主要是说，波在经过单缝和双缝之后，会出现波的叠加、相长和相消干涉，为什么？因为在波的传播途径中，由于各个波的相位不同而发生同相、异相或反相振幅干涉，如图 8-2 所示。

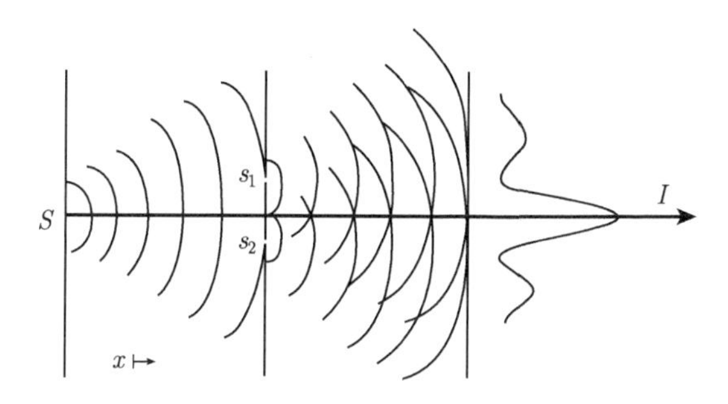

图 8-2 波的衍射过程示意图

叠加、相长和相消干涉，S 表示波源，s_1 和 s_2 表示子波源，I 代表相干波形的强度

现在就可以讨论路径积分的基本内容。

一方面，量子力学中的电子衍射实验与此相应。因此，粒子在传播途中，应当体现波动特性，而在端点表现出粒子特性，也就是说，路径积分理论也应当包含波粒二象性，这是什么意思？就是粒子的路径是一个振荡过程，由此表明，必须含有相位因子，这是关键点。当路径积分退回到经典力学时，必须保证经典的路径由最小作用量原理确定，因此相位因子自然正比于作用量 $S = S[x(t)]$。

另一方面，德布罗意波函数本身由振幅与相位组成。以一维为例，可以表示成

$$\Psi(x,t) = \psi(x)\mathrm{e}^{(\mathrm{i}/\hbar)S[x(t)]} = \psi(x)\mathrm{e}^{(\mathrm{i}/\hbar)\int_{t_a}^{t_b} L(x,\dot{x},t)\mathrm{d}t}$$

前面曾经指出，薛定谔方程和狄拉克方程的建立是一个逆过程，就是知道波函数，然后在能量守恒 (哈密顿量) 的基础上，去寻找适合它的方程。现在，推导路径积分表示式，也利用了波函数在路径和相位两方面的知识 (既然薛定谔方程和狄拉克方程的建立利用了哈密顿量，那么涉及路径问题自然更适合的是拉格朗日函数，它和哈密顿量是等价的)。其中，波函数的时间演化是一个级联过程，例如，空间两点

a 和 b，按照时间 t 的单向推进，系统 (当然就是波函数) 遍历了所有可能的路径 (图 8-3)。

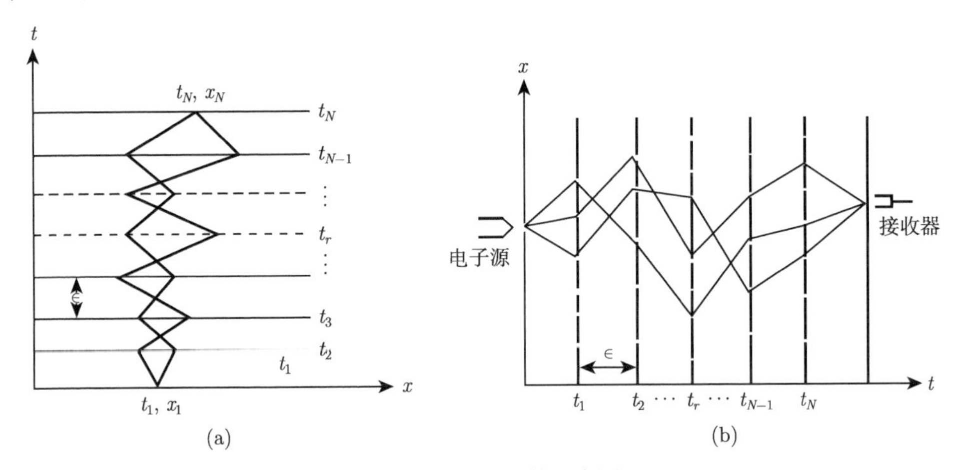

图 8-3　路径积分的示意图

(a) 中的两条路径是所有可能路径在 x-t 平面上的一种可能径迹，而实际情况是三维空间的路径积分；(b) 在衍射实验中，设想将时间分成间隔为 I 的 N 段：$\hat{I}=t_N-t_{N-1}$，而在电子源和显示屏之间插入 N 个挡板，每个挡板上密布了无数小孔，不同电子的路径的无数种路径中的一种的示意图

这个思路就是：粒子从初态 $|x_1,t_1\rangle$，经过中间所有路径到达末态 $|x_N,t_N\rangle$，可以表示成下式：

$$\langle x_N,t_N|x_1,t_1\rangle\sim\underbrace{\sum\text{const}\cdot\mathrm{e}^{(\mathrm{i}/\hbar)S(N,1)}}_{\text{由 } x_a\mapsto x_b \text{ 的所有路径}} \tag{8-1}$$

也可以用传播子表示

$$K(x_b,t_b;x_a,t_a)\sim\underbrace{\sum\text{const}\cdot\mathrm{e}^{(\mathrm{i}/\hbar)S[x(t)]}}_{\text{由 } x_a\mapsto x_b \text{ 的所有路径}} \tag{8-2}$$

对 $x_a\mapsto x_b$ 的所有路径求和，可以表示成如式 (8-3) 的积分形式，其中 $\mathrm{D}x(t)$ 表示，可以是勒贝格积分、黎曼积分或其他形式的积分，但是传播子的定义或物理含义并不改变，不过之后的讨论，仍然使用 $\mathrm{d}x$ 代替 $\mathrm{D}x(t)$，而传播子的表示却是有不同的形式，主要是繁简之分，如 $K(x_b,t_b;x_a,t_a)$, $K(b,a)$, $\langle x_b,t_b|x_a,t_a\rangle$ 等。

$$K(x_b,t_b;x_a,t_a)=K(b,a)=\int_a^b\mathrm{e}^{(\mathrm{i}/\hbar)S[x(t)]}\mathrm{D}x(t) \tag{8-3}$$

遵照费曼的表述，式 (8-3) 定义为路径积分。采用波函数的概念，系统由状态 $\psi(x_a,t_a)$ 跃迁到 $\psi(x_b,t_b)$ 是通过所有可能的路径的积分实现的，并由传播子联系起来，其表示式是一个积分方程：

$$\psi(x_b,t_b)=\int_{-\infty}^{+\infty}K(x_b,t_b;x_a,t_a)\psi(x_a,t_a)\mathrm{d}x_a \tag{8-4}$$

它表示 t_a 时刻系统的全部信息 $\psi(x_a,t_a)$，通过传播子 $K(x_b,t_b;x_a,t_a)$ 传递到 t_b 时刻的系统 $\psi(x_b,t_b)$，从信息的观点来看，$\psi(x_b,t_b)$ 自然包含比 $\psi(x_a,t_a)$ 更多的信息，就是有可能增加了新信息。

如果将这里的表示式 (8-4) 用于粒子系统，并将波函数看作是概率幅，就需要有一个归一化常数 A (既要符合量纲规则，又要满足概率密度归一的要求)，它当然与具体问题有关，一般而言，要比确定薛定谔方程的归一化常数复杂和困难 (箱归一化)，作为例子，下面将 $L=\dfrac{m}{2}\dot{x}^2-V(x,t)$ 代入式 (8-4)，给出确定归一化常数 A 的方法。已知 $\in=t_N-t_{N-1}$，由于这是一个小量，相位因子可以简单地表示成 $\in L=\in\cdot\left(\dfrac{m\dot{x}^2}{2}-V(x,t)\right)$，为了简化表示式，令速度的表示式为 $v=\dot{x}=\dfrac{x_{i+1}-x_i}{\in}$，路段 $x=\dfrac{x_{i+1}+x_i}{2}=\dfrac{x+y}{2}$，时段 $t=\dfrac{t_{i+1}+t_i}{2}$，也就是空间两点分别用 x、y 记之，这样一来，表示式 (8-4) 就可以改写成如下形式 (计入归一化常数 A)：

$$K(x,t+\in)=\frac{1}{A}\int_{-\infty}^{\infty}\exp\left[\frac{\mathrm{i}}{\hbar}\in\cdot L\left(\frac{x-y}{\in},\frac{x+y}{2},t\right)\right]\cdot\psi(y,t)\mathrm{d}y \tag{8-5}$$

将 $L=\dfrac{m\dot{x}^2}{2}-V(x,t)$ 代入上式

$$K(x,t+\in)=\frac{1}{A}\int_{-\infty}^{\infty}\exp\left[\frac{\mathrm{i}}{\hbar}\frac{m(x-y)^2}{2\in}\right]\cdot\exp\left[-\frac{\mathrm{i}}{\hbar}\in V\left(\frac{x+y}{2},t\right)\right]\cdot\psi(y,t)\mathrm{d}y \tag{8-6}$$

由于考虑的时段为一小量 $\in$，因此对应的路段也是一个小量，换句话说，$y-x=\eta$ 也是一个小量，对式 (8-6) 作变量替换 $y=x+\eta$

$$\begin{aligned}K(x,t+\in)&=\psi(x,t+\in)\\&=\frac{1}{A}\int_{-\infty}^{\infty}\exp\left(\frac{\mathrm{i}m\eta^2}{2\hbar\in}\right)\cdot\exp\left[-\frac{\mathrm{i}}{\hbar}\in V\left(x+\frac{\eta}{2},t\right)\right]\cdot\psi(x+\eta,t)\mathrm{d}\eta\end{aligned} \tag{8-7}$$

两边用幂级数对 $\in$ 展开，可得

$$\begin{aligned}\psi(x,t)+\in\frac{\partial\psi}{\partial t}=&\frac{1}{A}\int_{-\infty}^{\infty}\exp\left(\frac{\mathrm{i}m\eta^2}{2\hbar\in}\right)\left[1-\frac{\mathrm{i}}{\hbar}\in V(x,t)\right]\\&\cdot\left[\psi(x,t)+\eta\frac{\partial\psi}{\partial x}+\frac{\eta^2}{2}\frac{\partial^2\psi}{\partial x^2}\right]\mathrm{d}\eta\end{aligned} \tag{8-8}$$

利用下面的高斯积分公式：

$$\frac{1}{A}\int_{-\infty}^{\infty}\exp\left(\frac{\mathrm{i}m\eta^2}{2\hbar\in}\right)\mathrm{d}\eta=\frac{1}{A}\left(\frac{2\pi\mathrm{i}\hbar\in}{m}\right)^{1/2}$$

$$\frac{1}{A}\int_{-\infty}^{\infty}\eta\exp\left(\frac{\mathrm{i}m\eta^2}{2\hbar\in}\right)\mathrm{d}\eta=0$$

$$\frac{1}{A}\int_{-\infty}^{\infty}\eta^2\exp\left(\frac{\mathrm{i}m\eta^2}{2\hbar\in}\right)\mathrm{d}\eta=\frac{\mathrm{i}\hbar\in}{m}$$

对式 (8-8) 进行积分运算，可得

$$\psi(x,t)+\in\frac{\partial\psi}{\partial t}=\psi(x,t)-\frac{\mathrm{i}}{\hbar}\in V(x,t)\psi(x,t)+\frac{\mathrm{i}\hbar\in}{2m}\frac{\partial^2\psi}{\partial x^2}$$

两边消去同类项，立即可得薛定谔方程

$$\mathrm{i}\hbar\frac{\partial\psi(x,t)}{\partial t}=\frac{\mathrm{i}\hbar^2}{2m}\frac{\partial^2\psi(x,t)}{\partial x^2}-V(x,t)\psi(x,t)$$

由于 $\frac{1}{A}\int_{-\infty}^{\infty}\exp\left(\frac{\mathrm{i}m\eta^2}{2\hbar\in}\right)\mathrm{d}\eta=\frac{1}{A}\left(\frac{2\pi\mathrm{i}\hbar\in}{m}\right)^{1/2}$，可得归一化常数 $A=\left(\frac{m}{2\pi\mathrm{i}\hbar\in}\right)^{1/2}$。

由此表明，从路径积分方程可以推导出薛定谔微分方程，说明二者是等价的。

8.2　自洽性、合理性与历史评注

在量子波动力学创立大概二十年后，出现了路径积分方法，20 世纪 40 年代之后的近半个世纪以来，多项研究与实验已经证明，它在数学上是自洽的，物理上是合理的，这是从整体上理解量子力学的一种新途径。

所谓自洽，简单地说，就是能自圆其说，没有矛盾。但是数学上的自洽，要求是严格的，涉及问题的数学表述最简单的要求是极限过程必须收敛。那么合理性自然就是指物理上的合理性，能够解释清楚已有的、相关的实验结果。如果说得更详细一些，数学上的自洽性包括：① 极限过程，由作用量的无穷维泛函积分体现；② 等概率性，就是两点之间的所有路径，对于粒子而言，是一视同仁的，路径积分是对两点间所有路径积分，没有例外。物理学上的合理性包括：① 证明了路径积分方法与薛定谔波动方程等价；② 符合最小作用量原理，由于路径积分既对每一条路径，也对每一条路径包含的相位因子进行积分，这就出现相位相干，同相位增强，异相位相消，清楚地解释了粒子的衍射实验；对于宏观质点，从尺度上可以看成是微观粒子的集合，一个宏观质点的路径就是对应的微观粒子集合彼此相位相

差为 $\delta[\mathrm{i}S(x,t)]$ 路径的集合，自然是相长相干，形成经典力学的作用量最小的路径。也就是对微观粒子，没有优惠的路径；对于宏观质点，就是最小能耗的路径 (因此，路径积分是将拉格朗日函数描述的粒子轨迹，与相位因子表现的波动相干特性联系起来，通过积分实现了在无穷维意义信息的完整性，此端描述粒子行为，彼端展示波动传播，其学术思想何等巧妙！)。

回顾以往，薛定谔建立的方程，求解了氢原子的能量和半径，与玻尔的理论一致，而且具有离散形式，说明它是合理的。但是数学上的自洽性，只有在玻恩建议波函数是概率波，它的模方是粒子出现的概率，这之后波动力学的自洽性才算初步建立起来，不过至今仍有质疑；通观路径积分则是经典拉格朗日函数或作用量的无穷维泛函积分，它的微分形式就是薛定谔方程，显示出叠加特性，路径或跃迁振幅的级联，当 $\hbar \to 0$ 时向经典力学的过度。按理说，数学的自洽性和物理的合理性都得到证明，可是在应用方面，却经历了一段较长的验证过程，其原因在于：在处理非相对论量子力学的实际问题并不很方便，即使是简谐振子，求出路径积分也是相当烦琐的，只是后来，证明在氢原子问题中得到成功应用之后，这一方法才得到迅速发展 (目前，路径积分理论在量子电动力学、凝聚态物理和量子场论中取得了广泛的应用，加上费曼图方法，使其重要性日益突显)。

关于路径积分的思想，还有一段逸闻趣事，当时 (1942~1945 年) 费曼是约翰 · 惠勒 (J. A. Wheeler) 的博士研究生，他对相位因子 $\exp\left[\mathrm{i}\int_{t_a}^{t_b}\frac{L(x,\dot{x},t)\mathrm{d}t}{\hbar}\right]$ 与 $\langle x_b, t_b|x_a,t_a\rangle$ 的关系，也就是 $\exp\left[\mathrm{i}\int_{t_a}^{t_b}\frac{L(x,\dot{x},t)\mathrm{d}t}{\hbar}\right]$ 与 $K(x_b,t_b;x_a,t_a)$ 的关系很感兴趣。正巧来访问的欧洲学者 Herbert Jehle 告诉费曼，狄拉克对此有过论述，二者是类似，而不是相等。为此，费曼决定深入探讨能否给出相等的结果，这就是路径积分的发轫之源。在费曼的论文和 1965 年专著中 (R. P. 费曼，A. R. 希布斯. 量子力学与路径积分. 张邦固译. 北京：高等教育出版社，2015) 详细论述了路径积分在量子力学各个方面的应用。

路径积分与因果关系密切相关，理应引起爱因斯坦的注意，可是未曾见到爱因斯坦对此有什么看法，费曼的老师惠勒，与爱因斯坦也并不陌生，是不是很奇怪？也许路径积分是一种方法，而不是一种理论，未能得到他的关注？

8.3 应用实例

如果要显示路径积分方法在量子力学中的具体应用，谐振子和氢原子是两个重要的和必须验证的实例，可以说是试金石吧。而这一切已经在费曼和他的学生希布斯的专著《量子力学与路径积分》，以及后续的相关论文与著作中作了详尽的论述，既使在这里举例说明，也是一鳞半爪，多此一举，更有画蛇添足之感。为此，另以阿哈罗诺夫–玻姆效应为例来强调相位因子的重要性，也可以说是对前面讨论的规范不变性的补充。

阿哈罗诺夫–玻姆效应就是论证矢势 $\boldsymbol{A}$ 是否具有磁场效应，已知 $\boldsymbol{B} = \nabla \times \boldsymbol{A}$，如果将 $\boldsymbol{B}$ 和 $\boldsymbol{A}$ 隔离开来，看一看电子在两种不同区域内的行为，这个问题就迎刃而解了。

图 8-4 是一个这样的实验装置，可以实现 $\boldsymbol{B}$ 和 $\boldsymbol{A}$ 的隔离。其中环绕螺旋管的线圈通电后，恒定电流在管内产生均匀磁场 $\boldsymbol{B}$，并能屏蔽磁场向外泄漏，在螺旋管外部没有磁场，$\nabla \cdot \boldsymbol{B} = 0$，这时电子束沿着图示方向和路径运动，并在螺旋管右侧重新汇合，形成相干图案。矢势 $\boldsymbol{A}$ 和路径的方向如图右下角所示，矢势 $\boldsymbol{A}$ 与路径 1 同向，与路径 2 反向, 这里假定，当 $\boldsymbol{B} \neq 0$ 时，虽然 $\nabla \cdot \boldsymbol{B} = 0$，但外部依然具有矢势 $\boldsymbol{A}$，实验验证了这个假设的合理性。由于螺旋管柱体本身没有电流，因而，标势 $\varphi = 0$ (标势 φ 的电场效应，也有实验在进行之中，难度很大)。这时有 $\oint \boldsymbol{A} \mathrm{d}\boldsymbol{l} = \Phi$ (沿着闭合路径的积分等于管内的磁通量)，同时，这个环路积分也等于其上的矢势 $\oint \boldsymbol{A} \mathrm{d}\boldsymbol{l} = 2\pi r \boldsymbol{A}$，因而有 $\boldsymbol{A} = \Phi / 2\pi r$。

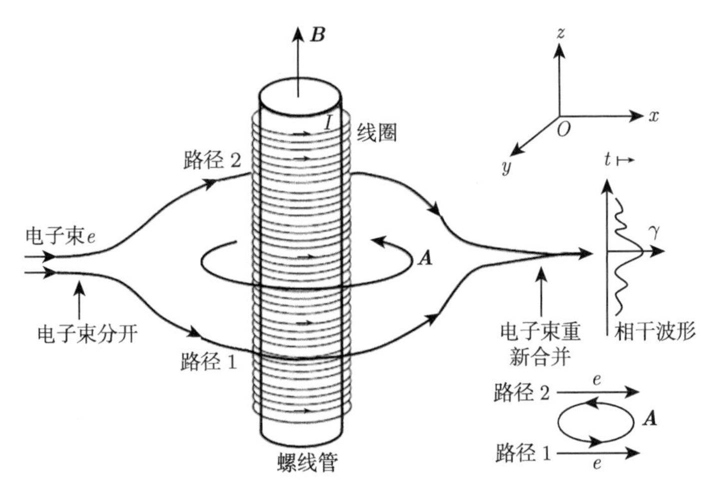

图 8-4　可实现 $\boldsymbol{B}$ 和 $\boldsymbol{A}$ 的隔离的实验装置

$\boldsymbol{B}$ 是均匀磁场，$\boldsymbol{A}$ 是矢势 (常数)，I 是螺线管线圈中的恒定电流，γ 是相干波形 (绘图参考：D. J. Griffiths. 量子力学概论. 贾瑜, 胡行, 李玉晓译. 北京：机械工业出版社，2009)

现在，考虑到电子束分裂为两部分，电子束分别沿路径 1 和路径 2 运动时，环路积分 $\oint \boldsymbol{A} \mathrm{d}\boldsymbol{l}$ 的积分将分成两个半圆的积分，由于路径 1 和路径 2 分别与矢势 $\boldsymbol{A}$

的环形运动方向相反，因此积分符号相反，这时电子具有不同的相位因子，即

$$\gamma_1 = \frac{e}{\hbar}\int_0^{\pi r} \boldsymbol{A}\mathrm{d}\boldsymbol{l}_1 = +\frac{e}{\hbar}\frac{\Phi}{2\pi r}\pi r = +\frac{e}{\hbar}\frac{\Phi}{2}$$

$$\gamma_2 = -\frac{e}{\hbar}\int_0^{\pi r} \boldsymbol{A}\mathrm{d}\boldsymbol{l}_2 = -\frac{e}{\hbar}\frac{\Phi}{2\pi r}\pi r = -\frac{e}{\hbar}\frac{\Phi}{2}$$

二者之差是

$$\gamma = \gamma_1 - \gamma_2 = \frac{e\Phi}{\hbar}$$

由此，在电子束重新汇聚时，就产生干涉条纹，波形如图 8-4 中的 γ 所示。当 $\boldsymbol{B} = 0$ 时，$\boldsymbol{A} = 0$，$\gamma = 0$，干涉条纹消失，这就证明矢势 $\boldsymbol{A}$ 具有磁场效应。

图 8-5 是实际的双缝实验，矢势 $\boldsymbol{A}$ 产生的相位，使相干波形 (虚线所示) 沿 x 方向偏移实线波形 ($\boldsymbol{A} = 0$) 一个微量 Δx。由图示参数可以计算微小偏移 Δx 之值：$\Delta x = \dfrac{\lambda L}{2\pi d}\dfrac{e}{\hbar}\Phi$，其中，$\lambda$ 是电子波函数的波长，Φ 是螺旋管的磁通量。

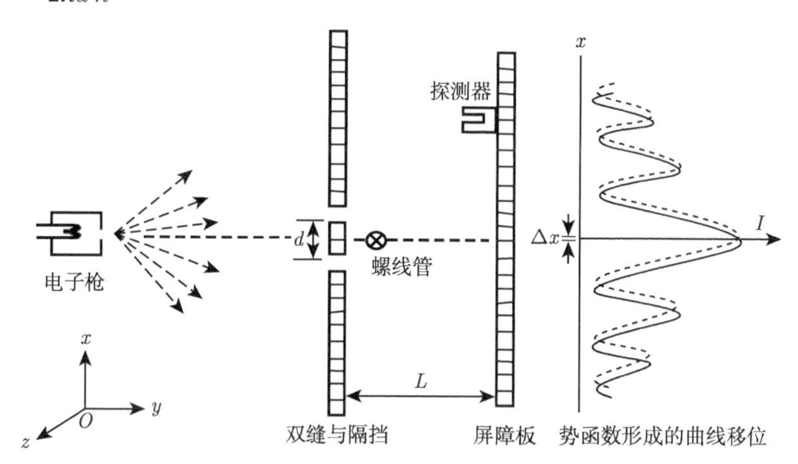

图 8-5 电子双缝衍射实验中的 A-B 效应

⊗ 是螺线管，其轴线垂直于图面放置 (就是沿 z 轴方向，磁场方向指向朝外)，干涉曲线的实线对应于没有放置螺线管的情况，而虚线对应于放置螺线管的情况，出现 x 方向的微小位移，显示矢势 $\boldsymbol{A}$ 的磁场效应 (这种实验，对螺线管的尺寸要求非常苛刻，是用特殊晶须做成)

上述实验中，电子束可以通过双狭缝分开，也可以由波函数的二重简并得出，当存在矢势 $\boldsymbol{A}$ 作环形运动的情况时，一个波函数 ψ^+ 顺时针方向运动，另一个波函数 ψ^- 逆时针运动。

现在，应用路径积分方法，更容易解释这类实验。最主要的原因是，路径积分方法的核心是拉格朗日函数表达的路径相位，而相位因子正好就是产生波函数相干的原因，在电子双缝衍射实验中，电子环绕矢势 $\boldsymbol{A}$ 的运动，会产生附加的相位因子，应计入作用量 $S = S[x(t)]$ 中，也就是在拉格朗日函数加入该相位因子，若

$L^{(0)}$ 和 $S^{(0)}$ 对应于矢势 $\boldsymbol{A}=0$ 的情况，L 和 S 对应于 $\boldsymbol{A}\neq 0$，那么，路径积分方法所需要的关系式就如下所示：

$$L=L^{(0)}+\frac{e}{c}\frac{\mathrm{d}x}{\mathrm{d}t}\cdot\boldsymbol{A}$$

$$\begin{aligned}S&=S^{(0)}(n,n-1)+\frac{e}{c}\int_{t_{n-1}}^{t_n}\frac{\mathrm{d}x}{\mathrm{d}t}\cdot\boldsymbol{A}\mathrm{d}t=S^{(0)}(n,n-1)+\frac{e}{c}\int_{x_{n-1}}^{x_n}\boldsymbol{A}\cdot\mathrm{d}x\\&=\int_{l_1}\mathrm{d}x\exp\left[\frac{\mathrm{i}S^{(0)}(N,1)}{\hbar}\right]\left\{\exp\left[\left(\frac{\mathrm{ie}}{\hbar c}\right)\right]\int_{x_{n-1}}^{x_n}\boldsymbol{A}\cdot\mathrm{d}x\right\}\\&\quad+\int_{l_2}\mathrm{d}x\exp\left[\frac{\mathrm{i}S^{(0)}(N,1)}{\hbar}\right]\left\{\exp\left[\left(\frac{\mathrm{ie}}{\hbar c}\right)\right]\int_{x_{n-1}}^{x_n}\boldsymbol{A}\cdot\mathrm{d}x\right\}\end{aligned}$$

而相位因子 y 就是路径 ℓ_1 与 ℓ_2 的差值，即

$$\begin{aligned}\gamma&=\left[\left(\frac{e}{\hbar c}\right)\int_{x_{n-1}}^{x_n}\boldsymbol{A}\cdot\mathrm{d}\boldsymbol{l}\right]_{l_1}-\left[\left(\frac{e}{\hbar c}\right)\int_{x_{n-1}}^{x_n}\boldsymbol{A}\cdot\mathrm{d}\boldsymbol{l}\right]_{l_2}\\&=\left(\frac{e}{\hbar c}\right)\oint\boldsymbol{A}\cdot\mathrm{d}\boldsymbol{l}=\left(\frac{e}{\hbar c}\right)\varPhi_B\end{aligned}$$

式中，$\varPhi_B$ 表示螺旋管中磁场 $\boldsymbol{B}$ 的磁通量。在图 8-5 中，相位因子 γ 就是产生相干波形 (实线波形) 沿 x 方向偏移一个微量 Δx 的原因，当 $\boldsymbol{B}=0$ 时，$\Delta x=0$。

为什么如此详细讨论矢势 $\boldsymbol{A}$ 和标势 φ 呢？大致有如下三方面原因。

(1) 电磁场是规范场，用矢势 $\boldsymbol{A}$ 和标势 φ 代替 $\boldsymbol{E}$ 和 $\boldsymbol{B}$，就能做出清晰的解释。

(2) 经典力学中，电磁场对带电粒子的作用，是用洛伦兹作用力体现的：$\boldsymbol{F}=q(\boldsymbol{E}+\boldsymbol{v}\times\boldsymbol{B})=q\boldsymbol{E}+q\boldsymbol{v}\times\boldsymbol{B}$，其中，$q\boldsymbol{E}$ 代表电场 $\boldsymbol{E}$ 对带电粒子的作用，$q\boldsymbol{v}\times\boldsymbol{B}$ 表示磁场 $\boldsymbol{B}$ 对带电粒子的作用。可是，在量子力学中，主要是靠能量、动量进行描述，力的概念已经不再适用，但是电磁场对带电粒子的作用仍然存在，它是客观事实，理论研究和实验都表明，与 $\boldsymbol{E}$ 和 $\boldsymbol{B}$ 相比，矢势 $\boldsymbol{A}$ 和标势 φ 更适合于量子力学，特别是量子电动力学领域，更是如此。

(3) 波函数的模方，就是在空间发现粒子的概率，因为 $\rho=|\varPsi|^2=\varPsi^*\varPsi$，而 $\varPsi^*\varPsi$ 会将指数中的相位对消，自然保证概率 ρ 是实数。但是当带电粒子在电磁场中作环绕运动时，会引起波函数的附加相位因子，其中包括两部分：磁场引起的附加相位 $\gamma_B=\dfrac{q}{\hbar}\displaystyle\int_l A\cdot\mathrm{d}s$，电场引起的附加相位 $\gamma_E=-\dfrac{q}{\hbar}\displaystyle\int_l\varphi\mathrm{d}t$。通过波函数的模方，不能抵消附加相位因子，因此会引起波函数的相干现象。可见，相位因子具有重要的物理意义，这在路径积分方法中已经凸显出它的重要性。几何相位和动力相位：1984

年，贝瑞仔细研究了相位问题，简单地说，就是粒子环形运动一周回到起点后，波函数比起点时多了一个附加相位因子 γ_B，这是由于哈密顿算符中增加了 $q\boldsymbol{A}$ 和 $q\varphi$ 引起，即 $\hat{H}=\dfrac{1}{2m}\left(\dfrac{\hbar}{\mathrm{i}}\nabla-q\boldsymbol{A}\right)^2+q\varphi$，可以将 $q\varphi$ 并入势函数 V 中，波动方程表示如下：

$$\left[\frac{1}{2m}\left(\frac{\hbar}{\mathrm{i}}\nabla-q\boldsymbol{A}\right)^2+V+q\varphi\right]\Psi=\mathrm{i}\hbar\frac{\partial\Psi}{\partial t}$$

方程的解是 $\Psi=\mathrm{e}^{\mathrm{i}\gamma_B}\Psi^{(0)}$, $\Psi^{(0)}$ 是没有计入 $q\boldsymbol{A}$ 和 $q\varphi$ 时，方程的解，新方程的解增加了一个相位因子 $\mathrm{e}^{\mathrm{i}\gamma_B}$。根据斯托克斯定理，$\Phi=\displaystyle\int_S\boldsymbol{B}\cdot\mathrm{d}\boldsymbol{a}=\int_S(\nabla\times\boldsymbol{A})\cdot\mathrm{d}\boldsymbol{s}=\oint_L\boldsymbol{A}\cdot\mathrm{d}\boldsymbol{l}$，可得 $\boldsymbol{A}=\dfrac{\Phi}{2\pi r}$，半圆路径积分 $\gamma_{l_1}=-\gamma_{l_2}=\dfrac{q}{\hbar}\dfrac{\Phi}{2}$，从整个环路两半部分看，上半部分如果是顺时针方向，那么下半部分自然是逆时针方向，因此，总相位 $\gamma_B=\gamma_{l_1}-\gamma_{l_2}=\dfrac{q}{\hbar}\Phi$。贝瑞将此称作动力相位因子，而波函数固有的相位因子 $\mathrm{e}^{-\mathrm{i}E_nt/\hbar}$ 或者 $\theta_n(t)=-\dfrac{1}{\hbar}\displaystyle\int_0^t E_nt\mathrm{d}t$ 就称作几何相位因子。

第9讲　散射实验篇

这里主要是论述散射问题，为什么冠以实验篇呢？自然是它的理论和实验密切相关，而且也想从实验的角度来论述这个问题，以便突出它的物理意义，增加其实际内容。

散射在经典力学中，就是碰撞问题，无论是两个宏观质点的碰撞，还是两个物体的碰撞，例如，两个台球或者两个星云碰撞之后，总动能和其内部结构不发生变化，称作弹性碰撞；反之，则称作非弹性碰撞；如果两个物体碰撞后不再分离，就是完全非弹性碰撞。利用动量、角动量和能量守恒定律可以研究碰撞前 (初态) 和碰撞后 (末态) 的运动状态，也可以说，初态和末态不发生改变者，是弹性碰撞，改变者就是非弹性碰撞 (不涉及内部状态，即内态的改变)。这里一般不考虑斥力和引力的作用，但是在量子力学中，相撞的带电粒子之间存在很强的斥力 (由作为靶核的势函数体现)，因此经典力学中的碰撞，在量子力学中就是散射问题，涉及的理论和研究内容也各不相同，粒子和波也就是二象性，交替使用，便于理解涉及的物理概念，下面将比较详细地进行论述。

9.1　散射设备概述

无论是碰撞或是散射，本质上就是进行物理的“乘法”运算，卢瑟福是这方面的启蒙大师，在 20 世纪初期 (1911 年)，进行了 α 粒子轰击金箔的著名实验，开创了高能实验物理的先河 (这是远比他 1908 年获得诺贝尔奖更出色的成果)。初期的碰撞实验，主要是利用一个高速粒子去撞击一个静止的靶粒子，引起粒子的转变，从而可以研究粒子的质量、靶的电荷分布，认识和深入了解势能的作用机制以及粒子的行为和状态 (无论是低能和高能散射，除了能级之外，原理上、分析方法上是相同的)。中后期有过高速发展的阶段，源于爱因斯坦的质能相互转化的观点，也就是 $E = mc^2$，高能粒子碰撞后释放出的能量，可以转化为新的粒子，简单地说，就是能量转换成质量，这似乎已经成为寻找新粒子的唯一途径，出现了直线加速器 (图 9-1) 和环形加速器 (单环与交叉环，如图 9-2 所示，是欧洲和美国已有设备的原理示意图)。要想找到新粒子，就需要相互对撞的粒子能量更高，相应的实验环境、仪器、设备就更加庞大，加速粒子的环形真空管道就越长，建在地下几十米深的、周长二十几千米的真空管道，已经难以满足当前高能物理学膨胀的、正反馈式的学术思想提出的要求。

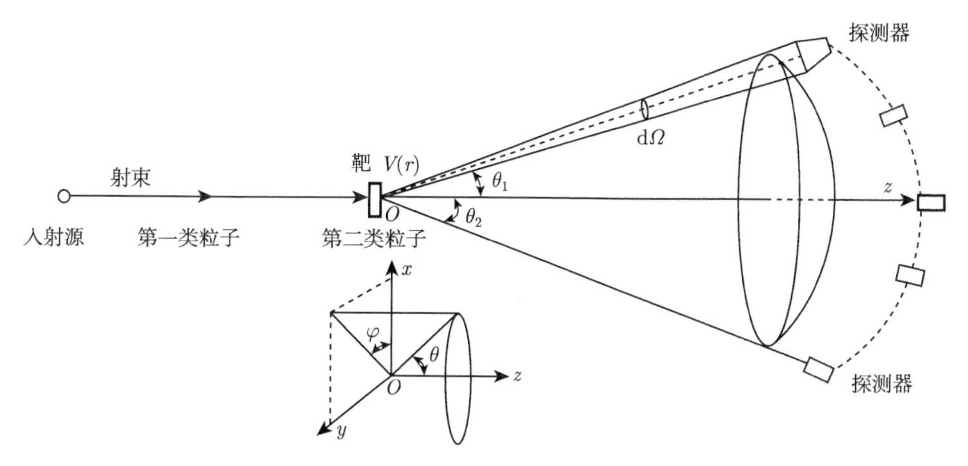

图 9-1 直线加速的量子散射实验示意图

三维坐标系显示方位角，图中画出探测器的布局，只是形象地表示，在散射方向立体角接受散射粒子 (实际设备极为复杂)，射束沿着 Oz 方向，$\mathrm{d}\Omega$ 表示散射方向的散射立体角，第一类粒子是入射粒子，第二类粒子是指靶粒子

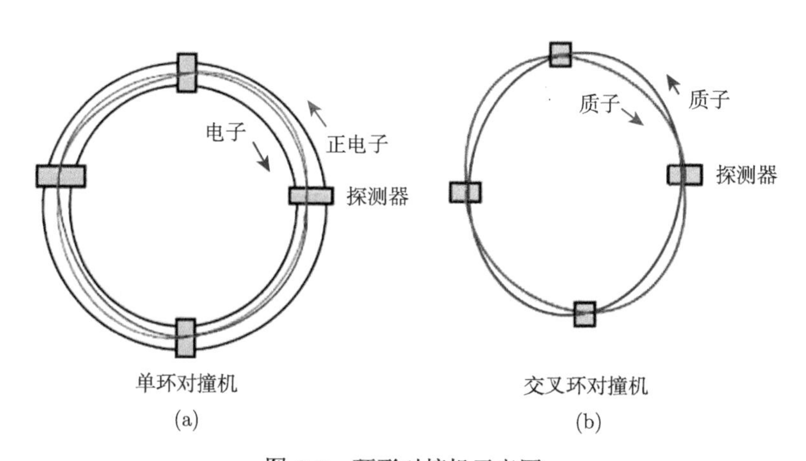

图 9-2 环形对撞机示意图

(a) 为单环，从相反方向注入电子、正电子，共用一套电场在相反方向加速，共用一套磁场实现环形运动，粒子和反粒子束流必须保持分离，只在严格规定的交叉点相遇；(b) 是交叉环，双环制式，用于相同粒子 (如质子) 的对撞，能量可达 2000GeV，是单环的 10 倍

其实，在极高能量驱使下，使粒子发生碰撞，那也是如同两个高速运行的针尖相撞，发生的概率极端微小，因为能量提高，与希望发生碰撞的概率并无直接关联。例如，1960 年代，CERN(欧洲核子研究中心) 在寻找和发现 W^+、W^-、Z^0 粒子的实验中，探测器的重量已达 2000 吨，在一亿次碰撞中，才有可能出现一次 W^+ 和 W^- 的事件，对于 Z^0 而言，就需要 10 亿次碰撞，犹如大海捞针，并不为过。这不仅需要极高灵敏度和精确度的探测技术，也需要匹配强大的高速数据获取与处理

技术，电子学、自动控制、计算技术在高水平上的支持；除此而外，极为重要的是，要有这一领域的、熟悉实验的、理论精湛的物理学家团队 (他们的任务是从海量数据中挖掘出掩藏的物理学事件)；更需要庞大的科研、维护和运行经费的持续资助。

散射实验的基本过程 (注意是随机过程) 如图 9-1 所示，制备的同类粒子作为入射粒子束被加速，并沿 Oz 方向射向靶粒子，由于靶粒子的势函数的排斥作用，入射粒子被散射，在空间大致处于如图 9-1 所示的锥体范围内，安置的探测器收集这些散射粒子，然后进入存储装置，进行后续处理。按照习惯，散射过程可以表示如下 (类似于核反应的表示方式)：

弹性散射　　粒子 (1)+ 粒子 (2)→ 粒子 (1)+ 粒子 (2)

非弹性散射　　粒子 (1)+ 粒子 (2)→ 粒子 (3)+ 粒子 (4)+ 粒子 (5)+ ···

更详细的分析在 9.2 节内论述。

现在，概括地说，高能散射实验设备包括：① 入射粒子源，② 射束的加速与聚焦，③ 靶或对撞制式，④ 探测器，⑤ 数据采集、存储和处理等。其中，粒子的运行环境非常苛刻，是耗资巨大的地下建筑的系统工程：隧道挖掘，真空管道制造安装、动力保障、安全防护、应急处理、日常维护等。以中国科学院高能物理研究所提出的 CEPC (circular electron positron collide, 环形正负电子对撞机) 为例，设计环形周长约 100km，已经超过北京市市郊五环道路的周长 (大约 98.6km)，为了减少噪声干扰，首先需要在地下几十米深处，开挖出高质量的 100km 环形隧道，然后铺设真空环形管道，保守估计就需要 400 亿元，第二期 SPPC(超级质子对撞机) 耗资更是超千亿之巨。国际超弦论者与中国科学院高能物理研究所合流，提出的理由是要验证超弦论、超对称论，或者说验证希格斯粒子，当时，希格斯本人对此未置一词。

这里可以援引高能粒子物理学界的著名科学家，诺贝尔奖获得者，M. 魏特曼教授 2003 年出版的名著 *Facts and Mysteries in Elementary Particle Physics* (中译本：《神奇的粒子世界》，丁亦兵等译，世界图书出版公司，2007) 中的一段话："读者或许会问，本书中为什么没有讨论弦论理论和超对称。弦理论猜测，基本粒子实际上是非常小的弦，而超对称是指任何粒子都有一个自旋与之相差 1/2 的伴随粒子存在，同时这两类粒子间满足一种很大的对称性。是这么回事：本书讨论的是物理，也就是说我们所讨论的理论概念都必须是已经得到了实验检验的。而不论超对称还是弦理论都不满足这个判据，它们都不过是理论猜想而已。按物理学家泡利的话说：它们连错误都够不上。因此，本书没有讨论这些理论的余地"。

注释: 2019 年，在"知乎"网上就中国现今是否要建上面提到的周长 100km 的环形对撞机，展开了一场公开而激烈的论战，杨振宁先生的观点明确而中肯，其中涉及的物理学问题，与 M. 魏特曼教授 (包括诺贝尔奖得主安德森) 的观点不谋而合，也就是 The party is over, 什么意思？高能物理的盛宴已过，杨振宁先生建议研究新的问题：寻找新加速器原理和美妙的几何结构 (参见《晨曦集》，杨振宁、翁帆著，商务印书馆出版，2018 年)。

9.2 基本概念与定义

量子力学的散射对于经典力学的碰撞而言，有概念的延伸、术语的借鉴，为了不至于混淆，先通过经典的粒子碰撞实验，引入几个重要的术语，说明它包含的物理意义。这些术语就是：粒子通量、散射截面、散射振幅、立体角等。这有助于理解量子力学的散射过程。有时候散射和碰撞混用，不过二者还是有一些不同，碰撞强调整个过程的前段，而散射主要是强调过程的后段。

图 9-3 是粒子散射和硬球碰撞的图示，前者实际上类似于卢瑟福散射实验 (α 粒子在重原子正电荷的斥力作用下，散射后沿着双曲线径迹离开)，不过是按经典力学的方法分析的，图中 θ 为散射角，$\mathrm{d}\Omega$ 是散射立体角，由图可以很直观清楚地定义上面提到的名词术语 (以下计算均在图 9-3(c) 所示的 xOz 坐标平面中)。

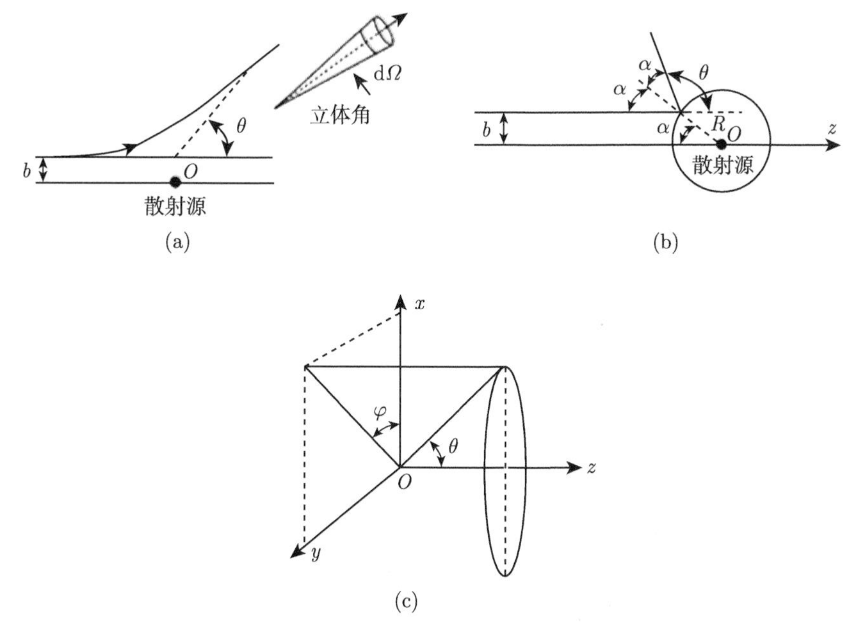

图 9-3 粒子散射和硬球碰撞的图示

(a),(b) 粒子散射；(c) 硬球碰撞，θ 是散射角，b 是射束的中心距离

(1) 碰撞参数 (瞄准参数) b

$$b = R\sin\alpha = R\sin\left(\frac{\pi}{2} - \frac{\theta}{2}\right) = R\cos\left(\frac{\theta}{2}\right) \tag{9-1}$$

散射角 θ 是入射波方向 (与 Oz 轴平行) 与散射波方向之间的夹角，换句话说，在球面坐标系中，就是波矢量 $\boldsymbol{k}$ 与 $\boldsymbol{r}$ 之间的夹角。

$$\theta=\begin{cases}2\operatorname{arccot}(b/R), & b\leqslant R,\ \text{发生碰撞}\\ 0, & b\geqslant R,\ \text{没有发生碰撞}\end{cases} \tag{9-2}$$

(2) 微分散射截面。

垂直于粒子束入射方向 (即 Oz 方向) 的微分面积 $\mathrm{d}\sigma$，与散射后形成的立体角 $\mathrm{d}\Omega$ 成正比，二者之比用 $D(\theta)$ 表示，$\mathrm{d}\sigma=b\mathrm{d}b\mathrm{d}\varphi$，$\mathrm{d}\Omega=\sin\theta\mathrm{d}\theta\mathrm{d}\varphi$，因此

$$D(\theta)=\frac{\mathrm{d}\sigma}{\mathrm{d}\Omega}=\frac{b}{\sin\theta}\left|\frac{\mathrm{d}b}{\mathrm{d}\theta}\right| \tag{9-3}$$

(3) 总截面：$\sigma=\displaystyle\int D(\theta)\mathrm{d}\Omega$ (如果考虑方位角 φ，也可以表示成 $D(\theta,\varphi)$)。

对于图 9-3(b)，最大发生碰撞的条件是 $b=R$，对应的总截面显然就是球的截面积 πR^2，即 $\sigma=\displaystyle\int D(\theta)\mathrm{d}\Omega=\pi R^2$，对于靶粒子，属于所谓的软靶，就是靶本身比较薄，不会在靶内出现多重散射，也不会发生衍射和干涉，而且入射粒子和散射粒子之间的势函数 $V(\boldsymbol{r})$ 只与二者的相对距离有关，就是 $V(\boldsymbol{r})=V(\boldsymbol{r}_1-\boldsymbol{r}_2)$(中心势场)，采用约化 (折合) 质量 $\mu=\dfrac{m_1m_2}{m_1+m_2}$ (质心系，即质心保持不变动，适合相互作用表象；实验室坐标系是靶核不动，记录散射粒子数即可得出散射截面)，入射的自由粒子和散射后的自由粒子是二体问题，可以转变为被靶散射的单体问题简化处理。此外，散射截面也可以采用入射粒子数通量 F_i 来定义，令 F_i 表示单位时间、通过垂直于 Oz 方向的单位面积的粒子数 (具有均匀强度，即"亮度")，而被散射到立体角 $\mathrm{d}\Omega$ 中的量子数，$\mathrm{d}n=\sigma(\theta,\varphi)F_i\mathrm{d}\Omega$ (在 Oz 轴旋转对称的情况下，$\sigma(\theta,\varphi)$ 与 φ 无关，通常简化为 $\sigma(\theta)$)，很容易验证与上面微分截面的定义 $\mathrm{d}\sigma$ 是等价的。入射粒子束可以等价地看作是概率流，用概率流密度 $\boldsymbol{J}$ 表示，理论上一个粒子接一个粒子入射的方式，也就是说，用一个粒子进行多次实验，与一束粒子入射的实验完全一样。

(4) 立体角体积。在角动量篇中，已经给出了立体角的推导，它是球面坐标系中以球心为原点，沿着半径方向向外张成的单位锥体积，定义是 $\mathrm{d}\Omega=\mathrm{d}S/r^2$，$\mathrm{d}S=r^2\sin\theta\mathrm{d}\theta\mathrm{d}\varphi$，$\mathrm{d}\Omega=\sin\theta\mathrm{d}\theta\mathrm{d}\varphi$，如图 9-4 所示，被散射的粒子进入立体角，在该方向上的探测器将收集散射粒子。

(5) 散射振幅。

粒子散射问题自然是要求解波函数，现在如何确定波函数的数学表示式呢？如图 9-5 所示，表示入射波与散射波的传播形式，在论述散射问题时，都假定源在离

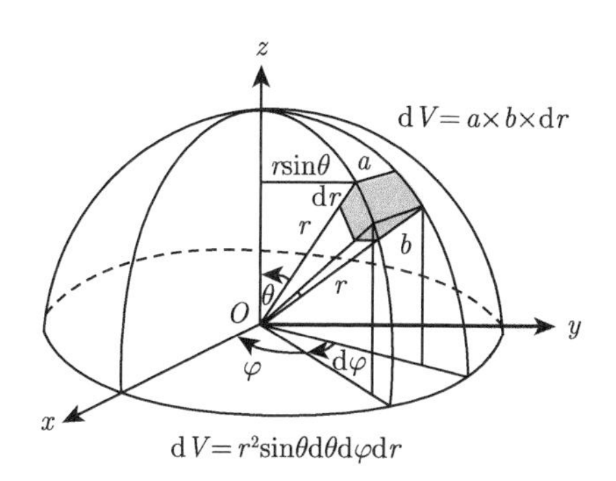

图 9-4 球面坐标系中的立体角

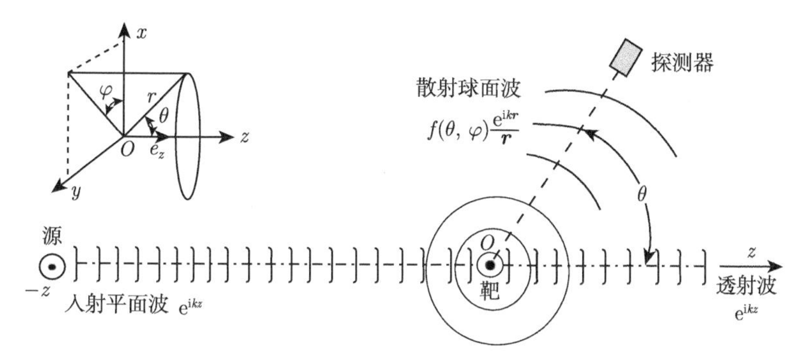

图 9-5 散射波的图示

(绘图参考：周世勋，陈灏. 量子力学讲义 (第二版). 北京：高等教育出版社，2009)，一般假定源离靶在非常远的 $-z$ 位置，为什么要如此强调这一点呢？其实就是将球面波 (源处，$-z$) 用远端 (即靶心处) 的平面波近似，这是一种简化

靶很远的 $-Z$ 位置，靶固定不动 (比入射粒子重得多)，为什么？因为这样靶就是与源距离很远的远端，到达靶的入射波可以用平面波来近似 (稍后将详细说明其缘由)；而散射波则是球面波，探测器放置在离靶的线尺度很远的地方，因而收集到的只是散射波。远端的入射波沿着 Oz 轴向靶核靠近，它近似是平面波，易用波矢量 k 表示，即 $e^{i\boldsymbol{k}\cdot\boldsymbol{r}}$，因为入射波沿着 Oz 方向传播，表示式 $e^{i\boldsymbol{k}\cdot\boldsymbol{r}}$ 简化为 e^{ikz}；而散射波则是球面波 $e^{ik\boldsymbol{r}}$，它的传播与离波源的距离 $\boldsymbol{r}$ 成反比，加之，实际的散射并不是各向均匀的，散射波的振幅与方位 (θ,φ) 有关，甚至也和入射波的能量有关 (如 Ramsauer 效应)，一般记为 $f(\theta,\varphi)$ (由于 Oz 轴的旋转对称性，通常 $f(\theta,\varphi)$ 与 φ 无关)。这样一来，散射波振幅就可以表示为 $f(\theta)e^{ik\boldsymbol{r}}/\boldsymbol{r}$，波函数便是入射波与散射波的叠加：

$$\psi(\boldsymbol{r},\theta)=A\left(e^{ikz}+f(\theta)\frac{e^{ik\boldsymbol{r}}}{\boldsymbol{r}}\right) \tag{9-4}$$

式中，加入常数 A，便于归一化处理。

9.3　基本原理与分析方法

在卢瑟福散射实验的年代，就是通过粒子轰击金箔的方法，研究物质中电子的分布，目的单一，结果用经典力学分析；在后期的基本粒子实验中，就是力图寻找新粒子，目标明确；而现在，这里论述的散射问题，目的是什么？

也许可以理解为：在量子力学理论的基础上，通过散射过程的波函数求解，提出和发展一种新的方法，既能分析处理低能级的散射实验，也能用于高能粒子实验的分析处理，以及实验装置中散射参数的调节 (确定瞄准参数 b，使散射角 θ 更小，发生碰撞的概率更大)。简单地说，就是让总散射截面 σ 尽可能大，以便能有效地探测到散射粒子中包含的、更多的物理事件。当然，通过散射问题的学习，也可以体会量子理论家是如何解决实际问题的，从而启发创新和解决实际问题的思路，积累有关知识与方法。这里用到的数学工具是微积分，而物理的背景知识就是普通物理学，有了这些知识和工具，理解散射的基本问题已经足够了。

在 3.3 节论述德布罗意波时，曾经指出：由薛定谔方程可以很容易得到亥姆霍兹方程，利用波数 $k=2\pi/\lambda$，动量 $p=h/\lambda$，动能 $T=p^2/2m$，可以得出如下关系：

$$k^2=\left(\frac{2\pi}{\lambda}\right)^2=\left(\frac{p}{h}\right)^2=\frac{2m}{h^2}T=\frac{2m}{h^2}[E-V(\boldsymbol{r})] \tag{9-5}$$

定态薛定谔方程，$\dfrac{\hbar^2}{2m}\nabla^2\psi(\boldsymbol{r})+[E-V(\boldsymbol{r})]\,\psi(\boldsymbol{r})=0$，就可以写成如下形式：

$$\nabla^2\psi(\boldsymbol{r})+k^2\psi(\boldsymbol{r})=0 \tag{9-6}$$

这就是亥姆霍兹方程 (下面可以借助亥姆霍兹方程引入格林函数，解释玻恩近似方法的机理)。当 $r\to\infty$ 时，$V(\boldsymbol{r})\to 0$ (入射源与靶核的距离正好符合该情况)，它的解就是平面波 $\mathrm{e}^{\mathrm{i}k\cdot\boldsymbol{r}}$，可见，前面有关平面波的论述是合理的。

下面通过图 9-6 直观地推导散射截面 $D(\theta)$ 与散射振幅 $f(\theta)$ 的关系，设入射波束的传播速度为 v，在 $\mathrm{d}t$ 时间内的传播距离是 $v\mathrm{d}t$，穿过图中面元 $\mathrm{d}\sigma$ 的体积便是 $v\mathrm{d}t\mathrm{d}\sigma$，在其中粒子出现的数目是 $|A\mathrm{e}^{\mathrm{i}kz}|^2v\mathrm{d}t\mathrm{d}\sigma=|A|^2v\mathrm{d}t\mathrm{d}\sigma$；而这些粒子被散射后，进入探测器方位立体角体积 $v\mathrm{d}t\mathrm{d}S$ 内的粒子数是 $|Af(\theta)\mathrm{e}^{\mathrm{i}kz}/\boldsymbol{r}|^2\cdot v\mathrm{d}t\mathrm{dS}=|A|^2|f(\theta)|^2v\mathrm{d}t\mathrm{d}\varOmega$，因为粒子数守恒，上述二者应当相等，由此可得

$$|A|^2v\mathrm{d}t\mathrm{d}\sigma=|A|^2|f(\theta)|^2v\mathrm{d}t\mathrm{d}\varOmega$$

也就是说，散射截面 $D(\theta)$ 与散射振幅 $f(\theta)$ 有如下关系：

$$D(\theta)=\frac{\mathrm{d}\sigma}{\mathrm{d}\varOmega}=|f(\theta)|^2 \tag{9-7}$$

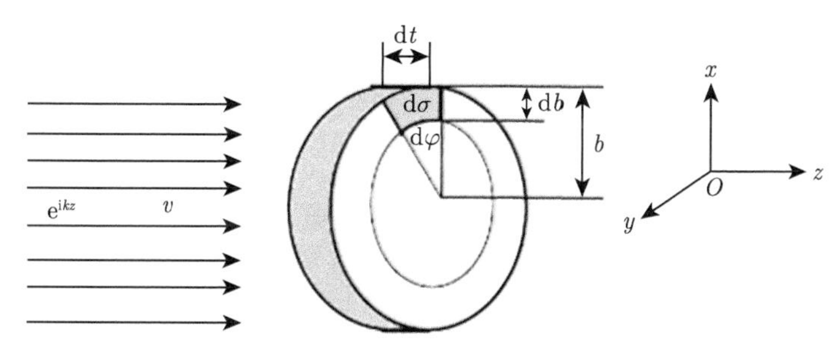

图 9-6 推导散射截面 $D(\theta)$ 与散射振幅 $f(\theta)$ 关系的图示

此处不用 $|\psi(\theta)|^2$，而是用 $|f(\theta)|^2$，原因是在散射方向的空间里只有散射波的缘故。在 9.2 节讨论总截面时，曾经说过："入射粒子束可以等价地看作是概率流，用概率流密度 $\boldsymbol{J}$ 表示"。现在，利用概率流密度 $\boldsymbol{J}$ 同样可以推导出式 (9-7)，$\boldsymbol{J}$ 的定义如下 (针对当前沿着 Oz 方向的波函数而言)：

$$J_{\text{in}}(z,t)=\frac{\mathrm{i}\hbar}{2\mu}\left(\Psi\frac{\partial\Psi^*}{\partial z}-\Psi^*\frac{\partial\Psi}{\partial z}\right) \tag{9-8}$$

它的量纲是 $\mathrm{m}^{-2}\cdot\mathrm{s}^{-2}$(二维)，表示单位时间流过垂直于流动方向 (Oz) 单位面积的粒子数，三维则是流过单位体积的粒子数。

由 $k=2\pi/\lambda$ 和动量 $p=h/\lambda$，可得 $k=2\pi/\lambda=p_z/\hbar$，已知 $\Psi=\mathrm{e}^{\mathrm{i}kz}$，代入式 (9-8)，有

$$J_{\text{in}}(z,t)=\frac{\mathrm{i}\hbar}{2\mu}\left(\Psi\frac{\partial\Psi^*}{\partial z}-\Psi^*\frac{\partial\Psi}{\partial z}\right)=\frac{\hbar k}{\mu}=\frac{p_z}{\mu}=v$$

v 是一个粒子的速度。这个结果表明，将入射波 $\Psi=A\mathrm{e}^{\mathrm{i}kz}$ 写成归一化形式 $\rightarrow\mathrm{e}^{\mathrm{i}kz}$，就使其概率流密度等于粒子速度。若单位体积的粒子数设为 n，则有 $J_{\text{in}}=nV$。再来确定散射波的概率流密度 J_{out}，这时的波函数是 $f(\theta)\dfrac{\mathrm{e}^{\mathrm{i}k\boldsymbol{r}}}{\boldsymbol{r}}$，根据式 (9-8) 有

$$\begin{aligned}J_{\text{out}}(z,t)&=\frac{\mathrm{i}\hbar}{2\mu}\left(\Psi\frac{\partial\Psi^*}{\partial z}-\Psi^*\frac{\partial\Psi}{\partial z}\right)\\&=\frac{\mathrm{i}\hbar}{2\mu}|f(\theta)|^2\left[\frac{\mathrm{e}^{\mathrm{i}k\boldsymbol{r}}}{\boldsymbol{r}}\frac{\partial}{\partial r}\left(\frac{\mathrm{e}^{\mathrm{i}k\boldsymbol{r}}}{\boldsymbol{r}}\right)-\frac{\mathrm{e}^{-\mathrm{i}k\boldsymbol{r}}}{\boldsymbol{r}}\frac{\partial}{\partial r}\left(\frac{\mathrm{e}^{-\mathrm{i}k\boldsymbol{r}}}{\boldsymbol{r}}\right)\right]\\&=\frac{\hbar k}{\mu}\frac{|f(\theta)|^2}{r^2}=J_{in}\frac{|f(\theta)|^2}{r^2}\end{aligned} \tag{9-9}$$

入射波与散射波的波矢量 $\boldsymbol{k}$ 相同，而量子数守恒，被散射进入 θ 角方向的立体角 $\mathrm{d}\Omega$ 的粒子数 $\mathrm{d}n$，与立体角 $\mathrm{d}\Omega$、入射概率流密度 J_{in} 成正比，比例系数就是前面提到的散射截面 $D(\theta)$，$\mathrm{d}n=D(\theta)J_{\text{in}}\mathrm{d}\Omega=J_{\text{out}}\mathrm{d}S$, 此处的 $\mathrm{d}S$ 是立体角张成的面积微元，即 $\mathrm{d}\Omega=\mathrm{d}S/r^2$，$\mathrm{d}S=r^2\mathrm{d}\Omega$，将 $J_{\text{out}}=J_{\text{in}}\cdot|f(\theta)|^2/r^2$ 代入 $\mathrm{d}n$ 表

示式，$\mathrm{d}n = D(\theta)J_{\mathrm{in}}\mathrm{d}\Omega = J_{\mathrm{out}}\mathrm{d}S = J_{\mathrm{in}}\cdot|f(\theta)|^2\mathrm{d}S/r^2 = J_{\mathrm{in}}\cdot|f(\theta)|^2\mathrm{d}\Omega$，即可得出 $D(\theta) = \dfrac{\mathrm{d}n}{\mathrm{d}\Omega} = |f(\theta)|^2$，与上面方法得到的结果相同。如何将这个关系转变为实用的公式，也就是能够用于分析实验数据的公式，就是散射分析方法的基本内容。当然，从波动方程严格求解 $f(\theta)$ 相当困难，需要做一些近似处理，下面就来介绍较为常用的两种近似方法。

9.4　格林函数与亥姆霍兹方程

图 9-7 是一个系统 $H(t)$ 在输入 $\delta(t)$ 函数作用下的输出响应 $h(t)$，或是傅里叶变换后的频谱函数：$\delta(\omega)H(\omega) = H(\omega) = h(\omega)$, $\delta(\omega) - 1$。若它在任意输入 $q(t)$ 作用下的输出是 $y(t)$，那么这二者的关系就是如下的卷积运算：

$$y(t) = \int_{-\infty}^{\infty} h(t-\tau)q(\tau)\mathrm{d}\tau \tag{9-10}$$

表示在时间间隔 $(t-\tau)$ 产生的累积输出响应，如果将时间变量换成空间变量，自然表示相隔为 $(\boldsymbol{r}-\boldsymbol{r}_0)$ 的两点之间的响应，就有 $y(\boldsymbol{r}) = \int_{-\infty}^{\infty} h(\boldsymbol{r}-\boldsymbol{r}_0)q(\boldsymbol{r}_0)\mathrm{d}\boldsymbol{r}_0$。那么对系统引进格林函数 $G(\boldsymbol{r})$ 的目的是什么？

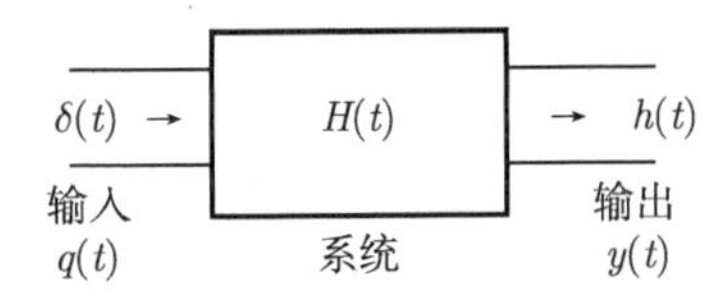

图 9-7　系统的 δ 函数 (点源) 的响应

显然，如果格林函数 $G(\boldsymbol{r})$ 是系统的点源 $\delta(\boldsymbol{r})$ 的响应函数，那么，系统在任意作用 $q(\boldsymbol{r}_0)$ 下的响应就是：

$$y(\boldsymbol{r}) = \int_{-\infty}^{\infty} G(\boldsymbol{r}-\boldsymbol{r}_0)q(\boldsymbol{r}_0)\mathrm{d}^3\boldsymbol{r}_0 \tag{9-11}$$

也就是说，当格林函数是系统的点源响应，即 $G(\boldsymbol{r}) = h(\boldsymbol{r})$ 或 $G(\boldsymbol{r}-\boldsymbol{r}_0) = h(\boldsymbol{r}-\boldsymbol{r}_0)$ 时，就能得出任意作用函数 $q(\boldsymbol{r}_0)$ 下的系统响应，使求解原方程的难度明显降低。一般而言，引入格林函数的数学处理需要如下三个步骤。

(1) 一个以 $\boldsymbol{r}$ 为自变量的线性系统 $L[y(\boldsymbol{r})] = Q[x(\boldsymbol{r})]$，引入格林函数 $G(\boldsymbol{r})$，它就相当于该系统在 $\delta(\boldsymbol{r})$ 作用下的响应 $y(\boldsymbol{r})$，即由 $G(\boldsymbol{r})$ 代替 $y(\boldsymbol{r})$：$L[G(\boldsymbol{r})] = \delta(\boldsymbol{r})$。

(2) 对 $L[G(\boldsymbol{r})] = \delta(\boldsymbol{r})$ 进行傅里叶变换，得出频谱 $L(\omega)G(\omega) = \delta(\omega)$，由于

$\delta(\omega)=1$，然后求傅里叶逆变换，得出 $G(\boldsymbol{r})$ 的表示式：$G(\boldsymbol{r})=\dfrac{1}{2\pi}\displaystyle\int\dfrac{\mathrm{e}^{\mathrm{i}\omega\boldsymbol{r}}}{L(\omega)}\mathrm{d}\omega$；这里也可以直接在系统中作替换 $\dfrac{\mathrm{d}}{\mathrm{d}t}\to\mathrm{i}s$，即 $L(\mathrm{d}/\mathrm{d}t)\mapsto L(\mathrm{i}s)$，很容易得出频谱。

(3) 由卷积运算得出任意作用函数 $Q[x(\boldsymbol{r})]$ 的输出：

$$y(\boldsymbol{r})=\int G(\boldsymbol{r}-\boldsymbol{r}_0)Q[x(\boldsymbol{r}_0)]\mathrm{d}\boldsymbol{r}_0$$

这里的 $Q[x(\boldsymbol{r}_0)]$ 相当于式 (9-11) 中的 $q(\boldsymbol{r}_0)$，$\boldsymbol{r}_0$ 表示球坐标系中作用函数的有效范围，$\mathrm{d}^3\boldsymbol{r}_0$ 就是在空间任意点对系统的累积影响，由 $G(\boldsymbol{r}-\boldsymbol{r}_0)$ 体现出来。

具体到现在的情况，利用式 (9-5) 的结果：$k=2\pi/\lambda$，动量 $p=h/\lambda$，动能 $T=p^2/(2m)$，以及如下关系：

$$k^2=\left(\frac{2\pi}{\lambda}\right)^2=\left(\frac{p}{\hbar}\right)^2=\frac{2m}{\hbar^2}T=\frac{2m}{\hbar^2}[E-V(\boldsymbol{r})]$$

可以将定态薛定谔方程 $\hat{H}\psi=E\psi$，即 $-\dfrac{\hbar^2}{2m}\nabla^2\psi(\boldsymbol{r})+V(\boldsymbol{r})\psi(\boldsymbol{r})=E\psi(\boldsymbol{r})$，改写成如下形式：

$$\nabla^2\psi(\boldsymbol{r})+k^2\psi(\boldsymbol{r})=\frac{2m}{\hbar^2}V(\boldsymbol{r})\psi(\boldsymbol{r}) \tag{9-12}$$

令 $Q(\boldsymbol{r})=\dfrac{2m}{\hbar^2}V(\boldsymbol{r})\psi(\boldsymbol{r})$，则有

$$\nabla^2\psi(\boldsymbol{r})+k^2\psi(\boldsymbol{r})=Q(\boldsymbol{r}) \tag{9-13}$$

这就是亥姆霍兹方程，引入格林函数 $G(\boldsymbol{r})$，根据式 (9-11) 可得

$$\left(\nabla^2+k^2\right)G(\boldsymbol{r})=\delta^3(\boldsymbol{r}) \tag{9-14}$$

将 $\dfrac{\mathrm{d}}{\mathrm{d}\boldsymbol{r}}\to\mathrm{i}s$，$(-s^2+k^2)G(s)=\delta^3(s)$，可得下式

$$G(s)=\frac{\delta^3(s)}{k^2-s^2} \tag{9-15}$$

对其进行傅里叶变换

$$\begin{aligned}G(\boldsymbol{r})&=\frac{1}{(2\pi)^3}\iiint G(s)\mathrm{e}^{\mathrm{i}s\cdot r}\mathrm{d}^3s=\frac{1}{(2\pi)^3}\iiint\frac{\mathrm{e}^{\mathrm{i}s\cdot r}}{k^2-s^2}s^2\sin\theta\mathrm{d}\theta\mathrm{d}\varphi\mathrm{d}s\\&=\frac{1}{(2\pi)^3}\int_{\varphi=0}^{2\pi}\int_{\theta=0}^{\pi}\int_{s=0}^{\infty}\frac{\mathrm{e}^{\mathrm{i}sr\cos\theta}}{k^2-s^2}s^2\sin\theta\mathrm{d}\theta\mathrm{d}\varphi\mathrm{d}s\\&=\frac{1}{2\pi^2r}\int_{s=0}^{\infty}\frac{s\sin(sr)}{k^2-\mathrm{s}^2}\mathrm{d}s=-\frac{\mathrm{e}^{\mathrm{i}kr}}{4\pi r}\end{aligned} \tag{9-16}$$

上述积分 $f(s)=\dfrac{\mathrm{e}^{\mathrm{i}sr}}{k^2-s^2}$ 存在两个极点 $\pm k$，需要用柯西留数定理 $\oint\dfrac{f(z)}{z-z_0}\mathrm{d}z=2\pi\mathrm{i}f(z_0)$ 计算，积分每次环绕一个极点，如图 9-8 所示，顺时针方向为负 (图 (b))，逆时针方向为正 (图 (a))。在得出 $G(\boldsymbol{r})$ 之后，就可以按照式 (9-11) 计算波函数 $\psi(\boldsymbol{r})$，将 $G(\boldsymbol{r})=-\dfrac{\mathrm{e}^{\mathrm{i}k\boldsymbol{r}}}{4\pi\boldsymbol{r}}$，$Q(\boldsymbol{r})=\dfrac{2m}{\hbar^2}V(\boldsymbol{r})\psi(\boldsymbol{r})$ 代入式 (9-11)，即得三维空间中的解 (由 $\mathrm{d}^3\boldsymbol{r}_0$ 体现，从而省去三重积分符号)：

$$\begin{aligned}\psi(\boldsymbol{r})&=y(\boldsymbol{r})+\psi_0(\boldsymbol{r})=\psi_0(\boldsymbol{r})+\int_{-\infty}^{\infty}G(\boldsymbol{r}-\boldsymbol{r}_0)q(\boldsymbol{r}_0)\mathrm{d}^3\boldsymbol{r}_0\\&=\psi_0(\boldsymbol{r})+\int_{-\infty}^{\infty}G(\boldsymbol{r}-\boldsymbol{r}_0)V(\boldsymbol{r}_0)\psi(\boldsymbol{r}_0)\mathrm{d}^3\boldsymbol{r}_0\\&=\psi_0(\boldsymbol{r})-\frac{m}{2\pi\hbar^2}\int_{-\infty}^{\infty}\frac{\mathrm{e}^{\mathrm{i}k|\boldsymbol{r}-\boldsymbol{r}_0|}}{|\boldsymbol{r}-\boldsymbol{r}_0|}V(\boldsymbol{r}_0)\psi(\boldsymbol{r}_0)\mathrm{d}^3\boldsymbol{r}_0\end{aligned}\tag{9-17}$$

式中，$\psi_0(\boldsymbol{r})$ 是 $V(\boldsymbol{r})=0$ 或 $Q(\boldsymbol{r})=V(\boldsymbol{r})\psi(\boldsymbol{r})=0$ 时，亥姆霍兹方程的解需要计入总的解中 (注意，$\psi_0(\boldsymbol{r})$ 与 $\psi(\boldsymbol{r}_0)$ 不同，在 9.5 节中有详细说明)。方程 (9-17) 就是薛定谔微分方程的积分形式。

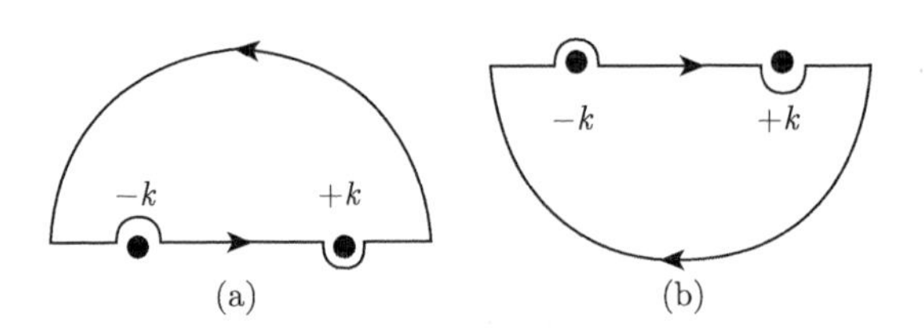

图 9-8　留数极点

(a) 是包括 $+k$ 极点的积分回路；(b) 是包括 $-k$ 极点的积分回路

9.5　玻恩近似处理

1926 年，玻恩对积分方程 (9-17) 所作的近似处理，主要是 $\psi(\boldsymbol{r}_0)$ 和 $\dfrac{\mathrm{e}^{\mathrm{i}k|\boldsymbol{r}-\boldsymbol{r}_0|}}{|\boldsymbol{r}-\boldsymbol{r}_0|}$ 两项。为此，先处理 $\dfrac{\mathrm{e}^{\mathrm{i}k|\boldsymbol{r}-\boldsymbol{r}_0|}}{|\boldsymbol{r}-\boldsymbol{r}_0|}$，对于分母 $|\boldsymbol{r}-\boldsymbol{r}_0|$，因为 $|\boldsymbol{r}|\gg|\boldsymbol{r}_0|$，可以直接用 $\boldsymbol{r}$ 代替。对此，根据式 (9-17) 提出一个物理解释，势函数 $V(\boldsymbol{r})$ 的作用范围是有限的，尽管 $\mathrm{d}^3\boldsymbol{r}_0$ 的积分可以到 $\pm\infty$，但是在势函数的作用范围之外，$V(\boldsymbol{r})$ 就趋于零，因此，可以假设 $|\boldsymbol{r}|\gg|\boldsymbol{r}_0|$。而对于分子的指数项 $\mathrm{e}^{\mathrm{i}k|\boldsymbol{r}-\boldsymbol{r}_0|}$，就不能作同样的近似处理，原因是指数的数值变化对相位很敏感，因此参见图 9-9，作如下处理：

$$|\boldsymbol{r}-\boldsymbol{r}_0|^2=r^2+r_0^2-\boldsymbol{2r}\cdot\boldsymbol{r}_0\approx r^2\left(1-\frac{2\boldsymbol{r}\cdot\boldsymbol{r}_0}{\boldsymbol{r}^2}\right),\quad |\boldsymbol{r}-\boldsymbol{r}_0|\approx\boldsymbol{r}-\boldsymbol{k}\cdot\boldsymbol{r}$$

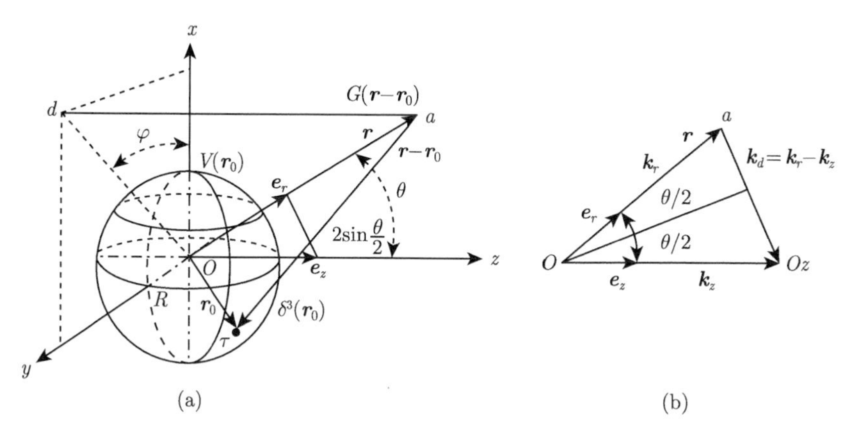

图 9-9 格林函数与作用球体各矢量的关系 (a) 和波矢量的关系 $\boldsymbol{k}_d=\boldsymbol{k}_r-\boldsymbol{k}_z$ 的示意图 (b)
(a) 中 R 是势函数的作用范围，用一个三维球体表示 (当然，这是一个直观的假设)，τ 是该球体内或球体上的任意一点，与球心 O 的距离是 $\boldsymbol{r}_0$，而 a 是散射空间的任意一点，它与球心的连线是 Oa，与 Oz 轴的夹角就是散射角 θ；在图示的例子中，在 x-y 平面中，点 d 与球心连线 Od 的方位角是 φ，它不在 x-z 平面内；(b) 中 $\boldsymbol{e}_r$、$\boldsymbol{e}_z$ 为单位矢量

此处，$\boldsymbol{k}\cdot\boldsymbol{r}$ 表示波矢量 $\boldsymbol{k}$ 投影在 $\boldsymbol{r}$ 上，沿着 $\boldsymbol{r}$ 方向。$\mathrm{i}k|\boldsymbol{r}-\boldsymbol{r}_0|=\mathrm{i}k(\boldsymbol{r}-\boldsymbol{e}_r\cdot\boldsymbol{r}_0)=\mathrm{i}k\boldsymbol{r}-\mathrm{i}k\boldsymbol{e}_r\cdot\boldsymbol{r}_0=\mathrm{i}k\boldsymbol{r}-\mathrm{i}\boldsymbol{k}\cdot\boldsymbol{r}_0$，将其近似值代入式 $\dfrac{\mathrm{e}^{\mathrm{i}k|\boldsymbol{r}-\boldsymbol{r}_0|}}{|\boldsymbol{r}-\boldsymbol{r}_0|}$，就有 $\dfrac{\mathrm{e}^{\mathrm{i}k|\boldsymbol{r}-\boldsymbol{r}_0|}}{|\boldsymbol{r}-\boldsymbol{r}_0|}\cong\dfrac{\mathrm{e}^{\mathrm{i}k\boldsymbol{r}}}{\boldsymbol{r}}\mathrm{e}^{-\mathrm{i}\boldsymbol{k}\cdot\boldsymbol{r}_0}$。

然后将这个结果代入方程 (9-17)，有如下形式

$$\psi(\boldsymbol{r})\approx A\mathrm{e}^{\mathrm{i}kz}-\frac{m}{2\pi\hbar^2}\frac{\mathrm{e}^{\mathrm{i}k\boldsymbol{r}}}{\boldsymbol{r}}\int\mathrm{e}^{-\mathrm{i}\boldsymbol{k}\cdot\boldsymbol{r}_0}V(\boldsymbol{r}_0)\psi(\boldsymbol{r}_0)\mathrm{d}^3\boldsymbol{r}_0,$$

与式 (9-4) 相比

$$\psi(\boldsymbol{r},\theta)=A\left(\mathrm{e}^{\mathrm{i}kz}+f(\theta)\frac{\mathrm{e}^{\mathrm{i}k\boldsymbol{r}}}{\boldsymbol{r}}\right)\tag{9-4}$$

可知

$$f(\theta,\varphi)=-\frac{m}{2\pi\hbar^2A}\int\mathrm{e}^{-\mathrm{i}k\cdot\boldsymbol{r}_0}V(\boldsymbol{r}_0)\psi(\boldsymbol{r}_0)\mathrm{d}^3\boldsymbol{r}_0\tag{9-18}$$

就 $\psi(\boldsymbol{r}_0)$ 而言，其级数展开式是 $\psi(\boldsymbol{r}_0)=\psi^{(0)}(\boldsymbol{r}_0)+\lambda\psi^{(1)}(\boldsymbol{r}_0)+\lambda^2\psi^{(2)}(\boldsymbol{r}_0)+\cdots$，取零阶近似 $\psi^{(0)}(\boldsymbol{r}_0)$，即 $\psi(\boldsymbol{r}_0)\approx\psi^{(0)}(\boldsymbol{r}_0)$，注意到 $\psi(\boldsymbol{r}_0)$ 与 $\psi_0(\boldsymbol{r})$ 两者都是入射的平面波，只是 $\boldsymbol{r}_0$ 与 $\boldsymbol{r}$ 所指的方向不同，既然是平面波，就可以令 $\psi(\boldsymbol{r}_0)\approx\psi^{(0)}(\boldsymbol{r}_0)=A\mathrm{e}^{\mathrm{i}k_zz_0}=A\mathrm{e}^{\mathrm{i}\boldsymbol{k}_z\cdot\boldsymbol{r}_0}$，沿 Oz 方向与沿 $\boldsymbol{r}$ 方向的波矢量数值 k 不变，即 $\boldsymbol{k}_z$ 和 $\boldsymbol{k}_r$ 的大小相等，均为 k，不过方向不同，二者的夹角为 θ，如图 9-9(b) 所示。其中 $\boldsymbol{e}_r$ 和 $\boldsymbol{e}_z$ 分别是 $\boldsymbol{r}$ 和 Oz 方向的单位矢量，$\psi(\boldsymbol{r}_0)\approx A\mathrm{e}^{\mathrm{i}\boldsymbol{k}_z\cdot\boldsymbol{r}_0}$ 代入式 (9-18)，方程的形式变为

$$\begin{aligned}f(\theta,\varphi)&=-\frac{m}{2\pi\hbar^2A}\int\mathrm{e}^{-\mathrm{i}\boldsymbol{k}\cdot\boldsymbol{r}_0}V(\boldsymbol{r}_0)A\mathrm{e}^{\mathrm{i}\boldsymbol{k}_z\cdot\boldsymbol{r}_0}\mathrm{d}^3\boldsymbol{r}_0\\&=-\frac{m}{2\pi\hbar^2}\int\mathrm{e}^{\mathrm{i}(\boldsymbol{k}_z-\boldsymbol{k})\cdot\boldsymbol{r}_0}V(\boldsymbol{r}_0)\mathrm{d}^3\boldsymbol{r}_0\end{aligned}\tag{9-19}$$

如果是长波散射，$k = \dfrac{2\pi}{\lambda} \mapsto 0$，$\mathrm{e}^{\mathrm{i}(\boldsymbol{k}_z - \boldsymbol{k})\cdot \boldsymbol{r}_0 \mapsto 0} \mapsto 1$，上式简化为

$$f(\theta) = -\frac{m}{2\pi\hbar^2}\int V(\boldsymbol{r}_0)\mathrm{d}^3\boldsymbol{r}_0 \tag{9-20}$$

在球对称的情况下，$\boldsymbol{k}_d \cdot \boldsymbol{r}_0 = (\boldsymbol{k}_z - \boldsymbol{k}_r)\cdot \boldsymbol{r}_0 = k_d \boldsymbol{r}_0 \cos\theta$，代入上式

$$\begin{aligned} f(\theta) =& -\frac{m}{2\pi\hbar^2}\int \mathrm{e}^{\boldsymbol{k}_d \boldsymbol{r}_0 \cos\theta_0} V(\boldsymbol{r}_0)\mathrm{d}^3\boldsymbol{r}_0 \\ =& -\frac{m}{2\pi\hbar^2}\int \mathrm{e}^{\boldsymbol{k}_d \boldsymbol{r}_0 \cos\theta_0} V(\boldsymbol{r}_0)\boldsymbol{r}^2 \sin\theta_0 \mathrm{d}\theta_0 \mathrm{d}\boldsymbol{r}_0 \mathrm{d}\varphi \\ =& -\frac{2m}{\hbar^2 \boldsymbol{k}_d}\int_0^\infty \boldsymbol{r} V(\boldsymbol{r}_0)\sin(\boldsymbol{k}_d \boldsymbol{r})\mathrm{d}\boldsymbol{r} \end{aligned} \tag{9-21}$$

由于 $\mathrm{d}\varphi$ 的积分，φ 不再出现，波函数 $f(\theta,\varphi)$ 已经与 φ 无关，这时有 $f(\theta,\varphi) \to f(\theta)$，式中，$\boldsymbol{k}_z$ 和 $\boldsymbol{k}_r$ 二者数值上相等，即等于 k，图 9-9(b) 中的三角形是等腰三角形，因此有 $k_d = 2k_r\sin\theta/2 = 2k_z\sin\theta/2 = 2k\sin\theta/2$。

玻恩的近似方法已如上所述，相关的公式是：式 (9-19)∼ 式 (9-21)。上面的论述，假定散射振幅 $f(\theta)$ 仅与入射波与散射波的夹角 θ 有关，其实也和方向有关，当散射角等于零时，散射振幅与总截面之间的关系是 $f(0) = \dfrac{k}{4\pi}\sigma$。此外，需要注意波矢量和 $\dfrac{m}{2\pi\hbar^2}$ 都与能量有关。利用薛定谔方程在球面坐标系中的表示式，也可以根据哈密顿算符、角动量的定态本征方程确定散射截面，例如，分波法及其计算方法，大部分内容属于一般的数学处理技巧，不再论及。

9.6 卢瑟福散射问题

它是量子力学的开创性散射实验，又是经典力学的完美分析，而漂亮的结果则发现了原子的核式结构，开创了研究原子结构的先河，极大地推动了量子论的发展。因此是非常著名的物理学案例。

该实验采用 α 粒子轰击金箔 (厚度：0.0004mm)，除了直穿和回弹之外，还有单次被散射, 以大角度飞离金箔的情况，如图 9-10 所示，那是 1909 年的实验。

对这样的实验，采用经典力学的分析方法，首先，由瞄准参数 b、动能 E、势能 V，中心力场 O 到双曲线中心点 a 的极角 φ_0、距离 r、动量矩 p_φ、粒子运动轨迹 $q(r,\varphi)$ 等参数，确定轨道方程 $q(r,\varphi)$；然后，求出散射角和散射截面。

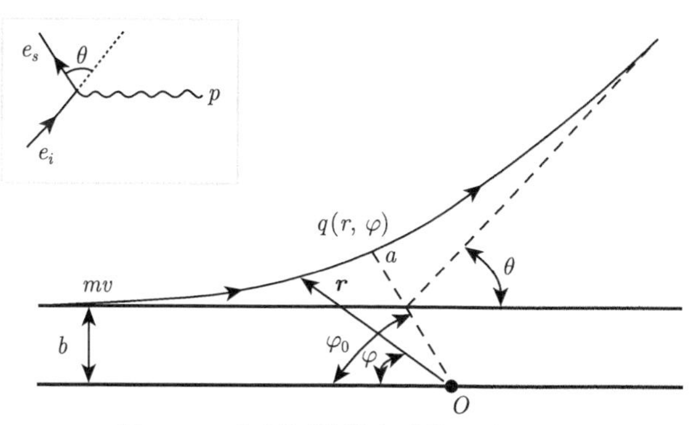

图 9-10 卢瑟福散射实验的经典分析

a 是双曲线轨道的对称点，b 是瞄准参数，θ 是散射角，Oa 与入射波方向之间的夹角是 φ_0，$q(r,\varphi)$ 是双曲线轨道上的点，$\boldsymbol{r}$ 表示轨道上的任意一点到力心的距离；左上角的小图是量子电动力学对散射的简化表示，也就是费曼图，p 代表靶核

由极坐标 (r,φ) 建立轨道方程如下：

$$\begin{aligned}\varphi_0 &= \int_{r_m}^{\infty}\frac{(p_\varphi/r^2)\mathrm{d}r}{\sqrt{2m[E-V(r)-p_\varphi^2/(2mr^2)]}}\\ &= \int_{r_m}^{\infty}\frac{(b/r^2)\mathrm{d}r}{\sqrt{1-b^2/r^2-2V(r)-p_\varphi^2/(mv^2)]}}\end{aligned} \tag{9-22}$$

式中，r_m 表示与轨道最小的距离。将 $V(r)=\dfrac{q_1q_2}{4\pi\varepsilon_0 r}$，$mv^2=2E$，$\varphi_0=\dfrac{\pi-\theta}{2}$ 代入方程 (9-22)，进行积分，可得下式

$$b^2=\left(\frac{q_1q_2}{4\pi\varepsilon_0 2E}\right)^2\cot^2\frac{\theta}{2}$$

由此可得 $\dfrac{\mathrm{d}b}{\mathrm{d}\theta}$，就是卢瑟福散射截面公式：

$$\mathrm{d}\sigma=\left[\frac{q_1q_2}{16\pi\varepsilon_0 E\sin^2(\theta/2)}\right]^2\mathrm{d}\Omega \tag{9-23}$$

上述轨道方程的建立、积分运算等，也很烦琐，这里是为了对比，数学处理的细节就省略了。由于卢瑟福实验是带电粒子受库仑势的散射，属于球对称位势散射，因此，采用玻恩的散射公式 (9-21)，将 $V(r)=\dfrac{q_1q_2}{4\pi\varepsilon_0 r}$、$k^2=\dfrac{2m}{\hbar^2}[E-V(\boldsymbol{r})]$ 和 $k_d=2k\sin\theta/2$ 代入下式

$$f(\theta)=-\frac{2m}{\hbar^2k_d}\int_0^{\infty}rV(\boldsymbol{r}_0)\sin(k_dr)\mathrm{d}r=-\frac{2mq_1q_2}{4\pi\varepsilon_0\hbar^2k_d^2}=-\frac{q_1q_2}{16\pi\varepsilon_0 E\sin^2(\theta/2)}$$

立刻得出散射截面 $\dfrac{\mathrm{d}\sigma}{\mathrm{d}\Omega}=|f(\theta)|^2=\left|-\dfrac{q_1q_2}{16\pi\varepsilon_0E\sin^2(\theta/2)}\right|^2$，与式 (9-23) 相同，这说明量子力学的可用性、合理性与自洽性。这是不是 1926 年玻恩等人研究低能散射的目的之一呢？当然还有探索原子结构，研究势函数的其他目的在内。

对该微分散射截面积分

$$\sigma=\int D(\theta)\sin\theta\mathrm{d}\theta\mathrm{d}\varphi=\left(\frac{q_1q_1}{16\pi\varepsilon_0E}\right)^2 2\pi\int_0^{\pi}\frac{\sin\theta}{\sin^4(\theta/2)}\mathrm{d}\theta$$

在 $\theta\mapsto 0$ 时，作近似处理：$\sin\theta\mapsto\theta$，$\sin(\theta/2)\mapsto\theta/2$。上式中的积分如下

$$\int_0^{\pi}\frac{\sin\theta}{\sin^4(\theta/2)}\mathrm{d}\theta\cong\int_0^{\varepsilon}\frac{\theta}{\theta^4/16}\mathrm{d}\theta=16\int_0^{\varepsilon}\frac{1}{\theta^3}\mathrm{d}\theta=-\left.\frac{8}{\theta^2}\right|_0^{\varepsilon}\to\infty$$

这就是说，卢瑟福散射的总截面为无穷大，其物理意义如何解释？

为了解释这个疑问，需要将库仑势与汤川势 (汤川秀树) 作一比较，汤川势是 $V_{\mathrm{Y}}(r)=V_0\dfrac{\mathrm{e}^{-\alpha r}}{r}$，库仑势是 $V_{\mathrm{C}}(r)=\dfrac{V_0}{r}$。当 $\alpha=0$ 时，二者一样，都是按 $\dfrac{1}{r}$ 衰减，对于 $V_{\mathrm{Y}}(r)$，$\alpha=0$ 意味着 $\alpha=\dfrac{1}{r}$，而且 $r\to\infty$，也就是说，当射程 (就是被散射粒子离开势场中心 O 的距离) 无限大时，汤川势就趋于库仑势，因此库仑势的射程是无限大的，不过实际情况会因为出现其他带电粒子的屏蔽作用，其射程仍然是有限的。汤川势原本是原子核内部束缚力的一个简易模型，汤川秀树为了解释该势场在超过 $r=2\alpha$ 或 $r=3\alpha$ 之后，迅速降为零，认为在核内存在一个新的粒子，就是 π 介子，后来实验发现了这个 π 介子。可见，散射方法对于研究势函数是有效的，有时候并不知道势函数的具体公式，通过散射实验反推出它的基本形式。另外，库仑势函数的导数 $U_{\mathrm{C}}(r)=-\dfrac{q_1q_2}{4\pi\varepsilon_0r^2}$ 表示两个带电粒子之间的相互作用，显然，它比势函数 $V_{\mathrm{C}}(r)=\dfrac{V_0}{r}$ 衰减得更快，也是造成库仑势的总截面为无穷大的原因之一。

至于全同粒子散射，对称性 (玻色子) 和反对称性 (费米子) 粒子的散射截面自然不同，直观就可以知道，前者是后者的两倍，关于全同粒子的情况，前面讨论角动量时已经提过，比较容易理解，就不再重复了。

到现在，本书所涉及的基本内容，如表 9-1 所示 (在前言的后面曾经列出了这张表，那时不会有深刻的领会，现在重新列出，增加了对波函数质疑的内容，对比自己的体会和理解)，不求全面，但求深刻，他山之石可以攻玉，作者与读者共勉之。

表 9-1 本书涉及的基本内容

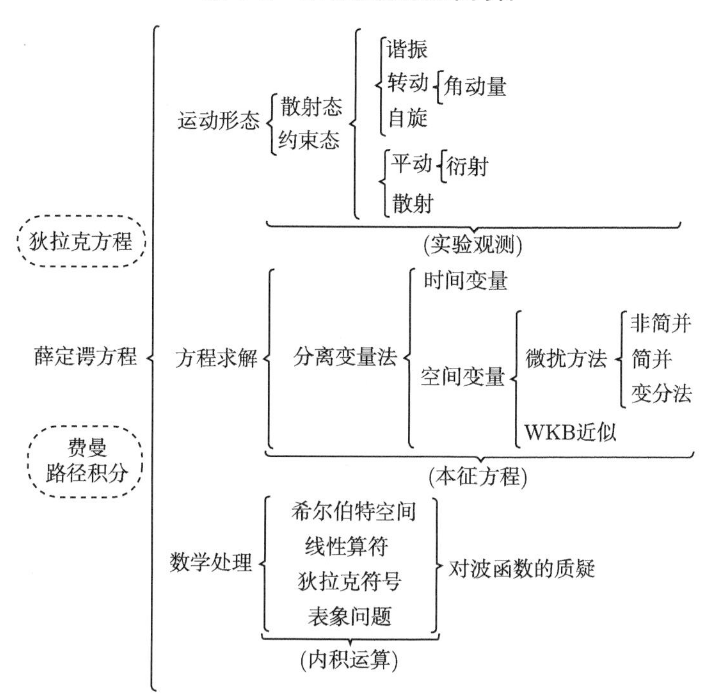

第10讲 质 疑 篇

量子力学的基本原理，各有不同的说法，就本文而言，参照经典力学或牛顿力学，提出如下几点：一是测不准关系，它确定了测量的精度极限，如同狭义相对论中光速为自然界中的极限速度，不能超过；二是薛定谔方程是粒子尺度的基本能量守恒方程，其解表达的波函数具有离散和随机特性，称作概率幅，符合统计诠释；三是测量引起系统的坍缩，测量仪器相对于粒子的尺度，是绝对大，干扰伴随测量，无法消除；四是粒子的全同性，不可分辩。由此延伸的其他理论和方法都不是基本理论，譬如，经典力学中的拉格朗日、哈密顿各自发展的正则化方法，并不是牛顿力学基本原理的组成部分，而是应用中的发展；还可以说，微积分是 ε-δ 极限理论的发展和应用，也并不是其基本理论的内容，凡此等等，不一而足。这样说，丝毫没有降低它们的任何意思，只是出于对基本理论的理解各有不同而已。

量子力学中薛定谔方程包含的虚数 i 使得波函数成为概率波；海森伯不确定关系中共轭量的不对易；态函数叠加中的猫态和量子对纠缠态的非局域性，以及自由粒子的波粒二象性，测量引起的坍缩等问题使得量子力学的理论一直受到质疑和争论，其中 EPR 悖论最为著名，是量子力学哥本哈根学派著名掌门人玻尔和爱因斯坦、德布罗意、薛定谔等人争论的继续，实属旷世之争。

实际上，如果没有薛定谔方程，就不称其为量子力学；而没有矩阵力学，并不影响量子力学的基本理论，因此对量子力学的质疑，自然集中于波函数。就量子力学基本理论的形成过程而言，波动方程的确是薛定谔拼凑出来的，波函数的概率诠释也是玻恩在其散射的实验论文中不经意附加的一个脚注，波函数称作态矢量，用于描述粒子的状态，体现了叠加性，同样，系统定态的本征方程解决了如何从 N 个本征矢量中测定出具体的力学量的实际值 (实数)，它自然是系综的平均值。看似凌乱的混合，但一切又能自洽，并与实验结果相符，实在令人百思不得其解，因而成为量子力学的一道迷人的风景线，展现出无穷的魅力。这道风景线由能量量子化的金链串接起来，为什么要质疑，应从何处开始？

其实，对量子力学的质疑，并不在于上述各点，而是集中在如下方面：

(1) 波函数是物质波还是数学上的波函数 (哥本哈根学派的观点)？

(2) 态矢量叠加特性的不确定性 (薛定谔猫态) 如何理解？

(3) 量子纠缠的非局域性 (贝尔不等式验证结果) 真实存在吗？

(4) 测量引起坍缩的机理是什么 (统计诠释合理吗)？

以上四个问题，在当前的教科书中都是有了定论的，自然是哥本哈根学派的观点，也反映了一部分量子力学家的看法。但是这四个问题仍然值得探索和深入研究，原因是对已有结果，采用粒子和波的交替使用方式，而忽视了虚数 i 的重要作用和所包含的重要意义，并没有给出明晰合理的物理解释，实验方案也未能获得共识；例如，粒子与波的同时呈现或波粒二象性的同时性如何理解，各占 50%？按照哥本哈根的诠释，波函数没有物理意义，只不过它的模方是粒子在某处出现的概率而已。这种解释恰恰把不可积的相位因子通过模方对消了，也就掩盖了它的重要意义，自然不能达到共识。

从 1927 年第五次索尔维会议引发的爱因斯坦和玻尔的争论，到 1935 年的 EPR 悖论，可以算是第一阶段。爱因斯坦作为提出质疑的一方，认为量子力学理论是不完备的，波函数并不能精确描写单个体系的状态，它所涉及的是多体系即系综。玻尔维护的是哥本哈根学派的统计诠释和互补原理，认为测量与体系有关，体系与环境有关，三者之间相互影响，回答基本上属于思辨性质。第二阶段从 1935 年的 EPR 悖论延至 1964 年的贝尔不等式，这是三十年来理论家们深入思考的阶段，出现过几种不同的理论，但都缺乏理论的严谨和实验的支持。此后的五十年，主要是准备并实施物理实验，以贝尔不等式为理论依据，以玻姆对 EPR 改进的方案为基础，采用半波片剖分“光子对”，使其沿两个通道传递，然后再汇聚各种实验设计，检验违背贝尔不等式的统计结果。

量子力学与经典力学不同，除了宏观与微观在尺度上的显著差别 (测量仪器相对于被测粒子是绝对大，测量产生的干扰无法避免，对于几乎是 10^{-30}m 尺度的景象，任何实验都无法给出描述)，主要还是量子力学本身的问题，其中为了数学的自洽得出的结果与为物理学的合理性而得出的结果并不完全一致，也是产生悖论的根源 (数学上，在希尔伯特空间中，波函数的无限维线性叠加使系统有了选择任意一种状态的可能性；物理上，测量只能有一种确定的结果；分歧在于是由系统本身还是由测量导致了该结果)。

爱因斯坦的质疑包括两部分：一是量子力学的非定域性，他并不是怀疑量子力学的主要理论 (波动方程) 的正确性，而是认为它不完备 (除了波函数，还需要增加新的未知变量，也就是通常所说的隐变量)；二是认为对单个粒子波函数的统计诠释与自然界的确定论相抵。但玻尔的哥本哈根学派坚持该诠释是完备的，完全正确，不允许修改，袒护到如此程度，实在令人费解！值得指出的是，被誉为上帝的鞭子、以严厉批评著称的泡利，在 1955 年悼念爱因斯坦逝世时，为纪念这位世纪伟人，在其新版的《相对论》序言中曾经说过：“*我认为相对论可以作为一个例子，用来证明一个基本的科学发现，尽管有时还要遭受到它的创始者的阻力，也会沿着它本身自发的途径，而进一步得到蓬勃的发展*”(W. 泡利. 相对论. 凌德洪，周万生译. 上海：上海科学技术出版社，1979)，后来广义相对论在宇宙学研究方面的发展证明泡利的评论的预见性 (当然，这个评论也适合于量子力学与哥本哈根学派, 包括玻尔在内)，爱因斯坦对引力场方程的严格解 (就是引力场方程发表一个月后的 1916 年初，史瓦西 (K. Schwarzschild) 在第一次世界大战苏德战区的战壕里得出的严格解) 能否反映物理世界的真实性，爱因斯坦一直持有深深的怀疑态度，延缓了他在世时已经出现的一些重大天文学发现的进展，这些发现，在 20 世纪 60 年代之后促进了天文学的迅速发展。

爱因斯坦也不看好狄拉克在相对论与量子理论结合方面的突出贡献 (特别是预言正电子的存在)，从未向诺贝尔奖委员会推荐过狄拉克，而是多次推荐其他量子力学的精英，如薛定谔、玻恩、德布罗意、泡利和海森伯等人。

科学发现的冠名权不是知识产权，科学发现是一片自由的天地，发现者不能设置壁垒、高墙或篱笆，世间伟人没有例外地将发现的冠名有意或无意地以各种方式等同于所有权，包括牛顿、爱因斯坦在内!

随着这些著名权威的离去，时光将淡化他们的影响，自由的学术思想或许有了更好的生态环境，学习量子力学之后，对那些不清楚的问题，提出质疑，抑或是像泡利所说的那样，是一个愚蠢的质疑，但能提出问题，也是进步，对一个问题产生怀疑，就有了研究的兴趣和动力。当然，质疑应该是严肃和认真的，是经过深入思考的结果。

10.1　张量积空间概述

上述被质疑的问题，都涉及双粒子物理系统，虽然前面也提到过，当时没有仔细论及。现在，需要对这类双粒子系统状态的基本特性，做一些扼要的补充说明。由于波函数描述了粒子的状态是态矢量，所以它的运算属于矢量空间或态空间 (考虑到 N 维或无穷维的情况，矢量空间就扩展成张量空间，前面一再指出，具有某种运算规则的体系 (或集合) 就是一种数学空间，表明运算是在什么条件下进行的；如果一种运算超出了已经规定的条件，需要补充新条件，那就必须扩充已有的空间，或者建立新的数学空间 (数学空间如此之多，就源于此))，考虑双粒子系统，粒子 (1) 属于矢量空间 ε_1，粒子 (2) 属于矢量空间 ε_2，它们的总系统自然是 $(1)+(2)$，这时对应的态空间 ε 就是两个矢量空间 ε_1 和 ε_2 的张量积：$\varepsilon = \varepsilon_1 \otimes \varepsilon_2$，对于波函数或态矢量，如果 $\psi_1 \in \varepsilon_1$, $\psi_2 \in \varepsilon_2$，则有 $\psi = \psi_1 \otimes \psi_2$，根据物理理论的确定性 (因果关系) 和量子世界的实在性 (客观测量)，可以对张量积空间 $\varepsilon = \varepsilon_1 \otimes \varepsilon_2$ 得出如下结果。

(1) $\varepsilon = \varepsilon_1 \otimes \varepsilon_2$ 就是 Kronecker 张量积，这里用张量积，理由是考虑两个态空间 ε_1 和 ε_2 的维度 N_1 与 N_2 并不一定相同，普通的两个矩阵可以相乘的条件不具备 (一个矩阵的行数与另一个矩阵的列数相等，相乘顺序不可交换)，令两个矩阵分

别为 $\boldsymbol{A}(a_{ij}) \in \boldsymbol{C}^{m\times n}$ 和 $\boldsymbol{B}(b_{ij}) \in \boldsymbol{C}^{k\times l}$，它们的张量积如下式所示，维度是 N_1N_2。

$$\boldsymbol{A}\otimes\boldsymbol{B} = \begin{bmatrix} a_{11}\boldsymbol{B} & a_{12}\boldsymbol{B} & \cdots & a_{1n}\boldsymbol{B} \\ a_{21}\boldsymbol{B} & a_{22}\boldsymbol{B} & \cdots & a_{2n}\boldsymbol{B} \\ \vdots & \vdots & & \vdots \\ a_{m1}\boldsymbol{B} & a_{m2}\boldsymbol{B} & \cdots & a_{mn}\boldsymbol{B} \end{bmatrix} \in \boldsymbol{C}^{mk\times nl} \tag{10-1}$$

如果 $\boldsymbol{A}$ 和 $\boldsymbol{B}$ 是矢量，那就简化为普通矢量乘法运算，乘积的矢量等于两个相乘矢量的分量之积 (这里需要的是张量空间的概念，并不需要熟悉具体运算)。

(2) 概率密度在双粒子系统，$\psi_1(\boldsymbol{r})$ 需要三个坐标变量 (x_1, y_1, z_1)，$\psi_2(\boldsymbol{r})$ 也需要三个坐标变量 (x_2, y_2, z_2)，那么双粒子系统就需要六个坐标变量，即 $\psi(\boldsymbol{r}_1, \boldsymbol{r}_2) = \psi(x_1, y_1, z_1; x_2, y_2, z_2) = \psi_{1\text{-}2}$，这时根据物理理论的确定性，特别是张量空间的特性 $\boldsymbol{\varepsilon} = \boldsymbol{\varepsilon}_1 \otimes \boldsymbol{\varepsilon}_2$，那就意味着 $|\psi_{1\text{-}2}\rangle = |\psi_1\rangle \otimes |\psi_2\rangle$，也可以简化表示为 $|\psi_{1\text{-}2}\rangle = |\psi_1\rangle|\psi_2\rangle$，其数学含义就是：两个随机过程的概率密度是独立的，因而可以确定，在矢量空间 $\boldsymbol{\varepsilon}_1$ 的 $\boldsymbol{r}_1$ 周围体积元 $\mathrm{d}^3\boldsymbol{r}_1 = \mathrm{d}x_1\mathrm{d}y_1\mathrm{d}z_1$ 发现粒子 (1) 的概率 P_1，同时，在矢量空间 $\boldsymbol{\varepsilon}_2$ 中，$\boldsymbol{r}_2$ 的邻域的体积元 $\mathrm{d}^3\boldsymbol{r}_2 = \mathrm{d}x_2\mathrm{d}y_2\mathrm{d}z_2$ 找到粒子 (2) 的概率 P_2，是各自独立的随机过程，二者之间没有关联，互不影响。对于双粒子系统，这个概率等于 $\mathrm{d}P(\boldsymbol{r}_1, \boldsymbol{r}_2) = C|\psi(\boldsymbol{r}_1, \boldsymbol{r}_2)|^2\mathrm{d}^3r_1\mathrm{d}^3r_2$，$C$ 为归一化常数，由总概率 $\int \mathrm{d}P(\boldsymbol{r}_1, \boldsymbol{r}_2) = 1$ 确定；双粒子系统的概率 $P_{1\text{-}2} = P_1 \cdot P_2$。如果存在关联，对于经典物理来说，那就是条件概率，即 $P_{1\text{-}2} = P(AB) = P(A)\cdot P(B|A)$。

(3) 相干性，由于态空间 $\boldsymbol{\varepsilon} = \boldsymbol{\varepsilon}_1 \otimes \boldsymbol{\varepsilon}_2$ 是双粒子系统的总的态空间，因此在其中发现粒子的概率应该是与态空间 $\boldsymbol{\varepsilon}$ 对应的概率幅 $\psi(\boldsymbol{r}_1, \boldsymbol{r}_2)$ 的模方，即 $|\psi_{1\text{-}2}|^2$，其中，$\psi_{1\text{-}2} = \psi(x_1, y_1, z_1; x_2, y_2, z_2)$。可以将总的波函数或态矢量表示成 ψ_1 和 ψ_2 的线性叠加：$\psi_{1\text{-}2} = k_1a_1\psi_1 + k_2a_2\psi_2$ (k_1 和 k_2 是比例系数，也可以设为 1)，这时，在张量空间 $\boldsymbol{E}$ 中，矢量空间 $\boldsymbol{\varepsilon}_1$ 的 $\boldsymbol{r}_1$ 周围体积元 $\mathrm{d}^3\boldsymbol{r}_1 = \mathrm{d}x_1\mathrm{d}y_1\mathrm{d}z_1$ 发现粒子 (1) 的概率，同时在矢量空间 $\boldsymbol{\varepsilon}_2$ 的 $\boldsymbol{r}_2$ 邻域体积元 $\mathrm{d}^3\boldsymbol{r}_2 = \mathrm{d}x_2\mathrm{d}y_2\mathrm{d}z_2$ 中，找到粒子 (2) 的概率，是 $|\psi_{1\text{-}2}|^2$，即 (k_1 和 k_2 可设为 1)

$$\begin{aligned} |\psi_{1\text{-}2}|^2 &= (a_1\psi_1 + a_2\psi_2)^2 \\ &= a_1^*a_1\psi_1^*\psi_1 + a_2^*a_2\psi_2^*\psi_2 + a_1^*\psi_1^*a_2\psi_2 + a_2^*\psi_2^*a_1\psi_1 \\ &= P_1 + P_2 + (a_1^*\psi_1^*a_2\psi_2 + a_2^*\psi_2^*a_1\psi_1) \end{aligned} \tag{10-2}$$

可以看出，$(a_1^*\psi_1^*a_2\psi_2 + a_2^*\psi_2^*a_1\psi_1)$ 就是相干项，在双缝一类的实验中，已经得到充分的显示，是一个熟悉的物理现象。

一般来说，粒子态有单态、纯态、混合态和张量态之分，单一粒子的状态属于单态。虽然波函数可以分解为各分量的线性叠加，由于各分量正交归一，因而不

存在相干现象。多粒子纯态意味着粒子态 ψ_k $(k=1,2,\cdots,n,\cdots)$ 的概率密度是 c_k^2 $(k=1,2,\cdots,n,\cdots)$，一一对应，不会出现相干项；而双粒子的混合态，态空间不能表达成 $\varepsilon=\varepsilon_1\otimes\varepsilon_2$。同样，波矢量自然也不能表达成 $|\psi_{1\text{-}2}\rangle=|\psi_1\rangle\otimes|\psi_2\rangle$，其结果就会出现彼此的互相作用与影响，无论距离远近，都是一样，如式 (10-2) 所示的情况。那么，张量态又如何呢？

现在，可以解释张量空间的意义了，两个子系统的张量积，特别是态矢量分解为子系统态矢量的张量积，表明对其中一个子系统的完备观测，不影响另一个子系统，无论它们过去有无相互作用，结果都是一样的；为了消除两个子系统之间可能有的相互作用 (如信息交互传递)，在测量时刻，使另一个子系统远离测量现场，这样对一个系统的测量，可以视另一个子系统不存在，自然不会对被测系统产生任何影响。

但是，理论上的断言，需要实验检验其真伪，看似合理的论断，却由于 1925 年发现电子 (包括正电子、质子、中子、中微子、μ 子、超子) 的自旋遭到质疑，实验表明：自旋量子数 s 是 $\pm\frac{1}{2}$ 的一对粒子，如果测量 A 的自旋量子数是 $+\frac{1}{2}$，那另一个 B 的自旋量子数一定是 $-\frac{1}{2}$，换句话说，如果 A 的自旋是向上的，那 B 的自旋一定向下的 (现在称作 EPR 粒子)。如何解释与上面的张量积空间的论断不一致，甚至是矛盾，就是从 1935 年开始至今，已经成为量子力学理论与实验的重要内容之一，也是本文需要论述的原因。对于前面提到的四个质疑，需要更有说服力的实验，下面介绍典型的实验及其理论根据。

10.2　回答质疑的实验

当前，已有的实验方案依据是：采用极化的双光子对，通过分光镜分路传输，再由半透镜汇聚，然后显示和分析其结果。既然薛定谔方程的解 (波函数) 描述了粒子的行为，那么反过来，粒子在实验中就代替了波函数 (态矢量)。对粒子行为的对比分析，就等同于对波函数的对比分析，为了避免光子对彼此的相互作用和影响，既远距离相隔，又采取物理学家惠勒建议的延迟选择方式，也就是在这边开始实验之后，那边随机地延迟一段时间，再设置远端信道 (也就是在图 10-1(b) 中，半透镜 2 相对于半透镜 1，延迟一个 Δt 之后再放入)，既不影响路径 2 中光子的传输，又避免远端实验操作可能泄漏的反馈信息造成的影响 (能够设想的一切相互作用都已排除)，从而保证了实验设计的因果顺序；而实验结果如果出现因果顺序的倒置，那就需要提供新的看法、新的观点甚至新的理论进行解释。但是，延迟选择仍然是一种测量行为，不可避免地引起状态的改变，这是需要深入研究的问题，因为任何形式的操作、甚至信息的泄漏都会引起系统的坍缩。

这种延迟选择或延迟相遇实验的基本原理如图 10-1 所示 (典型的 Wheeler 模式)，已经是广泛采用的实验设计模式。不过这类双光子束实验，似乎并没有直接与波函数联系起来，不需要波函数的概念，知道波粒二象性，也可以进行这类实验，此外，是否一定采取远距离实验方式，那也未必。采用势阱囚禁和电磁屏蔽隔离，是否可以代替远距离相隔离实验，也值得探索。

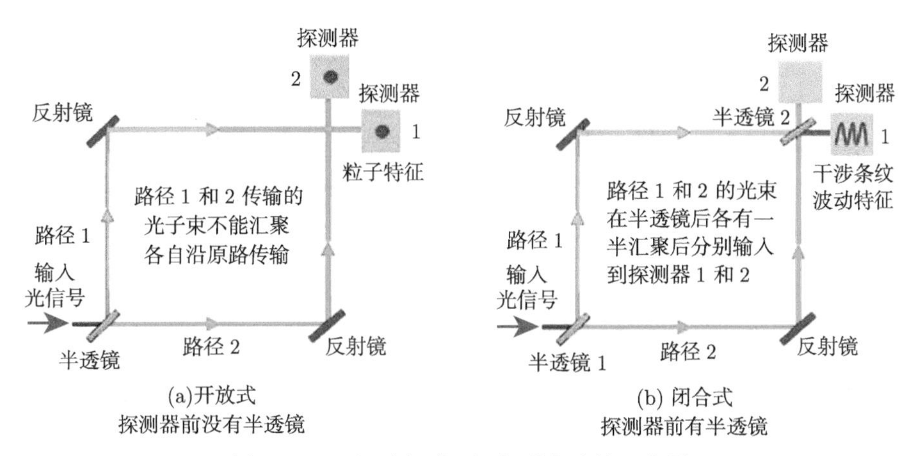

图 10-1 延迟选择或延迟相遇实验的示意图

(a) 输入光信号经过半透镜，分互为正交的两路传播，再经反射镜和半透镜到达探测器，显示光点，呈现粒子特性；(b) 在探测器出现光波的干涉条纹，呈现波动特性；在输入光信号沿路径 1 传输之后，经过一段时间，再在路径 2 放置反射镜和半透镜，排除了路径 2 的设置信号的泄漏和反馈信息对路径 1 的影响

10.3 波函数的物理本质是什么？

在第 3 讲中，对波函数的基本特性在希尔波特空间中进行了描述，更具体地说，就是在矢量空间中的叠加表示，由概率幅的模方，引出了现在值得质疑的问题，其中之一就是：波函数有没有物理意义？如果只是它的模方，即概率密度，只起到计算粒子在某处出现的概率的作用，而它本身没有物理意义，岂不是如同无源之水，无本之木？

波函数到底是什么？谁见过它是什么样子？实验中光子代替波函数的理由充分吗？波与粒子叠加是什么意思？

为什么会出现对波函数的质疑？其实还有一个鲜为人知，或者避而不谈的原因，那就是 1925 年，薛定谔方程的建立，引起海森伯的极大不满，他认为波函数无用，甚至波动方程也令人极度讨厌，即使薛定谔本人，以及狄拉克、泡利陆续证明矩阵力学与波动力学是等价的，也难以平复海森伯的怒气。波动方程是在能量守恒定律的基础上建立的，波函数的离散解，与玻尔的氢原子模型，以及实验结果一致，难以否定，光的波动性由麦克斯韦方程描述，粒子性由光电效应的爱因斯坦方程描述和实验证实，它的波粒二象性则由薛定谔方程联系起来。海森伯作为哥本哈根学派的核心成员，退而求其次，只好承认波函数模方的概率诠释，否定波函数作为物质波的重要价值 (这里物质波是指，它描述的是物理学中客体的实际性质，由薛定谔方程的解 —— 波函数，如果不能反映对应客体的物理性质，那是非常奇怪的，或者说，今日需要特别通过实验验证波函数的物质波属性，的确也是物理学中的奇怪事件)。

当前，用光子代替波函数的实验，就意味着波函数是物质波，而要研究波函数，应当是根据薛定谔方程得出的波函数能否预测某种物理现象或演化规律，并经由实验检验。不过，值得欣慰的是，就当今流行的、涉及波粒二象性的实验，我国的物理学家也开始取得新的进展，下面介绍朱智涵–史保森和龙桂鲁各自的研究组，通过实验显示了波函数的物理本质，印证了物质波的特性，下面分别作概括的介绍。

1. 龙桂鲁研究组的实验方案

基本思路已如上所述，图 10-1 是光路流程图，具体实验的硬件搭接如图 10-2 所示，实验的主要结果如下。

(1) 波函数描述了量子客体的真实存在，与刚性粒子不同，在传输中很难可视化，而其特性却可以借助图像显示。

(2) 与经典波类似，量子波既可以分解为子波的线性叠加，又可以重构恢复原波，测量时坍缩，显示粒子特性。但是，与经典波相比，不同在于，坍缩是整体性的，在空间弥散的量子点如同量子云 (概率密度分布)，瞬间坍缩成一个点。

(3) 分开在两个通道传输的子波，都包含了量子客体的全部属性，坍缩时显示出相同的特性，如自旋、质量等；检测之前，全部是波状，检测之时，瞬间坍缩，同

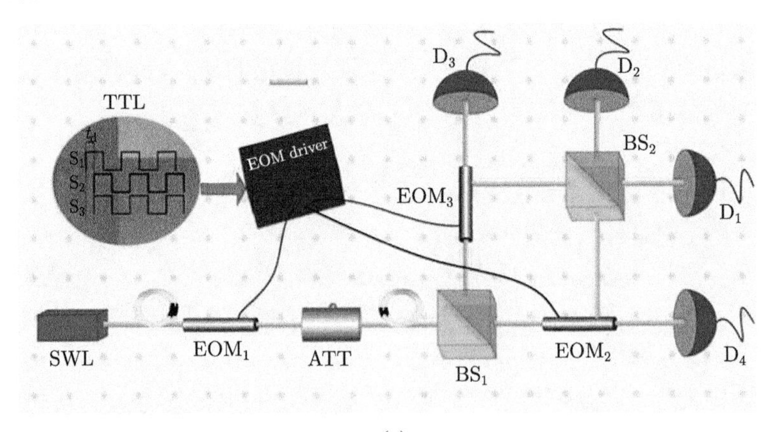

(a)

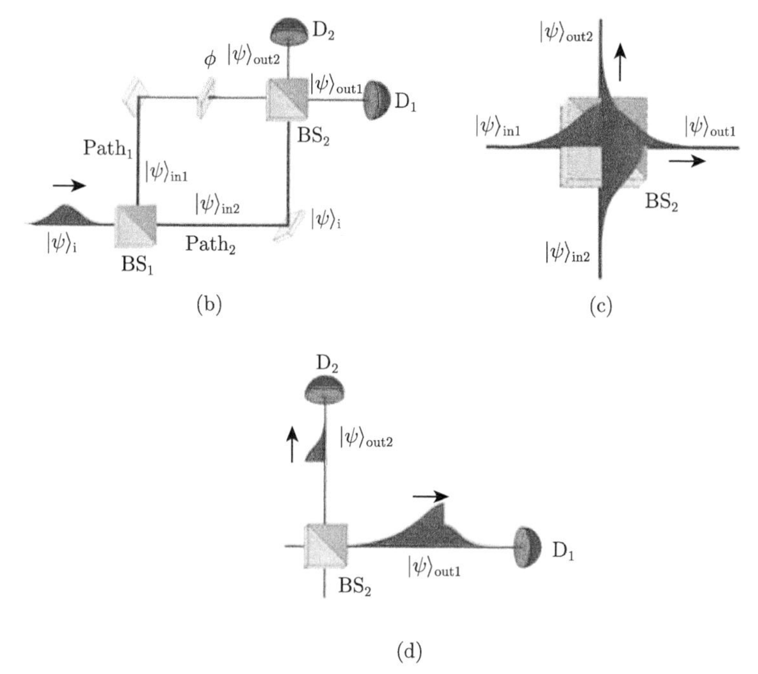

图 10-2　两路光信号延迟选择相遇实验

SWL 表示单波长激光，EOM driver 是光电调制器，ATT 是光衰减器，BS：光束分离器，D：单光子检测器，TTL：控制方波信号，ϕ 是相移器。单光子信号由 $\mathrm{ECO_1}$ 的脉冲信号产生 (来之于 780nm、线宽 600KHz 的激光连续波)，输入和输出光束按 50/50 被传输和反射，方波 $\mathrm{S_2}$ 和 $\mathrm{S_3}$ 分别加到 $\mathrm{EOM_3}$，作为控制器插入第二个光束分离器，引导子波到不同的信道，$\mathrm{S_2}$，$\mathrm{S_3}$ 同相位，t_d 是 $\mathrm{S_1}$ 和 $\mathrm{S_2}$、$\mathrm{S_3}$ 之间的时差。(a) 总体图；(b) 波函数光束对半分路传输图；(c) 波函数光束剖分为 1/4 和 3/4；(d) 波函数光束的 1/4 垂直向上进入 $\mathrm{D_2}$，3/4 水平向右进入 $\mathrm{D_1}$(半波片的插入时间由脉冲方波信号控制器实时控制)

时引起检测器响应，表现出粒子特性。当两个子波相遇时，通过插入分束器，一路子波出现干涉，另一路子波不干涉，从而同时各自表现出波的特性和粒子的本质。

有兴趣的读者，可以查看参考文献列出的原文。

2. 朱智涵–史保森课题组的实验方案

如图 10-3 所示，这个双光子实验方案的主要特点是：利用空间调制的螺旋双缝降低光速，以便在不同长度的传输光缆中实现时间的不同延迟，从而可以对所得不同结果进行比较。实验显示：在螺旋双缝实验中，利用光子轨道角动量的自由度来标记双缝，使得从双缝到后置分光器 (半波片，在实验中代替显示屏的作用) 的这一段距离能够识别来自不同缝隙、在不同时间到达的光子，以及所需的飞行时间，它与测量到时不一致，但与波函数预测的传播到时一致，由此证实，波函数描述了量子实体进入双缝之后的真实存在和演化，而不是只提供测量结果概率表的纯数学抽象，因而有助于澄清长期以来对波函数的作用，及其在量子实体演化过程中出现坍缩现象的误解。

详情可参阅书后的相关文献。

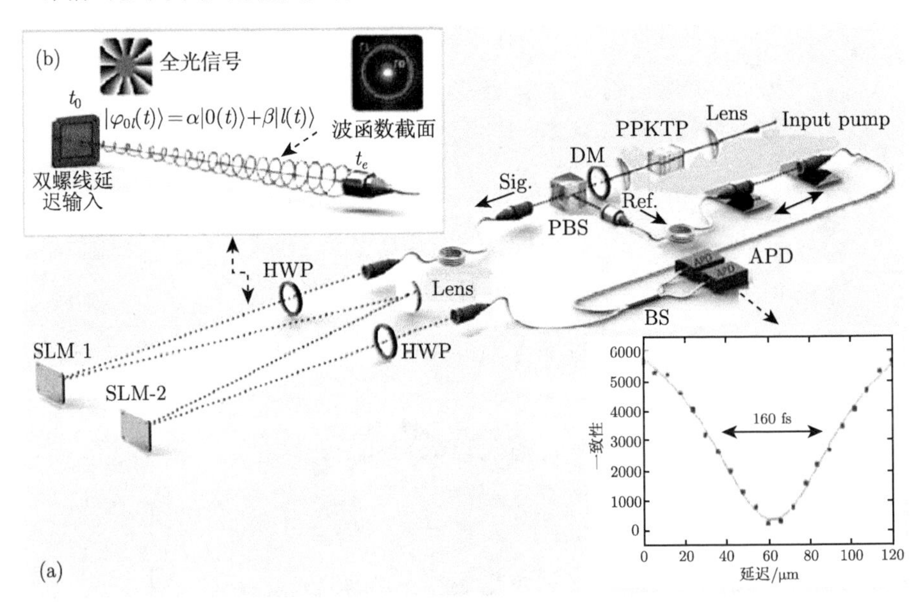

图 10-3　光子螺旋式传输的双缝实验

(a) 实验装置，周期性极化的钛氧基磷酸钾晶体 (PPKTP)，对输入的紫光在 795 nm 处产生简并的正交极化光子对。然后，通过分色镜 (DM) 和偏振分束器 (PBS) 将光子对注入到两个单模光纤中：一个光子用作穿过参考 (Ref.) 路径的导引光子，该路径包含一个光纤链路和可调的气隙；另一个光子被引导到两个 SLM (空间光调制器) 组成的自由空间链路中，然后被回传入光纤并用作信号 (Sig.)，其中两个半波片 (HWP) 用于匹配 SLM 的最大效率；这两个 SLM 提供不同的传输距离。最后，信号和参考臂光束通过分束器 (BS) 连接，再导入两个单光子雪崩光电二极管 (APD) 中以执行一致性测量。(b) 显示了通过螺旋式传输的光子双缝示意图。叠加状态 $|\varphi_{0l}(t)\rangle=\alpha|0(t)\rangle+\beta|l(t)\rangle$ 由 SLM 转换之后，分路为 $\alpha|0(t)\rangle$ 和 $\beta|l(t)\rangle$，参考信号是 $|\psi_0(t)\rangle$，二者在耦合透镜中相遇，相隔时间是 (t_0-t_c)，也就是坍缩之前光子传播的“历史”，每种模式下光子的概率 (MWC) 取决于全息图中高斯区域的半径和入射光束束腰的粗细

10.4　态矢量叠加特性的不确定性 (薛定谔猫态) 如何理解？

在波函数篇中，曾提到过薛定谔猫态的悖论，设想在一个孤立的、不透明的封闭箱内，放进一只健康的活猫和放射性原子 (镭)，它具有激发态 $|\uparrow\rangle$ 和基态 $|\downarrow\rangle$ 两种状态，当原子在激发态时，不放射，从激发态跃迁到基态时，放射粒子，盖革计数器计数并触动执行机构动作，打碎毒气瓶，将猫毒死。因此，激发态 $|\uparrow\rangle$ 时猫是活的，基态 $|\downarrow\rangle$ 时猫被毒死，那么在叠加态就有如下状态：

$$|\psi\rangle=c_1|\uparrow\rangle|\text{活猫}\rangle+c_2|\downarrow\rangle|\text{死猫}\rangle,\quad c_1^2+c_2^2=1\ (\text{权重归一化})$$

在一般情况下，令原子的两种态的概率相等，即 $c_1^2 = c_2^2 = 1/2$，测量原子的放射性或者计数状态而不打开不透明的实验箱子，人们仅依据概率密度无法断定猫是死是活，这就出现猫的不死不活、半死半活的状态，既违背常理，也违背直觉，在宏观世界中，猫的状态只有一种：死的或是活的，二者必居其一。双粒子 (粒子对) 也有这样的纠缠态，只是情况更复杂一些。

上述设想的实验涉及宏观测量系统与微观粒子之间的纠缠，实验结果并不显示二者之间的纠缠态，这是为什么？哥本哈根学派的观点是量子力学不适合宏观系统，反对派的观点认为量子力学是不完备的，因为粒子态的叠加和概率密度完全兼容，那么粒子态之间的纠缠 (如猫态) 就一定存在，需要有物理上合理的解释。前面说过，自洽的不一定是合理的 (仅就态的叠加观点而言，猫的死态和活态并不完全，还有非死非活，或似死似活的态，这样才算是自洽，显然并不合理)。实际上，牵涉到测量 (获得信息)，概率诠释 (叠加态中子系统的权重) 和相干问题 (波粒二象性)，对于原始的猫态，薛定谔主要是诘难哥本哈根学派的概率诠释 (他根据 EPR 的论点，悟出了其中隐含了态的纠缠思想 (参见附录 B))，并不想涉及其他问题，根据波函数的叠加特性，有如下关系：

$$\psi(\boldsymbol{r}, t_0) = \sum_i c_i \psi_i(\boldsymbol{r}), \quad p_a = \frac{|c_a|^2}{\sum\limits_i |c_i|^2}$$

t_0 是起始时间，p_a 是态的概率密度，已假定放射性元素镭是否 (同时) 衰变各占 50%，即 $c_1^2 = c_2^2 = 1/2$，根据式 (9-25)

$$\begin{aligned}
|\psi_{1\text{-}2}|^2 &= (a_1\psi_1 + a_2\psi_2)^2 \\
&= a_1^* a_1 \psi_1^* \psi_1 + a_2^* a_2 \psi_2^* \psi_2 + a_1^* \psi_1^* a_2 \psi_2 + a_2^* \psi_2^* a_1 \psi_1 \\
&= P_1 + P_2 + (a_1^* \psi_1^* a_2 \psi_2 + a_2^* \psi_2^* a_1 \psi_1)
\end{aligned}$$

如果 $P_1 = P_2 = 1/2$, 而 $|\psi_{1\text{-}2}|^2 = 1$，那就意味着没有相干项 ($\psi_1$ 与 ψ_2 正交)

$$a_1^* \psi_1^* a_2 \psi_2 + a_2^* \psi_2^* a_1 \psi_1 = 0$$

现在，对这个问题，给出一个极为简单直观的说明，如图 10-4 所示，在直角三角形中，$a = b$，在希尔伯特空间，由于 a 与 b 正交，因而有

$$(a+b)^2 = a \cdot a + b \cdot b + 2a \cdot b = a^2 + b^2, \quad 2a \cdot b = 2ab\cos\theta = 2ab\cos(\pi/2) = 0$$

显然，$|\psi_c|^2 = |\psi_a + \psi_b|^2 = |\psi_a|^2 + |\psi_b|^2 + 2|\psi_a \cdot \psi_b| = |\psi_a|^2 + |\psi_b|^2$，其中因为波函数的正交特性，如同 $2a \cdot b = 2ab\cos(\pi/2) = 0$，使得 $2|\psi_a \cdot \psi_b| = 0$，因而有概率

密度的关系式：$\rho_c = \rho_a + \rho_b$，相应于 $P_1 = P_2 = 1/2$，这就是波函数统计诠释的基本内容。

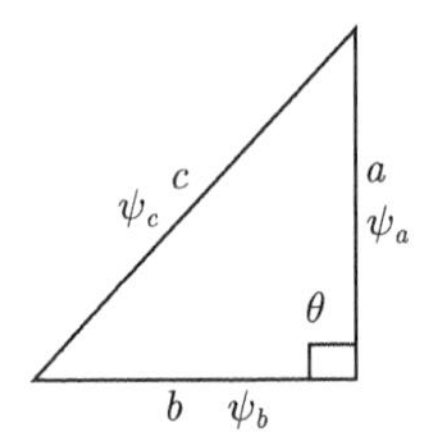

图 10-4 波函数正交特性的简易图示及说明

在希尔伯特空间，正交就是内积运算，因为 $a \perp b$，所以有 $a \cdot b = 2ab\cos\theta = 2ab\cos(\pi/2) = 0$，波函数的正交性与此相同

由此可知，猫态并不显示相干现象，猫必然处于死活各半的纠缠态 (叠加态表示概率上可能的状态，是可能性的叠加，而不是状态本身的叠加)，请注意，(同时的) 等概率性是纠缠的根源。现在，这个猫态悖论又重新引起物理学家极大的兴趣，犹如理论物理学青铜时期的一座金矿，正在竞相研究，提出了不同的试验方案和解释，也就是用等概率的双粒子系统或单粒子双态系统代替薛定谔设想实验中的镭元素和猫，实现粒子的纠缠，比如上下、左右等相反方向的自旋、振动等，既然是等概率，双态的纠缠就是必然的，实验具有新意，但在基本概念上并没有创新。

如果宏观系统和微观系统之间没有纠缠，或者猫态中存在有计数器进行测量，影响了系统的状态，不属于真正的粒子纠缠；那么微观粒子之间是否存在纠缠呢？

在*Nature*、*Science* 和*Phys. Rev. Lett.* 期刊上，近年来刊登了许多这类实验，其中有美国国家标准和技术研究所的莱布弗里特等的实验，将铍离子在相隔若干微米的距离上“固定”在电磁场阱中，用激光使铍离子冷却到接近绝对零度，使 6 个铍离子在 50μs 内同时顺时针和逆时针自旋，实现了两种相反量子态的等量叠加纠缠，也就是“薛定谔猫”态。奥地利因斯布鲁克大学的研究人员，在 8 个离子的系统中实现了“薛定谔猫”态，不过维持时间稍短。

在新近的研究中，要属英国格拉斯哥大学的实验具有特点，物理学家 P. A. 莫罗 (Paul-Antoine Moreau) 的研究组，通过拍照显示粒子的纠缠态 (研究论文发表于 2018 年的期刊*Science Advances*)，而 1982 年阿兰 · 阿斯佩克特的经典实验，则是对光量子计数。P. A. 莫罗的这项实验也是按照延迟选择方案设计的，如图 10-5 所示，一个紫外光子通过了偏硼酸钡 (BBO) 晶体后，变成了一对相互纠缠的红光光子。它们通过分束器 (BS) 后分，分别沿着两条光路传播。其中，光子 A 穿过空间光调制器 (SLM-1) 改变相位信息，经单模光纤收集后传入单光子探测器 (SPAD)，被探测的信号即刻传送至特制的数码相机 (ICCD)，触发相机拍摄照片 (这是一台超灵敏的照相机，能够探测单个光子)；相机具有触发延迟功能，利用这段延时，可以设计第二条光路的精确延迟时间，从而确保通过空间光调制器 (SLM-2) 后的第二个光子，经过准确的延迟后，到达相机的时间与相机拍照的瞬间同步。这样与光子 A 纠缠的光子 B 刚好被照相机拍到。由于处在纠缠的状态，一个光子的相位改变也会使另一个光子发生相应变化, 大量光子叠加得到的指环状图案表明，光子之间确实存在一致的相位变化。问题是照相机即使延迟拍照、提前打开都属于对系统的操作引起状态的改变，如何理解这个问题，可以说是一种挑战!

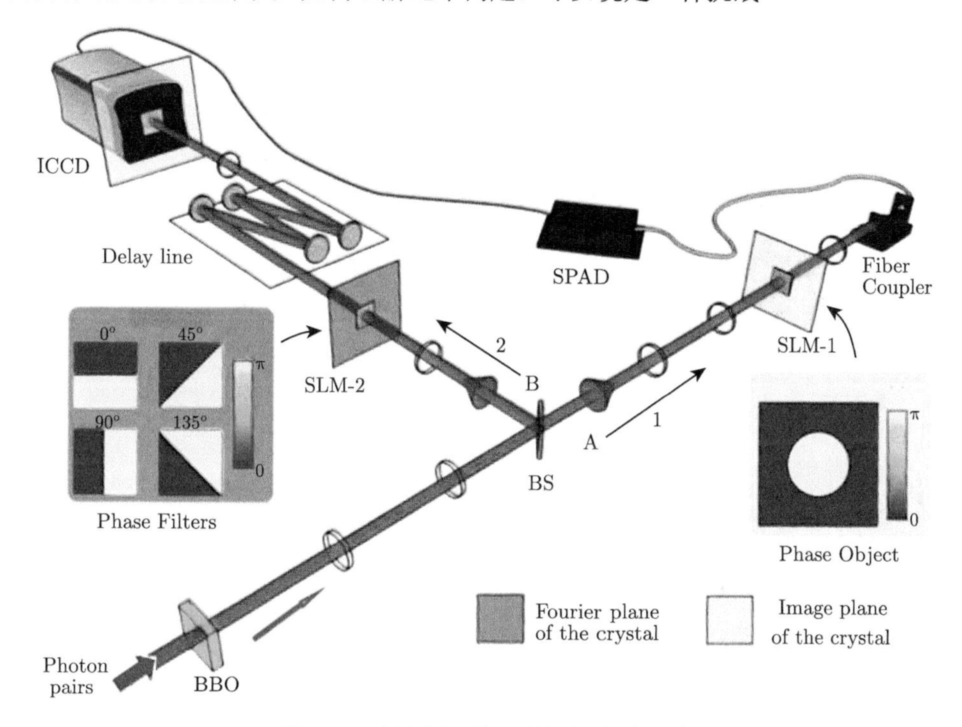

图 10-5 拍照显示粒子的纠缠态的实验

输入的一对光子通过 BBO 晶体后，被分束器 (BS) 分离，分别沿着两条光纤传播，其中一个光子 A 经过空间光调制器 (SLM-1，如箭头 1 所示)，被光纤耦合器收集后，传送到单光子探测器 (SPAD)；沿另一条光纤传播的光子 B 经过分束器反射后 (如箭头 2 所示) 进入傅里叶平面空间光调制器的 SLM-2，然后再通过一段 20m 长的延迟线 (delay line)，最终被增强型电荷耦合检测器 (ICCD) 相机检测到

他们还设计了一个系统，让大量的纠缠光子显示在液晶材料上，液晶材料在光子通过时可以记录下来形成图像，从而这证明量子纠缠的确是存在的, 如图 10-6 所示。图中，黑色中间线的角度体现了光子的相位信息，实验中共拍摄到了四幅这样的图像，角度各不相同，体现的是四种不同的相位。将图 (b) 放大如图 (c)，可以清楚地看到，这张极像指环的黑白图像，并非是两路处于纠缠态的光子，而是其中一路光子的分布图像。在另一路纠缠光子的远程影响下，图像呈现为一分为二的指环状，表明两路光子的状态改变是一致的。

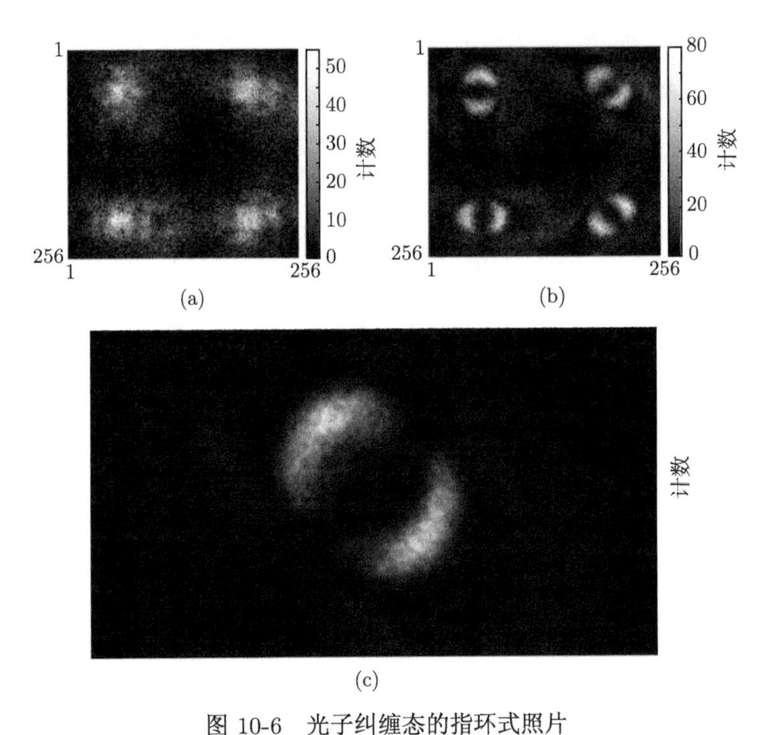

图 10-6 光子纠缠态的指环式照片

(c) 放大的光子对纠缠态的指环形状照片，实验得到的贝尔不等式相关参数 $S = 2.443$ (最大的量子纠缠是 2.82)，这无疑说明，量子纠缠是真实存在的

这里顺便指出，纠缠是指一个粒子对应于两个不相容的状态，而不是两个粒子对应于两个状态，或各自分别对应于一种状态，薛定谔猫态，如前面曾经提到的，可以表示为

$$|\psi\rangle_{\text{cat}} = c_1|\uparrow\rangle|\text{ 活猫 }\rangle + c_2|\downarrow\rangle|\text{ 死猫 }\rangle, \quad c_1^2 + c_2^2 = 1\ (\text{权重归一化})$$

而双光子的纠缠态可以表示为

$$|\psi\rangle_{\text{photon}} = c_1|-1\rangle_1|+1\rangle_2 + c_2|+1\rangle_1|-1\rangle_2, \quad c_1^2 + c_2^2 = 1$$

这两个态矢量的表示式完全一样，如果将一个光子的自旋双态对应于放射原子镭的双态，另一个光子的自旋双态对应于猫的双态，这两种情况可以看成是等价的。

10.5 量子纠缠的非局域性 (贝尔不等式验证结果) 真实存在吗？

在 EPR 论文发表之后，几乎在长达十五年内，没有引起实验物理学家的关注，该文难于理解是一个原因 (EPR 的中心论点是：如果将一对纠缠态的粒子 A 和 B

分别置于地球和月球之上，由于它们的自旋相反，若对地球上 A 的测量结果是自旋向上的，那月球上 B 的自旋一定是自旋向下的 (如果进行多次测量，二者一定是一一对应的、互反的随机序列)，这种超光速的鬼魅般的远距离相关是由量子力学对粒子状态描述的不完备造成的，因果有序和光速为极限速度，构成了确定性的、局域性的物理世界；但是哥本哈根学派则认为量子世界是非局域的、随机性的)，另一个原因是进行实验有相当大的难度，直到 1952 年，情况才有了转机，玻姆提出用光子对进行 EPR 实验，这就降低了实验的难度。即使这样，仍然无人问津，原因是早在 1932 年，冯 · 诺依曼 (J. von Neumann) 在他的著作《量子力学的数学基础》中，从数学上否定了隐变量存在的可能性，这位在科学界声誉正隆、成果累累的大师级权威，给出了这样一个否定的结论，力挺玻尔的哥本哈根学派自然使欲想探索者望而却步！几乎又过了十五年，贝尔出场了，他供职于欧洲核子研究中心，从事粒子加速器的设计，业余爱好是钻研量子力学，他仔细研究了冯 · 诺依曼有关 “隐变量不可能性证明” 的工作后，找出了其中在数学和物理的交接之处的漏洞 (第 2 讲曾经提到这个问题)，就是 “被观测量的加权平均之和等于被观测量各自平均值之和” 是不对的。例如，一个班级的学生，如果平均身高 1.65m，只有在等权重的情况下，才可以认为每个学生的身高都是 1.65m，这是一个浅显易懂的失误。格雷特 · 赫尔曼 (Grete Hermann，1901~1984 年) 是著名数学家艾米诺特 (Emmy Noether) 在哥根廷大学的第一个学生。她早期对量子力学的数学哲学基础作了重要的贡献。1935 年，格雷特在一篇文章中提出对冯 · 诺依曼有关 “隐变量不可能性证明” 的驳斥。但遗憾的是，此文长期被忽略，直到 1974 年，文章发表将近四十年后，格雷特的原文才被另一个数学家 Max Jammer 发掘出来，类似地，如群论创立者伽罗华的遭遇。贝尔在研究 EPR 悖论时，正好遇到被测量的平均值问题，他不畏权威、顽强探索，终于提出了贝尔不等式，为判定量子力学的旷世之争做出卓越贡献。

贝尔不等式就是他的原文的公式 (15)，而量子力学服从的是原文的公式 (3) (参见书中附录 A)，分别是 $1+P(\boldsymbol{b},\boldsymbol{c}) \geqslant |P(\boldsymbol{a},\boldsymbol{b})-P(\boldsymbol{a},\boldsymbol{c})|$ 和 $\langle\boldsymbol{\sigma}_1\boldsymbol{a}\boldsymbol{\sigma}_2\boldsymbol{b}\rangle=-\boldsymbol{a}\boldsymbol{b}$，由于 $\langle\boldsymbol{\sigma}_1\boldsymbol{a}\boldsymbol{\sigma}_2\boldsymbol{b}\rangle$ 就是 $\boldsymbol{a}$ 和 $\boldsymbol{b}$ 的均值，因此该公式可以写成 $P(\boldsymbol{a},\boldsymbol{b})=-\boldsymbol{a}\boldsymbol{b}$。现在把这两个公式汇总如下：

$$|P(\boldsymbol{a},\boldsymbol{b})-P(\boldsymbol{a},\boldsymbol{c})| \leqslant 1+P(\boldsymbol{b},\boldsymbol{c}) \tag{10-3}$$

$$P(\boldsymbol{a},\boldsymbol{b})=-\boldsymbol{a}\cdot\boldsymbol{b} \tag{10-4}$$

有时候贝尔不等式写成 $|P_{xy}-P_{xz}| \leqslant 1+P_{yz}$，该表示方式的模糊之处在于，测量轴就是坐标轴。其实，贝尔不等式的核心正是测量轴不必与坐标轴重合，如图 10-7 所示，可以任选，这是为什么？

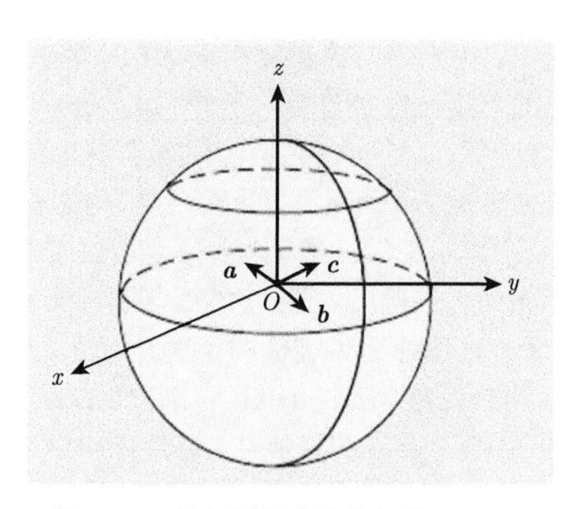

图 10-7　贝尔不等式的基矢量 $\boldsymbol{a}$、$\boldsymbol{b}$、$\boldsymbol{c}$

在进行测量时，它们不必与坐标轴重合，可以任意设定

如果 $\boldsymbol{a}$、$\boldsymbol{b}$、$\boldsymbol{c}$ 处于一个平面内，三者之间的夹角分别为 θ_{ab}，θ_{ac} 和 θ_{cb}，贝尔不等式可以表示成 $\sin^2\left(\dfrac{\theta_{ab}}{2}\right) \leqslant \sin^2\left(\dfrac{\theta_{ac}}{2}\right) + \sin^2\left(\dfrac{\theta_{cb}}{2}\right)$，设 $\theta_{ab} = 2\theta$，$\theta_{ac} = \theta_{cb} = \theta = \dfrac{\pi}{2}$，就会出现 $0.500 \leqslant 0.292$，意味着贝尔不等式不成立。

根据公式 $P(\boldsymbol{a},\boldsymbol{b}) = -\boldsymbol{a}\cdot\boldsymbol{b}$，对于测量电子 $\boldsymbol{a}$ 和正电子 $\boldsymbol{b}$ 的自旋 (或光子的偏振)，在笛卡儿坐标系中，若二者的方向相同，结果就是一正一负，相关系数为 -1。如果是垂直，相关系数为零，符合下述公式：

$$\left.\begin{aligned} &P(\boldsymbol{a},\boldsymbol{a}) = -P(\boldsymbol{a},-\boldsymbol{a}) = -1 \\ &P(\boldsymbol{a},\boldsymbol{b}) = 0, \quad \boldsymbol{a}\cdot\boldsymbol{b} = 0 \end{aligned}\right\} \tag{10-5}$$

经典力学也符合上述结果，与量子力学的区别在哪里？

贝尔不等式给出了回答，当电子 $\boldsymbol{a}(\mathrm{e}^-)$ 和正电子 $\boldsymbol{b}(\mathrm{e}^+)$ 的测轴间的夹角 θ 既不是零，也不是 $\pi/2$ 时 (既不平行，也不垂直)，二者的区别出现了：经典力学的相关系数 $\mathrm{Corr} = P(\boldsymbol{a},\boldsymbol{b}) = -1 + \dfrac{2}{\pi}\theta$，量子力学则是 $\mathrm{Corr} = \cos\theta$；如果选择 $\boldsymbol{a}$ 为正北方向，$\boldsymbol{b}$ 在东北 $\pi/3$，而 $\boldsymbol{c}$ 在西北 $\pi/3$，对应的相关系数，经典力学是 1，即 $\mathrm{Corr}(\boldsymbol{b},\boldsymbol{c}) = -\mathrm{Corr}(\boldsymbol{b},\boldsymbol{a}) = -\mathrm{Corr}(\boldsymbol{a},\boldsymbol{c}) = 1$，量子力学则是 3/2 (也可以设定各为 $\pi/4$ 的四个方向的 CHSH(克劳瑟、霍恩、西莫尼、霍尔特) 不等式；或为 CH 方案，实验难度有所降低，不用电子，而用光子)。

从 20 世纪 70 年代 ~80 年代，进行了许多实验，证明贝尔不等式的正确性，典型的是 1980 年 A. Aspect 的实验，然后是 20 世纪 90 年代末期，Weihs 和 Zeilinger 的实验，采用非线性晶体使蓝色激光光子转化为一对红光光子，大幅降低了信噪比 (A 与 B 的间隔距离已达几百米)，Zeilinger 的博士生潘建伟，回到中国科技大学继续改进实验细节，据*Science* 2017 年的报道，两个红光光子相隔距离已达上千千米，成为世界第一。

贝尔不等式不成立，意味着什么？

由于贝尔不等式有三个基矢量 $\boldsymbol{a}$、$\boldsymbol{b}$ 和 $\boldsymbol{c}$，每一个基矢量有两个状态，共有八种组态，可以代表三维空间中三对电子自旋的八种组态或光子的八种偏振，依照定域现实性和隐变量理论，可以预先确定预测这八种组态，不等式也可以由此得出。表 10-1 中，布居数通常表示原子核外层电子的数目、分布位置和相应的能态，也可以扩展它的含义，例如，此处可以表示对应于不同状态的、被测试 1 类和 2 类粒子各自的数目，所谓 1 类、2 类粒子就是指一对自旋纠缠态的粒子，即

$$|\psi\rangle = \frac{1}{\sqrt{2}}(|\uparrow\rangle|\downarrow\rangle - |\downarrow\rangle|\uparrow\rangle) = \frac{1}{\sqrt{2}}(|+\rangle|-\rangle - |-\rangle|+\rangle) \tag{10-6}$$

表 10-1 根据确定性预测粒子匹配的自旋态

序数	布居数	粒子 1 的状态	粒子 2 的状态
1	$N1$	$(\hat{a}+, \hat{b}+, \hat{c}+)$	$(\hat{a}-, \hat{b}-, \hat{c}-)$
2	$N2$	$(\hat{a}+, \hat{b}+, \hat{c}-)$	$(\hat{a}-, \hat{b}-, \hat{c}+)$
3	$N3$	$(\hat{a}+, \hat{b}-, \hat{c}+)$	$(\hat{a}-, \hat{b}+, \hat{c}-)$
4	$N4$	$(\hat{a}+, \hat{b}-, \hat{c}-)$	$(\hat{a}-, \hat{b}+, \hat{c}+)$
5	$N5$	$(\hat{a}-, \hat{b}+, \hat{c}+)$	$(\hat{a}+, \hat{b}-, \hat{c}-)$
6	$N6$	$(\hat{a}-, \hat{b}+, \hat{c}-)$	$(\hat{a}+, \hat{b}-, \hat{c}+)$
7	$N7$	$(\hat{a}-, \hat{b}-, \hat{c}+)$	$(\hat{a}+, \hat{b}+, \hat{c}-)$
8	$N8$	$(\hat{a}-, \hat{b}-, \hat{c}-)$	$(\hat{a}+, \hat{b}+, \hat{c}+)$

事先给出预测，如表 10-1 所示，符合爱因斯坦的规定，就是"有一个假设我们应当绝对遵守，即系统 S_2 的真实情况与系统 S_1 作了什么无关，它与前者在空间上是分开的"。由表 10-1 非常容易得出如下关系：

$$P(\hat{\boldsymbol{a}}+;\hat{\boldsymbol{b}}+) = \frac{N_3+N_4}{\sum\limits_{i=1}^{8} N_i},\quad P(\hat{\boldsymbol{a}}+;\hat{\boldsymbol{c}}+) = \frac{N_2+N_4}{\sum\limits_{i=1}^{8} N_i};\quad P(\hat{\boldsymbol{c}}+;\hat{\boldsymbol{b}}+) = \frac{N_3+N_7}{\sum\limits_{i=1}^{8} N_i}$$

或者有

$$\begin{aligned} P(\hat{\boldsymbol{a}}+;\hat{\boldsymbol{c}}+) + P(\hat{\boldsymbol{c}}+;\hat{\boldsymbol{b}}+) &= \frac{N_2+N_4}{\sum\limits_{i=1}^{8} N_i} + \frac{N_3+N_7}{\sum\limits_{i=1}^{8} N_i} = \frac{N_2+N_4+N_3+N_7}{\sum\limits_{i=1}^{8} N_i} \\ &\geqslant \frac{N_3+N_4}{\sum\limits_{i=1}^{8} N_i} = P(\hat{\boldsymbol{a}}+;\hat{\boldsymbol{b}}+) \end{aligned}$$

由此得贝尔不等式的另一种形式：$P(\hat{\boldsymbol{a}}+;\hat{\boldsymbol{c}}+)+P(\hat{\boldsymbol{c}}+;\hat{\boldsymbol{b}}+)\geqslant P(\hat{\boldsymbol{a}}+;\hat{\boldsymbol{b}}+)$，注意，它是按照爱因斯坦测量的客观性和局域性实在性得出的，它所给出的预测已如表 10-1 所示。此外，既然状态可以预先确定，自旋双态的远距离相互作用就不存在，如果实验证实贝尔不等式成立，那么就表示定域现实性和隐变量理论合理，量子力学不完备。但是，二十年来许多精准的实验证明电子自旋或光子偏振远距离的强相关，多次实验结果与量子力学预测相符，而偏离经典预测已达 30 个标准差，说明贝尔不等式不成立，它给出预测与实验不符，从而证明 EPR 悖论不正确，任何定域隐变量理论不可能重复量子力学的全部统计预言，这就是贝尔不等式包含的深刻的物理意义。

从现在对贝尔不等式验证的结果来看，量子纠缠的非局域性真实存在。

10.6 测量引起坍缩的机理是什么 (统计诠释合理吗)？

粒子的基本规律由薛定谔方程描述，而波函数就是该方程的解，因此薛定谔方程是量子力学的核心，测量引起坍缩，自然会产生测量是什么的疑问，既然出现坍缩，那它的坍缩速度有多快，就是一个需要认真思考和通过实验确定的问题。根据角动量守恒定律，在双光子纠缠的远距离相隔实验中，如果此处测量时，波函数的坍缩速度不能超过光速，彼处未能响应，在这一间隔时间内，角动量守恒定律就会失效，可是实验没有出现这样的结果，坍缩是瞬时的。

其实，早在 1932 年，J. von Neumann 在专著《量子力学的数学基础》中，就给出了瞬时坍缩和动力学坍缩 (即有一个坍缩过程) 的两种可能，而彭罗斯在 1986 年提出坍缩与引力有关。在本书的 2.6 节中，曾经比较详细地论述了测量引起波函数坍缩的问题，当时指出：若测量用算符 $\hat{O}_\varepsilon$ 表示，波函数由于测量而坍缩后，在空间某一点出现该粒子的概率，则可以表示为式 (2-27)。

这里需要对式 (2-27) 做一解释，在物理系统所在空间中，ρ 表示粒子出现的概率，即 $\rho=1$，也就是说，测量必然导致物理系统以概率 $\rho=1$ 坍缩到相应的本征值 λ。显然，ρ 和 λ 都表示整个物理系统的特征参数，不是其中分系统的参数 ρ_i 和 λ_i。因此，这个结果给出的是系综的坍缩，而不是单个粒子的坍缩，没有包含更多的信息，直接与薛定谔方程原本描述单粒子行为相冲突，也是爱因斯坦质疑波函数的原因之一。

但是并未具体讨论坍缩的速度问题，只是提出如果测量速度等于光速，那会如何？余理华 (杨振宁先生 20 世纪 70 年代末的博士生，美国布鲁克海文国家实验室教授) 与孙昌璞 (时任中国科学院理论物理研究所研究员) 合作研究认为：如果将波函数的测量当作是与环境的相互作用，那么它所代表的粒子系统就不是孤立系统，而是开放系统 (简称开系统，国内彭桓武最早开始研究)。可以看出，这与哥本哈根学派对测量本质的观点一致；不过此处已经从一般的解释转入建立模型，进行计算了。用哈密顿量 $H_{\rm S}$ 和 $H_{\rm E}$ 分别描述量子系统 S 及其环境 E，而势函数 $V(S,E)$ 代表 S 及 E 之间的相互作用。当 $[H_{\rm S},V(S,E)]\neq 0$ 时，系统与环境交换能量, 从而发生所谓的量子耗散；当 $[H_{\rm S},V(S,E)]=0$ 时，系统和环境之间没有能量交换。这一项研究是根据杨振宁先生的建议，自 1992 年开始的, 包括量子测量、量子退相干、量子耗散方面的工作。杨振宁先生认为，量子耗散问题应当充分理解系统 + 环境的波函数结构，沿着这个方向，余理华与孙昌璞所得结果是把谐振子环境的微观理论与有效哈密顿描述结合起来，得到了有效哈密顿量的适用条件，预言了耗散系统的波函数局域化，就是坍缩。坍缩的时间等于粒子衰减的时间 (换句话说，坍缩具有一定的速度)。波函数会收缩成互不相干的点函数组成的统计分布，如图 10-8 所示，至于收缩到哪一个点函数，则是不可预测的，也可以与图 2-2 和图 2-3 进行对比分析 (与式 (2-27) 的结果相符)。至于为什么采用众多谐振子作为环境系统，是因为环境与其中的系统相互作用的具体形式很难预知，而 Leggett 及其合作者发现，如果系统与环境的耦合很弱，环境可以等价于多个谐振子构成的热库，而且系统与热库的耦合对于热库自由度而言是线性的。因此，谐振子“热库”是外部环境一个合理的、普适的近似，由此可以一般地写下量子系统的环境作用模型。这里不打算再细述了，其他就留给对此有兴趣的本书读者去检索、阅读和思考吧，这也是值得倾全力探索的问题。

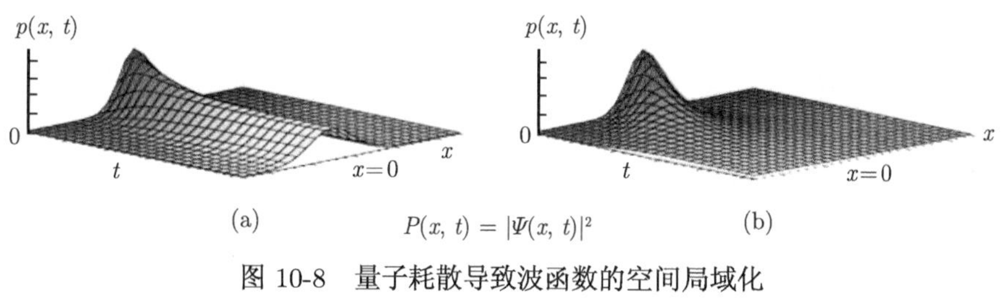

$P(x,\ t)=|\Psi(x,\ t)|^2$

图 10-8 量子耗散导致波函数的空间局域化

(a) 有耗散；(b) 无耗散

还有一些与应用相关的内容，如超流、凝聚态等，特别是量子计算，以及与信息科学的交叉，也是当前处于热门的课题，这里没有论述不是因为其不重要，而是读书到这里的读者朋友，如果需要去阅读相关著作，理解其内容，相信不会遇到根本困难。

这本《量子力学入门十讲》到此就要结束了，作者向每一位读者朋友告别，希望这本书能够使读者朋友感受到学习知识的快乐。从 2018~2021 年的三年多的时间，写成此书，既包含了作者对每一位亲人和每一位朋友的思念，也是我和家人献给祖国的一份微小的礼物。

附　　录

在量子力学的创立、发展和完善的过程中，有两篇论文不在教科书的详细论述之列，这就是爱因斯坦–波多尔斯基–罗森的论文 (EPR 悖论) *Can Quantum-Mechanical Description of Physical Reality Be Considered Complete?* 和贝尔不等式的论文 *On The Einstein Podolsky Rosen Paradox*。这两篇论文的物理学思想深邃，基本概念清晰、内容精炼，篇幅适中，文字表述优美，数学处理简单易懂，堪称量子力学的里程碑式文章，为了以飨读者，这里提供了原文的再录入文档和中文译文，可以对照参阅。

附录 A　贝尔不等式：关于爱因斯坦–波多尔斯基–罗森悖论

J. S. Bell. On the Einstein Podolsky Rosen paradox. Physics, 1964, 1(3): 195—200. (这个期刊创办一年后停刊，该文已收录在 1987 年剑桥大学出版社出版的 J. S. Bell 论文集*Speakable and Unspeakable in Quantum Mechanics*中)

1. 引言

爱因斯坦、波多尔斯基和罗森 (EPR) 深刻地质疑量子力学，认为它是不完备的理论 [1]，借助附加变量 (隐变量) 能使其完备，以便恢复因果关系和局域性 [2]。本短文中，该想法被准确公式化，并与量子力学的统计预测不相容；而局域化的要求，或者更准确地说，对一个系统的测量结果不受对另一个远距离系统操作的影响，正是由于它们之前曾经有过相互作用，这个要求自然遇到基本的困难。本文企图显示 [3]，甚至不需要这个 (距离上的) 可分离性或局域性的要求，即不需要隐变量的诠释，量子力学 (理论本身仍然) 是合理的。本文不需要隐变量的这一企图在其他地方得到了检验，也发现有不足之处 [4]。此外，已经出现某些关于基本量子理论的隐变量诠释 [5]，这个特殊的解释，的确是完全非局域性的。根据此处提供的结果，任何一个这样的理论都能准确地给出量子力学的预测。

2. 公式

根据 Bohm 和 Aharonov 提出的例子 [6]，EPR 悖论的论点如下：考虑一对以某种方式形成的自旋为 1/2 的粒子，处于单个自旋状态并在相反方向上自由移动。比如，说用 Stem-Gerlach 磁体在选择自旋为 $\boldsymbol{\sigma}_1$ 和 $\boldsymbol{\sigma}_2$ 的分量上做实验。如果 $\boldsymbol{\sigma}_1\cdot\boldsymbol{a}$ 分量 ($\boldsymbol{a}$ 是某个单位矢量) 的实验给出 +1 值，那么根据量子力学，$\boldsymbol{\sigma}_2\cdot\boldsymbol{a}$ 的实验必

须给出 -1 值，反之亦然。现在我们作一假设 [2]，似乎唯一值得考虑的是，如果两个实验是在彼此相距遥远的地方做的，一个磁体的取向不影响另一个实验的结果。因为通过先前测量 $\boldsymbol{\sigma}_1$ 的相同分量，我们能够事先预知任意选择的 $\boldsymbol{\sigma}_2$ 分量的测量结果，那就是说，这样的测量结果事实上是预知的。既然一开始量子力学波函数就不能确定个别测量的结果，事先预知就意味着状态更完善的说明是可能的。

为了更清楚地说明参数 $\boldsymbol{\lambda}$ 的影响，下面的讨论中，$\boldsymbol{\lambda}$ 表示单个变量还是一个集合，甚至是一个函数集合，变量是离散的还是连续的，都是不同的。然而，我们让 λ 表示一个连续参数。于是测量 $\boldsymbol{\sigma}_1\cdot\boldsymbol{a}$ 的结果 $\boldsymbol{A}$ 由 $\boldsymbol{a}$ 和 λ 决定，而测量 $\boldsymbol{\sigma}_2\cdot\boldsymbol{b}$ 的结果 $\boldsymbol{B}$ 同样由 $\boldsymbol{b}$ 和 λ 确定，可得

$$\boldsymbol{A}(\boldsymbol{a},\lambda)=\pm1,\quad \boldsymbol{B}(\boldsymbol{b},\lambda)=\pm1 \tag{1}$$

文献 [2] 中极其重要的假设是，粒子 2 的结果 $\boldsymbol{B}$ 与对粒子 1 的磁体的设置 $\boldsymbol{a}$ 无关，也与 $\boldsymbol{b}$ 的结果 $\boldsymbol{A}$ 无关。

如果 $\rho(\lambda)$ 是 λ 的概率分布，那么两个分量 $\boldsymbol{\sigma}_1\cdot\boldsymbol{a}$、$\boldsymbol{\sigma}_2\cdot\boldsymbol{b}$ 的乘积的期望值便是

$$p(\boldsymbol{a},\boldsymbol{b})=\int \mathrm{d}\lambda\rho(\lambda)\boldsymbol{A}(\boldsymbol{a},\lambda)\boldsymbol{B}(\boldsymbol{b},\lambda) \tag{2}$$

这应等于量子力学的期望值，对于单个状态应是

$$\langle\boldsymbol{\sigma}_1\cdot\boldsymbol{a}\boldsymbol{\sigma}_2\cdot\boldsymbol{b}\rangle=-\boldsymbol{a}\cdot\boldsymbol{b} \tag{3}$$

不过将要说明这是不可能的。

有些人更喜欢这样的公式，其中隐变量分成两个集合：一个与 $\boldsymbol{A}$ 有关，另一个与 $\boldsymbol{B}$ 有关。上述已经包含了这种可能性，因为 λ 表示其中的任一变量，由此既与 $\boldsymbol{A}$ 又与 $\boldsymbol{B}$ 有关，相关性不受限制。在爱因斯坦设想的这种完备的物理理论中，隐变量应具有动力学意义和运动规律，此处的 λ 在适当的时候可以视为这些变量的初值。

3. 实例

主要结果的证明非常简单，在证明之前，一些实例可以作为具体的说明。

首先，给出单个粒子自旋测量的隐变量没有困难，假定我们有自旋为 1/2 的、用单位矢量 $\boldsymbol{p}$ 表示的极化的纯自旋状态的粒子，令隐变量 (例如) 是单位矢量 $\boldsymbol{\lambda}$，在 $\boldsymbol{\lambda}\cdot\boldsymbol{p}>0$ 的半球上具有均匀概率分布。指定分量 $\boldsymbol{\sigma}\cdot\boldsymbol{a}$ 的测量结果是

$$\mathrm{sign}\ \lambda\cdot\boldsymbol{a}' \tag{4}$$

此处 $\boldsymbol{a}'$ 是以指定的方式与 $\boldsymbol{a}$ 及 $\boldsymbol{p}$ 有关的，而符号函数 sign 是 $+1$ 还是 -1，须根据它的幅角而定。实际上，当 $\lambda\cdot\boldsymbol{a}'=0$ 时，它就离开了待定的结果，不过其概率为

零，对此我们不做分析处理，对 λ 平均，期望值就是

$$\langle \boldsymbol{\sigma} \cdot \boldsymbol{a} \rangle = 1 - 2\theta'/\pi \tag{5}$$

式中，θ' 是 $\boldsymbol{a}'$ 与 $\boldsymbol{p}$ 之间的角度。假定 $\boldsymbol{a}'$ 使 $\boldsymbol{a}$ 按下式向 p' 旋转到 $\cos\theta$ 而得

$$\langle \boldsymbol{\sigma} \cdot \boldsymbol{a} \rangle = 1 - 2\theta'/\pi \tag{6}$$

θ 是 $\boldsymbol{a}$ 和 $\boldsymbol{p}$ 之间的角度，我们就获得希望的结果

$$\langle \boldsymbol{\sigma} \cdot \boldsymbol{a} \rangle = \cos\theta \tag{7}$$

这样一个简单的情况，考虑每一个测量结果由附加的变量值确定不会有困难，量子力学的统计特性产生了，因为这个变量的值对个例是未知的。

其次，式 (2) 在形式上，重现也没有困难，通常在口头讨论这个问题中，式 (3) 唯一的特性是

$$\left.\begin{aligned} &P(\boldsymbol{a},\boldsymbol{a}) = -P(\boldsymbol{a},-\boldsymbol{a}) = -1 \\ &P(\boldsymbol{a},\boldsymbol{b}) = 0, \quad \boldsymbol{a}\cdot\boldsymbol{b} = 0 \end{aligned}\right\} \tag{8}$$

例如，令 λ 是单位矢量 λ，在所有方向上有均匀的概率分布，并采用下式

$$\left.\begin{aligned} &A(\boldsymbol{a},\lambda) = \mathrm{sign}\boldsymbol{a}\cdot\lambda \\ &B(\mathbf{a},\mathbf{b}) = -\mathrm{sign}\boldsymbol{b}\cdot\lambda \end{aligned}\right\} \tag{9}$$

可得

$$P(\boldsymbol{a},\boldsymbol{b}) = -1 + \frac{2}{\pi}\theta \tag{10}$$

θ 是 $\boldsymbol{a}$ 和 $\boldsymbol{b}$ 之间的角度，式 (10) 具有特性 (8)。为了比较，考虑修改的理论 [6]，其中，纯单态在时间进程中被乘积态的各向同性混合态代替，由此给出相关函数

$$-\frac{1}{3}\boldsymbol{a}\cdot\boldsymbol{b} \tag{11}$$

经验上，区分式 (10) 和式 (3) 比起区分式 (11) 和式 (3) 可能不那么容易。与式 (3) 不同，在极小值 -1 ($\cos\theta = 0$) 时，函数式 (10) 不是平稳的，可以看出，这是类型 (2) 的特点。

其三，最后一点，复制量子力学相关性 (3) 没有困难，如果式 (2) 中 $\boldsymbol{A}$ 和 $\boldsymbol{B}$ 的结果允许分别与 $\boldsymbol{a}$ 和 $\boldsymbol{b}$ 相关，以及与 $\boldsymbol{b}$ 和 $\boldsymbol{a}$ 相关，例如，在式 (9) 中由 $\boldsymbol{a}'$ 代替 $\boldsymbol{a}$，从 $\boldsymbol{a}$ 旋转到 $\boldsymbol{b}$，直至

$$1 - \frac{2}{\pi}\theta' = \cos\theta$$

θ' 是 $\boldsymbol{a}'$ 与 $\boldsymbol{b}$ 之间的角度，但是，对于给定的隐变量数值，用一个磁体的测量结果既然决定于远距离磁体的设置，这正是我们力图避免的。

4. 矛盾

现在将检验主要结果，因为 ρ 是归一化的概率分布

$$\int \mathrm{d}\lambda\rho(\lambda) = 1 \tag{12}$$

又因为性质 (1)、(2) 中的 P 不能小于 -1，在 $\boldsymbol{a} = \boldsymbol{b}$ 时能达到 -1，那只能是

$$A(\boldsymbol{a}, \lambda) = -B(\boldsymbol{a}, \lambda) \tag{13}$$

除了零概率的一组 λ 点。假定如此，式 (2) 便可以改写成

$$P(\boldsymbol{a}, \boldsymbol{b}) = -\int \mathrm{d}\lambda\rho(\lambda)A(\boldsymbol{a}, \lambda)B(\boldsymbol{a}, \lambda) \tag{14}$$

由此断定 $\boldsymbol{c}$ 是另一个单位矢量

$$\begin{aligned} P(\boldsymbol{a}, \boldsymbol{b}) - P(\boldsymbol{a}, \boldsymbol{c}) &= -\int \mathrm{d}\lambda\rho(\lambda)[A(\boldsymbol{a}, \lambda)A(\boldsymbol{b}, \lambda) - A(\boldsymbol{a}, \lambda)A(\boldsymbol{c}, \lambda)] \\ &= -\int \mathrm{d}\lambda\rho(\lambda)\boldsymbol{A}(\boldsymbol{a}, \lambda)\boldsymbol{A}(\boldsymbol{b}, \lambda)[\boldsymbol{A}(\boldsymbol{b}, \lambda)\boldsymbol{A}(\boldsymbol{c}, \lambda) - 1] \end{aligned}$$

由式 (1) 得

$$|P(\boldsymbol{a}, \boldsymbol{b}) - P(\boldsymbol{b}, \boldsymbol{c})| \leqslant \int \mathrm{d}\lambda\rho(\lambda)[1 - A(\boldsymbol{b}, \lambda)A(\boldsymbol{c}, \lambda)]$$

右边的第二项是 $P(\boldsymbol{b}, \boldsymbol{c})$，由此

$$1 + P(\boldsymbol{b}, \boldsymbol{c}) \geqslant |P(\boldsymbol{a}, \boldsymbol{b}) - P(\boldsymbol{a}, \boldsymbol{c})| \tag{15}$$

如果 P 不是一个常数，上式右边就小的 $|\boldsymbol{b} - \boldsymbol{c}|$ 而言，阶数一般是 $|\boldsymbol{b} - \boldsymbol{c}|$。因此，$P(\boldsymbol{b}, \boldsymbol{c})$ 在最小值 (-1, 当$\boldsymbol{b} = \boldsymbol{c}$时) 不可能是平稳的，也不是量子力学值 (3)。

由式 (2) 知，也不能任意逼近量子力学的相关性 (3)。这个公式的证明如下。我们并不担忧在各孤立点逼近过程失败，因此，让我们考虑取代式 (2) 和式 (3) 的函数

$$\bar{P}(\boldsymbol{a}, \boldsymbol{b}) \quad 和 \quad \overline{-\boldsymbol{a} \cdot \boldsymbol{b}}$$

式中，P 上边的横线表示在矢量 $\boldsymbol{b}'$ 和 $\boldsymbol{a}'$ 处于二者之间特别小的角度范围时，与 $\bar{P}(\boldsymbol{a}', \boldsymbol{b}')$ 的均值以及 $-\boldsymbol{a}', \boldsymbol{b}'$ 的均值无关。假定对于所有的 $\boldsymbol{a}'$ 和 $\boldsymbol{b}'$，其差值是有界的，用 ε 表示，则有

$$|\bar{P}(\boldsymbol{a}, \boldsymbol{b}) + \boldsymbol{a} \cdot \boldsymbol{b}| \leqslant \varepsilon \tag{16}$$

然后，将要表明不能使 ε 任意小

$$|\overline{\boldsymbol{a} \cdot \boldsymbol{b}} - \boldsymbol{a} \cdot \boldsymbol{b}| \leqslant \delta \tag{17}$$

根据式 (16) 有

$$|\bar{P}(\boldsymbol{a},\boldsymbol{b})+\boldsymbol{a}\cdot\boldsymbol{b}|\leqslant\varepsilon+\delta \tag{18}$$

由式 (2) 可得

$$\bar{P}(\boldsymbol{a},\boldsymbol{b})=\int \mathrm{d}\lambda\rho(\lambda)\bar{A}(\boldsymbol{a},\lambda)\bar{B}(\boldsymbol{b},\lambda) \tag{19}$$

此处

$$|\bar{A}(\boldsymbol{a},\lambda)|\leqslant 1 \quad \text{和} \quad |\bar{B}(\boldsymbol{b},\lambda)|\leqslant 1 \tag{20}$$

从式 (18) 和式 (19)，当 $\boldsymbol{a}=\boldsymbol{b}$ 时，有

$$\mathrm{d}\rho(\lambda)[\bar{A}(\boldsymbol{b},\lambda)\bar{B}(\boldsymbol{b},\lambda)+1]\leqslant\varepsilon+\delta \tag{21}$$

从式 (19) 得

$$\begin{aligned}\bar{P}(\boldsymbol{a},\boldsymbol{b})-\bar{P}(\boldsymbol{a},\boldsymbol{c})=&\int \mathrm{d}\lambda\rho(\lambda)[\bar{A}(\boldsymbol{a},\lambda)\bar{B}(\boldsymbol{b},\lambda)-\bar{A}(\boldsymbol{a},\lambda)\bar{B}(\boldsymbol{c},\lambda)]\\=&\int \mathrm{d}\lambda\rho(\lambda)\bar{A}(\boldsymbol{a},\lambda)\bar{B}(\boldsymbol{b},\lambda)[1+\bar{A}(\boldsymbol{b},\lambda)\bar{B}(\boldsymbol{c},\lambda)]\\&-\int \mathrm{d}\lambda\rho(\lambda)\bar{A}(\boldsymbol{a},\lambda)\bar{B}(\boldsymbol{c},\lambda)[1+\bar{A}(\boldsymbol{b},\lambda)\bar{B}(\boldsymbol{b},\lambda)]\end{aligned}$$

再利用式 (20)，于是

$$\begin{aligned}\bar{P}(\boldsymbol{a},\boldsymbol{b})-\bar{P}(\boldsymbol{a},\boldsymbol{c})\leqslant&\int \mathrm{d}\lambda\rho(\lambda)[1+\bar{A}(\boldsymbol{a},\lambda)\bar{B}(\boldsymbol{c},\lambda)]\\&+\int \mathrm{d}\lambda\rho(\lambda)[1+\bar{A}(\boldsymbol{b},\lambda)\bar{B}(\boldsymbol{b},\lambda)]\end{aligned}$$

根据式 (19) 和式 (21)

$$|\bar{P}(\boldsymbol{a},\boldsymbol{b})-\bar{P}(\boldsymbol{a},\boldsymbol{c})|\leqslant 1+\bar{P}(\boldsymbol{b},\boldsymbol{c})+\varepsilon+\delta$$

最后由式 (18)

$$|\boldsymbol{a}\cdot\boldsymbol{c}-\boldsymbol{a}\cdot\boldsymbol{b}|-2(\varepsilon+\delta)\leqslant 1+\boldsymbol{b}\cdot\boldsymbol{c}+2(\varepsilon+\delta)$$

或者

$$4(\varepsilon+\delta)\geqslant|\boldsymbol{a}\cdot\boldsymbol{c}-\boldsymbol{a}\cdot\boldsymbol{b}|+\boldsymbol{b}\cdot\boldsymbol{c}-1 \tag{22}$$

例如，取值为 $\boldsymbol{a}\cdot\boldsymbol{c}=0$，$\boldsymbol{a}\cdot\boldsymbol{b}=\boldsymbol{b}\cdot\boldsymbol{c}=1/\sqrt{2}$，于是有 $4(\varepsilon+\delta)\geqslant\sqrt{2}-1$。因此，对于很小的有限值 δ，ε 不会是任意的小值。这样一来，在式 (2) 中，量子力学的期望值就不能准确地也不能任意趋近地被表达。

5. 普遍化

上面考虑的例子有一个优点，就是不需要很多的想象力去设想实际上已经做的实验，在更规范方法中，假定[7] 任意哈密尔顿算符有完备的本征值集合，它是可观测的，该结果很容易推广到其他系统。如果两个系统有维度大于 2 的状态空间，我们总能考虑并定义二维的子系统，在它们的直积中，算符 $\boldsymbol{\sigma}_1$ 和 $\boldsymbol{\sigma}_2$ 形式上类似于上面使用过的，在直积子空间外部的状态是零。那么，至少对于一个量子力学状态，在联合的子空间中的“单态”，量子力学的统计预测与可分的预先确定论是不相容的。

6. 结论

有一种理论，参数被加到量子力学中，以便确定单独测量结果，而不改变统计预测，就必须有一种机制，凭借设置一个测量装置就能够影响相隔遥远的另一个仪器的读数。而且，有关的信号必须瞬间传递，所以，这样的理论不能是洛伦兹不变的。

当然，如果量子力学预测具有有限的效力。能够想到的是，它们仅能用于实验，其中足够充分设置的仪器，允许它们事先以小于或等于光速实现信号的交换，从而达到某种默契，由 Bohm 与 Aharonov[6] 建议的这种实验和连接中，关键点是在粒子飞行期间改变设置。

致谢

感谢与 Drs. M. Bander 和 J. K. Perring 就这些问题的非常有益的讨论。这篇论文的第一稿是在 Brandeis University 期间写的，感谢那里的同事们和在 Universiy of Wisconsin 的同事们的兴趣和好客。

注释和参考文献

[1] Einstein A, Rosen N, Podolsky B, Phys. Rev., 1935, 47: 777; see also Bohr N. Phys. Rev., 1935, 48: 696, Furry W H. Phys. Rev., 1936, 49: 393～476; Inglis D R. Rev. Mod. Phys., 1961, 33: 1.

[2] “但是，按照我的意见，有一个假设我们应当绝对遵守，即：系统 S_2 的真实情况与系统 S_1 作了什么无关，它与前者在空间上是分开的”。A. Einstein in Albert Einstein, Philosopher Scientist, Edited by P. A. Schilp，p. 85, Library of Living Philosophers, EVANSTON, Illinois (1949).

[3] von Neumann J. Mathematische Grundlagen der Quanten-mechanik. Berlin: Springer, 1932. (English translation: Princeton University Press (1955); Jauch J M, Piron C, Helv. Phys., 1963, 36: 827.

[4] Bell J S. Rev. Mod. Phys., 1966, 38: 477.

[5] Bohm D. Phys. Rev., 1952, 85: 166~180.
[6] Bohm D, Haronov A. Phys. Rev., 1957, 208: 1070.
[7] Dirac P A M. The Principles of Quantum Mechanics. 3 rd ed. Oxford: The Clarendon Press, 1947: 37.

On the Einstein-Podolsky-Rosen paradox

J. S. Bell

Physics Vol. 1, No., 3, pp 195-200, 1964, Physics Publishing Co. Printed in the United States

1. Introduction

The paradox of Einstein, Podolsky and Rosen[1] was advanced as an argument that quantum mechanics could not be a complete theory but should be supplemented by additional variables. These additional variables were to restore to the theory causality and locality[2]. In this note that idea will be formulated mathematically and shown to be incompatible with the statistical predictions of quantum mechanics. It is the requirement of locality, or more precisely that the result of a measurement on one system be unaffected by operations on a distant system with which it has interacted in the past, that creates the essential difficulty. There have been attempts[3] to shown that even without such a separability or locality requirement no 'hidden variable' interpretation of elementary quantum theory is possibly. These attempts have been examined elsewhere[4] and found wanting. Moreover, a hidden variable interpretation of elementary quantum theory[5] has been explicitly constructed. That particular interpretation has indeed a grossly non-local structure. This is characteristic, according to the result to be proved here, of any such theory which reproduces exactly the quantum mechanics predictions.

2. Formulation

With the example advocated by Bohm and Aharonov[6], the EPR argument is the following. Consider a pair of spin one-half particles formed somehow in the singlet spin state and moving freely in opposite directions. Measurements can be made, say by Sterm-Gerlach magnets, on selected components of the spins $\boldsymbol{\sigma}_1$ and $\boldsymbol{\sigma}_2$. If measurement of the component $\sigma_1 \cdot \boldsymbol{a}$, where $\boldsymbol{a}$ is some unit vector, yields the value +1 then, according to quantum mechanics, measurement of $\boldsymbol{\sigma}_2 \cdot \boldsymbol{a}$ must yield the value −1 and vice versa. Now we make the hypothesis [2], and it seems one at least worth considering, that if the two measurement are made at places remote from one another the considering, that if the two measurements are made at places remote from one another the orientation of one magnet does not influence the result obtained with the other. Since we can predict in advance the result of measuring any chosen component of $\boldsymbol{\sigma}_2$, by previously measuring the same component of $\boldsymbol{\sigma}_1$, it follows that the result of any such measurement, this predetermined. Since the initial quantum mechanical wave function does not determine the result of an individual measurement, this predetermination implies the possibility of a more complete specification of the state.

Let this more complete specification be effected by means of parameters λ. It is a matter of indifference in the following whether λ denotes a single variable or a set, or even a set of functions, and whether the variables are discrete or continuous. However, we write as if λ were a single continuous parameter. The result $\boldsymbol{A}$ of measuring $\boldsymbol{\sigma}_1 \cdot \boldsymbol{a}$ is then determined by $\boldsymbol{a}$ and λ, and the result $\boldsymbol{B}$ of measuring $\boldsymbol{\sigma}_2 \cdot \boldsymbol{b}$ in the same instance is determined by $\boldsymbol{b}$ and λ, and

$$\boldsymbol{A}(\boldsymbol{a}, \lambda) = \pm 1, \quad \boldsymbol{B}(\boldsymbol{b}, \lambda) = \pm 1 \tag{1}$$

The vital assumption[2] is that the result $\boldsymbol{B}$ for particle 2 does not dependent on the setting $\boldsymbol{a}$, of the magnet for particle 1, nor $\boldsymbol{A}$ on $\boldsymbol{b}$.

If $\rho(\lambda)$ is the probability distribution of λ then the expectation value of the product of the two components $\boldsymbol{\sigma}_1 \cdot \boldsymbol{a}$ and $\boldsymbol{\sigma}_2 \cdot \boldsymbol{b}$ is

$$p(\boldsymbol{a}, \boldsymbol{b}) = \int \mathrm{d}\lambda \rho(\lambda) A(\boldsymbol{a}, \lambda) B(\boldsymbol{b}, \lambda) \tag{2}$$

This should equal the quantum mechanical expectation value, which for the singlet state is

$$\langle \boldsymbol{\sigma}_1 \cdot \boldsymbol{a} \boldsymbol{\sigma}_2 \cdot \boldsymbol{b} \rangle = -\boldsymbol{a} \cdot \boldsymbol{b} \tag{3}$$

But it will be shown that this is not possible.

Some might prefer a formulation in which the hidden variables fall into two sets, with $\boldsymbol{A}$ dependent on one and $\boldsymbol{B}$ on the other; this possibility is contained in the above, since λ stands for any number of variables and the dependences thereon of $\boldsymbol{A}$ and $\boldsymbol{B}$ are unrestricted. In a complete physical theory of the type envisaged Einstein, the hidden variables would have dynamical significance and laws of motion; our λ can then be thought of as initial values of these variables at some suitable instant.

3. Illustration

The proof of the main result is quite simple. Before giving it, however, a number of illustrations may serve to put it in perspective.

Firstly, there is no difficulty in giving a hidden variable account of spin measurements on a single particle. Suppose we have a spin half particle in a pure spin state with polarization denoted by a unit vector p. Let the hidden variable be (for example) a unit vector λ with uniform probability distribution over the hemisphere $\lambda \cdot \boldsymbol{p} > 0$. Specify that the result of measurement of a component $\boldsymbol{\sigma} \cdot \boldsymbol{a}$ is

$$\text{sign } \lambda \cdot \boldsymbol{a}' \tag{4}$$

Where $\boldsymbol{a}'$ is a unit vector depending on $\boldsymbol{a}$ and $\boldsymbol{p}$ in a way to be specified, and the sign function is $+1$ or -1 according to the sign of its argument. Actually this leaves the result undetermined when $\lambda \cdot \boldsymbol{a}' = 0$, but as the probability of this is zero we will not make special prescriptions for it. Averaging over λ the expectation value is

$$\langle \boldsymbol{\sigma} \cdot \boldsymbol{a} \rangle = 1 - 2\theta'/\pi \tag{5}$$

Where θ' is the angle between $\boldsymbol{a}'$ and $\boldsymbol{p}$. Suppose then that $\boldsymbol{a}'$ is obtained from a by rotation towards p until

$$1 - \frac{2\theta'}{\pi} = \cos\theta \tag{6}$$

Where θ is the angle between $\boldsymbol{a}$ and $\boldsymbol{p}$. Then we have the desired result

$$\langle \boldsymbol{\sigma} \cdot \boldsymbol{a} \rangle = \cos\theta \tag{7}$$

So in this simple case there is no difficulty in the view that the result of every measurement is determined by the value of an extra variable, and that the statistic features of quantum mechanics arise because the value of this variable is unknown in individual instances.

Secondly, there is no difficulty in reproducing, in the form (2), the only feature of (3). Commonly used in verbal discussions of this problem:

$$\left.\begin{aligned} P(\boldsymbol{a}, \boldsymbol{a}) &= -P(\boldsymbol{a}, -\boldsymbol{a}) = -1 \\ P(\boldsymbol{a}, \boldsymbol{b}) &= 0 \quad \text{if } \boldsymbol{a} \cdot \boldsymbol{b} = 0 \end{aligned}\right\} \tag{8}$$

For example, let λ now be unit vector λ, with uniform probability distribution over all directions, and take

$$\left.\begin{aligned} A(\boldsymbol{a}, \lambda) &= \text{sign}\boldsymbol{a} \cdot \lambda \\ B(\boldsymbol{a}, \boldsymbol{b}) &= -\text{sign}\boldsymbol{b} \cdot \lambda \end{aligned}\right\} \tag{9}$$

This given

$$P(\boldsymbol{a},\boldsymbol{b}) = -1 + \frac{2}{\pi}\theta \tag{10}$$

Where θ is the angle between a and b, and (10) has the properties (8). For comparison, consider the result of a modified theory[6] in which the pure singlet state is replaced in the course of time by an isotropic mixture of product states; this gives the correlation function

$$-\frac{1}{3}\boldsymbol{a}\cdot\boldsymbol{b} \tag{11}$$

It is probably less easy, experimentally, to distinguish (10) form (3), than (11) from (3).

Unlike(3), the function (10) is not stationary at the minimum value -1 (at $\cos\theta = 0$). It will be seen that this is characteristic of functions of type (2).

Thirdly, and finally, there is no difficulty in reproducing the quantum mechanical correlation (3) if the results $\boldsymbol{A}$ and $\boldsymbol{B}$ in (2) are allowed to depend on $\boldsymbol{b}$ and $\boldsymbol{a}$ respectively as well as on $\boldsymbol{a}$ and $\boldsymbol{b}$. For example, replace a in (9) by a', obtained from $\boldsymbol{a}$ by rotation towards $\boldsymbol{b}$ until

$$1 - \frac{2}{\pi}\theta' = \cos\theta$$

Where θ' is the angle between $\boldsymbol{a}'$ and $\boldsymbol{b}$. However, for given value of the hidden variables, the results of measurements with one magnet now depend on the setting of the distant magnet, which is just what we would wish to avoid.

4. Contradiction

The main result will now be proved. Because ρ is a normalized probability distribution,

$$\int \mathrm{d}\lambda\rho(\lambda) = 1 \tag{12}$$

And because of the properties (1), P in (2) cannot be less than -1. It can reach -1 at $\boldsymbol{a} = \boldsymbol{b}$ only if

$$A(\boldsymbol{a},\lambda) = -B(\boldsymbol{a},\lambda) \tag{13}$$

Except at a set of points λ of zero probability. Assuming this, (2) can be rewritten

$$P(\boldsymbol{a},\boldsymbol{b}) = -\int \mathrm{d}\lambda\rho(\lambda)A(\boldsymbol{a},\lambda)B(\boldsymbol{a},\lambda) \tag{14}$$

It follows that if $\boldsymbol{c}$ is another unit vector

$$\begin{aligned} P(\boldsymbol{a},\boldsymbol{b}) - P(\boldsymbol{a},\boldsymbol{c}) &= -\int \mathrm{d}\lambda\rho(\lambda)[A(\boldsymbol{a},\lambda)A(\boldsymbol{b},\lambda) - A(\boldsymbol{a},\lambda)A(\boldsymbol{c},\lambda)] \\ &= -\int \mathrm{d}\lambda\rho(\lambda)\boldsymbol{A}(\boldsymbol{a},\lambda)\boldsymbol{A}(\boldsymbol{b},\lambda)[\boldsymbol{A}(\boldsymbol{b},\lambda)\boldsymbol{A}(\boldsymbol{c},\lambda) - 1] \end{aligned}$$

Using (1), whence

$$|P(\boldsymbol{a},\boldsymbol{b})-P(\boldsymbol{b},\boldsymbol{c})|\leqslant\int \mathrm{d}\lambda\rho(\lambda)[1-A(\boldsymbol{b},\lambda)A(\boldsymbol{c},\lambda)]$$

The second term on the right is $P(\boldsymbol{b},\boldsymbol{c})$, whence

$$1+P(\boldsymbol{b},\boldsymbol{c})\geqslant|P(\boldsymbol{a},\boldsymbol{b})-P(\boldsymbol{a},\boldsymbol{c})| \tag{15}$$

Unless P is constant, the right hand side is in general of order $|\boldsymbol{b}-\boldsymbol{c}|$ for small $|\boldsymbol{b}-\boldsymbol{c}|$. Thus $P(\boldsymbol{b},\boldsymbol{c})$ cannot be stationary at the minimum value (-1 at $\boldsymbol{b}=\boldsymbol{c}$) and cannot equal the quantum mechanical value (3).

Nor can the quantum mechanical correlation (3) be arbitrarily closely approximated by the form (2). The formal proof of this may be set out as follows. We would not worry about failure of the approximation at isolated points, so let us consider instead of (2) and (3) the functions

$$\bar{P}(\boldsymbol{a},\boldsymbol{b}) \quad \text{and} \quad \overline{-\boldsymbol{a}\cdot\boldsymbol{b}}$$

Where the bar denotes independent averaging of $\bar{P}(\boldsymbol{a}',\boldsymbol{b}')$ and $-\boldsymbol{a}',\boldsymbol{b}'$ over vectors $\boldsymbol{a}'$ and $\boldsymbol{b}'$ within specified small angles of $\boldsymbol{a}$ and $\boldsymbol{b}$. Suppose that for all $\boldsymbol{a}$ and $\boldsymbol{b}$ the difference is bounded by ε:

$$|\bar{P}(\boldsymbol{a},\boldsymbol{b})+\boldsymbol{a}\cdot\boldsymbol{b}|\leqslant\varepsilon \tag{16}$$

Then it will be shown that ε cannot be made arbitrarily small.

Suppose that for all $\boldsymbol{a}$ and $\boldsymbol{b}$

$$|\overline{\boldsymbol{a}\cdot\boldsymbol{b}}-\boldsymbol{a}\cdot\boldsymbol{b}|\leqslant\delta \tag{17}$$

Then from (16)

$$|\bar{P}(\boldsymbol{a},\boldsymbol{b})+\boldsymbol{a}\cdot\boldsymbol{b}|\leqslant\varepsilon+\delta \tag{18}$$

From (2)

$$\bar{P}(\boldsymbol{a},\boldsymbol{b})=\int \mathrm{d}\lambda\rho(\lambda)\bar{A}(\boldsymbol{a},\lambda)\bar{B}(\boldsymbol{b},\lambda) \tag{19}$$

Where

$$|\bar{A}(\boldsymbol{a},\lambda)|\leqslant 1 \text{ and } |\bar{B}(\boldsymbol{b},\lambda)|\leqslant 1 \tag{20}$$

From (18), with $\boldsymbol{a}=\boldsymbol{b}$

$$\mathrm{d}\rho(\lambda)[\bar{A}(\boldsymbol{b},\lambda)\bar{B}(\boldsymbol{b},\lambda)+1]\leqslant\varepsilon+\delta \tag{21}$$

From (19)

$$\begin{aligned}\bar{P}(\boldsymbol{a},\boldsymbol{b})-\bar{P}(\boldsymbol{a},\boldsymbol{c}) &= \int \mathrm{d}\lambda\rho(\lambda)[\bar{A}(\boldsymbol{a},\lambda)\bar{B}(\boldsymbol{b},\lambda)-\bar{A}(\boldsymbol{a},\lambda)\bar{B}(\boldsymbol{c},\lambda)] \\ &= \int \mathrm{d}\lambda\rho(\lambda)\bar{A}(\boldsymbol{a},\lambda)\bar{B}(\boldsymbol{b},\lambda)[1+\bar{A}(\boldsymbol{b},\lambda)\bar{B}(\boldsymbol{c},\lambda)] \\ &\quad -\int \mathrm{d}\lambda\rho(\lambda)\bar{A}(\boldsymbol{a},\lambda)\bar{B}(\boldsymbol{c},\lambda)[1+\bar{A}(\boldsymbol{b},\lambda)\bar{B}(\boldsymbol{b},\lambda)]\end{aligned}$$

Using (20) then

$$\begin{aligned}\bar{P}(\boldsymbol{a},\boldsymbol{b})-\bar{P}(\boldsymbol{a},\boldsymbol{c}) &\leqslant \int d\lambda\rho(\lambda)[1+\bar{A}(\boldsymbol{b},\lambda)\bar{B}(\boldsymbol{c},\lambda)] \\ &\quad +\int d\lambda\rho(\lambda)[1+\bar{A}(\boldsymbol{b},\lambda)\bar{B}(\boldsymbol{b},\lambda)]\end{aligned}$$

Then using (19) and (21)

$$|\bar{P}(\boldsymbol{a},\boldsymbol{b})-\bar{P}(\boldsymbol{a},\boldsymbol{c})| \leqslant 1+\bar{P}(\boldsymbol{b},\boldsymbol{c})+\varepsilon+\delta$$

Finally, using (18)

$$|\boldsymbol{a}\cdot\boldsymbol{c}-\boldsymbol{a}\cdot\boldsymbol{b}|-2(\varepsilon+\delta)\leqslant 1+\boldsymbol{b}\cdot\boldsymbol{c}+2(\varepsilon+\delta)$$

or

$$4(\varepsilon+\delta)\geqslant|\boldsymbol{a}\cdot\boldsymbol{c}-\boldsymbol{a}\cdot\boldsymbol{b}|+\boldsymbol{b}\cdot\boldsymbol{c}-1 \tag{22}$$

Take for example $\boldsymbol{a}\cdot\boldsymbol{c}=0$, $\boldsymbol{a}\cdot\boldsymbol{b}=\boldsymbol{b}\cdot\boldsymbol{c}=1/\sqrt{2}$. Then

$$4(\varepsilon+\delta)\geqslant\sqrt{2}-1$$

Therefore, for small finite δ, ε cannot be arbitrarily small.

Thus, the quantum mechanical expectation value cannot be represented, either accurately or arbitrarily closely, in the form (2).

5. Generalization

The example considered above has the advantage that it requires little imagination to envisage the measurements involved actually being made. In a more formal way, assuming[7] that any Hermitian operator with a complete set of eigenstates is an 'observable', the result is easily extended to other systems. If the two systems have state spaces of dimensionality greater than 2 we can always consider two-dimensional subspaces and define, in their direct product, operators σ_1 and σ_2 formally analogous to those used above and which are zero for states outside the product subspace.

Then for at least one quantum mechanical state, the 'singlet' state in the combined subspaces, the statistical predictions of quantum mechanics are incompatible with separable predetermination.

6. Conclusion

In a theory in which parameters are added to quantum mechanics to determine the results of individual, measurements, without changing the statistical predictions, there must be a mechanism whereby the setting of one measuring device can influence the reading of another instrument, however remote. Moreover, the signal involved must propagation instantaneously, so that such a theory could not be Lorentz invariant.

Of course, the situation is different if the quantum mechanical predictions are of limited validity. Conceivably they might apply only to experiments in which the settings of the instruments are made sufficiently in advance to allow them to reach some mutual rapport by exchange of signals with velocity less than or equal to that of light. In that connection, experiments of the type proposed by Bohm and Aharonov[6], in which the settings are changed during the flight of the particles, are crucial.

Acknowledgement

I am indebted to Drs. M. Bander and J. K . Perring for very useful discussions of this problem. The first draft of the paper was written during a stay at Brandeis University; I am indebted to colleagues there and at the University of Wisconsin for their interest and hospitality.

Notes and references

[1] Einstein A, Rosen N, Podolsky B. Phys. Rev., 47, 777(1935); see also N. Bohr, Phys. Rev. 48, 696(1935), W. H. Furry, Phys. Rev. 49, 393 and 476 (1936), and D. R. Inglis, Rev. Mod. Phys. 33, 1 (1961).

[2] 'But on one supposition we should, in my opinion absolutely hold fast: the real factual situation of the system S_2 is independent of what is done with the system S_1, which is spatial separated from the former'. A. Einstein in Albert Einstein, Philosopher Scientist, Edited by P. A. Schilp, p. 85, Library of Living Philosophers, EVANSTON, Illinois (1949).

[3] von Neumann J, Mathematische Grundlagen der Quanten-mechanik. Berlin: Springer, 1932. English translation: Princeton University Press (1955); J. M. Jauch and C. Piron, Helv. Phys. Acta 36, 827 (1963).

[4] Bell J S. Rev. Mod. Phys., 1966, 38: 447.

[5] Bohm D. Phys. Rev., 1952, 85: 166,180.
[6] Bohm D, Haronov A. Phys. Rev., 1957, 208: 1070.
[7] Dirac P A M. The Principles of Quantum Mechanics. 3 rd ed. Oxford: The Clarendon Press, 1947: 37.

附录 B　EPR 悖论

量子力学对物理实在性的描述是完备的吗？

A. 爱因斯坦，B. 波多尔斯基, N. 罗森 (Physical Review, 1935, 47)

在完备的理论中，存在与实在性的每个要素相对应的要素。物理量的实在性的充分条件是在不干扰系统的情况下，准确地预测该物理量。在量子力学中，非对易算子描述了两个物理量，这种描述提供的有关二者的知识是互斥的。于是式 (1)，量子力学中的波函数给出的对实在性的描述不完备；或者式 (2)，在对另一个系统进行测量的基础上，如果式 (1) 不真实，则式 (2) 也不真实，则这两个量不能同时涉及同一个系统。因此，可以得出这样的结论：由波函数给出的对实在性的描述是不完备的。

1

对物理学理论的任何认真思考都必须考虑到独立于任何理论的客观现实与理论所依据的物理概念之间的区别。这些概念旨在与客观现实相对应，并且通过这些概念，我们将描述这个客观现实。

在尝试判断物理理论是否成功时，我们可能会问自己两个问题：式 (1) "理论是否正确？" 式 (2) "理论给出的描述是否完备？"。只有在对这两个问题都给出肯定答案的情况下，该理论的概念才能被认为是令人满意的。该理论的正确性取决于它的结论与人类经验之间的一致程度。这种经验本身就可以使我们对现实进行推断，而在物理学中则采用实验和测量的形式。这是我们在这里要考虑的第二个问题，它适用于量子力学。

无论赋予 "完备" 一词的含义是什么，对完备理论的以下要求似乎都是必要的：物理现实的每个要素在物理理论中都必须有对应的内容。我们将其称为完备性条件。因此，只要我们能够确定物理现实的要素是什么，就可以轻松回答第二个问题。

物理现实的要素不能通过先验的哲学考虑来确定，而必须通过运用实验和测量的结果来找到。但是，对于我们的目的而言，没有必要对现实进行全面的定义。我们将满足以下我们认为合理的标准。如果在不以任何方式干扰系统的情况下，可以确定地 (即概率等于 1) 预测物理量的值，则存在与该物理量相对应的物理现实元素。在我们看来，这一标准虽然并没有穷尽所有可能的方法来识别物理现实，但至少在条件出现时，为我们提供了一种这样的方法。该标准被认为不是现实的必要条件，而仅仅是充分的条件，它与经典的以及量子力学的现实思想相一致。

为了说明所涉及的思想，让我们考虑对具有单个自由度粒子的行为进行量子力学描述。该理论的基本概念是状态的概念，状态应该完全由波函数 ψ 来表征，波函数是用来描述粒子行为的变量的函数。对应于每个物理可观察量 A，都有一个算符，可以用相同的字母表示。

如果 ψ 是算符 A 的本征函数，即

$$\psi' \equiv A\psi = a\psi \tag{1}$$

a 是一个数值，那么，无论粒子处于由 ψ 给定的状态的何处，物理量 A 都肯定具有数值 a。根据我们的现实标准，对于方程 (1) 中处于 ψ 所给定的状态的粒子，存在于物理现实中的元素对应于物理量 A。例如

$$\psi = \mathrm{e}^{(2\pi\mathrm{i}/h)p_0 x} \tag{2}$$

式中，h 是普朗克常数，p_0 是一个常数，x 是自变量。由于对应于粒子动量的算符是

$$p = (h/2\pi\mathrm{i})\partial/\partial x \tag{3}$$

我们获得

$$\psi' = p\psi = (h/2\pi\mathrm{i})\partial\psi/\partial x = p_0\psi \tag{4}$$

因此，在方程 (2) 给出的状态下，动量的值肯定是 p_0。因此，在方程 (2) 给出的状态下，粒子的动量是真实的，这自然是有意义的。

另一方面，如果方程 (1) 不成立，我们就不能再说物理量 A 具有特定的值。例如，粒子坐标就属于这种情况。比如说，对应于 q 的算符，是由自变量相乘给定的算符。从而

$$q\psi = x\psi \neq a\psi \tag{5}$$

根据量子力学，我们只能说坐标测量将给出介于 a 和 b 之间的相对概率是

$$p(a,b) = \int_a^b \bar{\psi}\psi \mathrm{d}x = \int_a^b \mathrm{d}x = b - a \tag{6}$$

此概率不决定于 a，但仅取决于差值 $(b-a)$，因此，我们看到坐标的所有值都是等概率的。

对于处于方程 (2) 给定状态的粒子，坐标的确定值是不可预测的，而只能通过直接测量来获得。但是，这样的测量会干扰粒子，从而改变其状态。确定坐标后，

粒子将不再处于方程 (2) 给出的状态。在量子力学中，由此得出的通常结论是，当知道粒子的动量时，其坐标就没有物理上的真实性。

更普遍地，在量子力学中表明，如果算符对应于两个物理量 A 和 B，非对易，$AB \neq BA$，于是，只对另一个物理量有精确了解。此外，任何实验性地确定后者的尝试，都将以破坏第一物理量的知识的方式改变系统的状态。

由此可以得出结论：式 (1) 由波函数给出的现实的量子力学描述不完备；式 (2) 当对应于两个物理量的算符是不对易时，这两个量不能同时是真实的。因为如果它们都具有同时存在的真实性，并因此具有确定的值，则根据完备性的条件，这些值将被完整地描述。如果波函数提供了这样一个完整的现实描述，它将包含这些值，这些将是可预测的。事实并非如此，我们只剩下陈述的替代方案。

在量子力学中通常假设波函数确实包含了系统所处状态的完备描述。乍看起来，这种假设是完全合理的，因为从波函数获得的信息似乎与在不改变系统状态的情况下可以测量的信息完全对应。但是，我们将证明，这种假设与上面给出的现实标准相互矛盾。

2

为此，假设两个系统 I 和 II，允许它们从 $t=0$ 到 $t=T$ 有相互作用，在此之后，我们假定两个部分之间不再存在任何相互作用。我们进一步假设 $t=0$ 以前两个系统的状态是已知的。然后，我们可以借助薛定谔方程在任何后续时间，特别是对于任何 $t>T$，计算组合系统 $\mathrm{I}+\mathrm{II}$ 的状态；让我们用 Ψ 来指定对应的波函数。但是，我们无法计算两个系统相互作用后留下的状态。根据量子力学，这只能在进一步测量的帮助下，通过称为波包减小的过程来完成。让我们考虑一下此过程的要点。

设 $a_1, a_2, a_3, \cdots$ 属于系统 I 的某些物理量 A 的特征值，$u_1(x_1), u_2(x_1), u_3(x_1), \cdots$ 是相应的特征函数，其中 x_1 代表用于描述第一个系统的变量。然后，Ψ 作为 x_1 的函数，可以表示为

$$\Psi(x_1, x_2) = \sum_{n=1}^{\infty} \psi_n(x_2) u_n(x_1) \tag{7}$$

其中，x_2 代表用于描述第二个系统的变量。这里 $\psi_n(x_2)$ 仅被视为一系列正交函数 $u_n(x_1)$ 的归一化。现在假设量 A 被测量了，并且发现它具有值 a_k，那么可以得出结论，在测量之后，第一个系统处于波函数 $u_k(x_1)$ 给定的状态，第二个系统处于函数 $\psi_k(x_2)$ 给定的状态，这是波包减少的过程；由无穷级数 (7) 给出的波包被简化成为一个单项 $\psi_k(x_2)u_k(x_1)$。

函数集 $u_n(x_1)$ 由物理量 A 的选择决定，作为代替，如果我们选择了另一个具有本征值 $b_1, b_2, b_3, \cdots$ 和本征函数 $v_1(x_1), v_2(x_1), v_3(x_1), \cdots$ 的量 B，就会得到另一

个表示式，而不是方程 (7)

$$\Psi(x_1,x_2)=\sum_{s=1}^{\infty}\varphi_s(x_2)u_s(x_1) \tag{8}$$

其中，φ_s 是新系数。如果现在量 B 被测量，并发现它有值 b_r，我们得出结论，测量之后，第一个系统处于由 $v_r(x_1)$ 给定的状态，第二个系统处于 $\varphi_r(x_2)$ 给出的状态之中。

因此，我们看到，由于对第一系统进行了两次不同的测量，第二系统可能处于具有两种不同波函数的状态。另一方面，由于在测量时这两个系统不再相互作用，因此，对第一系统可能做的任何事情不会使第二系统发生真正的变化。当然，这仅仅是两个系统之间不存在相互作用的说明。因此，可以将两个不同的波函数 (在我们的示例中为 ψ_k 和 φ_r) 指派给同一现实实体 (与第一个相互作用后的第二个系统)。

现在，可能出现两个波函数 ψ_k 和 φ_r 分别是对应于某些物理量 P 和 Q 的两个非对易算符的本征函数，说明这种情况最好采用实例。让我们假设两个系统有两个粒子，并且

$$\Psi(x_1,x_2)=\int_{-\infty}^{\infty}\mathrm{e}^{(2r\mathrm{i}/h)(x_1-x_2+x_0)p}\mathrm{d}p \tag{9}$$

x_0 是常数。设 A 是第一个粒子的动量；那么，正如我们在方程 (4) 中所看到的，本征函数将是

$$u_p(x_1)=\mathrm{e}^{(2r\mathrm{i}/h)px_1} \tag{10}$$

对应于本征值 p。由于这里是连续频谱的情况，方程 (7) 重写为

$$\Psi(x_1,x_2)=\int_{-\infty}^{\infty}\psi_p(x_2)u_p(x_1)\mathrm{d}p \tag{11}$$

此处

$$\psi_p(x_2)=\mathrm{e}^{(2r\mathrm{i}/h)(x_2-x_0)p} \tag{12}$$

但是，ψ_p 是算符的本征函数

$$P=(h/2r\mathrm{i})\partial/\partial x_2 \tag{13}$$

对应于第二粒子动量的本征值 $-p$。另一方面，如果 B 是第一个粒子的坐标，则具有本征函数

$$v_x(x_1)=\delta(x_1-x) \tag{14}$$

对应于本征值 x，其中 $\delta(x_1-x)$ 就是众所周知的狄拉克 δ 函数，在这种情况下，方程 (8) 变为

$$\Psi(x_1,x_2)=\int_{-\infty}^{\infty}\varphi_x(x_2)v_x(x_1)\mathrm{d}x \tag{15}$$

式中

$$\varphi_x(x_2)=\int_{-\infty}^{\infty}\mathrm{e}^{(2r\mathrm{i}/h)(x-x_2+x_0)p}\mathrm{d}p=h\delta(x-x_2+x_0) \tag{16}$$

但是，φ_x 是如下算符的本征函数

$$Q=x_2 \tag{17}$$

对应于第二个粒子坐标的本征值 $x+x_0$。因为

$$PQ-QP=h/2\pi\mathrm{i} \tag{18}$$

我们已经表明，一般来说，两个非对易算符的本征函数 ψ_k 和 φ_r 对应于物理量是可能的。

现在回到方程 (7) 和 (8) 设想的一般情况，我们假定 ψ_k 和 φ_r 确实是一些非对易算符 P 和 Q 的特征函数，分别对应于本征值 p_k 和 q_r。因此，通过测量 A 或 B，就位置而言，我们可以确定地进行预测，并且是在不以任何方式干扰第二个系统的情况下，无论是量 P 的值 (即 p_k) 还是量 Q 的值 (即 q_r)。根据我们的现实性标准，在第一种情况下，我们必须将量 P 视为现实的要素，在第二种情况下，量 Q 则是现实的要素。但是，正如我们所看到的，两个波函数 ψ_k 和 φ_r 都属于同一现实实体。

先前我们证明了式 (1)，由波函数给出的对现实的量子力学描述不完备；式 (2)，当对应于两个物理量的算符不对易时，这两个量不能同时具有现实性。然后，从假设波函数确实给出了物理现实的完备描述开始，我们得出了非对易算符可以同时具有现实性。因此，式 (1) 的否定导致唯一替代式 (2) 的否定。因此，我们不得不得出结论，波函数给出的对现实的量子力学描述还不完备。

有人可能会以我们对现实性的标准没有足够的限制为由反对这一结论。确实，如果有人坚持认为只有在可以同时测量或预测两个或多个物理量的情况下，它们才可以被视为现实性的同时性元素，那他就不会得出我们的结论。从这个角度来看，由于可以预测量 P 和 Q 中的一个或另一个，但不是两个同时被预测，因此它们不是同时具备有现实性。这就使得量 P 和 Q 的真实性取决于在第一系统上执行的测量过程，该过程应当不以任何方式干扰第二系统，不能指望现实性的合理定义允许这样做。

因此，尽管我们已经表明波函数不能提供对物理现实性的完备描述，但我们仍未确定这样的描述是否存在的问题。然而，我们认为这样的理论是可能的。

Can Quantum-Mechanical Description of Physical Reality Be Considered Complete?

(Received March 25, 1935, Physical Review, Volume 47)

A. Einstein, B. Podolsky and N. Rosen
Institute for Advanced Study, Princeton, New Jersey

In a complete theory there is an element corresponding to each element of reality. A sufficient condition for the reality of a physical quantity is the possibility of predicting it with certainty, without disturbing the system. In quantum mechanics in the case of two physical quantities described by non-commuting operators, the knowledge of one precludes the knowledge of the other. Then either (1) the description of reality given by the wave function in quantum mechanics is not complete or (2) these two quantities cannot have simultaneous concerning a system on the basis of measurements made on another system that if (1) is false then (2) is also false. One is thus led to conclude that the description of reality as given by a wave function is not complete.

1

Any serious consideration of a physics theory must take into account the distinction between the objective reality, which is independent of any theory, and the physical concepts with which the theory operates. These concepts are intended to correspond with the objective reality, and by means of these concepts we picture this reality to ourselves.

In attempting to judge the success of a physical theory, we may ask ourselves two questions: (1) "Is the theory correct?" and (2) "Is the description given by the theory complete?".It is only in the case in which positive answers may be given to both of these questions, that the concepts of the theory may be said to be satisfactory. The correctness of the theory is judged by the degree of agreement between the conclusions of the theory and human experience. This experience, which alone enables us to make inferences about reality, in physics takes the form of experiment and measurement. It is the second question that we wish to consider here, as applied to quantum mechanics.

Whatever the meaning assigned to the term *complete*, the following requirement for a complete theory seems to be a necessary one: *every element of the physical reality must have a counterpart in the physical theory.* We shall call this the condition of completeness. The second question is thus easily answered, as soon as we are able to decide what are the elements of the physical reality.

The elements of physical reality cannot be determined by *a priori* philosophical considerations, but must be found by an appeal to results of experiments and measurements. A comprehensive definition of reality is, however, unnecessary for our purpose. We shall be satisfied with the following criterion, which we regard as reasonable. *If, without in any way disturbing a system, we can predict with certainty (i.e., with probability equal to unity) the value of a physical quantity, then there exists an element of physical reality corresponding to this physical quantity.* It seems to us that this criterion, while far from exhausting all possible ways of recognizing a physical reality, at least provides us with one such way, whenever the conditions set down in it occur. Regarded not as a necessary, but merely as a sufficient, condition of reality, this criterion is in agreement with classical as well as quantum-mechanical ideas of reality.

To illustrate the ideas involved let us consider the quantum-mechanical description of the behavior of a particle having a single degree of freedom. The fundamental concept of the theory is the concept of *state*, which is supposed to be completely characterized by the wave function ψ, which is function of the variables chosen to describe the particle's behavior. Corresponding to each physically observable quantity A there is an operator, which may be designated by the same letter.

If ψ is an eigenfunction of the operator A, that is, if

$$\psi' \equiv A\psi = a\psi \tag{1}$$

Where a is a number, then the physical quantity A has with certainty the value a wherever the particle is in the state given by ψ. In accordance with our criterion of reality, for a particle in the state given by ψ for which Eq.(1) holds, there is an element of physical reality corresponding to the physical quantity A.Let, for example,

$$\psi = \mathrm{e}^{(2\pi \mathrm{i}/h)p_0 x} \tag{2}$$

Where h is Planck's constant, p_0 is some constant number, and x the independent variable. Since the operator corresponding to the momentum of the particle is

$$p = (h/2\pi\mathrm{i})\partial/\partial x \tag{3}$$

We obtain

$$\psi' = p\psi = (h/2\pi\mathrm{i})\partial\psi/\partial x = p_0\psi \tag{4}$$

Thus, in the state given by Eq. (2), the momentum has certainly the value p_0. It thus has meaning to say that the momentum of the particle in the state given by Eq.(2) is real.

On the other hand if Eq. (1) does not hold, we can no longer speak of the physical quantity A having a particular value. This is the case, for example, with the coordinate of the particle. The operator corresponding to it, say q, is the operator of multiplication by the independent variable. Thus,

$$q\psi = x\psi \neq a\psi \tag{5}$$

In accordance with quantum mechanics we can only say that the relative probability that a measurement of the coordinate will give a result lying between a and b is

$$p(a,b) = \int_a^b \bar{\psi}\psi \mathrm{d}x = \int_a^b \mathrm{d}x = b - a \tag{6}$$

Since this probability is independent of a, but depends only upon the difference $b-a$, we see that all value of the coordinate, are equally probable.

A definite value of the coordinate, for a particle in the state given by Eq. (2), is thus not predictable, but may be obtained only by a direct measurement. Such a measurement however disturbs the particle and thus alters its state. After the coordinate is determined, the particle will no longer be in the state given by Eq. (2). The usual conclusion from this in quantum mechanics is that *when the momentum of a particle is known, its coordinate has no physical reality.*

More generally, it is shown in quantum mechanics that, if the operators corresponding to two physical quantities, say A and B, do not commute, that is, if $AB \neq BA$, then the precise knowledge of the other. Furthermore, any attempt to determine the latter experimentally will alter the state of the system in such a way as to destroy the knowledge of the first.

From this follows that either (1) *the quantum-mechanical description of reality given by the wave function is not complete or* (2) *when the operators corresponding to two physical quantities do not commute the two quantities cannot have simultaneous reality.* For if both of them had simultaneous reality—and thus definite value—these values would enter into the complete description, according to the condition of completeness. If then the wave function provided such a complete description of reality, it would contain these values; these would then be predictable. This not being the case, we are left with the alternatives stated.

In quantum mechanics it is usually assumes that the wave function does contain a complete description of the physical reality of the system in the state to which it corresponds. At first sight this assumption is entirely reasonable, for the information obtainable from a wave function seems to correspond exactly to what can be measured without altering the state of the system. We shall show, however, that this assumption, together with the criterion of reality given above, leads to a contradiction.

2

For this purpose let suppose that we have two systems, I and II, which we permit to interact from the time $t = 0$ to $t = T$, after which time we suppose that there is no longer any interaction between the two parts. We suppose further that the states of the two systems before $t = 0$ were known. We can then calculate with the help of Schrödinger's equation the state of the combined system I + II at any subsequent time; in particular, for any $t > T$. Let us designate the corresponding wave function by Ψ. We cannot, however, calculate the state in which either one of the two systems is left after the interaction. This, according to quantum mechanics, can be done only with the help of further measurements, by a process known as the *reduction of the wave packet*. Let us consider the essentials of this process.

Let $a_1, a_2, a_3, \cdots$ be the eigenvalues of some physical quantity A pertaining to system I and $u_1(x_1), u_2(x_1), u_3(x_1), \cdots$ the corresponding eigenfunctions, where x_1 stands for the variables used to describe the first system. Then Ψ, considered as a function of x_1, can be expressed as

$$\Psi(x_1, x_2) = \sum_{n=1}^{\infty} \psi_n(x_2) u_n(x_1) \tag{7}$$

Where x_2 stands for the variables used to describe the second system. Here $\psi_n(x_2)$ are to be regarded merely as the coefficients of the expansion of Ψ into a series of orthogonal functions $u_n(x_1)$. Suppose now that the quantity A is measured and it is found that it has the value a_k. It is then concluded that after the measurement the fist system is left in the state given by the wave function $u_k(x_1)$, and that the second system is left in the state given by the function $\psi_k(x_2)$. This is the process of reduction of the wave packet; the wave packet given by the infinite series (7) is reduced to a single term $\psi_k(x_2)u_k(x_1)$.

The set of functions $u_n(x_1)$ is determined by the choice of the physical quantity A. If, instead of this, we had chosen another quantity, say B, having the eigenvalues $b_1, b_2, b_3, \cdots$ and eigenfunction $v_1(x_1), v_2(x_1), \quad v_3(x_1), \cdots$ we should have obtained, instead of Eq.7), the expansion

$$\Psi(x_1, x_2) = \sum_{s=1}^{\infty} \varphi_s(x_2) u_s(x_1) \tag{8}$$

Where φ_s's are the new coefficients. If now the quantity B is measured and is found to have the value b_r, we conclude that after the measurement the first system is left in the state given by $v_r(x_1)$ and the second system is left in the state given by $\varphi_r(x_2)$.

We see therefore that, as a consequence of two different measurements performed upon the first system, the second system may be left in states with two different wave functions. On the other hand, since at the time of measurement the two systems no longer interact, no real change can take place in the second system in consequence of anything that may be done to the first system. This is, of course, merely a statement of what is meant by the absence of an interaction between the two systems. Thus, it is possible to assign two different wave functions (in our example ψ_k and φ_r) to the same reality (the second system after the interaction with the first).

Now, it may happen that the two wave functions, ψ_k and φ_r, are eigenfunctions of two noncommuting operators corresponding to some physical quantities P and Q, respectively. That this may actually be the case can best be shown by an example. Let us suppose that the two systems are two particles, and that

$$\Psi(x_1, x_2) = \int_{-\infty}^{\infty} \mathrm{e}^{(2r\mathrm{i}/h)(x_1 - x_2 + x_0)p} \mathrm{d}p \tag{9}$$

Where x_0 is some constant. Let A be the momentum of the first particle; then, as we have seen in Eq.(4), it is eigenfuction will be

$$u_p(x_1) = \mathrm{e}^{(2r\mathrm{i}/h)px_1} \tag{10}$$

Corresponding to the eigenvalue p. Since we have here the case of a continuous spectrum, Eq.(7) will now be written

$$\Psi(x_1, x_2) = \int_{-\infty}^{\infty} \psi_p(x_2) u_p(x_1) \mathrm{d}p \tag{11}$$

Where

$$\psi_p(x_2) = \mathrm{e}^{(2r\mathrm{i}/h)(x_2 - x_0)p} \tag{12}$$

This ψ_p however is the eigenfunction of the operator

$$P = (h/2r\mathrm{i})\partial/\partial x_2 \tag{13}$$

corresponding to the eigenvalue $-p$ of the momentum of the second particle. On the other hand, if B is the coordinate of the first particle, it has for eigenfunction

$$v_x(x_1) = \delta(x_1 - x) \tag{14}$$

corresponding to the eigenvalue x, where $\delta(x_1 - x)$ is well known Dirac delta-function, Eq.(8) in this case becomes

$$\Psi(x_1, x_2) = \int_{-\infty}^{\infty} \varphi_x(x_2) v_x(x_1) \mathrm{d}x \tag{15}$$

Where

$$\varphi_x(x_2) = \int_{-\infty}^{\infty} \mathrm{e}^{(2r\mathrm{i}/h)(x - x_2 + x_0)p} \mathrm{d}p = h\delta(x - x_2 + x_0) \tag{16}$$

This φ_x, however, is the eigenfuction of the operator

$$Q = x_2 \tag{17}$$

corresponding to the eigenvalue $x + x_0$ of the coordinate of the second particle. Since

$$PQ - QP = h/2\pi\mathrm{i} \tag{18}$$

We have shown that it is in general possible for ψ_k and φ_r to eigen-fuction of two noncommuting operators, corresponding to physical quantities.

Returning now to the general case contemplated in Eq.(7) and (8), we assume that ψ_k and φ_r are indeed eigenfunctions of some noncommuting operators P and Q, corresponding to the eigenvalues p_k and q_r, respectively. Thus, by measuring either A or B we are in a position to predict with certainty, and without in any way disturbing the second system, either the value of the quantity P (that is p_k) or the value of the quantity Q (that is q_r). In accordance with our criterion of reality, in the first case we must consider the quantity P as being an element of reality, in the second case the quantity Q is an element of reality. But, as we have seen, both wave functions ψ_k and φ_r belong to the same reality.

Previously we proved that either (1) the quantum-mechanical description of reality given by the wave function is not complete or (2) when the operators corresponding to two physical quantities do not commute the two quantities cannot have simultaneous reality. Starting then with the assumption that the wave function does give a complete description of the physical reality, we arrived at the noncommuting operators, can have simultaneous reality. Thus the negation of (1) leads to the negation of the only other alternative (2). We are thus forced to conclude that the quantum-mechanical description of reality given by the wave function is not complete.

One could object to this conclusion on the grounds that our criterion of reality is not sufficiently restrictive. Indeed, one would not arrive at our conclusion if one insisted that two or more physical quantities can be regarded as simultaneous elements of reality *only when they can be simultaneously measured or predicted*. On this point of view, since either one or the other, but not both simultaneously, of the quantities P and Q can be predicted, they are not simultaneously real. This makes the reality of P and Q depend upon the process of measurement carried out on the first system, which does not disturb the second system in any way. No reasonable definition of reality could be expected to permit this.

While we have thus shown that the wave function does not provide a complete description of the physical reality, we left open the question of whether or not such a description exists. We believe, however, that such a theory is possible.

附录 C 量子力学领域科学家简介

量子力学领域中，按出生日期排序的十二位科学家小传，前九位是量子力学黄金时期的物理学家，第 10 位和第 11 位属于白银时期的科学家，而第 12 位则是青铜时期的卓越探险者。

第一位：普朗克

普朗克 (M. Planck, 1854—1947)

1900 年，世纪之交，物理学晴朗天空漂浮着紫外与以太两朵乌云。普朗克，经典物理学忠实的信奉者，一位严谨的科学家，面对黑体辐射频率低端合理的瑞利–金斯公式，频率高端合理的维恩公式，处于两难境地，最终做出抉择，将谐振子能量的积分改为离散量化：$\int \to \sum$，频率高低端可以复合成一个公式，这个改变消除了紫外灾难，开启了量子论的纪元，并以能量量子化假设被实验证实而获得 1918 年的诺贝尔物理学奖。

第二位：爱因斯坦

爱因斯坦 (A. Einstein, 1879—1955)

20 世纪最杰出的物理学家，研究时空参考系变换的顶级探索者，狭义相对论的建立，消除了以太这朵乌云；广义相对论的创立，促进了宇宙学的研究和引力波的观测；光量子假设的提出，开启了波粒二象性的探索，是量子力学的伟大先行者、孤独侠和奠基人。由于光量子假设被实验证实并成功解释了光电效应，获得 1921 年物理学诺贝尔奖。纵观爱因斯坦生活的年代，所处的环境和地域，他的一生是幸运的：赫兹已经发现了光电子辐射现象、布朗仔细观察和描述了液体中的花粉运动、洛伦兹已经给出了狭义相对论所需要的所有变换公式、格罗斯曼协助他学习和通晓了张量知识，助他完成了伟业。在其后的许多年里，一直关注量子力学的进展，思考更深层的问题，与玻尔就波函数的概率诠释，测量等问题长期的论战之后，于 1935 年提出了 EPR 悖论，对量子力学的发展具有巨大的推动作用和深远的影响。其后的岁月，致力于弱力、强力、电磁力和引力的统一场的研究 (这是一个孤独的、悲剧式的选择)。

第三位：玻恩

玻恩 (M. Born, 1882—1970)

与海森伯，约尔丹共同建立了描述粒子行为的矩阵力学，1926 年对薛定谔方程的波函数赋予概率诠释，建立了粒子散射的近似方法，对量子力学的发展做出重要贡献。1954 年获得迟来的物理学诺贝尔奖 (但丝毫也不意味着我们对波函数已经有了深刻的认识，更不意味着概率波是对波函数诠释的最终结论，它仍然值得而且需要继续深入研究。至今即使在量子力学领域，也未能取得共识，除了波函数的模方作为概率密度，表示是在空间粒子出现的概率之外，我们还能有更多的认识吗？)。

第四位：玻尔

玻尔 (N. H. D. Bohr, 1885—1962)

丹麦哥本哈根学派的创始人和量子力学的著名掌门人，原子的轨道量子化模型的建立者，对氢原子的成功应用促进了量子力学的迅速发展，并以此获得 1922 年的物理学诺贝尔奖。玻尔亲自设计了研究所的徽章，其中，太极图案体现了他的互补原理。

第五位：薛定谔

薛定谔 (E. Schrödinger, 1887—1961)

薛定谔 (非相对论) 波动方程的提出，开启了量子力学的纪元，证明波动力学与矩阵力学等价，为建立完整的量子力学理论，奠定了基础；具有浪漫、激情和创造的气质，提出著名的薛定谔猫和量子纠缠的概念，发表《生命是什么？》一书，促进了双螺旋结构的发现，是现代分子生物学的伟大启蒙者。由于在粒子波动力学研究中的卓越贡献，1933 年获得物理学诺贝尔奖。

第六位：德布罗意

德布罗意 (L. de. Broglie, 1892—1987)

将爱因斯坦的光量子假设推广到一切实物粒子，促进了电子波动特性的研究和实验，在 20 世纪 20 年代以量子理论为主要研究方向的大趋势之下，物质波假设的提出，极大地推动了粒子波动理论的发展，为此，1929 年获得物理学诺贝尔奖。

第七位：泡利

泡利 (W. Pauli, 1900—1958)

泡利最早预言了中微子的存在，25 岁时提出原子结构中的泡利不相容原理，获得 1945 年物理学诺贝尔奖。又以严厉的、准确的批评著称，被誉为上帝的鞭子、物理学界的良心 (但是，在粒子自旋、宇称不守恒方面也有失误)。索末菲是他一生唯一敬重有加的导师和科学家 (应索末菲的要求，21 岁时，为德国《数学科学百科全书》撰写了长达 230 多页的相对论专题论著，受到爱因斯坦的高度评价，声名鹊起)。

第八位：海森伯

海森伯 (W. K. Heisenberg，1901—1976)

在攻读博士学位期间，主要研究流体的稳定性和湍流，然后成为玻恩的助手，转入量子力学方面的研究，特别是光谱线的分析，解释了氢分子的分立谱线，强调可观测量的重要性，由于量子力学中的不确定关系和矩阵力学方面的贡献，荣获 1932 年的物理学诺贝尔奖。在第二次世界大战时，继续留在德国，领导德国研制原子弹计划，受到许多科学家的怀疑和批评，与导师玻尔的友情也由此中断。

第九位：狄拉克

狄拉克 (P. A. M. Dirac，1902—1984)

在狭义相对论能量公式的基础上，建立了粒子的动力学方程，成功解释了量子的自旋性质，预言了反物质即正电子的存在，提出狄拉克符号，使得量子力学数学表述进一步完善和发展，强调物理学的内在美在判定理论正确与否中的价值 (因此，十分反感量子场论中的重整化经验计算方法)，1933 年由于相对论量子力学方面的突出贡献获得物理学诺贝尔奖 (爱因斯坦从未向诺贝尔奖委员会推荐过狄拉克，但是多次推荐了薛定谔、玻恩、德布罗意、泡利和海森伯)，不过，预言的磁单极至今仍未被实验发现；沉默寡言、惜言如金是他在物理学家中独具的个性。

第十位：费曼

费曼 (R. Feynman，1918—1988)

1945 年在量子力学的理论已经完善的情况下，根据拉格朗日力学方法，从整体上研究量子力学，提出了费曼路径积分、费曼图、费曼规则和重正化的计算方法，是研究量子电动力学和粒子物理学的有效工具。根据讲课录音，与同事合力倾心撰写的《费曼物理学讲义》，对于提高物理学教育做出了重要贡献，对挑战者航天飞机失事的调查与演示，极大地提高了群众对物理学的兴趣，1965 年获得诺贝尔物理学奖，也是最具个性的物理学家。

第十一位：杨振宁

杨振宁 (1922—　)

20 世纪至今，杰出的、爱国的理论物理学家，放弃美籍，恢复中国国籍，任中国科学院院士。1954 年，杨振宁和米尔斯提出非阿贝尔规范场的理论结构。

1956 年，与李政道一起，提出弱相互作用宇称不守恒理论，由吴健雄的实验证实，获得 1957 年诺贝尔物理学奖。后又提出杨 (1967 年)–巴克斯特 (1972 年) 方程等十几项重要贡献。杨振宁以青少年时期接受中国文化的熏陶为自豪，求实诚信，平易近人。他为中美建交、促进中国科学事业、发展国内大学教育、增进国际学术交流与合作，均做出了重要贡献，20 世纪 70 年代，曾设法援救处于极端危难境地的原子弹功臣 —— 邓稼先；这些年，他几乎捐赠了在美国、香港和国内的所有财产和储蓄，感染了很多著名的外籍华人科学家回国工作，他曾经工作的纽约州立大学石溪分校，已将理论物理研究所命名为杨振宁理论物理研究所，获得的国际各种重要而著名的奖励达 16 项之多。

第十二位：贝尔

贝尔 (J. S. Bell，1928—1990)

在科学史上曾有过哥白尼的日心学说挑战克罗狄斯 · 托勒密占统治地位的地心说，伽利略在比萨斜塔用不同重物同时落地的实验，挑战他的重物先于轻物更早落地的学说。但是，就其深度、难度和广度，都无法与量子力学哥本哈根学派掌门人玻尔与著名物理学家爱因斯坦等人的论战相比，贝尔将这一持久的争论从哲学思辨、思想实验和学术观点转移到物理学实验，提出贝尔不等式，用来判定科学界世纪伟人的论点 (包括 EPR 悖论)，贝尔不等式震惊了物理学界。1990 年被提名诺贝尔物理学奖候选人，不幸的是时年因脑溢血去世，生前与人合作翻译了 L. Landau 与 E. Lifshitz 合著的物理学十卷中的多卷，对英语科技界的物理学发展具有重大贡献。

附录 D　参加 1927 年索尔维会议的物理学家

出席者：

A. Piccard, E. Henriot, P. Ehrenfest, E. Herzen, Th. de Donder, E. Schrödinger, E. Verschaffelt, W. Pauli, W. Heisenberg, R. H. Fowler, L. Brillouin, P. Debye, M.

Knudsen, W. L. Bragg, H. A. Kramers, P. A. M. Dirac, A. H. Compton, L. de. Broglie, M. Born, N. Bohr, I. Langmuir, M. Planck, M. Curie, H. A. Lorentz, A, Einstein, P. Langevin, Ch. E. Guye, C. T. R. Wilson, O. W. Richardson.

缺席者: Sir W. H. Bragg, H. Deslandres, E. van Aubel.

1927 年索尔维会议

1927 年在布鲁塞尔召开的索尔维会议是著名物理学家的一次非凡聚会

(上述出席者人名是从左至右，从后到前的顺序排列)

参考资料

选择阅读资料，应从现时的资料 (教科书) 开始，尔后推移到过去，要少而精，大师级的著作，出版已经久远，如狄拉克、朗道、海森伯等人的著作，已经是 70 多年前撰写的，除了倾向性和偏好很重，就可读性来说，显然不如几十年后出版的优秀教科书，而且他们著作中的精华内容，已经融入后来的著作，特别是大学的教科书中 (教科书经过多次讲授，听取反馈意见，修改和完善，加上出版商的精心策划，专业绘图，排版设计，自然胜过年代已久的著作，尽管是名著)。因此，不宜在开始阶段阅读，慕名和求实，应以求实为主；简单与复杂，应以简单为主。选一本好的教科书，反复学习，深刻领会，不断思考，然后带着自己的疑问，有选择性的阅读有关著作的相关章节，之后就可以直接阅读论文文献了。以下是推荐的学习资料，注明了推荐原因，供参考 (当然，这只是众多文献中的一小部分)。

复习文献：主要是复习大学普通物理学中有关量子力学的基本知识。

1. 张三慧. 大学物理学 (第五册): 量子力学 (第二版). 北京: 高等教育出版社, 2000.

2. 哈里德, 瑞斯尼克, 沃克. 物理学基础. 张三慧, 李椿，等译. 北京: 机械工业出版社, 2005: 第 39、40 章.

阅读文献：具有可读性且容易理解，便于扩大知识面，增加深度。

1. 顾樵. 量子力学 (上、下册). 北京: 科学出版社, 2018.

2. 尹鸿钧. 量子力学. 合肥: 中国科技大学出版社, 1999.

3. 大卫. J. 格里菲斯. 量子力学概论. 贾瑜, 胡行, 李玉晓译. 北京: 机械工业出版社, 2015.

4. 胡行, 贾瑜. 量子力学概论学习指导与习题解答. 北京: 机械工业出版社, 2012.

5. 苏汝铿. 量子力学. 北京: 高等教育出版社, 2002.

科普读物：从物理概念上了解量子力学的全貌和发展简史。

朱梓忠. 量子力学 (1 小时科普). 北京: 清华大学出版社, 2018.

参考文献：可以对某一专题进行深入学习。

1. 汤川秀树. 量子力学. 2000 年 (原文第一版出版于 1950 年, 内有 80 年代及其以前的重要专著和文献, 是一本优秀的著作)

2. 费恩曼, 莱顿, 桑茨. 费恩曼物理学讲义. 第 3 卷 (量子力学). 潘笃武，李洪芳译. 上海：上海科学技术出版社, 2005(原文出版于 1963 年, 费曼对于量子力学已是滚瓜烂熟, 他的讲课是在 "玩" 量子力学, 听课的大都是物理系的教师和少量博士生, 如果一开始学习量子力学, 就用他的著作, 可能会遇到不少困难)

3. D. Bomb. Quantum Mechanics. Upper Saddle River: Prentice-Hall, 1951. (值得阅读的优秀著作)

专题文献: 物理概念清晰, 论述严谨, 内容全面, 可以根据需要有选择地阅读。

1. 朗道, 栗弗希兹. 喀兴林校. 量子力学 (非相对论理论)(第三卷). 严肃译. 北京: 高等教育出版社, 2008. (原文出版于 1947 年, 离现在 70 多年了, 但是, 涉及的主要概念的物理解释则非常清楚)

2. 朗道, 栗弗希兹. 量子电动力学 (第四卷). 北京: 高等教育出版社, 2015. (原文出版于 1967 年)

3. P.A.M. 狄拉克. 量子力学原理. 凌东波译. 北京: 北京机械工业出版社, 2018. (原文出版于 1930 年, 第二版是 1935 年, 第三版是 1947 年, 第四版是 1958 年, 距现在也有 60 年了, 这是一段很长的时间; 不过, 对于量子力学的重要基础问题的阐释非常清楚, 观点鲜明)

4. 周世勋, 陈灏. 量子力学教程. 北京: 高等教育出版社, 2009.

5. 程檀生. 现代量子力学教程. 北京: 北京大学出版社, 2006.

6. 陈洪, 袁宏宽. 量子力学. 北京: 科学出版社, 2014.

7. 费曼. 量子力学与路径积分. 张邦固译. 北京: 高等教育出版社, 2015.

查阅文献: 由浅入深, 由简单到复杂的专题学习资料。

1. C. 科恩–塔诺季, B. Diu, F. Laloe. 量子力学 (第一卷/ 第二卷). 刘家谟, 陈星奎译. 北京: 高等教育出版社, 2014/2016.

2. 樱井纯, 拿波里塔诺. 现代量子力学 (第二版). 丁一兵, 沈彭年译. 北京: 世界图书出版公司, 2016.

3. Д.И. 布洛欣采夫. 量子力学原理. 吴伯泽译. 北京: 人民教育出版社, 1981.

4. 喀兴林. 高等量子力学 (第二版). 北京: 高等教育出版社, 2001.

5. 曾谨言. 量子力学 (上、下册). 北京: 科学出版社, 2013.

科学展望: 了解量子力学中的对称性、相位因子和规范不变性的重要意义。

1. 杨振宁. 曙光集. 翁帆译. 北京: 三联书店, 2008.

2. 杨振宁, 翁帆. 晨曦集. 北京: 商务印书馆, 2018.

专题论文 (仅为波函数的极少量文章, 试读之用)。

1. Aspect A, Dalibard J, Roger G. Experimental tests of Bell's inequalities using time-varying analyzers. Physics Review Letters, 1982, 49: 1804-7.

2. Gui L L, Wei Q, Zhe Y, et al. Realistic interpretation of quantum mechanics and encounter-delayed-choice experiment. Science China Physics, Mechanics & Astronomy, 2018, 61(3): 030311.

3. Zhou Z Y, Zhu Z H, Liu S L, et al. Quantum twisted double-slits experiments: confirming wavefunctions' physical reality. Science Bulletin, 2017, 62: 1185-1192.

4. Yu L H, Sun C P. Quantum tunnelling in a dissipative system. Phys. Rev. A, 1994, 49(1): 592.

5. Sun C P, Yu L H. Exact dynamics of a guantum dissipative system in a constant extenal field. Phys. Rev. A,1995, 51(3): 1845.

量子场论文献：如果有深入了解量子场论的兴趣，不妨一般性地看一看如下的文献。

1. Peskin M E, Schroeder D V. An Introduction to Quantum Field Theory. 北京: 世界图书出版公司, 2006: 3, 15.

2. 李灵峰. 量子场论. 古杰, 万林焱, 张洋译, 北京: 科学出版社, 2020: 第 1~4 章, 第 8 章.

3. Devannathan V. 相对论量子力学与量子场论 (英文). 北京: 机械工业出版社, 2014. (内容属于基础量子场论, 行文流畅, 易读易懂)

4. Hooft G T. Renormalization of mass less Yang-Mills fields. Nuclear Physics B, 1971, 33: 173-177; Renormalizations for massive Yang-Mills field. Nuclear Physics B, 1971: 167-448.

5. Yang C N, Mills R. Conservation of isotopic spin and isotopic gauge invariance. Phys. Rev., 1954, 96: 191.

名词索引

人名中英文对照

阿贝尔 (N. H. Abel)
阿哈罗诺夫 (Y. Aharonov)
埃伦菲斯特 (P. Ehrenfest)
爱丁顿 (A. S. Eddington)
爱因斯坦 (A. Einstein)
安德森 (C. Anderson)
贝尔 (J. S. Bell)
玻恩 (M. Born)
玻尔 (N. Bohr)
玻尔兹曼 (L. Boltzmann)
玻姆 (D. Bohm)
玻色 (S. N. Bose)
泊松 (S. Poisson)
德拜 (P. Debey)
德布罗意 (L. de Broglie)
狄拉克 (P. A. M. Dirac)
菲涅尔 (A. Fresnel)
费曼 (R. P. Feynman)
费米 (E. Fermi)
福克 (V. A. Fock)
傅里叶 (J. Fourier)
伽利略 (Galileo Galilei)
高斯 (C. F. Gauss)
格拉赫 (W. Gerlach)
古兹米特 (S. Goudsmit)
哈密尔顿 (W. L. Hamilton)
哈密尔顿 (W. R. Hamilton)
海森伯 (W. Hessenberg)
亥姆霍兹 (H. Helmholtz)
亥维赛德 (O. Heaviside)
赫兹 (H. R. Hertz)
惠更斯 (Christiaan Huygens)
惠勒 (J. A. Wheeler)
吉布斯 (J. Gibbs)
加莫夫 (G. Gamow)
贾埃弗 (I. Giaever)
江崎玲于奈 (Leo Esaki)
开普勒 (J. Kepler)
康普顿 (A. Compton)
科隆尼克 (R. Kronig)
拉格朗日 (J. L. Lagrange)
拉普拉斯 (P. S. de Laplace)
郎之万 (P. Langevin)
朗道 (L. Landau)
勒让德 (A. M. Legendre)
黎曼 (B. Riemann)
卢瑟福 (E. Rutherford)
伦顿 (F. London)
洛伦兹 (H. A. Lorentz)
迈特娜 (L. Meitner)
麦克斯韦 (J. C. Maxwell)
米尔斯 (R. L. Mills)
闵可夫斯基 (H. Minkowski)
牛顿 (I. Newton)
诺特 (A. E. Noether)
诺特 (A. E. Noether)
诺依曼 (J. von. Neumann)
欧拉 (L. Euler)
庞加莱 (H. Poincare)
泡利 (W. Pauli)
普朗克 (M. Planck)
斯特恩 (O. Stern)
斯托克斯 (G. Stokes)
斯瓦西 (K. Schwarzschild)

后　　记

学习是获得科学知识的必由之路，而读书是获取科学知识的重要途径，对于读书，首先要明确你需要什么样的专业知识，它对你是否真正有用？通常，要想获得一点有用的专业知识，一般需要学习许多伴随的知识。须知，知识对你是否有用，要通过其包含信息量的质量高低来衡量，就量子力学而言，例如，海森伯的测不准关系很重要，而通过不同的数学物理方法推导出这一结论，实际上新的信息量很少，具体推导过程很快就会被遗忘，它虽然使你博学，但不会使你专深，也不会影响你对测不准关系的理解和应用。

还没有一位称得上是纯粹的量子力学家，因为他的量子力学知识是经过经典物理学知识的学习之后获得的，包括日常经验在内。况且，量子力学也继承、发展和借鉴了许多经典物理学的理论。然而，当今的量子力学著作，很多在经典物理学中的名称和术语在量子力学中没有给出明确的、必要的解释，造成概念的混乱，也许正如玻尔所说："谁不被量子力学困惑，谁就没有真正理解量子力学"，不知是否如此？

贝尔是一位有才华、有毅力、有胆识的量子力学界的后起之秀，他通过不懈的努力，提出规则，敢于作为判官，判定伟大物理学家爱因斯坦和量子力学著名掌门人玻尔各自代表的量子力学学派之间的旷世之争，这就是贝尔不等式。

理论物理学的黄金时代和白银时代都已经过去，如果想在量子力学理论方面有所建树，一定要清楚面对的是量子力学理论的青铜时代；如果想在应用方面有所成就，这的确是正逢其时，现代科学与技术将有助于你设计实验，验证创新的思路，实现自己的愿望。

量子力学单就波动力学而言，是简单优美的，数学方法也是现成的；单就矩阵力学而言，状态的描述需要算符和矩阵，复杂性开始增加，将波动力学和矩阵力学结合起来，欲使数学表述和处理方法兼容，无论就它的内容还是数学工具而言，都显得复杂、零碎，缺乏基础理论应有的简单、和谐和美感，加之还有不确定性，就使得它与经典物理学比较起来，显然有不完备之处，需要发展和完善，这一点是坚持互补原理的哥本哈根学派难以承认的。

面对这种情形，理解波函数、熟悉算符、会用狄拉克符号，是学好量子力学的三个关键之点。

2018 年 11 月 25 日